Amtliche Prüfungsfragen für Führerscheinbewerber

Grundlagen für alle Klassen und Zusatzfragen Klasse

1

AF803811

Hinweise zu Videofragen:

In jeder Theorie-Prüfung sind 2 zufällige Videofragen vorhanden. Die Videofragen sind auf den Prüfungsbögen gekennzeichnet (Video-Abspielsymbol inklusive der Fragennummer). Die beiliegende DVD enthält alle diese Videos.

Legen Sie die DVD in Ihr CD-/DVD-Laufwerk ein und öffnen Sie die DVD durch Doppelklick auf das entsprechende Laufwerk in Ihrem Explorer. Wählen Sie das Video mit der im Bogen angegebenen Videonummer durch Doppelklick aus.

Während der Prüfung dürfen Sie ein Video maximal 5-mal anschauen, ohne dass Ihnen die Frage bekannt ist. Erst wenn Sie bereit sind, können Sie sich die Frage zum Video anzeigen lassen. Danach müssen Sie die Frage beantworten und können das Video nicht noch mal anschauen.

Wichtig: Daher zuerst das Video max. 5-mal anschauen. Erst danach die zugehörige Frage lesen und bearbeiten.

Bezugsfahrzeug

Bitte beachten Sie das zugrunde liegende Bezugsfahrzeug:

Sie fahren ein ...

▶ Grundstoff:
Kraftfahrzeug mit Verbrennungsmotor

▶ Klasse B:
Zweispuriges Kraftfahrzeug mit Verbrennungsmotor, mit manuellem Schaltgetriebe und mit automatischem Blockierverhinderer (ABV)

Wenn in den Prüfungsaufgaben keine besonderen Fahrzeugeigenschaften benannt sind, gelten die folgenden allgemeinen Eigenschaften „Ihres Fahrzeugs" (Bezugsfahrzeug).

▶ Bitte beachten Sie:
Wenn in der Prüfungsaufgabe besondere Fahrzeugeigenschaften ausdrücklich benannt sind, müssen diese bei der Aufgabenbearbeitung berücksichtigt werden!

zulässige Fehlerpunkte	10
Grundstoff	
Zusatzstoff	
Summe	
5-Punkte-Regel *)	
bestanden	
nicht bestanden	
Bemerkungen	
*) 2 oder mehr Fragen mit je 5 Fehlerpunkten falsch	

Beantworten Sie die Fragen durch Ankreuzen von Antworten oder durch die Angabe von Zahlen.
Sie haben die Frage falsch beantwortet, wenn ...
▶ nicht jede richtige Antwort angekreuzt ist ▶ oder eine/mehrere falsche Antwort(en) angekreuzt ist/sind ▶ oder eine falsche/keine Zahl angegeben ist

Sie haben die Prüfung nicht bestanden, wenn ...
▶ die zul. Fehlerpunkte überschritten wurden (d.h. mehr als 10 Punkte bei Klasse B)
▶ oder wenn 2 oder mehr Fragen mit je 5 Fehlerpunkten falsch beantwortet wurden

1

Sie möchten ausparken. Wie beurteilen Sie die Situation richtig? Von hinten kommende ...

- ☐ ... Fahrzeugführer sehen mich erst spät
- ☐ ... Fahrzeugführer lassen mir beim Ausparken meinen Vorrang
- ☐ ... Fahrzeuge sehe ich erst spät

1.1.07-162-M 3

2 VIDEO 1

Warum müssen Sie hier langsam und bremsbereit fahren?

- ☐ Weil der weiße Transporter anfährt
- ☐ Weil die Verkehrssituation unübersichtlich ist
- ☐ Weil sich ein Kind auf der Fahrbahn befindet

1.1.02-050-M 5

3

Wie sollten Sie sich verhalten?

- ☐ Bremsbereit bleiben
- ☐ Auf Schrittgeschwindigkeit abbremsen
- ☐ Unvermindert weiterfahren

1.1.02-042-M 5

Fehlerpunkte

4

1.2.09-121

Welches Verhalten ist richtig?

- [ ] Ich muss an der Haltlinie anhalten
- [ ] Ich muss den Radfahrer durchfahren lassen
- [ ] Ich darf vor dem Radfahrer abbiegen

5

5

1.5.01-129

Was sollten Sie tun, um die Umwelt zu schonen? Ich sollte …

- [ ] … bei übermäßiger Rauchentwicklung aus der Auspuffanlage das Kraftfahrzeug überprüfen lassen
- [ ] … bei längerem Warten den Motor abstellen
- [ ] … auf unnützes Hin- und Herfahren verzichten

3

6

1.2.12-111

Sie wollen innerorts vor einem Andreaskreuz parken. Welche Entfernung müssen Sie mindestens einhalten?

Antwort: [ ] m

2

7

1.1.10-002

Bei welchem körperlichen Anzeichen sollten Sie kein Kraftfahrzeug führen?

- [ ] Bei Übelkeit
- [ ] Bei Schwindel
- [ ] Bei Fieber

3

8

1.1.09-028

Warum ist man nach dem Konsum der Droge „Crystal Meth" fahruntauglich?

- [ ] Weil Wahnvorstellungen auftreten können
- [ ] Weil die eigene Leistungsfähigkeit überschätzt werden kann
- [ ] Weil plötzliche Erschöpfung eintreten kann

4

Fehlerpunkte [ ]

9

1.2.02-109

Was ist in dieser Situation richtig? An der nächsten Kreuzung …

- [ ] … habe ich Vorfahrt
- [ ] … gilt die Vorfahrtregel „rechts vor links"
- [ ] … endet ein verkehrsberuhigter Bereich

2

10

1.1.03-003

Wo müssen Sie besonders mit Fahrbahnvereisung rechnen?

- [ ] Auf Brücken
- [ ] Auf stark befahrenen Strecken
- [ ] Auf Strecken, die durch Wald führen

4

11

1.2.09-016

Sie möchten nach links abbiegen. Wann müssen Sie auf den nachfolgenden Verkehr achten?

- [ ] Vor dem Einordnen
- [ ] Nach dem Abbiegen
- [ ] Vor dem Abbiegen

4

12

1.1.02-129

Ein Fußgänger mit einem weißen Stock möchte vor Ihnen die Fahrbahn überqueren. Wie müssen Sie sich verhalten? Ich muss …

- [ ] … Warnzeichen geben
- [ ] … mit gleichbleibender Geschwindigkeit weiterfahren
- [ ] … die Geschwindigkeit vermindern und nötigenfalls anhalten

4

13

1.2.05-005

Sie möchten innerorts einen Elektroroller überholen. Welchen seitlichen Mindestabstand müssen Sie dabei einhalten?

Antwort: [ ] m

4

Fehlerpunkte [ ]

14 1.3.01-003

Sie kommen an eine Kreuzung, an der Sie die Vorfahrtlage nicht gleich überblicken. Wie verhalten Sie sich?

- Nach der Regel „rechts vor links" fahren
- Warten, beobachten und sich gegebenenfalls mit anderen verständigen
- Als Geradeausfahrer immer durchfahren

5

15 1.1.07-158

Mit welchem Verhalten von Radfahrern müssen Sie rechnen? Radfahrer benutzen …

- … Einbahnstraßen in beide Richtungen
- … Radwege auf der falschen Seite
- … keine Beleuchtung bei Dunkelheit

4

16

1.3.01-034-M

Wie verhalten Sie sich hier richtig?

- Ich lasse das gelbe Fahrzeug durchfahren
- Ich biege vor dem gelben Fahrzeug ab
- Ich biege vor dem roten Pkw ab

5

17 1.2.12-133

Sie suchen nach einer Parkmöglichkeit am rechten Fahrbahnrand. Rechts neben der Fahrbahn befindet sich ein Radweg. Wie viel Meter vor einer Kreuzung oder vor einer Einmündung dürfen Sie nicht parken?

Antwort: ____ m

3

18

1.3.01-129-M

Wie verhalten Sie sich hier richtig?

- Ich warte, bis der Radfahrer abgebogen ist
- Ich fahre vor dem Radfahrer
- Ich warne den Radfahrer durch Hupen

5

19 1.4.40-108

Was müssen Sie tun, wenn Sie sich diesem Verkehrszeichen nähern?

- Durch schnelle Lenkbewegungen den Unebenheiten ausweichen
- Geschwindigkeit verringern
- Geschwindigkeit erhöhen

2

20 1.4.41-008

Sie nähern sich einer so gekennzeichneten Haltestelle. Wie verhalten Sie sich, wenn Sie dort Kinder sehen?

- Eine Verminderung der Geschwindigkeit ist nur erforderlich, wenn dort ein Schulbus hält
- Die Geschwindigkeit muss nicht vermindert werden, wenn ein Bus in einer Haltebucht hält
- Geschwindigkeit vermindern und bremsbereit bleiben

5

Fehlerpunkte

Fehlerpunkte

ZUSATZFRAGEN – KLASSE B

21

VIDEO 2 ▶ 2.2.07-007

Wie sollten Sie sich verhalten?

- [ ] Ich wechsle auf den rechten Fahrstreifen und verzögere
- [ ] Ich bleibe auf dem mittleren Fahrstreifen und verzögere
- [ ] Ich wechsle auf den linken Fahrstreifen und überhole den roten Pkw vor mir

2

22 2.7.05-005

Sie fahren mit deutlich zu niedrigem Reifenfülldruck im Straßenverkehr. Was ist die Folge?

- [ ] Das Lenkverhalten des Fahrzeugs verschlechtert sich erheblich
- [ ] Der Reifenverschleiß nimmt stark ab
- [ ] Die Fahrstabilität in Kurven nimmt gefährlich ab

3

23 2.5.01-130

Sie fahren einen Pkw mit der Antriebsart Plug-in-Hybrid. Wie können Sie den Kraftstoffverbrauch optimieren?

- [ ] Ich lade die Batterie regelmäßig am Stromnetz auf
- [ ] Ich nutze ausschließlich die Rekuperation zum Aufladen der Batterie
- [ ] Ich nutze durch meine Fahrweise den elektrischen Antrieb

3

24 2.1.10-004

Welche Gefahr besteht, wenn Sie durch die Nutzung elektronischer Geräte während der Fahrt abgelenkt werden?

- [ ] Ich kann von meinem Fahrstreifen abkommen
- [ ] Ich kann Verkehrszeichen übersehen
- [ ] Mein Anhalteweg kann sich verkürzen

3

25 2.2.05-005

Sie fahren mit 100 km/h auf einer Straße außerhalb geschlossener Ortschaften. Vor Ihnen fährt ein Lkw mit 70 km/h. Wie weit müssen Sie bei Beginn eines Überholvorgangs von einer Straßenkuppe mindestens noch entfernt sein?

- [ ] 800 m
- [ ] 400 m
- [ ] 200 m

5

Fehlerpunkte

26

2.1.03-044-M

Womit müssen Sie in dieser Situation rechnen?

- [ ] Mein Kraftfahrzeug kann nach links versetzt werden
- [ ] Der vorausfahrende Lkw kann nach rechts versetzt werden
- [ ] Beim Einfahren in den Windschatten des Lkws kann mein Kraftfahrzeug nach rechts versetzt werden

4

27 2.7.02-109

Das Bremspedal lässt sich bis zum Fahrzeugboden durchtreten. Erst bei mehrmaliger Betätigung wird der Pedalweg kürzer. Was müssen Sie tun?

- [ ] Fahrzeug sofort abstellen
- [ ] Bremse reparieren lassen
- [ ] Bremsflüssigkeit nachfüllen genügt

5

28 2.6.03-121

Was kann die Fahrstabilität eines mitgeführten Anhängers beeinträchtigen?

- [ ] Ein weit hinten im Anhänger liegender Ladungsschwerpunkt
- [ ] Ein undichter Stoßdämpfer
- [ ] Ein zu niedriger Reifenfülldruck der Anhängerreifen

3

29 2.2.03-007

Sie fahren 100 km/h und führen eine normale Bremsung durch.

Wie lang ist der Bremsweg nach der Faustformel?

Antwort: ____ m

2

30 2.2.23-121

Sie möchten Ihr im Kraftfahrzeug befestigtes Smartphone als Navigationsgerät nutzen. Was sollten Sie beachten? Ich sollte …

- [ ] … das Fahrtziel bei stehendem Fahrzeug eingeben
- [ ] … das Gerät möglichst nicht während der Fahrt bedienen
- [ ] … die Sprachausgabe des Geräts benutzen

3

Fehlerpunkte

Amtliche Prüfungsfragen für Führerscheinbewerber

Grundlagen für alle Klassen und Zusatzfragen Klasse B

2

Hinweise zu Videofragen:

In jeder Theorie-Prüfung sind 2 zufällige Videofragen vorhanden. Die Videofragen sind auf den Prüfungsbögen gekennzeichnet (Video-Abspielsymbol inklusive der Fragennummer). Die beiliegende DVD enthält alle diese Videos.

Legen Sie die DVD in Ihr CD-/DVD-Laufwerk ein und öffnen Sie die DVD durch Doppelklick auf das entsprechende Laufwerk in Ihrem Explorer. Wählen Sie das Video mit der im Bogen angegebenen Videonummer durch Doppelklick aus.

Während der Prüfung dürfen Sie ein Video maximal 5-mal anschauen, ohne dass Ihnen die Frage bekannt ist. Erst wenn Sie bereit sind, können Sie sich die Frage zum Video anzeigen lassen. Danach müssen Sie die Frage beantworten und können das Video nicht noch mal anschauen.

Wichtig: Daher zuerst das Video max. 5-mal anschauen. Erst danach die zugehörige Frage lesen und bearbeiten.

Bezugsfahrzeug

Bitte beachten Sie das zugrunde liegende Bezugsfahrzeug:

Sie fahren ein ...

▶ Grundstoff:
Kraftfahrzeug mit Verbrennungsmotor

▶ Klasse B:
Zweispuriges Kraftfahrzeug mit Verbrennungsmotor, mit manuellem Schaltgetriebe und mit automatischem Blockierverhinderer (ABV)

Wenn in den Prüfungsaufgaben keine besonderen Fahrzeugeigenschaften benannt sind, gelten die folgenden allgemeinen Eigenschaften „Ihres Fahrzeugs" (Bezugsfahrzeug).

▶ Bitte beachten Sie:
Wenn in der Prüfungsaufgabe besondere Fahrzeugeigenschaften ausdrücklich benannt sind, müssen diese bei der Aufgabenbearbeitung berücksichtigt werden!

	Fehlerpunkte / 5-Punkte-Regel
Klasse	B
zulässige Fehlerpunkte	10
Grundstoff	
Zusatzstoff	
Summe	
5-Punkte-Regel *)	
bestanden	
nicht bestanden	
Bemerkungen	
*) 2 oder mehr Fragen mit je 5 Fehlerpunkten falsch	

Beantworten Sie die Fragen durch Ankreuzen von Antworten oder durch die Angabe von Zahlen.
Sie haben die Frage falsch beantwortet, wenn ...
▶ nicht jede richtige Antwort angekreuzt ist ▶ oder eine/mehrere falsche Antwort(en) angekreuzt ist/sind ▶ oder eine falsche/keine Zahl angegeben ist

Sie haben die Prüfung nicht bestanden, wenn ...
▶ die zul. Fehlerpunkte überschritten wurden (d.h. mehr als 10 Punkte bei Klasse B)
▶ oder wenn 2 oder mehr Fragen mit je 5 Fehlerpunkten falsch beantwortet wurden

1

Auf der Fahrbahn befindet sich Öl.

Wie sollten Sie sich jetzt verhalten?

- Ich weiche auf die linke Fahrbahnhälfte aus
- Ich informiere die Feuerwehr
- Ich vermeide starkes Bremsen und ruckartiges Lenken

1.1.03-005 **4**

2

Sie möchten ausparken. Wie beurteilen Sie die Situation richtig? Von hinten kommende ...

- ... Fahrzeugführer sehen mich erst spät
- ... Fahrzeuge sehe ich erst spät
- ... Fahrzeugführer lassen mir beim Ausparken meinen Vorrang

1.1.07-162-M **3**

3

Bei welcher Person müssen Sie mit einer schweren Sehbehinderung rechnen?

- Der Frau
- Dem Kind
- Dem Mann

1.1.02-032 **4**

Fehlerpunkte

4

1.2.12-123-M

Was ist hier zu beachten?

- Links von der Fahrbahnbegrenzung darf nicht gehalten werden
- Langsame Fahrzeuge müssen möglichst auf dem Seitenstreifen fahren
- Die Fahrbahnbegrenzung darf in keinem Fall überfahren werden

3

5 1.2.11-006

Welche Bereiche im Straßenverkehrsraum müssen bei stockendem Verkehr frei gehalten werden?

- Bushaltestellen
- Fußgängerüberwege
- Einmündungen

4

6 1.2.12-131

Sie suchen nach einer Parkmöglichkeit am rechten Fahrbahnrand. Rechts neben Ihrer Fahrbahn befindet sich kein Radweg.
Wie viel Meter vor und hinter einer Kreuzung dürfen Sie nicht parken?

Antwort: ____ m

3

7 1.1.06-002

Ist es leichtsinnig, noch kurz vor einer Kreuzung einen Lastzug zu überholen?

- Ja, weil der Lastzug die Sicht auf wichtige Verkehrszeichen verdecken kann
- Nein, weil Lastzüge meist langsam fahren
- Ja, weil der Lastzug die Sicht auf den Querverkehr verdeckt

5

8 1.5.01-130

Sie fahren ein Kraftfahrzeug mit manuellem Schaltgetriebe. Wodurch kann beim Fahren eine vermeidbare Lärmbelästigung entstehen?

- Durch unnötig starkes Beschleunigen
- Durch schadhafte Schalldämpfer
- Durch schnelles Fahren in niedrigen Gängen

3

9

1.2.02-101-B

Wozu darf der rechte Seitenstreifen benutzt werden?

- Zum Überholen
- Zum Halten und Parken
- Zum Befahren mit langsamen Fahrzeugen

3

10 1.1.04-110

Worauf müssen Sie achten, wenn Sie in eine Tiefgarage fahren?

- Fußgänger laufen oft auf Fahrwegen
- Meine Augen müssen sich erst an die veränderten Lichtverhältnisse gewöhnen
- Meine Reifen können an engen Aus- und Einfahrten beschädigt werden

4

11 1.2.17-001

Worauf müssen Sie bei den Beleuchtungseinrichtungen Ihres Fahrzeugs achten?

- Sie müssen vorschriftsmäßig angebracht sein
- Sie müssen sauber sein
- Sie müssen funktionstüchtig sein

3

12 1.1.02-133

Eine Person am Straßenrand trägt eine gelbe Armbinde mit drei schwarzen Punkten. Worauf weist diese Armbinde hin?

- Auf eine behinderte Person
- Auf eine besondere Verhaltenspflicht gegenüber dieser Person
- Auf die Zugehörigkeit zu einer Berufsgruppe

4

13 1.3.01-002

An welchen Stellen ohne vorfahrtregelnde Verkehrszeichen gilt die Regel „rechts vor links"?

- An Straßenkreuzungen und -einmündungen
- Wo Feld- oder Waldwege in eine andere Straße münden
- An Einmündungen mit abgesenktem Bordstein

5

Fehlerpunkte ____

Fehlerpunkte ____

14 1.1.02-005

Mit welchem Verhalten von Kindern müssen Sie an Zebrastreifen rechnen?

Sie schätzen Geschwindigkeit und Entfernung herannahender Fahrzeuge immer richtig ein und warten am Fahrbahnrand

Sie laufen auf den Zebrastreifen, ohne auf den Verkehr zu achten

Sie kehren ohne erkennbaren Grund auf dem Zebrastreifen um und laufen zurück

5

15 1.2.19-115

Sie nähern sich einem Bahnübergang. Die Schranke beginnt sich zu senken. Wie müssen Sie sich verhalten?

Ich warte vor dem Andreaskreuz

Ich fahre weiter, wenn kein Zug zu sehen ist

Ich schalte das Warnblinklicht ein

3

16

1.3.01-044-M

Welches Verhalten ist hier richtig?

Ich muss den roten Pkw abbiegen lassen

Ich darf als Erster fahren

Ich muss den Radfahrer durchfahren lassen

5

17

1.3.01-049-M

Welches Verhalten ist hier richtig?

Ich muss den roten Pkw vorlassen

Ich muss die Straßenbahn vorlassen

Ich darf als Erster fahren

5

18

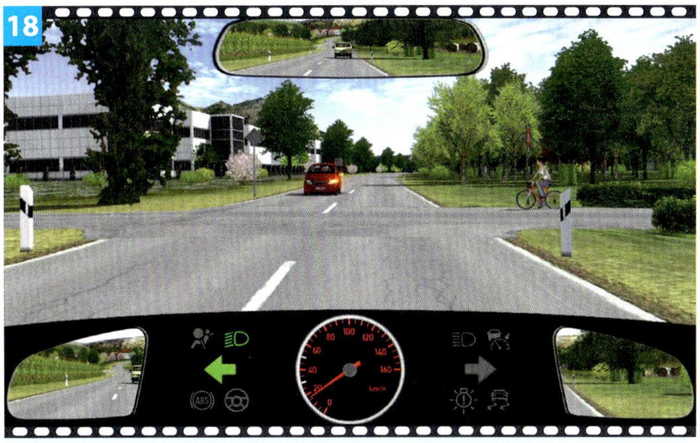

VIDEO 3 ▶ 1.2.09-205-M

Warum müssen Sie in dieser Situation vor dem Linksabbiegen warten?

Wegen des roten Pkws

Wegen des Motorrads

Wegen der Radfahrerin

4

19 1.4.40-121

Worauf weist dieses Verkehrszeichen hin?

Auf eine Zollstelle

Auf einen Bahnübergang mit rotem Blinklicht

Auf eine Ampel

2

20 1.4.41-109

Etwa 80 m vor Ihnen hält ein Schulbus auf der Fahrbahn. Können daraus Gefahren entstehen?

Ja, weil Kinder häufig über die Straße rennen, um den Bus noch zu erreichen

Ja, weil Kinder nicht immer auf kürzestem Weg die Fahrbahn überqueren

Nein, weil an jeder Schulbushaltestelle Schülerlotsen den Verkehr sichern

5

 Fehlerpunkte Fehlerpunkte

ZUSATZFRAGEN – KLASSE B

21 2.4.41-107

Mit welchen Fahrzeugen dürfen Sie eine so gekennzeichnete Straße nicht befahren?

- Pkw mit Wohnanhänger, Gesamtlänge des Zuges 11 m
- Lkw mit einer Länge von 9 m einschließlich Ladung
- Traktor mit Anhänger, Gesamtlänge des Zuges 12 m

2

22 2.2.17-117

In welcher Situation kann der Fernlichtassistent Ihres Kraftfahrzeugs bei Gegenverkehr möglicherweise nicht rechtzeitig abblenden?

- Beim Überqueren einer Kuppe
- Bei Blendung durch ein entgegenkommendes Fahrzeug
- Beim Durchfahren einer Kurve

3

23 2.6.01-106

Sie haben Ihren zugelassenen Wohnanhänger während des Winterhalbjahres auf einem Campingplatz abgestellt.
Was gilt hinsichtlich der Hauptuntersuchung?

- Der auf der Prüfplakette angegebene Termin ist einzuhalten
- Der auf der Prüfplakette angegebene Termin verschiebt sich um die Standzeit

2

24 2.2.03-015

Wie lautet die Faustformel, um den Bremsweg einer Gefahrbremsung auf ebener, trockener und asphaltierter Fahrbahn auszurechnen?

- ({Geschwindigkeit in km/h}/{10} x {Geschwindigkeit in km/h}/{10}) : 2
- ({Geschwindigkeit in km/h}/{10} x 5) : 2
- ({Geschwindigkeit in km/h}/{10} x 3) : 2

4

25 2.2.17-114

Wann müssen Sie Abblendlicht einschalten?

- Während der Dämmerung
- Bei Dunkelheit
- Beim Durchfahren eines Tunnels

4

26

VIDEO 4 2.1.02-003

Warum müssen Sie bremsen?

- Weil Fahrgäste aus der Straßenbahn steigen
- Weil der Lkw auf meinen Fahrstreifen wechselt
- Weil eine Person auf die Straße läuft

4

27 2.2.18-019

Wie müssen Sie sich in einem Stau auf Autobahnen und auf Kraftfahrstraßen mit zwei Fahrstreifen für eine Richtung verhalten? Ich muss auf dem ...

- ... rechten Fahrstreifen möglichst weit rechts fahren
- ... rechten Fahrstreifen möglichst weit links fahren
- ... linken Fahrstreifen möglichst weit links fahren

4

28 2.2.17-103

Wo genügen beim Parken eines Pkws auf unbeleuchteten Straßen Parkleuchten?

- Außerhalb geschlossener Ortschaften
- Innerhalb geschlossener Ortschaften
- Auf Seitenstreifen von Autobahnen

3

29 2.2.03-109

Sie fahren eine Fahrzeugkombination. Diese besteht aus einem Kraftfahrzeug bis 3,5 t zulässiger Gesamtmasse und einem Anhänger ohne 100-km/h-Zulassung. Wie schnell dürfen Sie auf Autobahnen höchstens fahren?

Antwort: ____ km/h

3

30 2.2.21-114

Sie wollen nach einem Kindergeburtstag mehrere kleine Kinder nach Hause bringen. Was ist bei der Beförderung in Ihrem Pkw zu beachten?

- Rückhalteeinrichtungen für Kinder brauchen innerhalb geschlossener Ortschaften nicht benutzt zu werden
- Das Anschnallen der Kinder mit den vorhandenen Sicherheitsgurten reicht aus
- Die Kinder sind mit den vorgeschriebenen Rückhalteeinrichtungen zu sichern

4

 Fehlerpunkte

Fehlerpunkte

Amtliche Prüfungsfragen für Führerscheinbewerber

Grundlagen für alle Klassen und Zusatzfragen Klasse B

3

Hinweise zu Videofragen:

In jeder Theorie-Prüfung sind 2 zufällige Videofragen vorhanden. Die Videofragen sind auf den Prüfungsbögen gekennzeichnet (Video-Abspielsymbol inklusive der Fragennummer). Die beiliegende DVD enthält alle diese Videos.

Legen Sie die DVD in Ihr CD-/DVD-Laufwerk ein und öffnen Sie die DVD durch Doppelklick auf das entsprechende Laufwerk in Ihrem Explorer. Wählen Sie das Video mit der im Bogen angegebenen Videonummer durch Doppelklick aus.

Während der Prüfung dürfen Sie ein Video maximal 5-mal anschauen, ohne dass Ihnen die Frage bekannt ist. Erst wenn Sie bereit sind, können Sie sich die Frage zum Video anzeigen lassen. Danach müssen Sie die Frage beantworten und können das Video nicht noch mal anschauen.

Wichtig: Daher zuerst das Video max. 5-mal anschauen. Erst danach die zugehörige Frage lesen und bearbeiten.

Bezugsfahrzeug

Bitte beachten Sie das zugrunde liegende Bezugsfahrzeug:

Sie fahren ein ...

▶ Grundstoff:
Kraftfahrzeug mit Verbrennungsmotor

▶ Klasse B:
Zweispuriges Kraftfahrzeug mit Verbrennungsmotor, mit manuellem Schaltgetriebe und mit automatischem Blockierverhinderer (ABV)

Wenn in den Prüfungsaufgaben keine besonderen Fahrzeugeigenschaften benannt sind, gelten die folgenden allgemeinen Eigenschaften „Ihres Fahrzeugs" (Bezugsfahrzeug).

▶ Bitte beachten Sie:
Wenn in der Prüfungsaufgabe besondere Fahrzeugeigenschaften ausdrücklich benannt sind, müssen diese bei der Aufgabenbearbeitung berücksichtigt werden!

	Fehlerpunkte / 5-Punkte-Regel
Klasse	B
zulässige Fehlerpunkte	10
Grundstoff	
Zusatzstoff	
Summe	
5-Punkte-Regel *)	
bestanden	
nicht bestanden	
Bemerkungen	
*) 2 oder mehr Fragen mit je 5 Fehlerpunkten falsch	

Beantworten Sie die Fragen durch Ankreuzen von Antworten oder durch die Angabe von Zahlen.
Sie haben die Frage falsch beantwortet, wenn...
▶ nicht jede richtige Antwort angekreuzt ist ▶ oder eine/mehrere falsche Antwort(en) angekreuzt ist/sind ▶ oder eine falsche/keine Zahl angegeben ist

Sie haben die Prüfung nicht bestanden, wenn...
▶ die zul. Fehlerpunkte überschritten wurden (d.h. mehr als 10 Punkte bei Klasse B)
▶ oder wenn 2 oder mehr Fragen mit je 5 Fehlerpunkten falsch beantwortet wurden

1 VIDEO 5

Warum müssen Sie jetzt langsam und bremsbereit fahren?

- Weil der Bus anfährt
- Wegen des Fußgängers
- Wegen der Radfahrerin

1.1.02-136-M

5

2 VIDEO 6

Wie verhalten Sie sich jetzt richtig?

- Ich fahre gleichmäßig weiter
- Ich reduziere meine Geschwindigkeit
- Ich stelle mich auf eine Gefahrbremsung ein

1.1.02-138-M

4

3 VIDEO 7

Warum müssen Sie hier anhalten?

- Weil eine Fußgängerin die Fahrbahn von links überqueren möchte
- Weil eine Radfahrerin die Fahrbahn von links überqueren möchte
- Weil ein Fußgänger die Fahrbahn von rechts überqueren möchte

1.1.02-201-M

4

Fehlerpunkte

4

1.3.01-043-M

Welches Verhalten ist hier richtig?

- [ ] Das Motorrad darf vor dem gelben Pkw fahren
- [ ] Ich darf vor dem Motorrad fahren
- [ ] Ich darf vor dem gelben Pkw fahren

5

5

1.1.01-001

Was versteht man unter defensivem Fahren?

- [ ] Nicht auf dem eigenen Recht bestehen
- [ ] Vorsorglich an jeder Kreuzung anhalten
- [ ] Mit Fehlern anderer rechnen

4

6

1.1.07-101

Sie wollen eine landwirtschaftliche Zugmaschine mit nach hinten herausragendem Anbaugerät überholen. Was ist zu beachten?

- [ ] Beim Abbiegen kann das Anbaugerät ausschwenken
- [ ] Die hintere Beleuchtung kann stark verschmutzt oder verdeckt sein, so dass eingeschaltete Blinkleuchten schlecht oder gar nicht zu sehen sind
- [ ] Zugmaschinen können wegen ihrer niedrigen Geschwindigkeit immer gefahrlos überholt werden

4

7

1.2.03-101

Welche zulässige Höchstgeschwindigkeit gilt allgemein innerhalb geschlossener Ortschaften?

Antwort: ____ km/h

3

8

1.2.34-110

Sie sind an einem Verkehrsunfall beteiligt. Wozu sind Sie verpflichtet? Ich muss …

- [ ] … bei geringfügigem Schaden unverzüglich zur Seite fahren
- [ ] … den anderen Beteiligten angeben, dass ich auch am Unfall beteiligt war
- [ ] … auf Verlangen den Berechtigten meinen Namen und meine Anschrift angeben

3

Fehlerpunkte

9

1.3.01-018-M

Welches Verhalten ist richtig?

- [ ] Ich muss das Motorrad durchfahren lassen
- [ ] Ich fahre vor dem Bus
- [ ] Ich muss den Bus durchfahren lassen

5

10

1.5.01-016

Wozu kann eine regelmäßige Fahrzeugwartung beitragen?

- [ ] Den Kraftstoffverbrauch gering zu halten
- [ ] Die Emissionswerte gering zu halten
- [ ] Die Verkehrssicherheit zu gewährleisten

3

11

1.1.01-102

Was sind vermeidbare Behinderungen im fließenden Verkehr?

- [ ] Abwürgen des Motors
- [ ] Langsamfahren ohne triftigen Grund
- [ ] Liegenbleiben wegen Kraftstoffmangels

3

12

1.1.07-170

Sie befahren einen Straßenabschnitt, für den ein Stau gemeldet wurde. Wie verhalten Sie sich richtig?

- [ ] Ich nutze den Notbremsassistenten zum sicheren Anhalten vor dem Stauende
- [ ] Ich verfolge weiterhin die Verkehrsmeldungen
- [ ] Ich fahre in Kurven und vor Kuppen besonders aufmerksam

4

13

1.1.03-109

Wo müssen Sie besonders mit plötzlich auftretendem Nebel rechnen?

- [ ] An Flussläufen
- [ ] In Moorgebieten
- [ ] An Seen

3

Fehlerpunkte

14 1.2.34-007

Sie kommen als Erster an eine Unfallstelle mit Verletzten. Sie sichern die Unfallstelle ab und haben sich einen Überblick verschafft. Was müssen Sie noch tun? Ich muss den …

- … Unfall dokumentieren
- … Verletzten Erste Hilfe leisten
- … Rettungsdienst alarmieren

4

15 1.2.03-105

Nach welcher Faustformel kann man aus der Geschwindigkeit den Bremsweg in Metern bei einer normalen Bremsung berechnen?

- {Geschwindigkeit in km/h}/{10} x 5
- {Geschwindigkeit in km/h}/{10} x 3
- {Geschwindigkeit in km/h}/{10} x {Geschwindigkeit in km/h}/{10}

2

16

VIDEO 8 1.2.37-022-M

Die Ampel zeigt schon längere Zeit „Grün" für Ihre Richtung. Wie verhalten Sie sich jetzt richtig?

- Ich fahre bremsbereit weiter, da die Ampel auf „Gelb" umschalten kann
- Ich beschleunige, um die Kreuzung noch sicher bei „Grün" überqueren zu können
- Ich beobachte die Ampel aufmerksam

3

17

1.3.01-045-M

Welches Verhalten ist hier richtig?

- Ich darf vor dem gelben Pkw fahren
- Ich muss den gelben Pkw durchfahren lassen
- Ich muss den blauen Lkw durchfahren lassen

5

18

VIDEO 9 1.2.37-013

Wie verhalten Sie sich?

- Weiterfahren
- Abbremsen

5

19 1.4.40-006

Welches Verhalten verlangt dieses Verkehrszeichen von Ihnen?

- Höchste Aufmerksamkeit
- Bremsbereitschaft
- Geschwindigkeit vermindern

5

20 1.4.41-033

1 2 3

Welches Verkehrszeichen verbietet Ihnen das Einfahren in den beschilderten Bereich?

- Verkehrszeichen 3
- Verkehrszeichen 2
- Verkehrszeichen 1

3

ZUSATZFRAGEN – KLASSE B

21

2.1.11-009-M

Der Vorausfahrende hindert Sie seit Längerem am Überholen. Wie verhalten Sie sich richtig?

- Ich warte, bis ich überholen kann
- Ich fahre dichter auf
- Ich hupe und blende mehrmals lange auf (Lichthupe)

4

22

2.2.12-104

Welchen Mindestabstand von einer Ampel muss ein Fahrzeug beim Halten einhalten, wenn diese durch das Fahrzeug verdeckt würde?

Antwort: ☐ m

3

23

2.1.10-002

Was wirkt auf langen Fahrten der Ermüdung entgegen?

- Gymnastische Übungen während der Pausen
- Kaffeetrinken statt Pausen
- Rechtzeitige und ausreichende Pausen

4

24

2.6.03-111

Sie möchten einen Anhänger mitführen. Wann müssen zusätzliche Rückspiegel an Ihrem Kraftfahrzeug angebracht werden?

- Wenn nicht alle wesentlichen Verkehrsvorgänge ohne zusätzliche Rückspiegel beobachtet werden können
- Wenn es sich um einen Wohnanhänger oder um einen land- und forstwirtschaftlich genutzten Anhänger handelt
- Wenn die Ladefläche des Anhängers eine Breite von 1,5 m und eine Höhe von 1 m überschreitet

3

25

2.1.07-109

Sie erhöhen Ihre Geschwindigkeit von 50 km/h auf 100 km/h. Wie verändert sich der Bremsweg entsprechend der Faustformel?

- Er vervierfacht sich von 25 m auf 100 m
- Er verdoppelt sich von 15 m auf 30 m
- Er halbiert sich von 50 m auf 25 m

3

26

2.1.08-025

Sie möchten auf die Autobahn auffahren. Welcher Fahrlinie müssen Sie folgen?

Antwort: Fahrlinie Nr. ☐

4

27

2.7.02-037

Sie sind mit einem Rad heftig gegen eine Bordsteinkante gefahren. Was sollten Sie beachten?

- Das Fahrzeug sollte in der Werkstatt überprüft werden
- Der Reifen kann schleichend Luft verlieren
- Das Fahrverhalten des Fahrzeugs kann sich verschlechtern

2

28

2.2.21-128

Sie möchten in einem Kraftfahrzeug eine Person befördern, die während der Fahrt im Rollstuhl sitzen bleiben muss. Was müssen Sie beachten?

- Das Kraftfahrzeug muss mit einem Rollstuhlstellplatz ausgerüstet sein
- Der Rollstuhl muss mit einem Rollstuhl-Rückhaltesystem gesichert sein
- Die Person muss mit einem Rollstuhlnutzer-Rückhaltesystem gesichert sein

3

29

2.2.37-002

Sie fahren mit ungefähr 40 km/h. Etwa 10 m vor Ihnen wechselt die Ampel von „Grün" auf „Gelb". Wie verhalten Sie sich?

- Weiterfahren
- Anhalten

4

30

2.2.23-122

Während der Fahrt bekommen Sie einen Anruf. Was müssen Sie beachten? Ich darf telefonieren, wenn …

- … das Telefon hierzu nicht gehalten wird
- … das Telefon hierzu nicht länger als 7 Sekunden bedient wird
- … die Nutzung des Telefons höchstens eine kurze Blickzuwendung erfordert

3

Fehlerpunkte ☐

Fehlerpunkte ☐

Amtliche Prüfungsfragen für Führerscheinbewerber

Grundlagen für alle Klassen und Zusatzfragen Klasse B

4

Hinweise zu Videofragen:

In jeder Theorie-Prüfung sind 2 zufällige Videofragen vorhanden. Die Videofragen sind auf den Prüfungsbögen gekennzeichnet (Video-Abspielsymbol inklusive der Fragennummer). Die beiliegende DVD enthält alle diese Videos.

Legen Sie die DVD in Ihr CD-/DVD-Laufwerk ein und öffnen Sie die DVD durch Doppelklick auf das entsprechende Laufwerk in Ihrem Explorer. Wählen Sie das Video mit der im Bogen angegebenen Videonummer durch Doppelklick aus.

Während der Prüfung dürfen Sie ein Video maximal 5-mal anschauen, ohne dass Ihnen die Frage bekannt ist. Erst wenn Sie bereit sind, können Sie sich die Frage zum Video anzeigen lassen. Danach müssen Sie die Frage beantworten und können das Video nicht noch mal anschauen.

Wichtig: Daher zuerst das Video max. 5-mal anschauen. Erst danach die zugehörige Frage lesen und bearbeiten.

Bezugsfahrzeug

Bitte beachten Sie das zugrunde liegende Bezugsfahrzeug:

Sie fahren ein ...

▶ Grundstoff:
Kraftfahrzeug mit Verbrennungsmotor

▶ Klasse B:
Zweispuriges Kraftfahrzeug mit Verbrennungsmotor, mit manuellem Schaltgetriebe und mit automatischem Blockierverhinderer (ABV)

Wenn in den Prüfungsaufgaben keine besonderen Fahrzeugeigenschaften benannt sind, gelten die folgenden allgemeinen Eigenschaften „Ihres Fahrzeugs" (Bezugsfahrzeug).

▶ Bitte beachten Sie:
Wenn in der Prüfungsaufgabe besondere Fahrzeugeigenschaften ausdrücklich benannt sind, müssen diese bei der Aufgabenbearbeitung berücksichtigt werden!

	Fehlerpunkte / 5-Punkte-Regel
Klasse	B
zulässige Fehlerpunkte	10
Grundstoff	
Zusatzstoff	
Summe	
5-Punkte-Regel *)	
bestanden	
nicht bestanden	
Bemerkungen	
*) 2 oder mehr Fragen mit je 5 Fehlerpunkten falsch	

Beantworten Sie die Fragen durch Ankreuzen von Antworten oder durch die Angabe von Zahlen. Sie haben die Frage falsch beantwortet, wenn ...
▶ nicht jede richtige Antwort angekreuzt ist ▶ oder eine/mehrere falsche Antwort(en) angekreuzt ist/sind ▶ oder eine falsche/keine Zahl angegeben ist

Sie haben die Prüfung nicht bestanden, wenn ...
▶ die zul. Fehlerpunkte überschritten wurden (d.h. mehr als 10 Punkte bei Klasse B)
▶ oder wenn 2 oder mehr Fragen mit je 5 Fehlerpunkten falsch beantwortet wurden

1

Warum müssen Sie hier besonders vorsichtig fahren?

Weil die Fahrbahn glatt ist

Weil die Sicht durch die Kurve behindert ist

Weil die Fahrbahn durch den falsch parkenden Pkw verengt ist

1.1.03-108-B

3

2

VIDEO 10

Sie möchten aus der Tankstelle ausfahren. Was ist richtig?

Ich darf in beide Richtungen ausfahren

Ich muss querenden Fußgängern Vorrang gewähren

Ich habe Vorfahrt vor von links kommenden Fahrzeugen

1.2.10-006-M

3

3

VIDEO 11

Wie verhalten Sie sich jetzt?

Gleichmäßig weiterfahren

Nach links ausweichen

Verzögern und bremsbereit sein

1.1.07-136

5

Fehlerpunkte

4

1.3.01-040-M

Welches Verhalten ist hier richtig?

- [ ] Ich darf vor dem roten Pkw fahren
- [ ] Ich darf vor dem grünen Pkw fahren
- [ ] Der grüne Pkw darf vor dem roten Pkw fahren

5

5

1.2.12-001

Wo ist das Halten verboten?

- [ ] An engen und an unübersichtlichen Straßenstellen
- [ ] Unmittelbar hinter Fußgängerüberwegen
- [ ] Auf Bahnübergängen

3

6

1.2.02-111

Sie möchten eine Autobahn benutzen. Welche bauartbedingte Höchstgeschwindigkeit muss hierfür in der Zulassungsbescheinigung Teil I oder in der Betriebserlaubnis eingetragen sein?

Antwort: Mehr als ____ km/h

3

7

1.3.01-001

An welchen Stellen ohne vorfahrtregelnde Verkehrszeichen gilt die Regel „rechts vor links"?

- [ ] An Grundstücksausfahrten
- [ ] Am Ende eines verkehrsberuhigten Bereiches
- [ ] An Straßenkreuzungen und -einmündungen

5

8

1.5.01-122

Welche Kraftfahrzeuge sind vom Verkehrsverbot für „Umweltzonen" grundsätzlich ausgenommen?

- [ ] Alle Kraftfahrzeuge der Umweltzonenbewohner
- [ ] Krankenwagen im Einsatz
- [ ] Land- und forstwirtschaftliche Zugmaschinen

3

9

1.2.19-113

Worauf weist diese Verkehrszeichenkombination hin?
Auf einen Bahnübergang …

- [ ] … den ich mit maximal 10 km/h überqueren darf
- [ ] … den Schienenfahrzeuge nur mit 10 km/h befahren dürfen
- [ ] … an den ich ab hier mit maximal 10 km/h heranfahren darf

4

10

1.1.07-120

Was müssen Sie beachten, bevor Sie in einen Tunnel einfahren?

- [ ] Auch am Tage in gut beleuchteten Tunneln mit Abblendlicht fahren
- [ ] Nebelscheinwerfer einschalten
- [ ] Sonnenbrille abnehmen

4

11

1.2.03-107

Sie fahren auf einer gut ausgebauten Straße, auf der Gegenverkehr ungehindert an Ihnen vorbeifahren kann. Innerhalb welcher Strecke müssen Sie in jedem Fall anhalten können? Innerhalb der …

- [ ] … von mir übersehbaren Strecke
- [ ] … halben von mir übersehbaren Strecke
- [ ] … doppelten von mir übersehbaren Strecke

4

12

1.1.07-002

Worauf müssen Sie innerorts an Kreuzungen und Einmündungen besonders achten?

- [ ] Kreuzende oder einmündende Straßen können bevorrechtigt sein, obwohl sie schmal und weniger gut ausgebaut sind
- [ ] Die breitere Straße ist immer bevorrechtigt
- [ ] An allen Kreuzungen und Einmündungen gilt ausnahmslos die Regel „rechts vor links"

3

13

1.1.05-001

Wo führt schnelles Fahren häufig zu Unfällen?

- [ ] An Straßenkreuzungen und -einmündungen
- [ ] An Fußgängerüberwegen
- [ ] In Kurven

4

Fehlerpunkte ____

Fehlerpunkte ____

14 1.1.02-126

Warum sind ältere Fußgänger im Verkehr mehr gefährdet als jüngere?

- Sie sehen und hören oft schlechter
- Sie reagieren oft langsamer und sind weniger beweglich
- Sie schätzen die Geschwindigkeit von Fahrzeugen oft falsch ein

4

15 1.1.01-002

Was kann zu Auffahrunfällen führen?

- Unerwartet starkes Bremsen
- Unaufmerksamkeit
- Zu dichtes Auffahren

4

16

1.3.01-112

Sie wollen nach links abbiegen. Wer muss warten?

- Das blaue Fahrzeug muss warten
- Ich muss warten

5

17

1.1.02-041-M

Mit welchen Gefahren müssen Sie rechnen?

- Die Kinder verlassen die Fahrbahn nicht rechtzeitig
- Alle Kinder warten auf dem Gehweg
- Einzelne Kinder kehren wieder um

5

18

VIDEO 12 1.2.09-129

Was müssen Sie hier beachten? Ich muss …

- … weiter abbremsen
- … bei Einfahrt in den Kreisverkehr blinken
- … dem Pkw die Vorfahrt gewähren

3

19 1.4.40-144

Womit müssen Sie bei diesem Verkehrszeichen rechnen?

- Mit Radfahrern, welche die Fahrbahn kreuzen
- Mit einem Verkehrsverbot für Radfahrer
- Mit einer Unterführung für Radfahrer

4

20 1.4.41-001

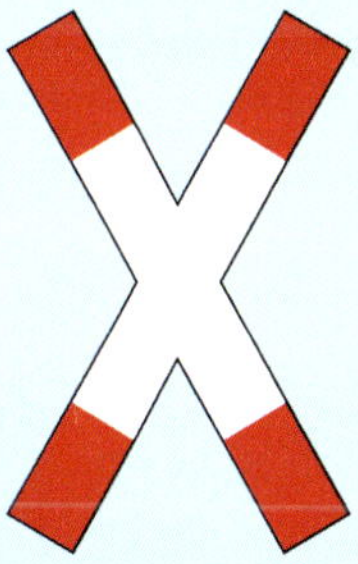

In welchem Fall müssen Sie vor diesem Verkehrszeichen warten?

- Wenn ein Bahnbediensteter eine weiß-rot-weiße Fahne schwenkt
- Wenn Sie den Übergang nicht überqueren können, ohne auf ihm anhalten zu müssen
- Wenn sich ein Schienenfahrzeug nähert

3

ZUSATZFRAGEN – KLASSE B

21

2.1.05-105-M

Worauf sollten Sie sich in dieser Situation einstellen?

- [ ] Auf Gegenverkehr, der die Kurve schneidet
- [ ] Auf Wildwechsel
- [ ] Auf ein langsam fahrendes Fahrzeug auf meinem Fahrstreifen

4

26

VIDEO 13

2.1.06-018-M

Wie sollten Sie sich jetzt verhalten?

- [ ] Ich beschleunige
- [ ] Ich verzögere
- [ ] Ich fahre äußerst rechts

5

22

2.2.23-053

Welche Änderung müssen Sie als Fahrzeughalter der zuständigen Zulassungsbehörde unverzüglich melden? Eine Änderung …

- [ ] … meiner Haftpflichtversicherung
- [ ] … meines Wohnsitzes
- [ ] … meines Namens

2

27

2.2.23-125

Während der Fahrt beschlägt die Frontscheibe Ihres Fahrzeugs von innen. Wie können Sie dem entgegenwirken?

- [ ] Ich öffne bei hoher Außenluftfeuchtigkeit die Fenster
- [ ] Ich schalte die Klimaanlage ein
- [ ] Ich richte die Lüftung mit maximaler Leistung auf die Frontscheibe

3

23

2.2.23-113

Ein auflaufgebremster Wohnanhänger mit einer Achse wird im Gefälle abgestellt. Wie ist er gegen Wegrollen zu sichern?

- [ ] Je einen Unterlegkeil vor und hinter ein Rad legen
- [ ] Feststellbremse anziehen
- [ ] Unterlegkeile vor die Räder legen

3

28

2.2.03-006

Sie fahren 100 km/h, haben 1 Sekunde Reaktionszeit und führen eine normale Bremsung durch.

Wie lang ist der Anhalteweg nach der Faustformel?

Antwort: ____ m

3

24

2.2.17-005

Die Sicht ist erheblich behindert. Wann dürfen Sie Nebelscheinwerfer einschalten?

- [ ] Bei Regen
- [ ] Bei Schneefall
- [ ] Bei Nebel

3

29

2.1.07-102

Was erleichtert das Fahren im Kolonnenverkehr?

- [ ] Fahren mit ständig eingeschaltetem Warnblinklicht
- [ ] Das Beobachten der Kolonne durch die Scheiben der Vorausfahrenden
- [ ] Leicht versetztes Fahren im eigenen Fahrstreifen

3

25

2.2.12-106

Worauf müssen Sie achten, wenn Sie einen Anhänger ohne Zugfahrzeug parken? Der Anhänger darf auf …

- [ ] … öffentlichen Straßen nicht länger als 2 Wochen geparkt werden
- [ ] … entsprechend gekennzeichneten Parkplätzen länger als 2 Wochen geparkt werden
- [ ] … ausreichend befestigten Seitenstreifen zeitlich unbegrenzt geparkt werden

3

30

2.7.01-120

Sie wollen einen Anhänger mit Kugelkupplung ankuppeln. Was ist richtig?

- [ ] Stützrad so einstellen, dass es während der Fahrt mitlaufen kann
- [ ] Die Kupplungsklaue muss den Kugelkopf sicher umschließen. Die Sicherung muss einrasten
- [ ] Die elektrische Verbindung muss hergestellt werden

4

Fehlerpunkte

Fehlerpunkte

Amtliche Prüfungsfragen für Führerscheinbewerber

Grundlagen für alle Klassen und Zusatzfragen Klasse B

5

Hinweise zu Videofragen:

In jeder Theorie-Prüfung sind 2 zufällige Videofragen vorhanden. Die Videofragen sind auf den Prüfungsbögen gekennzeichnet (Video-Abspielsymbol inklusive der Fragennummer). Die beiliegende DVD enthält alle diese Videos.

Legen Sie die DVD in Ihr CD-/DVD-Laufwerk ein und öffnen Sie die DVD durch Doppelklick auf das entsprechende Laufwerk in Ihrem Explorer. Wählen Sie das Video mit der im Bogen angegebenen Videonummer durch Doppelklick aus.

Während der Prüfung dürfen Sie ein Video maximal 5-mal anschauen, ohne dass Ihnen die Frage bekannt ist. Erst wenn Sie bereit sind, können Sie sich die Frage zum Video anzeigen lassen. Danach müssen Sie die Frage beantworten und können das Video nicht noch mal anschauen.

Wichtig: Daher zuerst das Video max. 5-mal anschauen. Erst danach die zugehörige Frage lesen und bearbeiten.

Bezugsfahrzeug

Bitte beachten Sie das zugrunde liegende Bezugsfahrzeug:

Sie fahren ein ...

▶ Grundstoff:
Kraftfahrzeug mit Verbrennungsmotor

▶ Klasse B:
Zweispuriges Kraftfahrzeug mit Verbrennungsmotor, mit manuellem Schaltgetriebe und mit automatischem Blockierverhinderer (ABV)

Wenn in den Prüfungsaufgaben keine besonderen Fahrzeugeigenschaften benannt sind, gelten die folgenden allgemeinen Eigenschaften „Ihres Fahrzeugs" (Bezugsfahrzeug).

▶ Bitte beachten Sie:
Wenn in der Prüfungsaufgabe besondere Fahrzeugeigenschaften ausdrücklich benannt sind, müssen diese bei der Aufgabenbearbeitung berücksichtigt werden!

	Fehlerpunkte / 5-Punkte-Regel
Klasse	B
zulässige Fehlerpunkte	10
Grundstoff	
Zusatzstoff	
Summe	
5-Punkte-Regel *)	
bestanden	
nicht bestanden	
Bemerkungen	
*) 2 oder mehr Fragen mit je 5 Fehlerpunkten falsch	

Beantworten Sie die Fragen durch Ankreuzen von Antworten oder durch die Angabe von Zahlen. Sie haben die Frage falsch beantwortet, wenn ...
▶ nicht jede richtige Antwort angekreuzt ist ▶ oder eine/mehrere falsche Antwort(en) angekreuzt ist/sind ▶ oder eine falsche/keine Zahl angegeben ist

Sie haben die Prüfung nicht bestanden, wenn ...
▶ die zul. Fehlerpunkte überschritten wurden (d.h. mehr als 10 Punkte bei Klasse B)
▶ oder wenn 2 oder mehr Fragen mit je 5 Fehlerpunkten falsch beantwortet wurden

1

Wie verhalten Sie sich in dieser Situation richtig?

- Ich halte an und lasse die Person die Straße überqueren
- Ich fahre mit ausreichendem Abstand links an der Person vorbei
- Ich signalisiere der Person durch Betätigung der Lichthupe, dass ich warte

1.1.02-051-M

4

2

Mit welchem Verhalten müssen Sie an solchen Haltestellen rechnen?

- Fußgänger warten, bis die Fahrbahn frei ist
- Fußgänger verlassen die Haltestelleninsel unachtsam
- Fußgänger rennen über die Fahrbahn zur Haltestelleninsel

1.1.02-122

4

3

Womit müssen Sie in dieser Situation rechnen?

- Der Radfahrer steigt ab, um mich vorbeizulassen
- Der Radfahrer schert nach links aus
- Mit Gegenverkehr

1.1.07-166-M

4

Fehlerpunkte

4

Die Position der Bahnschranken ändert sich seit längerer Zeit nicht. Wie verhalten Sie sich richtig? 1.2.19-009

- [ ] Ich überquere den Bahnübergang nicht
- [ ] Ich überquere den Bahnübergang mit besonderer Vorsicht
- [ ] Ich melde die Störung der Polizei

4

5 1.2.12-113

An Haltestellen darf nur gehalten werden, wenn Busse nicht behindert werden.

Wie lange dürfen Sie dort höchstens halten?

Antwort: ☐ Minuten

2

6

Mit welchem Verhalten von Kindern müssen Sie an Zebrastreifen rechnen? 1.1.02-005

- [ ] Sie laufen auf den Zebrastreifen, ohne auf den Verkehr zu achten
- [ ] Sie kehren ohne erkennbaren Grund auf dem Zebrastreifen um und laufen zurück
- [ ] Sie schätzen Geschwindigkeit und Entfernung herannahender Fahrzeuge immer richtig ein und warten am Fahrbahnrand

5

7 1.1.09-032

Was kann der Konsum von Drogen bewirken?

- [ ] Eine Beeinträchtigung der Konzentration
- [ ] Eine Erhöhung der Risikobereitschaft
- [ ] Eine Fehleinschätzung von Geschwindigkeiten

4

8 1.1.07-143

Auf meiner Fahrtroute befindet sich ein Tunnel. Was sollte ich wissen?

- [ ] Ich sollte wissen, wie Fluchtwege in Tunneln ausgewiesen sind
- [ ] Ich sollte wissen, wie ich mein Fahrzeug abstelle und verlasse, wenn ich nicht mehr weiterfahren kann
- [ ] Ich kann darauf vertrauen, dass im Notfall immer rechtzeitig Hilfskräfte zur Stelle sind

4

9

Welches Verhalten ist richtig? 1.3.01-060-M

- [ ] Ich muss blinken
- [ ] Ich muss warten
- [ ] Der gelbe Pkw muss warten

5

10

In welchen Fällen dürfen Sie nicht in eine Kreuzung einfahren, obwohl die Ampel „Grün" zeigt? 1.2.11-108

- [ ] Wenn ich auf der Kreuzung warten muss, weil der Verkehr stockt
- [ ] Wenn an der Kreuzung das Verkehrszeichen „Halt. Vorfahrt gewähren." steht
- [ ] Wenn ein Polizeibeamter „Halt" gebietet

4

11

Ein Fußgänger mit einem weißen Stock möchte vor Ihnen die Fahrbahn überqueren. Wie müssen Sie sich verhalten? Ich muss … 1.1.02-129

- [ ] … die Geschwindigkeit vermindern und nötigenfalls anhalten
- [ ] … Warnzeichen geben
- [ ] … mit gleichbleibender Geschwindigkeit weiterfahren

4

12

Wie wirkt sich eine wesentliche Unterschreitung des empfohlenen Reifendrucks aus? 1.5.01-004

- [ ] Der Kraftstoffverbrauch nimmt zu
- [ ] Der Schadstoffausstoß nimmt ab
- [ ] Der Reifenabrieb nimmt zu

3

13

Bei hohen Außentemperaturen lässt die Konzentration bei langen Fahrten nach und die Unfallzahlen steigen. Welche Maßnahme ist empfehlenswert, damit Sie auch im Hochsommer aufmerksam und sicher fahren? 1.1.10-001

- [ ] Ich plane regelmäßige Pausen ein
- [ ] Ich nehme ausreichend Flüssigkeit zu mir
- [ ] Ich lege meine Fahrten bevorzugt in die Mittagszeit

3

Fehlerpunkte ☐ Fehlerpunkte ☐

14 1.2.09-111

In welcher Situation ist Wenden besonders gefährlich?

Vor Kuppen

Vor Kurven

Bei Nebel

4

15 1.2.20-103

Sie möchten an einem Linienbus vorbeifahren, der an einer Haltestelle angehalten hat. Was müssen Sie beachten?
Ich muss …

… mit ausreichendem Seitenabstand vorbeifahren

… vorsichtig vorbeifahren

… den Gegenverkehr beachten

4

16

1.3.01-042-M

Welches Verhalten ist richtig?

Die Straßenbahn muss mich vorher abbiegen lassen

Ich muss die Straßenbahn durchfahren lassen

Ich muss das Motorrad durchfahren lassen

5

17

1.3.01-103-M

Welches Verhalten ist richtig?

Das Motorrad muss warten

Ich muss warten

5

18

1.2.09-113-M

Wer muss hier die Fahrtrichtungsänderung anzeigen?

Ich selbst

Der rote Pkw

Das Motorrad

3

19 1.4.40-148

Worauf weist dieses Verkehrszeichen hin?

Auf Lawinen

Auf Eisglätte

Auf Schneeglätte

3

20 1.4.41-019

Was gilt bezüglich gelber Fahrbahnmarkierungen?
Gelbe Fahrbahnmarkierungen …

… werden nur vorübergehend angebracht (zum Beispiel an Baustellen)

… ersetzen die Gültigkeit weißer Fahrbahnmarkierungen

… gelten nur für Baustellenfahrzeuge

3

Fehlerpunkte

Fehlerpunkte

ZUSATZFRAGEN – KLASSE B

21

VIDEO 14 ▶ 2.1.06-017-M

Warum müssen Sie hier verzögern?

- Weil maximal 80 km/h erlaubt sind
- Wegen des Traktors
- Wegen des überholenden Pkws

3

22 2.7.01-139

Sie fahren ein Kraftfahrzeug mit einem Automatischen Blockierverhinderer (ABV). Wie erreichen Sie einen möglichst kurzen Bremsweg? Ich betätige die Bremse …

- … schlagartig und mit maximaler Pedalkraft
- … mehrfach in kurzen Abständen mit maximaler Pedalkraft
- … vorsichtig und dann zunehmend kräftiger

4

23 2.2.05-005

Sie fahren mit 100 km/h auf einer Straße außerhalb geschlossener Ortschaften. Vor Ihnen fährt ein Lkw mit 70 km/h. Wie weit müssen Sie bei Beginn eines Überholvorgangs von einer Straßenkuppe mindestens noch entfernt sein?

- 400 m
- 800 m
- 200 m

5

24 2.7.05-002

Wann sollten Sie den Reifendruck überprüfen?

- Regelmäßig bei kalten Reifen
- Unmittelbar nach jeder Fahrt
- Unmittelbar nach jedem Reifenwechsel

2

25 2.1.05-009

In welcher Situation wird die eigene Geschwindigkeit häufig unterschätzt?

- Bei breiten und gut ausgebauten Straßen
- Nach längerer Fahrt mit höherer Geschwindigkeit
- Bei schmalen Straßen mit unebener Fahrbahnoberfläche

4

26

VIDEO 15 ▶ 2.1.11-125

Sie wollen überholen. Was steht dem entgegen?

- Der Gegenverkehr
- Der Fahrbahnzustand
- Der Straßenverlauf

4

27 2.2.12-204

Sie möchten am rechten Fahrbahnrand parken. Wie groß muss der Abstand zwischen Ihrem Fahrzeug und der durchgehenden Fahrstreifenbegrenzungslinie mindestens sein?

Antwort: ____ m

2

28 2.2.05-018

Sie möchten einen Lkw mit Anhänger überholen. Was müssen Sie dabei beachten?

- Der erforderliche Überholweg verlängert sich wegen des Anhängers deutlich
- Der Fahrzeugumriss des Lastzugs kann vorausfahrende Fahrzeuge verdecken
- Das Ausscheren zum Überholen darf erst unmittelbar hinter dem Lastzug erfolgen

4

29 2.7.02-135

Wann sollten Sie Ihren Pkw in einer Werkstatt überprüfen lassen?

- Wenn beim Bremsen dauerhaft Geräusche auftreten
- Wenn die Airbag-Kontrollleuchte nach dem Motorstart nicht erlischt
- Wenn beim Geradeausfahren ein ständiges Gegenlenken erforderlich ist

3

30 2.2.13-101

Wozu darf an nicht laufenden Parkuhren gehalten werden?

- Zum Ein- oder Aussteigen
- Zum Be- oder Entladen
- Zu einem kurzen Einkauf

2

Fehlerpunkte

Fehlerpunkte

Amtliche Prüfungsfragen für Führerscheinbewerber

Grundlagen für alle Klassen und Zusatzfragen Klasse B

6

Hinweise zu Videofragen:

In jeder Theorie-Prüfung sind 2 zufällige Videofragen vorhanden. Die Videofragen sind auf den Prüfungsbögen gekennzeichnet (Video-Abspielsymbol inklusive der Fragennummer). Die beiliegende DVD enthält alle diese Videos.

Legen Sie die DVD in Ihr CD-/DVD-Laufwerk ein und öffnen Sie die DVD durch Doppelklick auf das entsprechende Laufwerk in Ihrem Explorer. Wählen Sie das Video mit der im Bogen angegebenen Videonummer durch Doppelklick aus.

Während der Prüfung dürfen Sie ein Video maximal 5-mal anschauen, ohne dass Ihnen die Frage bekannt ist. Erst wenn Sie bereit sind, können Sie sich die Frage zum Video anzeigen lassen. Danach müssen Sie die Frage beantworten und können das Video nicht noch mal anschauen.

Wichtig: Daher zuerst das Video max. 5-mal anschauen. Erst danach die zugehörige Frage lesen und bearbeiten.

Bezugsfahrzeug

Bitte beachten Sie das zugrunde liegende Bezugsfahrzeug:

Sie fahren ein ...

▶ Grundstoff:
Kraftfahrzeug mit Verbrennungsmotor

▶ Klasse B:
Zweispuriges Kraftfahrzeug mit Verbrennungsmotor, mit manuellem Schaltgetriebe und mit automatischem Blockierverhinderer (ABV)

Wenn in den Prüfungsaufgaben keine besonderen Fahrzeugeigenschaften benannt sind, gelten die folgenden allgemeinen Eigenschaften „Ihres Fahrzeugs" (Bezugsfahrzeug).

▶ Bitte beachten Sie:
Wenn in der Prüfungsaufgabe besondere Fahrzeugeigenschaften ausdrücklich benannt sind, müssen diese bei der Aufgabenbearbeitung berücksichtigt werden!

	Fehlerpunkte / 5-Punkte-Regel
Klasse	B
zulässige Fehlerpunkte	10
Grundstoff	
Zusatzstoff	
Summe	
5-Punkte-Regel *)	
bestanden	
nicht bestanden	
Bemerkungen	
*) 2 oder mehr Fragen mit je 5 Fehlerpunkten falsch	

Beantworten Sie die Fragen durch Ankreuzen von Antworten oder durch die Angabe von Zahlen.
Sie haben die Frage falsch beantwortet, wenn ...
▶ nicht jede richtige Antwort angekreuzt ist ▶ oder eine/mehrere falsche Antwort(en) angekreuzt ist/sind ▶ oder eine falsche/keine Zahl angegeben ist

Sie haben die Prüfung nicht bestanden, wenn ...
▶ die zul. Fehlerpunkte überschritten wurden (d.h. mehr als 10 Punkte bei Klasse B)
▶ oder wenn 2 oder mehr Fragen mit je 5 Fehlerpunkten falsch beantwortet wurden

1

Wie müssen Sie sich verhalten?

- Weiterfahren, weil ausreichend Zeit ist, bis die Personen meine Fahrbahnseite erreicht haben
- Anhalten, um den Personen das Überqueren der Fahrbahn zu ermöglichen
- Weiterfahren, weil sich Personen nur am linken Fahrbahnrand befinden

1.1.02-121-M

4

2

VIDEO 16

Wie verhalten Sie sich jetzt richtig?

- Ich weiche nach links aus
- Ich bremse ab
- Ich beschleunige aufgrund meines Vorrangs

1.1.07-168-M

4

3

Worauf müssen Sie sich einstellen?

- Auf querende Personen
- Auf Sichtbehinderungen
- Auf sich öffnende Fahrzeugtüren

1.1.02-124-M

4

Fehlerpunkte

4

Wie verhalten Sie sich in dieser Situation richtig? 1.2.06-101-M

- [ ] Ich fahre vor dem Entgegenkommenden
- [ ] Ich verständige mich mit dem Entgegenkommenden, wer zuerst fährt
- [ ] Ich warte, bis der Entgegenkommende vorbeigefahren ist

5

5 1.2.12-125

Wo ist das Halten verboten?

- [ ] Auf Einfädelungs- und Ausfädelungsstreifen
- [ ] Vor Ein- und Ausfahrten von Grundstücken
- [ ] Auf markierten Fahrstreifen mit Richtungspfeilen

3

6

An welchen Stellen ohne vorfahrtregelnde Verkehrszeichen gilt die Regel „rechts vor links"? 1.3.01-002

- [ ] An Einmündungen mit abgesenktem Bordstein
- [ ] An Straßenkreuzungen und -einmündungen
- [ ] Wo Feld- oder Waldwege in eine andere Straße münden

5

7

Wer muss an einem Andreaskreuz mit rotem Blinklicht in Form eines Pfeiles nach rechts warten? 1.2.19-112

- [ ] Geradeausfahrer
- [ ] Linksabbieger
- [ ] Rechtsabbieger

3

8 1.2.12-132

Wo ist das Halten verboten?

- [ ] In allen Einbahnstraßen
- [ ] Vor Feuerwehrzufahrten
- [ ] In Parkverbotszonen

3

9

1.3.01-039-M

Wer darf hier zuerst fahren?

- [ ] Der rote Lkw
- [ ] Der Elektroroller
- [ ] Ich

5

10

Vor Ihnen will ein großer Mähdrescher nach rechts abbiegen. Was ist richtig? Der Mähdrescher … 1.1.07-011

- [ ] … wird beim Abbiegen weit nach links ausschwenken
- [ ] … kann wegen der Hinterradlenkung nicht ausschwenken
- [ ] … wird vor dem Abbiegen sehr langsam werden

4

11 1.1.09-027

Wie lange sind Cannabis und dessen Abbauprodukte im Urin nachweisbar?

- [ ] Noch nach Wochen
- [ ] Höchstens mehrere Tage
- [ ] Nur mehrere Stunden

4

12

Sie fahren auf einer Straße mit zwei Fahrstreifen in einer Richtung auf dem linken Fahrstreifen. Vor einem ca. 30 m entfernten Fußgängerüberweg hält auf dem rechten Fahrstreifen ein Lkw an. Wie verhalten Sie sich? 1.2.26-116

- [ ] Ich gebe Warnzeichen und fahre am Lkw vorbei
- [ ] Ich fahre zügig weiter
- [ ] Ich fahre mit mäßiger Geschwindigkeit heran

5

13 1.1.07-118

Mit welchen Gefahren müssen Sie vor allem in ländlichen Gebieten rechnen?

- [ ] Mit langsamen landwirtschaftlichen Fahrzeugen
- [ ] Mit überbreiten landwirtschaftlichen Fahrzeugen
- [ ] Mit Fahrbahnverschmutzungen

4

Fehlerpunkte

Fehlerpunkte

14 1.1.07-119

In der Dämmerung kommt Ihnen eine landwirtschaftliche Zugmaschine mit eingeschalteter Beleuchtung entgegen. Womit müssen Sie rechnen?

- Die Zugmaschine kann ein breiteres, schlecht erkennbares Arbeitsgerät mitführen
- Die Breite der Zugmaschine ist trotz der eingeschalteten Beleuchtung nicht immer erkennbar
- Die Zugmaschine kann 2 breitere Anhänger mitführen

4

15 1.5.01-010

Wo können Altöle, Schmierstoffe und Fahrzeugbatterien einer fachgerechten Entsorgung zugeführt werden?

- Im Hausmüll
- Auf Wertstoffhöfen
- In Kfz-Werkstätten

3

16

1.3.01-118-M

Welches Verhalten ist richtig?

- Die Radfahrerin muss mich vorbeilassen
- Ich muss die Radfahrerin durchfahren lassen
- Ich darf vor dem Motorrad fahren

5

17

VIDEO 17

1.1.07-175-M

Worauf stellen Sie sich in dieser Situation ein?

- Der gelbe Pkw biegt nach links ab
- Die Fußgängerin überquert die Straße
- Ich muss auf meine Vorfahrt verzichten

4

18 1.4.41-022

Was müssen Sie innerorts beim Befahren einer Straße mit dieser Verkehrszeichenkombination beachten?

- Radfahrer können mir entgegenkommen
- Radfahrer müssen die Gehwege rechts und links der Fahrbahn nutzen
- Beim Überholen von Radfahrern muss ich einen seitlichen Mindestabstand von 1,5 m einhalten

2

19 1.2.19-109

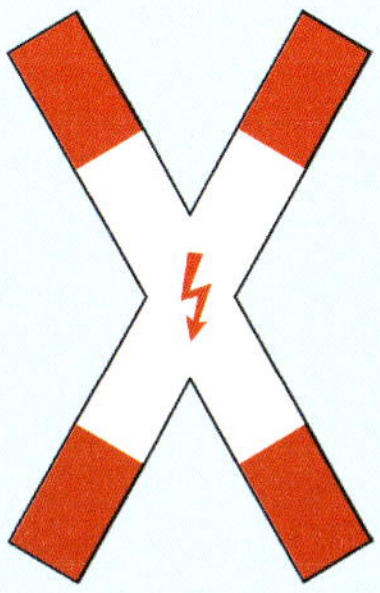

Was bedeutet dieses Verkehrszeichen?

- Hinweis auf vorhandene elektrische Oberleitungen
- Der Schienenverkehr hat immer Vorrang
- Es ist immer zu warten, wenn sich ein Schienenfahrzeug nähert

3

20 1.4.41-131

Worauf weisen diese Verkehrszeichen hin?

- Auf ein Überholverbot, das in 200 m Entfernung beginnt
- Auf eine Überholverbotsstrecke von 200 m Länge
- Auf ein Überholverbot, das nach 200 m endet

3

Fehlerpunkte

Fehlerpunkte

ZUSATZFRAGEN – KLASSE B

21

VIDEO 18

2.2.07-009

Womit müssen Sie in dieser Situation rechnen? Dass der …

- … gelbe Lkw vor mir zum Überholen ausscheren wird
- … graue Pkw auf den mittleren Fahrstreifen wechseln wird
- … graue Pkw auf dem rechten Fahrstreifen bleiben wird

5

22

2.1.05-008

Sie nähern sich mit hoher Geschwindigkeit einer engen Linkskurve. Warum müssen Sie die Geschwindigkeit bereits vor der Kurve vermindern?

- Weil mein Fahrzeug sonst rechts aus der Kurve rutschen kann
- Weil mein Fahrzeug sonst links aus der Kurve rutschen kann
- Weil mein Fahrzeug sonst ins Schleudern geraten kann

4

23

2.2.14-104

Ihr Pkw steht am Fahrbahnrand. Was ist beim Einsteigen richtig?

- Mitfahrer möglichst vom Gehweg aus einsteigen lassen
- Türen auf der Fahrbahnseite erst öffnen, wenn es der Verkehr erlaubt
- Das Öffnen der Türen auf der rechten Seite ist immer gefahrlos möglich

3

24

2.2.03-101

Wie schnell darf ein Kraftfahrzeug mit Schneeketten höchstens fahren?

Antwort: ____ km/h

3

25

2.1.10-102

Was lenkt Sie während der Fahrt stark ab?

- Telefonieren
- Anzünden einer Zigarette
- Quengelnde Kinder auf den Rücksitzen

4

26

VIDEO 19

2.2.18-016-M

Wie verhalten Sie sich jetzt richtig?

- Ich warne den Fahrer mit Schall- und Leuchtzeichen
- Ich fahre möglichst weit rechts
- Ich verständige die Polizei

4

27

2.7.01-135

Sie planen eine längere Reise mit einem reinen Elektrofahrzeug. Was sollten Sie beachten?

- Die Verfügbarkeit von Elektrotankstellen
- Den Einfluss extremer Außentemperaturen auf die Reichweite
- Die Ladezeit der Batterien

2

28

2.2.18-003

Welche Richtgeschwindigkeit gilt für Pkw und Motorräder auf Autobahnen?

Antwort: ____ km/h

2

29

2.2.22-126

Sie möchten Ladung auf dem Dach Ihres Pkws transportieren. Welchen Einfluss hat dies auf das Fahrverhalten Ihres Pkws?

- Die Seitenwindempfindlichkeit nimmt ab
- Der Bremsweg verlängert sich
- Das Beschleunigungsvermögen nimmt ab

2

30

2.1.11-123

Fünf junge Freunde fahren im Auto zu einer Freizeitveranstaltung. Die Stimmung ist ausgelassen. Welche Gefahren können dadurch entstehen?

- Der Fahrer wird vom Verkehrsgeschehen abgelenkt
- Der Fahrer wird zu riskantem Fahren verleitet
- Der Fahrer wird zu langsamerem Fahren verleitet

4

Fehlerpunkte

Fehlerpunkte

Amtliche Prüfungsfragen für Führerscheinbewerber

Grundlagen für alle Klassen und Zusatzfragen Klasse B

7

Hinweise zu Videofragen:

In jeder Theorie-Prüfung sind 2 zufällige Videofragen vorhanden. Die Videofragen sind auf den Prüfungsbögen gekennzeichnet (Video-Abspielsymbol inklusive der Fragennummer). Die beiliegende DVD enthält alle diese Videos.

Legen Sie die DVD in Ihr CD-/DVD-Laufwerk ein und öffnen Sie die DVD durch Doppelklick auf das entsprechende Laufwerk in Ihrem Explorer. Wählen Sie das Video mit der im Bogen angegebenen Videonummer durch Doppelklick aus.

Während der Prüfung dürfen Sie ein Video maximal 5-mal anschauen, ohne dass Ihnen die Frage bekannt ist. Erst wenn Sie bereit sind, können Sie sich die Frage zum Video anzeigen lassen. Danach müssen Sie die Frage beantworten und können das Video nicht noch mal anschauen.

Wichtig: Daher zuerst das Video max. 5-mal anschauen. Erst danach die zugehörige Frage lesen und bearbeiten.

Bezugsfahrzeug

Bitte beachten Sie das zugrunde liegende Bezugsfahrzeug:

Sie fahren ein ...

▶ Grundstoff:
Kraftfahrzeug mit Verbrennungsmotor

▶ Klasse B:
Zweispuriges Kraftfahrzeug mit Verbrennungsmotor, mit manuellem Schaltgetriebe und mit automatischem Blockierverhinderer (ABV)

Wenn in den Prüfungsaufgaben keine besonderen Fahrzeugeigenschaften benannt sind, gelten die folgenden allgemeinen Eigenschaften „Ihres Fahrzeugs" (Bezugsfahrzeug).

▶ Bitte beachten Sie:
Wenn in der Prüfungsaufgabe besondere Fahrzeugeigenschaften ausdrücklich benannt sind, müssen diese bei der Aufgabenbearbeitung berücksichtigt werden!

	Fehlerpunkte / 5-Punkte-Regel
Klasse	B
zulässige Fehlerpunkte	10
Grundstoff	
Zusatzstoff	
Summe	
5-Punkte-Regel *)	
bestanden	
nicht bestanden	
Bemerkungen	
*) 2 oder mehr Fragen mit je 5 Fehlerpunkten falsch	

Beantworten Sie die Fragen durch Ankreuzen von Antworten oder durch die Angabe von Zahlen.
Sie haben die Frage falsch beantwortet, wenn ...
▶ nicht jede richtige Antwort angekreuzt ist ▶ oder eine/mehrere falsche Antwort(en) angekreuzt ist/sind ▶ oder eine falsche/keine Zahl angegeben ist

Sie haben die Prüfung nicht bestanden, wenn ...
▶ die zul. Fehlerpunkte überschritten wurden (d.h. mehr als 10 Punkte bei Klasse B)
▶ oder wenn 2 oder mehr Fragen mit je 5 Fehlerpunkten falsch beantwortet wurden

1

Sie fahren nach Starkregen. Was sollten Sie in dieser Situation beachten?

- Ich sollte einen großen Sicherheitsabstand zum vorausfahrenden Fahrzeug halten
- Ich kann Unebenheiten auf der Fahrbahn schlecht erkennen
- Spritzwasser kann meine Sicht beeinträchtigen

1.1.03-007-M

4

2

Die Straßenbahn ist an der Haltestelle gerade zum Stehen gekommen. Welches Verhalten ist richtig?

Ein- oder aussteigende Fahrgäste ...

- ... dürfen nicht gefährdet werden
- ... dürfen nicht behindert werden
- ... dürfen mit der Hupe gewarnt werden

1.1.02-116

4

3

Wer hält falsch?

- Der gelbe Pkw
- Der rote Pkw
- Beide Pkw

1.2.12-126-M

3

Fehlerpunkte

4

1.1.02-042-M

Wie sollten Sie sich verhalten?

- Auf Schrittgeschwindigkeit abbremsen
- Unvermindert weiterfahren
- Bremsbereit bleiben

5

5

1.2.37-019

Unter welchen Umständen dürfen Sie an einer Kreuzung eine rote Ampel überfahren?

- Wenn ein Polizist den Verkehr auf der Kreuzung regelt
- Um einem Einsatzfahrzeug mit blauem Blinklicht und Einsatzhorn vorsichtig Platz zu schaffen
- Unter keinen Umständen

2

6

1.1.07-173

Während der Fahrt überquert vor Ihrem Fahrzeug ein Reh die Fahrbahn. Was sollten Sie beachten?

- Dem Reh können weitere Tiere folgen
- Das Reh kann mitten auf der Fahrbahn stehen bleiben
- Das Reh kann durch Einschalten des Fernlichts verscheucht werden

3

7

1.1.07-167

Sie fahren durch einen Tunnel. Welche Besonderheit besteht dabei? Im Tunnel …

- … kann ich durch starke Fahrgeräusche abgelenkt werden
- … sind Sicherheitseinrichtungen wie Notausgänge und Notruftelefone ausgeschildert
- … kann ich durch Lichteffekte abgelenkt werden

4

8

1.1.07-122

Wodurch kann die Aufmerksamkeit bei einer Tunneldurchfahrt beeinträchtigt werden?

- Beleuchtungsreflexionen durch den Gegenverkehr
- Tunnellänge
- Gute Fahrbahnmarkierung

4

9

1.2.26-114

Wie verhalten Sie sich in dieser Situation?

- Ich lasse den Fußgänger die Fahrbahn überqueren
- Ich warte vor dem Fußgängerüberweg, bis das blaue Fahrzeug abgebogen ist
- Ich schließe unmittelbar zum blauen Fahrzeug auf

5

10

1.2.12-107

Wer parkt?

- Wer vor einer geschlossenen Bahnschranke länger als drei Minuten wartet
- Wer länger als drei Minuten hält
- Wer sein Fahrzeug verlässt

3

11

1.2.23-003

Welche Mängel an einem Fahrzeug können zu einer Gefährdung des Straßenverkehrs führen?

- Abgefahrene Reifen
- Defekte Schlussleuchten
- Unzureichende Bremswirkung

4

12

1.2.05-123

Sie möchten eine Pferdekutsche auf einer Landstraße überholen. Wie verhalten Sie sich richtig?

- Ich halte einen möglichst geringen Seitenabstand ein
- Ich achte auf Handzeichen zum Abbiegen des Kutschers
- Ich halte einen ausreichenden Abstand beim Wiedereinscheren ein

4

13

1.1.01-004

Sie sollen ein Ihnen unbekanntes Kraftfahrzeug fahren. Warum müssen Sie dabei zunächst besonders vorsichtig sein? Ich weiß möglicherweise zu wenig über die Besonderheiten …

- … im Bremsverhalten
- … im Lenkverhalten
- … in der Anordnung und der Funktion der Bedienelemente

3

Fehlerpunkte

Fehlerpunkte

14 1.5.01-114

Was kann dazu beitragen, Kraftstoff zu sparen und die Umweltbelastung zu verringern?

Schon beim Kauf eines Kraftfahrzeugs auf den Kraftstoffverbrauch achten

Durch vorausschauende Fahrweise zu einem gleichmäßigen Verkehrsfluss beitragen

Nach Möglichkeit öffentliche Verkehrsmittel benutzen, mit dem Fahrrad fahren oder zu Fuß gehen

3

15 1.1.09-027

Wie lange sind Cannabis und dessen Abbauprodukte im Urin nachweisbar?

Höchstens mehrere Tage

Nur mehrere Stunden

Noch nach Wochen

4

16

1.3.01-057-M

Wie verhalten Sie sich richtig?

Ich muss den roten Pkw durchfahren lassen

Ich darf erst nach dem blauen Lkw fahren

Ich darf vor dem blauen Lkw fahren

5

17

1.3.01-016-M

Welches Verhalten ist richtig?

Ich muss den Traktor abbiegen lassen

Ich muss den blauen Lkw durchfahren lassen

Der blaue Lkw muss mich durchfahren lassen

5

18

1.3.01-041-M

Welches Verhalten ist hier richtig?

Ich darf vor dem roten Pkw fahren

Ich darf vor dem gelben Pkw fahren

Der gelbe Pkw darf vor dem roten Pkw fahren

5

19 1.4.41-141

Sie nähern sich folgender Verkehrszeichen-Kombination. Was ist hier zu beachten?

Die im Kreis befindlichen Fahrzeuge haben Vorfahrt

Das Verlassen des Kreises muss durch Blinken angezeigt werden

Beim Einfahren in den Kreis muss geblinkt werden

4

20

1.4.41-167

Sie möchten überholen. Was ist richtig? Ich darf …

… überholen

… nicht überholen

… nur überholen, wenn ich dabei im rechten Fahrstreifen bleibe

3

ZUSATZFRAGEN – KLASSE B

21

VIDEO 20 ▶ 2.1.03-028

Wie verhalten Sie sich richtig?

- [ ] Ich bremse
- [ ] Ich bleibe in der Mitte meines Fahrstreifens
- [ ] Ich fahre möglichst weit rechts

5

22 2.1.07-203

Was müssen Sie über die Benutzung der Rückspiegel wissen?

- [ ] Fahrzeuge und Fußgänger im toten Winkel kann ich nicht sehen
- [ ] Rückspiegel müssen auf den Fahrer eingestellt sein
- [ ] Nach rechts hat der Innenspiegel keinen toten Winkel

4

23 2.2.14-104

Ihr Pkw steht am Fahrbahnrand. Was ist beim Einsteigen richtig?

- [ ] Mitfahrer möglichst vom Gehweg aus einsteigen lassen
- [ ] Türen auf der Fahrbahnseite erst öffnen, wenn es der Verkehr erlaubt
- [ ] Das Öffnen der Türen auf der rechten Seite ist immer gefahrlos möglich

3

24 2.7.01-167

Was gilt bei der Nutzung von Fahrerassistenzsystemen für die Längs- und Querführung Ihres Kraftfahrzeugs?

- [ ] Ich muss die Systemgrenzen des Fahrerassistenzsystems kennen
- [ ] Ich muss bei einer Fehlfunktion das Fahrerassistenzsystem unverzüglich übersteuern
- [ ] Ich kann bei Müdigkeit die Längs- und Querführung dem Fahrerassistenzsystem überlassen

3

25 2.2.34-103

Welche Funktion erfüllt das eCall-System im Falle eines schweren Unfalls? Das eCall-System übermittelt automatisch …

- [ ] … die Verletzungsschwere der Personen im Kraftfahrzeug
- [ ] … die Position des Kraftfahrzeugs
- [ ] … den Zeitpunkt des Unfalls

2

Fehlerpunkte

26

VIDEO 21 ▶ 2.2.18-013

Wie müssen Sie sich jetzt verhalten? Ich fahre auf meinem Fahrstreifen möglichst …

- [ ] … weit nach links
- [ ] … weit nach rechts
- [ ] … in der Mitte

4

27 2.1.03-105

Sie fahren außerorts bei dichtem Nebel auf einer Bundesstraße. Dürfen Sie auf der Fahrbahnmitte ständig über der Leitlinie fahren?

- [ ] Ja, wenn Nebelscheinwerfer und Nebelschlussleuchte eingeschaltet sind
- [ ] Nein, weil der Gegenverkehr gefährdet werden kann
- [ ] Ja, weil man weniger in Gefahr gerät, von der Fahrbahn abzukommen

4

28 2.2.13-002

Eine Parkuhr ist noch nicht abgelaufen. Wie verhalten Sie sich? Sie dürfen die Restparkzeit …

- [ ] … ausnutzen, ohne die Parkuhr erneut zu betätigen
- [ ] … nicht ausnutzen
- [ ] … nur ausnutzen, wenn Sie eine Parkscheibe verwenden

2

29 2.1.11-121

Sie fahren auf einer Landstraße und werden von einem hinter Ihnen fahrenden Pkw bedrängt. Wie sollten Sie reagieren?

- [ ] Ich erhöhe meine Geschwindigkeit, bis der nachfolgende Pkw aufhört, mich zu bedrängen
- [ ] Ich vermindere meine Geschwindigkeit, bis der nachfolgende Pkw aufhört, mich zu bedrängen
- [ ] Ich behalte meine Geschwindigkeit bei und halte mich rechts, um dem nachfolgenden Pkw das Überholen zu ermöglichen

4

30 2.2.23-034

Was ist bei amtlichen Kennzeichen wichtig?

- [ ] Sie müssen an den vorgesehenen Stellen fest angebracht sein
- [ ] Sie müssen immer gut lesbar sein
- [ ] Die hinteren Kennzeichen müssen bei Dunkelheit beleuchtet sein

2

Fehlerpunkte

Amtliche Prüfungsfragen für Führerscheinbewerber

Grundlagen für alle Klassen und Zusatzfragen Klasse B

8

Hinweise zu Videofragen:

In jeder Theorie-Prüfung sind 2 zufällige Videofragen vorhanden. Die Videofragen sind auf den Prüfungsbögen gekennzeichnet (Video-Abspielsymbol inklusive der Fragennummer). Die beiliegende DVD enthält alle diese Videos.

Legen Sie die DVD in Ihr CD-/DVD-Laufwerk ein und öffnen Sie die DVD durch Doppelklick auf das entsprechende Laufwerk in Ihrem Explorer. Wählen Sie das Video mit der im Bogen angegebenen Videonummer durch Doppelklick aus.

Während der Prüfung dürfen Sie ein Video maximal 5-mal anschauen, ohne dass Ihnen die Frage bekannt ist. Erst wenn Sie bereit sind, können Sie sich die Frage zum Video anzeigen lassen. Danach müssen Sie die Frage beantworten und können das Video nicht noch mal anschauen.

Wichtig: Daher zuerst das Video max. 5-mal anschauen. Erst danach die zugehörige Frage lesen und bearbeiten.

Bezugsfahrzeug

Bitte beachten Sie das zugrunde liegende Bezugsfahrzeug:

Sie fahren ein ...

▶ Grundstoff:
Kraftfahrzeug mit Verbrennungsmotor

▶ Klasse B:
Zweispuriges Kraftfahrzeug mit Verbrennungsmotor, mit manuellem Schaltgetriebe und mit automatischem Blockierverhinderer (ABV)

Wenn in den Prüfungsaufgaben keine besonderen Fahrzeugeigenschaften benannt sind, gelten die folgenden allgemeinen Eigenschaften „Ihres Fahrzeugs" (Bezugsfahrzeug).

▶ Bitte beachten Sie:
Wenn in der Prüfungsaufgabe besondere Fahrzeugeigenschaften ausdrücklich benannt sind, müssen diese bei der Aufgabenbearbeitung berücksichtigt werden!

	Fehlerpunkte / 5-Punkte-Regel
Klasse	B
zulässige Fehlerpunkte	10
Grundstoff	
Zusatzstoff	
Summe	
5-Punkte-Regel *)	
bestanden	
nicht bestanden	
Bemerkungen	
*) 2 oder mehr Fragen mit je 5 Fehlerpunkten falsch	

Beantworten Sie die Fragen durch Ankreuzen von Antworten oder durch die Angabe von Zahlen. Sie haben die Frage falsch beantwortet, wenn ...
▶ nicht jede richtige Antwort angekreuzt ist ▶ oder eine/mehrere falsche Antwort(en) angekreuzt ist/sind ▶ oder eine falsche/keine Zahl angegeben ist

Sie haben die Prüfung nicht bestanden, wenn ...
▶ die zul. Fehlerpunkte überschritten wurden (d.h. mehr als 10 Punkte bei Klasse B)
▶ oder wenn 2 oder mehr Fragen mit je 5 Fehlerpunkten falsch beantwortet wurden

1

Bei welcher Person müssen Sie mit einer schweren Sehbehinderung rechnen?

- Dem Kind
- Dem Mann
- Der Frau

1.1.02-032 **4**

2

Wie sollten Sie sich jetzt verhalten?

- Ich überhole den Radfahrer
- Ich bremse auf Schrittgeschwindigkeit ab
- Ich bleibe bremsbereit

1.1.02-048-M **5**

3

Sie möchten an der Kreuzung nach rechts abbiegen. Was ist richtig?

- Ich wechsle den Fahrstreifen möglichst frühzeitig
- Ich darf Radfahrer auf dem Schutzstreifen nicht behindern
- Ich darf den Schutzstreifen für Radfahrer nur mit Schrittgeschwindigkeit überqueren

1.1.07-019-M **4**

Fehlerpunkte

4

VIDEO 22 ▶ **Wann dürfen Sie abbiegen?** 1.2.11-114-M

- [ ] Sofort, da der Lkw-Fahrer mich dazu auffordert
- [ ] Erst, wenn der Lkw-Fahrer mit Handzeichen eindeutig auf seine Vorfahrt verzichtet hat
- [ ] Nur, wenn ich den Querverkehr nicht gefährde oder nicht wesentlich behindere

3

5 1.1.06-130

Weshalb kann Überholen auch auf übersichtlichen und geraden Fahrbahnen gefährlich sein? Weil ich …

- [ ] … die Entfernung eines entgegenkommenden Fahrzeugs als zu groß einschätze
- [ ] … die Geschwindigkeit eines entgegenkommenden Fahrzeugs als zu gering einschätze
- [ ] … meinen Überholweg kürzer einschätze, als er ist

5

6 1.2.12-105

Wo ist das Parken verboten?

- [ ] Vor Bordsteinabsenkungen
- [ ] Unmittelbar hinter Fußgängerüberwegen
- [ ] Am Fahrbahnrand, wenn hierdurch die Benutzung gekennzeichneter Parkflächen verhindert wird

3

7 1.1.03-104

Die Straße ist auf einem kurzen Stück vereist. Was sollen Sie hier möglichst vermeiden?

- [ ] Beschleunigen
- [ ] Bremsen
- [ ] Lenkbewegungen

4

8 1.1.02-029

Eine Person im Rollstuhl schafft es nach dem Überqueren der Straße nicht, mit dem Rollstuhl den Bordstein zu überwinden, um den Gehweg zu erreichen. Wie verhalten Sie sich?

- [ ] Ich steige aus und helfe der Person im Rollstuhl
- [ ] Ich hupe und fahre um die Person herum
- [ ] Ich halte und schalte die Warnblinkanlage ein

4

9

1.3.01-021-M

Welches Verhalten ist richtig? Ich darf …

- [ ] … erst nach dem Motorrad abbiegen
- [ ] … als Erster abbiegen
- [ ] … vor dem gelben Pkw abbiegen

5

10 1.1.05-003

Wie durchfahren Sie enge Kurven?

- [ ] Vor der Kurve Geschwindigkeit vermindern
- [ ] Erst im Scheitelpunkt der Kurve Geschwindigkeit vermindern
- [ ] Erst beim Übergang in die Gerade wieder beschleunigen

4

11 1.2.03-104

Nach welcher Faustformel kann man aus der Geschwindigkeit den Weg in Metern ermitteln, den ein Fahrzeug in einer Sekunde zurücklegt?

- [ ] {Geschwindigkeit in km/h}/{10} x 3
- [ ] {Geschwindigkeit in km/h}/{10} x {Geschwindigkeit in km/h}/{10}
- [ ] {Geschwindigkeit in km/h}/{10} x 5

2

12 1.2.02-106

Welche Kraftfahrzeuge müssen auf einer Landstraße möglichst den befestigten Seitenstreifen benutzen?

- [ ] Mofas
- [ ] Kleinkrafträder
- [ ] Langsam fahrende landwirtschaftliche Zug- und Arbeitsmaschinen

3

13 1.2.05-116

Sie fahren ein langsameres Fahrzeug auf einer Landstraße. Wie können Sie schnelleren Fahrzeugen das Überholen ermöglichen? Durch Ausweichen …

- [ ] … auf den Seitenstreifen
- [ ] … auf den Parkstreifen
- [ ] … in eine Haltebucht

4

Fehlerpunkte

Fehlerpunkte

14 1.1.09-018

Was kann Haschischkonsum bewirken?

Rausch mit gefährlichen Sinnestäuschungen und Herabsetzung des Reaktionsvermögens

Verbesserte Zeiteinschätzung

Rausch mit Verwirrtheitszuständen und Depressionen

4

15 1.5.01-127

Sie fahren ein Kraftfahrzeug mit manuellem Schaltgetriebe. Wodurch können Sie den Kraftstoffverbrauch Ihres Fahrzeugs reduzieren?

Durch frühes Schalten in nächsthöhere Gänge

Durch Fahren mit hoher Motordrehzahl

Durch vorausschauendes Fahren, um häufige Geschwindigkeitswechsel zu vermeiden

3

16

1.2.36-004-B

Welches Verhalten ist richtig?

Der gelbe Pkw muss die Kreuzung räumen

Ich muss mich auf die Weiterfahrt vorbereiten

Ich darf schon jetzt abbiegen

4

17

1.3.01-117-M

Welches Verhalten ist richtig? Ich muss …

… den Radfahrer durchfahren lassen

… den Bus durchfahren lassen

… an der Haltlinie anhalten

5

18

1.3.01-059-M

Wer darf zuerst fahren?

Der rote Pkw

Ich

Der grüne Traktor

5

19 1.4.40-012

Vor welcher Gefahr warnt Sie dieses Verkehrszeichen?

Vor Seitenwind

Vor einem seitlichen Versetzen meines Fahrzeugs

Vor Flugbetrieb

3

20 1.4.42-102

1 2 3

Welches Verkehrszeichen gibt Vorfahrt?

Verkehrszeichen 2

Verkehrszeichen 1

Verkehrszeichen 3

3

Fehlerpunkte

Fehlerpunkte

ZUSATZFRAGEN – KLASSE B

21

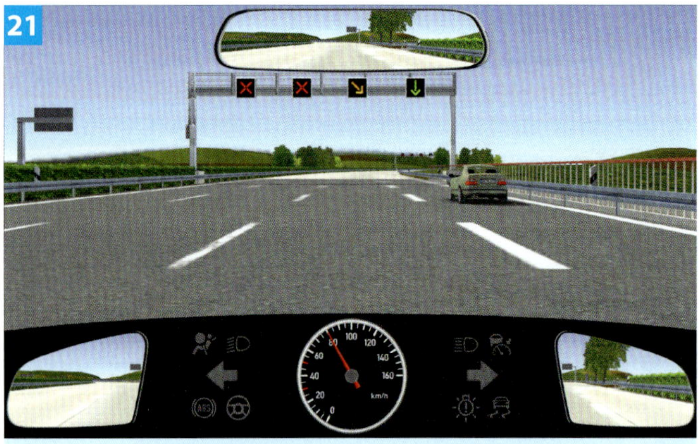

2.2.37-007

Was gilt bei Dauerlichtzeichen?

- Dauerlichtzeichen sperren den Fahrstreifen oder geben ihn zum Befahren frei
- Dauerlichtzeichen gelten nur für mehrspurige Kraftfahrzeuge
- Auf Fahrstreifen mit Dauerlichtzeichen besteht Haltverbot

2

22

2.2.17-010

Die hinteren Beleuchtungseinrichtungen Ihres Kraftfahrzeugs sind verdeckt. Was ist zu tun? Ein Leuchtenträger mit allen hinteren Beleuchtungseinrichtungen ist …

- … nur bei Strecken über 5 km anzubringen
- … in jedem Fall anzubringen
- … nur bei Fahrten bei Dämmerung oder Dunkelheit anzubringen

2

23

2.1.11-008

Nachdem Sie längere Zeit auf einer Landstraße einem sehr langsam fahrenden Pkw folgen mussten, können Sie endlich überholen. Wie verhalten Sie sich? Nach dem Überholen …

- … bremse ich kurz ab, um den anderen Fahrer auf sein langsames Fahren hinzuweisen
- … fahre ich betont langsam, um dem anderen Fahrer die Auswirkungen seines Verhaltens zu verdeutlichen
- … schere ich mit ausreichendem Abstand ein, um den anderen Fahrer nicht zu behindern

4

24

2.7.01-130

Sie müssen in einer Kurve auf nasser Fahrbahn plötzlich bremsen. Welche Besonderheiten bestehen bei einem Fahrzeug mit Antiblockiersystem (ABS)?

- Das Fahrzeug bleibt immer fahrstabil
- Das Fahrzeug kann nicht aus der Kurve rutschen
- Die Lenkfähigkeit bleibt länger erhalten

4

25

2.2.16-001

Wo dürfen Sie die Lichthupe zum Anzeigen der Überholabsicht benutzen?

- Außerorts am Tage
- Außerorts bei Dunkelheit
- Innerorts bei Dunkelheit

2

26

VIDEO 23

2.2.07-010

Wie verhalten Sie sich richtig?

- Ich reduziere die Geschwindigkeit und bleibe auf dem mittleren Fahrstreifen
- Ich behalte die Geschwindigkeit bei und bleibe auf dem mittleren Fahrstreifen
- Ich behalte die Geschwindigkeit bei und wechsle auf den rechten Fahrstreifen

5

27

2.6.02-038

Nach Umbauten an Ihrem Fahrzeug ist eine Begutachtung erforderlich. Wann muss diese erfolgen?

- Bei der nächsten Inspektion
- Unverzüglich nach dem Umbau
- Nach Aufforderung durch die Zulassungsstelle

3

28

2.1.05-009

In welcher Situation wird die eigene Geschwindigkeit häufig unterschätzt?

- Bei breiten und gut ausgebauten Straßen
- Bei schmalen Straßen mit unebener Fahrbahnoberfläche
- Nach längerer Fahrt mit höherer Geschwindigkeit

4

29

2.1.03-101

Wo tritt besonders häufig Aquaplaning (Wasserglätte) auf?

- In Fahrbahnsenken
- Bei Spurrillen in der Fahrbahn
- An Bahnübergängen

5

30

2.2.17-001

Woran können Sie erkennen, ob die Nebelschlussleuchte eingeschaltet ist?

- An der gelben Kontrollleuchte
- An der blauen Kontrollleuchte
- An der roten Kontrollleuchte

2

Fehlerpunkte

Fehlerpunkte

Amtliche Prüfungsfragen für Führerscheinbewerber

Grundlagen für alle Klassen und Zusatzfragen Klasse B

9

Hinweise zu Videofragen:

In jeder Theorie-Prüfung sind 2 zufällige Videofragen vorhanden. Die Videofragen sind auf den Prüfungsbögen gekennzeichnet (Video-Abspielsymbol inklusive der Fragennummer). Die beiliegende DVD enthält alle diese Videos.

Legen Sie die DVD in Ihr CD-/DVD-Laufwerk ein und öffnen Sie die DVD durch Doppelklick auf das entsprechende Laufwerk in Ihrem Explorer. Wählen Sie das Video mit der im Bogen angegebenen Videonummer durch Doppelklick aus.

Während der Prüfung dürfen Sie ein Video maximal 5-mal anschauen, ohne dass Ihnen die Frage bekannt ist. Erst wenn Sie bereit sind, können Sie sich die Frage zum Video anzeigen lassen. Danach müssen Sie die Frage beantworten und können das Video nicht noch mal anschauen.

Wichtig: Daher zuerst das Video max. 5-mal anschauen. Erst danach die zugehörige Frage lesen und bearbeiten.

Bezugsfahrzeug

Bitte beachten Sie das zugrunde liegende Bezugsfahrzeug:

Sie fahren ein ...

▶ Grundstoff:
Kraftfahrzeug mit Verbrennungsmotor

▶ Klasse B:
Zweispuriges Kraftfahrzeug mit Verbrennungsmotor, mit manuellem Schaltgetriebe und mit automatischem Blockierverhinderer (ABV)

Wenn in den Prüfungsaufgaben keine besonderen Fahrzeugeigenschaften benannt sind, gelten die folgenden allgemeinen Eigenschaften „Ihres Fahrzeugs" (Bezugsfahrzeug).

▶ Bitte beachten Sie:
Wenn in der Prüfungsaufgabe besondere Fahrzeugeigenschaften ausdrücklich benannt sind, müssen diese bei der Aufgabenbearbeitung berücksichtigt werden!

	Fehlerpunkte / 5-Punkte-Regel
Klasse	B
zulässige Fehlerpunkte	10
Grundstoff	
Zusatzstoff	
Summe	
5-Punkte-Regel *)	
bestanden	
nicht bestanden	
Bemerkungen	
*) 2 oder mehr Fragen mit je 5 Fehlerpunkten falsch	

Beantworten Sie die Fragen durch Ankreuzen von Antworten oder durch die Angabe von Zahlen.
Sie haben die Frage falsch beantwortet, wenn ...
▶ nicht jede richtige Antwort angekreuzt ist ▶ oder eine/mehrere falsche Antwort(en) angekreuzt ist/sind ▶ oder eine falsche/keine Zahl angegeben ist

Sie haben die Prüfung nicht bestanden, wenn ...
▶ die zul. Fehlerpunkte überschritten wurden (d.h. mehr als 10 Punkte bei Klasse B)
▶ oder wenn 2 oder mehr Fragen mit je 5 Fehlerpunkten falsch beantwortet wurden

1

Welches Verhalten ist richtig?

- Ich muss das Motorrad durchfahren lassen
- Ich darf vor dem blauen Pkw fahren
- Ich muss den blauen Pkw durchfahren lassen

1.3.01-038-M — 5

2 VIDEO 24

Warum dürfen Sie in dieser Situation nicht überholen?

- Weil ich nur unwesentlich schneller als die Radfahrer fahren kann
- Weil ein Überholverbot ausgeschildert ist
- Weil der Überholweg nicht einsehbar ist

1.1.06-201-M — 4

3 VIDEO 25

**Womit müssen Sie rechnen?
Dass der Lkw vor mir ...**

- ... weiter ausschwenkt
- ... im rechten Fahrstreifen bleibt
- ... plötzlich stehen bleibt

1.1.07-146 — 5

Fehlerpunkte

4

VIDEO 26 ▶ 1.1.02-201-M

Warum müssen Sie hier anhalten?

- [ ] Weil eine Fußgängerin die Fahrbahn von links überqueren möchte
- [ ] Weil eine Radfahrerin die Fahrbahn von links überqueren möchte
- [ ] Weil ein Fußgänger die Fahrbahn von rechts überqueren möchte

4

5 1.1.09-024

Warum kann die Fahrtüchtigkeit bereits durch geringe Mengen Alkohol beeinträchtigt werden?

- [ ] Weil sich das Sichtfeld der Augen verkleinert
- [ ] Weil sich die Reaktionszeit verkürzt
- [ ] Weil sich das räumliche Sehen verschlechtert

4

6 1.2.19-105

Sie nähern sich einem beschrankten Bahnübergang. Wo müssen Sie warten, wenn Sie bei stockendem Verkehr auf dem Bahnübergang zum Stehen kommen würden?

- [ ] Vor dem Andreaskreuz
- [ ] Unmittelbar vor den Schienen
- [ ] In Höhe der Schranke

3

7 1.1.09-030

Was kann die Fahrtüchtigkeit ähnlich beeinträchtigen wie Alkohol?

- [ ] Medikamente
- [ ] Erfrischungsgetränke
- [ ] Drogen

4

8 1.1.02-052

Warum müssen Sie damit rechnen, dass Kinder sich im Straßenverkehr unvorhersehbar verhalten? Weil Kinder …

- [ ] … leicht ablenkbar sind
- [ ] … die Verkehrssituation häufig nur unvollständig überblicken können
- [ ] … oft nicht zuordnen können, aus welcher Richtung ein Geräusch kommt

4

Fehlerpunkte

9

1.3.01-120-M

Welches Verhalten ist richtig?

- [ ] Ich muss das blaue Fahrzeug vorbeilassen
- [ ] Ich muss das grüne Fahrzeug durchfahren lassen
- [ ] Ich darf vor dem grünen Fahrzeug abbiegen

5

10 1.1.09-021

Für wen besteht ein Alkoholverbot beim Führen von Kraftfahrzeugen?

- [ ] Für alle Kraftfahrer unter 21 Jahren
- [ ] Für alle Kraftfahrer in der Probezeit
- [ ] Für alle Kraftfahrer

4

11 1.1.06-104

Wann wird ein Überholender gefährdet?

Wenn der Eingeholte …

- [ ] … plötzlich beschleunigt
- [ ] … zum Überholen ausschert
- [ ] … seine Geschwindigkeit stark verringert

5

12 1.2.03-002

Wovon ist der Bremsweg abhängig? Vom Zustand der …

- [ ] … Bereifung
- [ ] … Bremsanlage
- [ ] … Fahrbahnoberfläche

3

13 1.2.12-110

Wie weit muss man beim Parken außerorts vom Andreaskreuz mindestens entfernt bleiben?

Antwort: ____ m

2

Fehlerpunkte

14 1.2.17-001

Worauf müssen Sie bei den Beleuchtungseinrichtungen Ihres Fahrzeugs achten?

Sie müssen vorschriftsmäßig angebracht sein

Sie müssen sauber sein

Sie müssen funktionstüchtig sein

3

15 1.5.01-006

Ihr Kraftfahrzeug verliert etwas Öl. Wie viel Trinkwasser kann bereits durch einen Tropfen Öl ungenießbar werden? Bis zu …

… 50 Liter

… 1 Liter

… 600 Liter

4

16

1.3.01-125-M

Welches Verhalten ist richtig?

Ich muss dem roten Pkw Vorfahrt gewähren

Ich muss dem blauen Pkw Vorfahrt gewähren

Ich habe Vorfahrt vor dem blauen Pkw

5

17 1.4.40-135

Was müssen Sie bei dieser Verkehrszeichenkombination beachten?

Kraftfahrzeuge dürfen nicht überholt werden

Einen Bahnübergang in 240 m Entfernung

Einen Bahnübergang in 120 m Entfernung

2

18

1.4.41-165

Was müssen Sie in dieser Verkehrssituation beachten? Ich darf die Fahrstreifenbegrenzung …

… nicht überfahren

… überfahren, wenn es der Gegenverkehr zulässt

… zum Überholen überfahren

4

19

VIDEO 27 1.2.02-107

Wie sollten Sie sich in dieser Situation verhalten? Ich fahre …

… weiter, weil der Entgegenkommende zurückfahren muss

… in die Lücke, um den Entgegenkommenden vorbeizulassen

… zurück, denn der Entgegenkommende darf fahren

3

20

VIDEO 28 1.2.37-104

Wie verhalten Sie sich jetzt richtig? Ich fahre …

… erst los, wenn der Lkw weiterfährt

… erst los, wenn meine Ampel „Grün" zeigt

… jetzt los

4

ZUSATZFRAGEN – KLASSE B

21

VIDEO 29 — 2.2.18-017-M

Wie sollten Sie sich jetzt verhalten?

- Ich verzögere und fädele zwischen dem roten Pkw und dem Lkw ein
- Ich verzögere und fädele nach dem gelben Fahrzeug ein
- Ich beschleunige und fädele vor dem Lkw ein

3

22 — 2.6.03-001

Was ist beim Rückwärtsfahren mit einer Fahrzeugkombination richtig, wenn die Sicht nach hinten beeinträchtigt ist?

- Nur beim Einfahren in eine Vorfahrtstraße ist Einweisung erforderlich
- Wenn die Sichtverbindung zur einweisenden Person abreißt, muss angehalten werden
- Auf einem Betriebsgelände kann auf Einweisung verzichtet werden

4

23 — 2.2.22-105

Was ist beim Transport von Fahrrädern auf einem Hecktragesystem zu prüfen?

- Ob das System nach Herstellerangaben für das Fahrzeug geeignet ist
- Ob das System und die Fahrräder sicher befestigt sind
- Ob Beleuchtungseinrichtungen oder das Kennzeichen verdeckt werden

3

24 — 2.2.18-006

Sie nähern sich auf dem linken von zwei Fahrstreifen einem Fahrzeug, das gerade zum Überholen ausschert. Wie verhalten Sie sich?

- Zum Vorausfahrenden ausreichenden Abstand einhalten
- Den Vorausfahrenden überholen lassen
- Dichter auffahren, hupen und blinken

4

25 — 2.1.01-103

Wodurch kann eine Gefährdung beim Fahren entstehen?

- Durch eine stark einseitig wirkende Betriebsbremse
- Durch ein zu großes Spiel in der Lenkung
- Durch ein nicht funktionierendes Abblendlicht

4

Fehlerpunkte

26

VIDEO 30 — 2.2.07-004

Wie verhalten Sie sich jetzt richtig?

- Ich bleibe auf dem mittleren Fahrstreifen
- Ich wechsle auf den linken Fahrstreifen
- Ich wechsle auf den rechten Fahrstreifen

3

27 — 2.5.01-011

Was hat das Fahren mit Winterreifen in den Sommermonaten zur Folge? Es erhöht sich …

- … der Kraftstoffverbrauch
- … die Fahrstabilität
- … der Reifenverschleiß

3

28 — 2.6.03-115

Sie fahren mit einem Anhänger auf einer Straße mit Schlaglöchern. Ihre Fahrzeugkombination schaukelt sich auf. Wie müssen Sie sich jetzt verhalten? Ich muss …

- … beschleunigen, um die Fahrzeugkombination gestreckt zu halten
- … die Geschwindigkeit verringern, um ein Schleudern zu verhindern
- … schnell gegenlenken, um ein Schleudern zu verhindern

3

29 — 2.2.15-105

Ein Pkw mit Servolenkung ist mit Motorschaden liegen geblieben und soll abgeschleppt werden. Was ist richtig?

- Die Lenkung am liegen gebliebenen Pkw ist blockiert
- Die Lenkung am liegen gebliebenen Pkw ist nicht beeinträchtigt
- Die Lenkung am liegen gebliebenen Pkw geht wesentlich schwerer

3

30 — 2.2.17-111

In welchen Fällen müssen Sie bei Dämmerung oder Dunkelheit nur die Begrenzungsleuchten (Standlicht) einschalten?

- Beim Fahren auf Straßen mit durchgehender, ausreichender Beleuchtung
- Wenn das Fahrzeug außerhalb geschlossener Ortschaften auf dem Seitenstreifen geparkt wird

3

Fehlerpunkte

Amtliche Prüfungsfragen für Führerscheinbewerber

Grundlagen für alle Klassen und Zusatzfragen Klasse B

10

Hinweise zu Videofragen:

In jeder Theorie-Prüfung sind 2 zufällige Videofragen vorhanden. Die Videofragen sind auf den Prüfungsbögen gekennzeichnet (Video-Abspielsymbol inklusive der Fragennummer). Die beiliegende DVD enthält alle diese Videos.

Legen Sie die DVD in Ihr CD-/DVD-Laufwerk ein und öffnen Sie die DVD durch Doppelklick auf das entsprechende Laufwerk in Ihrem Explorer. Wählen Sie das Video mit der im Bogen angegebenen Videonummer durch Doppelklick aus.

Während der Prüfung dürfen Sie ein Video maximal 5-mal anschauen, ohne dass Ihnen die Frage bekannt ist. Erst wenn Sie bereit sind, können Sie sich die Frage zum Video anzeigen lassen. Danach müssen Sie die Frage beantworten und können das Video nicht noch mal anschauen.

Wichtig: Daher zuerst das Video max. 5-mal anschauen. Erst danach die zugehörige Frage lesen und bearbeiten.

Bezugsfahrzeug

Bitte beachten Sie das zugrunde liegende Bezugsfahrzeug:

Sie fahren ein ...

▶ Grundstoff:
Kraftfahrzeug mit Verbrennungsmotor

▶ Klasse B:
Zweispuriges Kraftfahrzeug mit Verbrennungsmotor, mit manuellem Schaltgetriebe und mit automatischem Blockierverhinderer (ABV)

Wenn in den Prüfungsaufgaben keine besonderen Fahrzeugeigenschaften benannt sind, gelten die folgenden allgemeinen Eigenschaften „Ihres Fahrzeugs" (Bezugsfahrzeug).

▶ Bitte beachten Sie:
Wenn in der Prüfungsaufgabe besondere Fahrzeugeigenschaften ausdrücklich benannt sind, müssen diese bei der Aufgabenbearbeitung berücksichtigt werden!

	Fehlerpunkte / 5-Punkte-Regel
Klasse	B
zulässige Fehlerpunkte	10
Grundstoff	
Zusatzstoff	
Summe	
5-Punkte-Regel *)	
bestanden	
nicht bestanden	
Bemerkungen	
*) 2 oder mehr Fragen mit je 5 Fehlerpunkten falsch	

Beantworten Sie die Fragen durch Ankreuzen von Antworten oder durch die Angabe von Zahlen.
Sie haben die Frage falsch beantwortet, wenn ...
▶ nicht jede richtige Antwort angekreuzt ist ▶ oder eine/mehrere falsche Antwort(en) angekreuzt ist/sind ▶ oder eine falsche/keine Zahl angegeben ist

Sie haben die Prüfung nicht bestanden, wenn ...
▶ die zul. Fehlerpunkte überschritten wurden (d.h. mehr als 10 Punkte bei Klasse B)
▶ oder wenn 2 oder mehr Fragen mit je 5 Fehlerpunkten falsch beantwortet wurden

1 VIDEO 31

Worauf sollten Sie sich in dieser Situation einstellen?

- Der Bus schwenkt beim Anfahren kurz auf meinen Fahrstreifen aus
- Das Quad fährt plötzlich an
- Personen betreten hinter dem Bus die Fahrbahn

1.1.07-157-M — 4

2

Wie verhalten Sie sich?

- Kinder beobachten
- Mit unveränderter Geschwindigkeit weiterfahren
- Bremsbereit sein

1.1.02-039-M — 4

3

Worauf müssen Sie sich in dieser Situation einstellen?

- Dass Gegenverkehr auftaucht
- Dass der Lkw-Fahrer auf die Fahrbahn springt
- Dass Verkehrszeichen durch den Lkw verdeckt sind

1.1.07-153-M — 3

Fehlerpunkte

4

1.2.09-021-M

Sie möchten den Kreisverkehr an dieser Ausfahrt verlassen. Was ist richtig?

- [ ] Ich muss die Fußgängerin die Fahrbahn überqueren lassen
- [ ] Ich habe Vorrang vor den die Fahrbahn überquerenden Verkehrsteilnehmern
- [ ] Ich muss den Radfahrer die Fahrbahn überqueren lassen

4

5

1.2.36-011

Ein Polizeifahrzeug überholt Sie und schert unmittelbar vor Ihnen ein. Auf dem Dach erscheint in roter Leuchtschrift „BITTE FOLGEN". Wie müssen Sie sich verhalten? Ich muss …

- [ ] … dem Polizeifahrzeug folgen
- [ ] … nach dem Anhalten den Motor laufen lassen
- [ ] … anhalten, wenn das Polizeifahrzeug anhält

3

6

1.5.01-010

Wo können Altöle, Schmierstoffe und Fahrzeugbatterien einer fachgerechten Entsorgung zugeführt werden?

- [ ] Auf Wertstoffhöfen
- [ ] In Kfz-Werkstätten
- [ ] Im Hausmüll

3

7

1.2.26-116

Sie fahren auf einer Straße mit zwei Fahrstreifen in einer Richtung auf dem linken Fahrstreifen. Vor einem ca. 30 m entfernten Fußgängerüberweg hält auf dem rechten Fahrstreifen ein Lkw an. Wie verhalten Sie sich?

- [ ] Ich fahre mit mäßiger Geschwindigkeit heran
- [ ] Ich gebe Warnzeichen und fahre am Lkw vorbei
- [ ] Ich fahre zügig weiter

5

8

1.1.07-120

Was müssen Sie beachten, bevor Sie in einen Tunnel einfahren?

- [ ] Nebelscheinwerfer einschalten
- [ ] Auch am Tage in gut beleuchteten Tunneln mit Abblendlicht fahren
- [ ] Sonnenbrille abnehmen

4

Fehlerpunkte

9

1.3.01-017-M

Welches Verhalten ist richtig?

- [ ] Ich muss das Motorrad durchfahren lassen
- [ ] Ich fahre vor dem Bus
- [ ] Ich muss den Bus durchfahren lassen

5

10

1.2.05-105

Was ist über die Geschwindigkeit beim Überholvorgang vorgeschrieben?

- [ ] Die Geschwindigkeit des Überholenden muss wesentlich höher sein
- [ ] Die zulässige Höchstgeschwindigkeit darf nicht überschritten werden
- [ ] Wer überholt wird, darf seine Geschwindigkeit nicht erhöhen

4

11

1.1.01-002

Was kann zu Auffahrunfällen führen?

- [ ] Unerwartet starkes Bremsen
- [ ] Unaufmerksamkeit
- [ ] Zu dichtes Auffahren

4

12

1.2.26-005

Was gilt unmittelbar vor und auf Zebrastreifen?

Es darf nicht …

- [ ] … überholt werden
- [ ] … gehalten werden
- [ ] … geparkt werden

4

13

1.1.02-128

Mit welchem Verhalten muss bei Personen am Fußgängerüberweg gerechnet werden?

- [ ] Sie blicken weder nach links noch nach rechts
- [ ] Sie betreten unerwartet die Fahrbahn
- [ ] Sie kehren manchmal auf halbem Wege um

4

Fehlerpunkte

14 1.1.07-023

Was sollten Sie bei Elektrofahrrädern (E-Bikes) im Straßenverkehr beachten? E-Bikes können …

… leicht am Motorgeräusch erkannt werden

… in der Geschwindigkeit leicht unterschätzt werden

… im Aussehen schwer von herkömmlichen Fahrrädern unterschieden werden

3

15 1.3.01-119

Sie möchten eine Vorfahrtstraße überqueren. Die Sicht nach beiden Seiten ist durch parkende Fahrzeuge stark eingeschränkt.

Wie verhalten Sie sich?

Ich überquere die Kreuzung zügig

Ich warne den kreuzenden Verkehr durch Hupen

Ich taste mich vorsichtig in die Kreuzung hinein

5

16

1.2.37-010-M

Wie verhalten Sie sich in dieser Situation?

An der Sichtlinie anhalten

Die Kreuzung ohne anzuhalten überqueren

An der Haltlinie anhalten

4

17

1.3.01-052

Welches Verhalten ist richtig?

Ich darf vor der Radfahrerin links abbiegen

Ich muss die Radfahrerin durchfahren lassen

Ich verzichte auf meine Vorfahrt, um die Kreuzung nicht zu verstopfen

5

18

VIDEO 32 1.1.07-168-M

Wie verhalten Sie sich jetzt richtig?

Ich weiche nach links aus

Ich bremse ab

Ich beschleunige aufgrund meines Vorrangs

4

19 1.4.40-011

Wie müssen Sie sich bei diesem Verkehrszeichen verhalten? Ich muss …

… besonders aufmerksam sein

… mit mäßiger Geschwindigkeit an den Fußgängerüberweg heranfahren

… bremsbereit sein

3

20 1.4.42-143

Worauf weist dieses Verkehrszeichen hin?

Auf eine Zollstelle

Auf eine mautpflichtige Straße

Auf ein Durchfahrtsverbot

2

ZUSATZFRAGEN – KLASSE B

21

VIDEO 33 ▶

2.1.07-020

Wie sollten Sie sich jetzt verhalten?

- [ ] Ich fahre so weit wie möglich nach rechts
- [ ] Ich bremse
- [ ] Ich wechsle auf den linken Fahrstreifen

4

22

2.1.03-106

Was müssen Sie am Tage bei einer plötzlich auftretenden Nebelbank tun?

- [ ] Nur Standlicht einschalten
- [ ] Abblendlicht einschalten
- [ ] Geschwindigkeit sofort den Sichtverhältnissen anpassen

4

23

2.5.01-018

Warum wirkt sich eine umweltbewusste Fahrweise auch günstig auf die Verkehrssicherheit aus? Weil beim umweltbewussten Fahren …

- [ ] … mit alternativen Kraftstoffen nur langsam gefahren werden kann
- [ ] … vorausschauend gefahren wird
- [ ] … hohe Geschwindigkeiten vermieden werden

3

24

2.1.05-101

Was ist für die Wahl der Geschwindigkeit beim Befahren von Alleen mit geringer Fahrbahnbreite von besonderer Bedeutung?

- [ ] Das gleichzeitige Abschätzen des Seitenabstands zu den Bäumen und zum Gegenverkehr
- [ ] Die schnell wechselnden Lichtverhältnisse erleichtern das Abschätzen der seitlichen Abstände
- [ ] Dass bei einem entgegenkommenden breiten Fahrzeug unter Umständen in der halben übersehbaren Strecke angehalten werden muss

4

25

2.2.23-054

Sie sind neuer Halter eines zugelassenen Fahrzeugs. Was müssen Sie tun? Ich muss …

- [ ] … generell eine Hauptuntersuchung bei Halterwechsel durchführen lassen
- [ ] … die Zulassungsbehörde über den Halterwechsel informieren
- [ ] … der Zulassungsbehörde einen Nachweis über das Bestehen einer Haftpflichtversicherung für das Fahrzeug vorlegen

2

26

2.2.18-018-M

Sie möchten die Autobahn verlassen. Wie verhalten Sie sich in dieser Situation richtig?

- [ ] Ich fahre auf dem Seitenstreifen weiter
- [ ] Ich wechsle auf den linken Fahrstreifen
- [ ] Ich beachte entgegenkommende Fahrzeuge

3

27

2.6.03-113

Sie möchten an Ihren Pkw einen Anhänger ankuppeln. Wo können Sie die Angabe über die zulässige Stützlast Ihres Pkws finden? In der …

- [ ] … Zulassungsbescheinigung Teil I
- [ ] … Zulassungsbescheinigung Teil II
- [ ] … Betriebsanleitung

2

28

2.7.01-065

Was müssen Sie beim Fahren mit einem Quad beachten?

- [ ] Das Tragen eines geeigneten Schutzhelms ist Pflicht
- [ ] Beim Durchfahren von engen Kurven neigen Quads zum Kippen
- [ ] Die Fahreigenschaften entsprechen denen von Pkws

4

29

2.7.01-149

Wie können Fahrerassistenzsysteme Sie unterstützen? Fahrerassistenzsysteme können …

- [ ] … mich vor Gefahren warnen
- [ ] … mir bei der Bewältigung von Fahraufgaben helfen
- [ ] … in kritischen Verkehrssituationen automatisch eingreifen

3

30

2.1.07-106

Bei schneller Autobahnfahrt platzt ein Reifen an Ihrem Pkw. Wie verhalten Sie sich?

- [ ] Möglichst auf dem Seitenstreifen anhalten, Warnblinklicht einschalten und Warndreieck aufstellen
- [ ] Gas wegnehmen, wenn nötig gegenlenken und vorsichtig abbremsen
- [ ] Sofort Vollbremsung durchführen, anschließend auf den Seitenstreifen wechseln

4

Fehlerpunkte

Fehlerpunkte

Amtliche Prüfungsfragen für Führerscheinbewerber 11

Grundlagen für alle Klassen und Zusatzfragen Klasse B

Hinweise zu Videofragen:

In jeder Theorie-Prüfung sind 2 zufällige Videofragen vorhanden. Die Videofragen sind auf den Prüfungsbögen gekennzeichnet (Video-Abspielsymbol inklusive der Fragennummer). Die beiliegende DVD enthält alle diese Videos.

Legen Sie die DVD in Ihr CD-/DVD-Laufwerk ein und öffnen Sie die DVD durch Doppelklick auf das entsprechende Laufwerk in Ihrem Explorer. Wählen Sie das Video mit der im Bogen angegebenen Videonummer durch Doppelklick aus.

Während der Prüfung dürfen Sie ein Video maximal 5-mal anschauen, ohne dass Ihnen die Frage bekannt ist. Erst wenn Sie bereit sind, können Sie sich die Frage zum Video anzeigen lassen. Danach müssen Sie die Frage beantworten und können das Video nicht noch mal anschauen.

Wichtig: Daher zuerst das Video max. 5-mal anschauen. Erst danach die zugehörige Frage lesen und bearbeiten.

Bezugsfahrzeug

Bitte beachten Sie das zugrunde liegende Bezugsfahrzeug:

Sie fahren ein ...

▶ Grundstoff:
Kraftfahrzeug mit Verbrennungsmotor

▶ Klasse B:
Zweispuriges Kraftfahrzeug mit Verbrennungsmotor, mit manuellem Schaltgetriebe und mit automatischem Blockierverhinderer (ABV)

Wenn in den Prüfungsaufgaben keine besonderen Fahrzeugeigenschaften benannt sind, gelten die folgenden allgemeinen Eigenschaften „Ihres Fahrzeugs" (Bezugsfahrzeug).

▶ Bitte beachten Sie:
Wenn in der Prüfungsaufgabe besondere Fahrzeugeigenschaften ausdrücklich benannt sind, müssen diese bei der Aufgabenbearbeitung berücksichtigt werden!

	Fehlerpunkte / 5-Punkte-Regel
Klasse	B
zulässige Fehlerpunkte	10
Grundstoff	
Zusatzstoff	
Summe	
5-Punkte-Regel *)	
bestanden	
nicht bestanden	
Bemerkungen	
*) 2 oder mehr Fragen mit je 5 Fehlerpunkten falsch	

Beantworten Sie die Fragen durch Ankreuzen von Antworten oder durch die Angabe von Zahlen. Sie haben die Frage falsch beantwortet, wenn ...
▶ nicht jede richtige Antwort angekreuzt ist ▶ oder eine/mehrere falsche Antwort(en) angekreuzt ist/sind ▶ oder eine falsche/keine Zahl angegeben ist

Sie haben die Prüfung nicht bestanden, wenn ...
▶ die zul. Fehlerpunkte überschritten wurden (d.h. mehr als 10 Punkte bei Klasse B)
▶ oder wenn 2 oder mehr Fragen mit je 5 Fehlerpunkten falsch beantwortet wurden

1

Was müssen Sie hier tun, wenn Sie geblendet werden?

- ☐ Zum rechten Fahrbahnrand schauen
- ☐ Beschleunigen, um schneller aus dem Lichtkegel herauszukommen
- ☐ Geschwindigkeit notfalls vermindern

1.1.04-103-B — 4

2 VIDEO 34

Warum müssen Sie jetzt bremsen?

- ☐ Wegen des grünen Pkws
- ☐ Wegen des Kindes
- ☐ Wegen des Radfahrers

1.1.02-202-M — 5

3

Warum müssen Sie hier besonders aufmerksam sein?

- ☐ Weil der Straßenverlauf unübersichtlich ist
- ☐ Weil die Fahrbahnoberfläche ungleichmäßig ist
- ☐ Weil der Gegenverkehr die Kurve schneiden könnte

1.1.03-114-M — 4

Fehlerpunkte

4

1.2.11-103-M

Sie möchten geradeaus weiterfahren. Wie verhalten Sie sich richtig?

- [ ] Ich bleibe zunächst in meinem Fahrstreifen
- [ ] Ich wechsle bei einer ausreichenden Verkehrslücke nach rechts
- [ ] Ich überhole das neben mir fahrende Fahrzeug und wechsle den Fahrstreifen

4

5

1.1.01-108

Welche Folgen kann die Missachtung von Müdigkeitsanzeichen nach sich ziehen?

- [ ] Sekundenschlaf
- [ ] Konzentrationsmangel
- [ ] Fahrfehler

4

6

1.2.02-108

Ihnen kommt eine Pferdekutsche entgegen. Wie sollten Sie sich verhalten? Ich sollte …

- [ ] … Standlicht einschalten
- [ ] … Lärm vermeiden
- [ ] … möglichst weit rechts fahren

3

7

1.1.07-013

Sie fahren hinter einem landwirtschaftlichen Fahrzeug mit hoch beladenem Anhänger. Womit müssen Sie rechnen?

- [ ] Der Zug hat wegen der Beladung einen besonders kurzen Bremsweg
- [ ] Die Blinker können verdeckt sein, so dass schlecht zu erkennen ist, wenn der Zug abbiegen will
- [ ] Vor allem beim Bremsen oder beim Abbiegen können Teile der Ladung herunterfallen

4

8

1.2.03-103

Was müssen Sie bei der Wahl Ihrer Geschwindigkeit berücksichtigen?

- [ ] Sicht- und Wetterverhältnisse
- [ ] Fahrbahnzustand und Verkehrsverhältnisse
- [ ] Persönliche Fähigkeiten

4

Fehlerpunkte

9

1.3.01-114-M

Welches Verhalten ist richtig?

- [ ] Ich muss den Radfahrer abbiegen lassen
- [ ] Ich muss den blauen Pkw durchfahren lassen
- [ ] Der blaue Pkw muss mich abbiegen lassen

5

10

1.1.05-002

Wo ist zu schnelles Fahren besonders gefährlich?

- [ ] In unübersichtlichen Kurven
- [ ] An Fahrbahnverengungen
- [ ] An Bahnübergängen

4

11

1.2.19-002

Wann müssen Sie vor einem Bahnübergang warten?

- [ ] Wenn rotes Blinklicht aufleuchtet
- [ ] Wenn sich die Schranken senken
- [ ] Wenn ein Bahnbediensteter eine weiß-rot-weiße Fahne schwenkt

3

12

1.1.06-104

Wann wird ein Überholender gefährdet? Wenn der Eingeholte …

- [ ] … plötzlich beschleunigt
- [ ] … zum Überholen ausschert
- [ ] … seine Geschwindigkeit stark verringert

5

13

1.5.01-115

Was können Sie tun, um die Umwelt zu schonen? Ich vermeide …

- [ ] … Kurzstreckenfahrten
- [ ] … Fahrten mit Vollgas
- [ ] … Fahrten in überfüllte Innenstädte

3

Fehlerpunkte

14 1.2.16-102

Zu welchem Zweck darf die Hupe innerorts benutzt werden?

Als Überholsignal

Als Rufzeichen

Als Warnsignal

2

15 1.1.09-006

Wie lange dauert es im Allgemeinen, bis 1,0 Promille Alkohol im Blut abgebaut ist?

10 Stunden

5 Stunden

1 Stunde

4

16

1.2.09-103-B

Alle drei Fahrzeuge wollen links abbiegen. Wer hat sich richtig eingeordnet?

Der Lkw

Der gelbe Pkw

Der grüne Pkw

3

17

Wer darf in dieser Situation zuerst fahren? 1.3.01-128-M

Der rote Pkw

Der blaue Traktor

Ich selbst

5

18

Welches Verhalten ist richtig? 1.3.01-046-M

Ich darf durchfahren

Ich muss den blauen Pkw durchfahren lassen

5

19 1.4.41-106

In welche Richtungen dürfen Sie weiterfahren?

Nach links

Geradeaus

Nach rechts

2

20

Was gilt an dieser Kreuzung? 1.4.41-028-M

Ich darf vorsichtig nach rechts abbiegen

Ich darf vorsichtig nach links abbiegen

Ich darf vorsichtig die Kreuzung überqueren

4

ZUSATZFRAGEN – KLASSE B

21

2.1.03-116-M

Wie sollten Sie sich hier verhalten? Ich sollte …

- [ ] … auf meinem Fahrstreifen weiterfahren
- [ ] … links an den Fahrbahnschäden vorbeifahren
- [ ] … die Geschwindigkeit stark reduzieren

4

22

2.2.23-107

Wodurch kann Ihre Sicht beeinträchtigt werden?

- [ ] Durch die Ladung
- [ ] Durch abgenutzte Wischerblätter (Schlierenbildung)
- [ ] Durch verschmierte Scheiben

3

23

2.2.03-010

Sie fahren 50 km/h und führen eine normale Bremsung durch. Wie lang ist der Bremsweg nach der Faustformel?

Antwort: ____ m

2

24

2.2.18-006

Sie nähern sich auf dem linken von zwei Fahrstreifen einem Fahrzeug, das gerade zum Überholen ausschert. Wie verhalten Sie sich?

- [ ] Dichter auffahren, hupen und blinken
- [ ] Den Vorausfahrenden überholen lassen
- [ ] Zum Vorausfahrenden ausreichenden Abstand einhalten

4

25

2.2.04-106

Sie fahren einen schwer beladenen Pkw. Warum sollten Sie einen größeren Sicherheitsabstand zu vorausfahrenden Fahrzeugen einhalten?

- [ ] Weil sich meine Reaktionszeit verlängern kann
- [ ] Weil sich das Fahrverhalten des Pkws verändern kann
- [ ] Weil sich der Bremsweg verlängern kann

3

26

VIDEO 35

2.2.09-003-M

Wie verhalten Sie sich richtig? Ich biege …

- [ ] … ab, nachdem mich das rote Fahrzeug überholt hat
- [ ] … jetzt ab, um die Fahrbahn frei zu machen
- [ ] … jetzt ab, um die Nachfolgenden durch mein Zögern nicht zu verunsichern

5

27

2.7.05-102

Sie müssen ein defektes Rad demontieren. In welcher Reihenfolge sollten Sie vorgehen?

- [ ] Fahrzeug gegen Wegrollen sichern, Wagenheber ansetzen, Radmuttern lösen, Fahrzeug anheben, Radmuttern herausdrehen
- [ ] Fahrzeug gegen Wegrollen sichern, Wagenheber ansetzen, Fahrzeug anheben, Radmuttern lösen, Radmuttern herausdrehen
- [ ] Wagenheber ansetzen, Fahrzeug gegen Wegrollen sichern, Radmuttern lösen, Fahrzeug anheben, Radmuttern herausdrehen

3

28

2.2.15-114

Ihr Pkw hat einen Motorschaden und soll mit einem Abschleppseil abgeschleppt werden. Was müssen Sie beachten?

- [ ] Ein defekter Pkw mit Lenkunterstützung lässt sich schwerer lenken
- [ ] Zum Abschleppen eines Pkws wird mindestens die Fahrerlaubnisklasse BE benötigt
- [ ] Beim Abschleppen eines Elektrofahrzeugs müssen die Vorgaben des Herstellers beachtet werden

3

29

2.7.01-153

Ihr Kraftfahrzeug ist mit einem Spurhalte-Assistenten ausgerüstet. In welcher Situation kann Sie dieses System unterstützen? Das System warnt mich beim …

- [ ] … unbeabsichtigten Verlassen der Fahrspur
- [ ] … Überschreiten der zulässigen Höchstgeschwindigkeit
- [ ] … zu schnellen Durchfahren von Spurrillen

3

30

2.2.17-103

Wo genügen beim Parken eines Pkw auf unbeleuchteten Straßen Parkleuchten?

- [ ] Innerhalb geschlossener Ortschaften
- [ ] Außerhalb geschlossener Ortschaften
- [ ] Auf Seitenstreifen von Autobahnen

3

Amtliche Prüfungsfragen für Führerscheinbewerber

Grundlagen für alle Klassen und Zusatzfragen Klasse B

12

Hinweise zu Videofragen:

In jeder Theorie-Prüfung sind 2 zufällige Videofragen vorhanden. Die Videofragen sind auf den Prüfungsbögen gekennzeichnet (Video-Abspielsymbol inklusive der Fragennummer). Die beiliegende DVD enthält alle diese Videos.

Legen Sie die DVD in Ihr CD-/DVD-Laufwerk ein und öffnen Sie die DVD durch Doppelklick auf das entsprechende Laufwerk in Ihrem Explorer. Wählen Sie das Video mit der im Bogen angegebenen Videonummer durch Doppelklick aus.

Während der Prüfung dürfen Sie ein Video maximal 5-mal anschauen, ohne dass Ihnen die Frage bekannt ist. Erst wenn Sie bereit sind, können Sie sich die Frage zum Video anzeigen lassen. Danach müssen Sie die Frage beantworten und können das Video nicht noch mal anschauen.

Wichtig: Daher zuerst das Video max. 5-mal anschauen. Erst danach die zugehörige Frage lesen und bearbeiten.

Bezugsfahrzeug

Bitte beachten Sie das zugrunde liegende Bezugsfahrzeug:

Sie fahren ein ...

▶ Grundstoff:
Kraftfahrzeug mit Verbrennungsmotor

▶ Klasse B:
Zweispuriges Kraftfahrzeug mit Verbrennungsmotor, mit manuellem Schaltgetriebe und mit automatischem Blockierverhinderer (ABV)

Wenn in den Prüfungsaufgaben keine besonderen Fahrzeugeigenschaften benannt sind, gelten die folgenden allgemeinen Eigenschaften „Ihres Fahrzeugs" (Bezugsfahrzeug).

▶ Bitte beachten Sie:
Wenn in der Prüfungsaufgabe besondere Fahrzeugeigenschaften ausdrücklich benannt sind, müssen diese bei der Aufgabenbearbeitung berücksichtigt werden!

	Fehlerpunkte / 5-Punkte-Regel
Klasse	B
zulässige Fehlerpunkte	10
Grundstoff	
Zusatzstoff	
Summe	
5-Punkte-Regel *)	
bestanden	
nicht bestanden	
Bemerkungen	
*) 2 oder mehr Fragen mit je 5 Fehlerpunkten falsch	

Beantworten Sie die Fragen durch Ankreuzen von Antworten oder durch die Angabe von Zahlen.
Sie haben die Frage falsch beantwortet, wenn ...
▶ nicht jede richtige Antwort angekreuzt ist ▶ oder eine/mehrere falsche Antwort(en) angekreuzt ist/sind ▶ oder eine falsche/keine Zahl angegeben ist

Sie haben die Prüfung nicht bestanden, wenn ...
▶ die zul. Fehlerpunkte überschritten wurden (d.h. mehr als 10 Punkte bei Klasse B)
▶ oder wenn 2 oder mehr Fragen mit je 5 Fehlerpunkten falsch beantwortet wurden

1

Nach dem Linksabbiegen wollen Sie sofort rechts abbiegen. Wie ordnen Sie sich ein? Wie der …

… grüne Pkw

… blaue Pkw

… rote Pkw

1.2.09-104-B

3

2

Warum müssen Sie auf dieser Straße besonders aufmerksam fahren?

Weil eine Straßenbahn entgegenkommen könnte

Weil die Fahrbahnoberfläche uneben und unterschiedlich griffig ist

Weil das Fahren auf den Schienen gefährlich ist

1.1.03-102-B

4

3

Welches Verhalten ist richtig?

Ich muss den Radfahrer durchfahren lassen

Ich darf vor dem Radfahrer abbiegen

Der blaue Lkw darf zuerst fahren

1.3.01-116

5

Fehlerpunkte

4

VIDEO 36 — 1.2.06-006

**Wie sollten Sie sich jetzt verhalten?
Ich fahre weiter, …**

- … um möglichen Gegenverkehr nicht aufzuhalten
- … wenn zu erkennen ist, dass kein Gegenverkehr kommt
- … da möglicher Gegenverkehr bereits warten muss

5

5 — 1.1.03-121

**Während der Fahrt regnet es plötzlich stark.
Wie sollten Sie sich verhalten?**

- Ich verringere meine Geschwindigkeit
- Ich verringere den Sicherheitsabstand zum Vorausfahrenden
- Ich vermeide starkes Beschleunigen

4

6 — 1.1.07-145

Während der Fahrt in einem Tunnel haben Sie Ihr Fahrzeug wegen eines Feuers noch im Tunnel abstellen müssen. Wie verhalten Sie sich jetzt?

- Ich löse Feueralarm an der Notrufstation aus
- Ich lösche das Feuer soweit möglich
- Ich schließe mein Fahrzeug ab

4

7 — 1.1.09-032

Was kann der Konsum von Drogen bewirken?

- Eine Beeinträchtigung der Konzentration
- Eine Erhöhung der Risikobereitschaft
- Eine Fehleinschätzung von Geschwindigkeiten

4

8 — 1.2.05-104

Wie müssen Sie einen Überholvorgang beenden?

- Ohne den Überholten zu behindern, so bald wie möglich wieder nach rechts einordnen
- Das Wiedereinordnen rechtzeitig und deutlich anzeigen
- Dicht vor dem Überholten wieder auf die rechte Fahrbahnseite wechseln

3

Fehlerpunkte

9

VIDEO 37 — 1.1.07-155-M

Worauf müssen Sie jetzt achten?

- Auf den Radfahrer links
- Auf die Radfahrerin rechts
- Auf den grünen Pkw

4

10 — 1.1.07-119

In der Dämmerung kommt Ihnen eine landwirtschaftliche Zugmaschine mit eingeschalteter Beleuchtung entgegen. Womit müssen Sie rechnen?

- Die Breite der Zugmaschine ist trotz der eingeschalteten Beleuchtung nicht immer erkennbar
- Die Zugmaschine kann ein breiteres, schlecht erkennbares Arbeitsgerät mitführen
- Die Zugmaschine kann 2 breitere Anhänger mitführen

4

11 — 1.5.01-004

Wie wirkt sich eine wesentliche Unterschreitung des empfohlenen Reifendrucks aus?

- Der Schadstoffausstoß nimmt ab
- Der Kraftstoffverbrauch nimmt zu
- Der Reifenabrieb nimmt zu

3

12 — 1.2.12-103

Wo ist das Halten verboten?

- Auf der Fahrbahn, wenn rechts ein geeigneter Seitenstreifen vorhanden ist
- Auf markierten Fahrstreifen mit Richtungspfeilen
- An Taxenständen

3

13 — 1.2.04-104

Wozu kann ein ausreichender Abstand zum vorausfahrenden Fahrzeug beitragen?

- Zur Einschränkung der Sicht
- Zum vorausschauenden Fahren
- Zur Verringerung des Unfallrisikos

3

Fehlerpunkte

14 1.2.12-104

Wo ist das Halten verboten?

Auf Fußgängerüberwegen sowie bis zu 5 m davor

Über Schachtdeckeln

Unmittelbar hinter Fußgängerüberwegen

3

15 1.1.06-124

Sie möchten in einer schmalen Straße Radfahrer überholen. Wegen der Straßenbreite ist ein Seitenabstand zu ihnen von höchstens 50 cm möglich. Wie verhalten Sie sich?

Ich gebe vor dem Überholen ein kurzes Warnzeichen

Ich überhole nicht

Ich überhole mit mäßiger Geschwindigkeit

5

16

1.3.01-056-M

Wie verhalten Sie sich richtig?

Ich fahre nach den beiden Pkws

Ich fahre nach dem blauen Pkw

Ich fahre vor den beiden Pkws

5

17

VIDEO 38 1.1.07-176-M

Wie verhalten Sie sich jetzt richtig?

Ich bremse ab

Ich weiche nach links aus

Ich fahre gleichmäßig weiter

4

18

1.3.01-058-M

Was gilt in dieser Situation?

Das Motorrad muss warten

Ich muss links blinken

Ich muss das Motorrad zuerst fahren lassen

5

19 1.4.42-138

Wie müssen Sie sich bei diesem Verkehrszeichen verhalten?

Ich muss mit mäßiger Geschwindigkeit heranfahren, wenn Fußgänger die Fahrbahn erkennbar überqueren möchten

Ich darf nicht auf dem Fußgängerüberweg zum Stehen kommen, wenn der Verkehr stockt

Ich muss den Fußgängern das Überqueren der Fahrbahn ermöglichen

4

20 1.4.42-112

Welche Fahrzeuge dürfen hier parken?

Motorräder

Fahrzeuge bis 2,8 t zulässiger Gesamtmasse

Fahrzeuge über 3,5 t zulässiger Gesamtmasse

2

ZUSATZFRAGEN – KLASSE B

21

VIDEO 39 ▶ 2.1.01-008-M

Warum sollten Sie dem Lkw den Fahrstreifenwechsel ermöglichen?

- [ ] Weil hier das Reißverschlussverfahren anzuwenden ist
- [ ] Weil der Fahrer des Lkws mich übersehen kann
- [ ] Weil ich Rücksicht auf den Lkw nehmen soll

4

22 2.1.03-107

Wie können Sie ausreichende Sicht durch die Frontscheibe erhalten?

- [ ] Bei Nebel den Scheibenwischer von Zeit zu Zeit einschalten
- [ ] Bei innen beschlagener Scheibe Lüftung ausschalten und Fenster geschlossen halten
- [ ] Bei Schneematsch die Scheibenwischer schon einschalten, bevor Ihnen andere Fahrzeuge Matsch auf die Scheibe schleudern

3

23 2.7.01-110

Sie wollen mit einem Automatik-Pkw (hydraulischer Wandler) losfahren. Was müssen Sie wissen?

- [ ] Der Wählhebel darf nur bei stehendem Motor betätigt werden
- [ ] Beim Einlegen einer Fahrstufe muss der Pkw in der Regel mit der Betriebsbremse festgehalten werden
- [ ] Die Drehzahl muss wesentlich erhöht werden, damit der Motor nicht abgewürgt wird

3

24 2.2.03-015

Wie lautet die Faustformel, um den Bremsweg einer Gefahrbremsung auf ebener, trockener und asphaltierter Fahrbahn auszurechnen?

- [ ] ({Geschwindigkeit in km/h}/{10} x 5) : 2
- [ ] ({Geschwindigkeit in km/h}/{10} x 3) : 2
- [ ] ({Geschwindigkeit in km/h}/{10} x {Geschwindigkeit in km/h}/{10}) : 2

4

25 2.6.03-406

Ein einachsiger Anhänger hat eine tatsächliche Gesamtmasse von 600 kg. Wie groß muss die Stützlast mindestens sein?

- [ ] 90 kg (= 15 %)
- [ ] 60 kg (= 10 %)
- [ ] 24 kg (= 4 %)

3

Fehlerpunkte

26

VIDEO 40 ▶ 2.1.08-027-M

Sie möchten die Autobahn verlassen. Wodurch ergibt sich hier eine gefährliche Situation?

- [ ] Durch den gelben Lkw
- [ ] Durch das grüne Fahrzeug
- [ ] Durch das Motorrad

4

27 2.7.06-119

Welche Funktion erfüllt der Notbremsassistent? Der Notbremsassistent …

- [ ] … warnt vor der unmittelbaren Gefahr eines Auffahrunfalls
- [ ] … bremst mein Fahrzeug beim versehentlichen Überfahren der Fahrbahnbegrenzung ab
- [ ] … kann bei einer unvermeidbaren Kollision das Verletzungsrisiko reduzieren

3

28 2.7.01-147

Unter welcher Voraussetzung funktioniert der Spurhalte-Assistent mit Lenkeingriff bestmöglich?

- [ ] Bei Schneeresten auf der Fahrbahn
- [ ] Bei eindeutigen Fahrbahnmarkierungen
- [ ] Bei zusätzlichen Baustellenmarkierungen

3

29 2.6.01-108

Sie haben einen 3 Jahre alten Pkw gekauft und möchten diesen privat nutzen. Die Hauptuntersuchung ist neu. Welche Frist gilt für die nächste Hauptuntersuchung?

Antwort: Die Frist beträgt ____ Monate

2

30 2.2.21-121

Wie können Sie verhindern, dass ein Kind während der Fahrt eine hintere Tür öffnet? Ich aktiviere …

- [ ] … die Zentralverriegelung
- [ ] … die Kindersicherung der hinteren Türen

4

Fehlerpunkte

Amtliche Prüfungsfragen für Führerscheinbewerber

Grundlagen für alle Klassen und Zusatzfragen Klasse B

13

Hinweise zu Videofragen:

In jeder Theorie-Prüfung sind 2 zufällige Videofragen vorhanden. Die Videofragen sind auf den Prüfungsbögen gekennzeichnet (Video-Abspielsymbol inklusive der Fragennummer). Die beiliegende DVD enthält alle diese Videos.

Legen Sie die DVD in Ihr CD-/DVD-Laufwerk ein und öffnen Sie die DVD durch Doppelklick auf das entsprechende Laufwerk in Ihrem Explorer. Wählen Sie das Video mit der im Bogen angegebenen Videonummer durch Doppelklick aus.

Während der Prüfung dürfen Sie ein Video maximal 5-mal anschauen, ohne dass Ihnen die Frage bekannt ist. Erst wenn Sie bereit sind, können Sie sich die Frage zum Video anzeigen lassen. Danach müssen Sie die Frage beantworten und können das Video nicht noch mal anschauen.

Wichtig: Daher zuerst das Video max. 5-mal anschauen. Erst danach die zugehörige Frage lesen und bearbeiten.

Bezugsfahrzeug

Bitte beachten Sie das zugrunde liegende Bezugsfahrzeug:

Sie fahren ein ...

▶ Grundstoff:
Kraftfahrzeug mit Verbrennungsmotor

▶ Klasse B:
Zweispuriges Kraftfahrzeug mit Verbrennungsmotor, mit manuellem Schaltgetriebe und mit automatischem Blockierverhinderer (ABV)

Wenn in den Prüfungsaufgaben keine besonderen Fahrzeugeigenschaften benannt sind, gelten die folgenden allgemeinen Eigenschaften „Ihres Fahrzeugs" (Bezugsfahrzeug).

▶ Bitte beachten Sie:
Wenn in der Prüfungsaufgabe besondere Fahrzeugeigenschaften ausdrücklich benannt sind, müssen diese bei der Aufgabenbearbeitung berücksichtigt werden!

	Fehlerpunkte / 5-Punkte-Regel
Klasse	B
zulässige Fehlerpunkte	10
Grundstoff	
Zusatzstoff	
Summe	
5-Punkte-Regel *)	
bestanden	
nicht bestanden	
Bemerkungen	
*) 2 oder mehr Fragen mit je 5 Fehlerpunkten falsch	

Beantworten Sie die Fragen durch Ankreuzen von Antworten oder durch die Angabe von Zahlen.
Sie haben die Frage falsch beantwortet, wenn ...
▶ nicht jede richtige Antwort angekreuzt ist ▶ oder eine/mehrere falsche Antwort(en) angekreuzt ist/sind ▶ oder eine falsche/keine Zahl angegeben ist

Sie haben die Prüfung nicht bestanden, wenn ...
▶ die zul. Fehlerpunkte überschritten wurden (d.h. mehr als 10 Punkte bei Klasse B)
▶ oder wenn 2 oder mehr Fragen mit je 5 Fehlerpunkten falsch beantwortet wurden

1

Wie verhalten Sie sich in dieser Situation?

- [ ] Geschwindigkeit vermindern
- [ ] Unverändert weiterfahren
- [ ] Bremsbereit sein

1.1.07-015-M **4**

2 VIDEO 41

Wie verhalten Sie sich richtig?

- [ ] Ich bremse ab
- [ ] Ich behalte meine Geschwindigkeit bei
- [ ] Ich vergrößere den Abstand zum Einscherenden

1.2.04-102 **5**

3

Womit müssen Sie hier rechnen?

- [ ] Dass Ihr Fahrzeug von anderen nicht rechtzeitig gesehen wird
- [ ] Dass Sie entgegenkommende Fahrzeuge erst spät erkennen
- [ ] Dass sich Ampeln von den bunten Lichtreklamen kaum abheben

1.1.04-107 **4**

Fehlerpunkte

4

VIDEO 42 ▶ 1.2.09-134-M

Wie verhalten Sie sich jetzt richtig?

- [ ] Ich bleibe zunächst auf dem rechten Fahrstreifen
- [ ] Ich wechsle umgehend auf den linken Fahrstreifen
- [ ] Ich bremse ab

4

5 1.1.06-105

In welchen Fällen muss das Überholen abgebrochen werden?

- [ ] Wenn durch unerwarteten Gegenverkehr Gefahr entsteht
- [ ] Wenn der Eingeholte seine Geschwindigkeit stark verringert
- [ ] Wenn der Eingeholte plötzlich beschleunigt

5

6 1.5.01-128

Wie können Sie den Lärm verringern, der durch Ihr Kraftfahrzeug verursacht wird?

- [ ] Durch das Fahren mit niedriger Motordrehzahl
- [ ] Durch die Verwendung von Reifen mit geringem Rollgeräusch
- [ ] Durch das Entfernen des Luftfiltereinsatzes

3

7 1.2.19-004

Ein Bahnbediensteter schwenkt an einem Bahnübergang eine rote Leuchte. Was bedeutet dies?

- [ ] Sie müssen vor dem Bahnübergang warten
- [ ] Sie dürfen die Gleise vorsichtig überqueren
- [ ] Die rote Leuchte hat für Sie keine Bedeutung

3

8 1.2.34-008

Sie sind an einem Unfall auf einem Parkplatz beteiligt. Es ist geringer Sachschaden entstanden. Alle Beteiligten sehen von einer Information der Polizei ab. Was ist für die Schadensregulierung jetzt hilfreich?

- [ ] Das Fotografieren der Unfallstelle von mehreren Seiten
- [ ] Der Austausch erforderlicher Angaben von Beteiligten
- [ ] Die Beschreibung des Unfallhergangs im Unfallbericht

3

Fehlerpunkte

9

1.1.07-025-M

Wie verhalten Sie sich jetzt richtig?

- [ ] Ich bin bremsbereit
- [ ] Ich weiche auf die linke Fahrbahnhälfte aus
- [ ] Ich beobachte den Radfahrer aufmerksam

4

10 1.2.22-104

Was kann schon durch eine 20 %ige Überladung eintreten?

- [ ] Überbeanspruchung der Bremsen
- [ ] Verschlechterung des Lenkverhaltens
- [ ] Schäden an tragenden Fahrzeugteilen

4

11 1.1.02-022

Womit ist zu rechnen, wenn Kinder an einer Ampel warten? Dass die Kinder …

- [ ] … schon losrennen, wenn die Ampel in meiner Fahrtrichtung von Grün auf Gelb umschaltet
- [ ] … auch bei Rot loslaufen, weil es ihnen zu lange dauert
- [ ] … sich gegenseitig auf die Fahrbahn schubsen

4

12 1.1.01-102

Was sind vermeidbare Behinderungen im fließenden Verkehr?

- [ ] Abwürgen des Motors
- [ ] Langsamfahren ohne triftigen Grund
- [ ] Liegenbleiben wegen Kraftstoffmangels

3

13 1.2.34-114

Ein Kraftfahrer hat ein anderes Fahrzeug leicht beschädigt und entfernt sich unerlaubt. Welche Folge kann dies haben?

- [ ] Eine Geld- oder Haftstrafe
- [ ] Einen Entzug der Fahrerlaubnis oder ein Fahrverbot
- [ ] Eine Anordnung einer medizinisch-psychologischen Untersuchung

3

Fehlerpunkte

14 1.1.07-113

Sie fahren auf einer neu angelegten Straße durch bewaldetes Gebiet. Womit müssen Sie rechnen?

Auf neu angelegten Straßen sind Wildunfälle nicht zu erwarten

Wild überquert unerwartet die Fahrbahn

Mit einem Hindernis durch einen Wildunfall

3

15 1.1.09-031

Welche Auswirkung kann der Konsum von Cannabisprodukten auf den Fahrer haben?

Die Aufmerksamkeit für das Verkehrsgeschehen nimmt ab

Die Blendempfindlichkeit nimmt ab

Die Konzentration auf das Fahren nimmt ab

4

16

Welches Verhalten ist richtig? 1.3.01-051-M

Ich lasse den Traktor abbiegen

Ich lasse die Straßenbahn durchfahren

Ich fahre als Erster

5

17

1.3.01-057-M

Wie verhalten Sie sich richtig?

Ich darf erst nach dem blauen Lkw fahren

Ich muss den roten Pkw durchfahren lassen

Ich darf vor dem blauen Lkw fahren

5

18

Wer darf hier zuerst fahren? 1.3.01-039-M

Der rote Lkw

Der Elektroroller

Ich

5

19 1.4.41-135

Was ist in der hier beginnenden Zone erlaubt?

Das Halten bis zu 3 Minuten

Das Parken, wenn eine Parkscheibe benutzt wird

Das Halten zum Be- oder Entladen sowie zum Aus- oder Einsteigen

2

20

VIDEO 43 1.4.42-010-M

Was gilt in dieser Situation aufgrund der Fahrbahnmarkierung? Ich muss …

… dem roten Fahrzeug Vorfahrt gewähren

… vor der Fahrbahnmarkierung stehen bleiben

… mich der Kreuzung vorsichtig nähern

4

Fehlerpunkte

Fehlerpunkte

ZUSATZFRAGEN – KLASSE B

21

2.1.06-024-M

Sie möchten überholen. Wie verhalten Sie sich hier richtig?

- [ ] Ich überhole, da kein Gegenverkehr zu erkennen ist
- [ ] Ich überhole nicht, da das gelbe Fahrzeug überholen könnte
- [ ] Ich überhole nicht, da Gegenverkehr auftauchen könnte

4

22 2.2.12-001

Wo ist das Halten verboten?

- [ ] Auf Autobahnen und Kraftfahrstraßen außerhalb der Parkplätze
- [ ] An Bus-Haltestellen
- [ ] Im Bereich von scharfen Kurven

3

23 2.8.01-001

Wie lange dauert normalerweise die Probezeit?

- [ ] 1 Jahr
- [ ] 2 Jahre
- [ ] 3 Jahre

2

24 2.1.11-130

Ihr Beifahrer möchte mit Ihnen während der Fahrt diskutieren. Wie sollten Sie sich verhalten? Ich konzentriere mich auf …

- [ ] … die Diskussion
- [ ] … meine Fahrtätigkeit

4

25 2.2.15-107

Wie müssen Sie nachts ein Fahrzeug sichern, das an einer Stelle liegen geblieben ist, an der es eine Gefahr für den übrigen Verkehr bildet?

- [ ] Rückfahrscheinwerfer einschalten
- [ ] Warndreieck in ausreichender Entfernung aufstellen
- [ ] Sofort Warnblinklicht einschalten

4

26 2.4.42-105

Worauf weist dieses Verkehrszeichen hin? Auf eine …

- [ ] … Erdgastankstelle
- [ ] … Autogastankstelle
- [ ] … Wasserstofftankstelle

2

27 2.7.01-058

Sie fahren bei Nässe mit einem Pkw und Anhänger auf einer schmalen Landstraße und nähern sich einer übersichtlichen, aber engen Linkskurve. Wie verhalten Sie sich?

- [ ] Ich verringere die Geschwindigkeit vor der Kurve
- [ ] Ich bremse erst im Scheitelpunkt der Kurve
- [ ] Ich bleibe in der Mitte des Fahrstreifens und beschleunige erst wieder beim Übergang in die Gerade

4

28 2.2.14-109

Wie sichern Sie Ihren Pkw beim Verlassen gegen unbefugte Benutzung?

- [ ] Ich verschließe die Türen
- [ ] Ich schließe die Fenster
- [ ] Ich aktiviere die Kindersicherung

3

29 2.2.23-119

Was ist bei der Einstellung von Kopfstützen im Fahrzeug zu beachten?

- [ ] Die höchste Stelle des Kopfes sollte mit der Oberkante der Kopfstütze etwa gleichauf sein
- [ ] Der Abstand zwischen Hinterkopf und Kopfstütze sollte möglichst gering sein
- [ ] Die Oberkante der Kopfstütze sollte mit dem oberen Halswirbel abschließen

4

30 2.6.02-036

Wegen einer technischen Änderung an Ihrem Fahrzeug ist eine Begutachtung erfolgt. Wozu sind Sie verpflichtet? Ich muss das Gutachten oder die Bestätigung …

- [ ] … mitführen und gegebenenfalls die Zulassungsbescheinigung Teil I berichtigen lassen
- [ ] … an der dafür vorgesehenen Stelle in der Zulassungsbescheinigung Teil II einkleben
- [ ] … dem Fahrzeughersteller übersenden

3

 Fehlerpunkte Fehlerpunkte

Amtliche Prüfungsfragen für Führerscheinbewerber

Grundlagen für alle Klassen und Zusatzfragen Klasse B

14

Hinweise zu Videofragen:

In jeder Theorie-Prüfung sind 2 zufällige Videofragen vorhanden. Die Videofragen sind auf den Prüfungsbögen gekennzeichnet (Video-Abspielsymbol inklusive der Fragennummer). Die beiliegende DVD enthält alle diese Videos.

Legen Sie die DVD in Ihr CD-/DVD-Laufwerk ein und öffnen Sie die DVD durch Doppelklick auf das entsprechende Laufwerk in Ihrem Explorer. Wählen Sie das Video mit der im Bogen angegebenen Videonummer durch Doppelklick aus.

Während der Prüfung dürfen Sie ein Video maximal 5-mal anschauen, ohne dass Ihnen die Frage bekannt ist. Erst wenn Sie bereit sind, können Sie sich die Frage zum Video anzeigen lassen. Danach müssen Sie die Frage beantworten und können das Video nicht noch mal anschauen.

Wichtig: Daher zuerst das Video max. 5-mal anschauen. Erst danach die zugehörige Frage lesen und bearbeiten.

Bezugsfahrzeug

Bitte beachten Sie das zugrunde liegende Bezugsfahrzeug:

Sie fahren ein ...

▶ Grundstoff:
Kraftfahrzeug mit Verbrennungsmotor

▶ Klasse B:
Zweispuriges Kraftfahrzeug mit Verbrennungsmotor, mit manuellem Schaltgetriebe und mit automatischem Blockierverhinderer (ABV)

Wenn in den Prüfungsaufgaben keine besonderen Fahrzeugeigenschaften benannt sind, gelten die folgenden allgemeinen Eigenschaften „Ihres Fahrzeugs" (Bezugsfahrzeug).

▶ Bitte beachten Sie:
Wenn in der Prüfungsaufgabe besondere Fahrzeugeigenschaften ausdrücklich benannt sind, müssen diese bei der Aufgabenbearbeitung berücksichtigt werden!

	Fehlerpunkte / 5-Punkte-Regel
Klasse	B
zulässige Fehlerpunkte	10
Grundstoff	
Zusatzstoff	
Summe	
5-Punkte-Regel *)	
bestanden	
nicht bestanden	
Bemerkungen	
*) 2 oder mehr Fragen mit je 5 Fehlerpunkten falsch	

Beantworten Sie die Fragen durch Ankreuzen von Antworten oder durch die Angabe von Zahlen.
Sie haben die Frage falsch beantwortet, wenn ...
▶ nicht jede richtige Antwort angekreuzt ist ▶ oder eine/mehrere falsche Antwort(en) angekreuzt ist/sind ▶ oder eine falsche/keine Zahl angegeben ist

Sie haben die Prüfung nicht bestanden, wenn ...
▶ die zul. Fehlerpunkte überschritten wurden (d.h. mehr als 10 Punkte bei Klasse B)
▶ oder wenn 2 oder mehr Fragen mit je 5 Fehlerpunkten falsch beantwortet wurden

1

Worauf müssen Sie sich in dieser Situation einstellen?

- Dass Gegenverkehr auftaucht
- Dass der Lkw-Fahrer auf die Fahrbahn springt
- Dass Verkehrszeichen durch den Lkw verdeckt sind

1.1.07-153-M

3

2

VIDEO 44

Wie verhalten Sie sich jetzt richtig?

- Ich verringere die Geschwindigkeit
- Ich fahre nach rechts auf den Parkstreifen
- Ich behalte die Geschwindigkeit bei

1.1.06-131-M

5

3

Warum kann das Befahren dieser Straße gefährlich werden?

- Weil schlecht beleuchtete Fahrzeuge schwer zu erkennen sind
- Weil Personen auf der Fahrbahn leicht übersehen werden
- Weil entgegenkommende Kraftfahrzeuge erst spät erkannt werden

1.1.04-108

4

Fehlerpunkte

4

1.2.09-131-M

Der Radfahrer möchte geradeaus fahren. Wie verhalten Sie sich hier richtig?

- [ ] Ich überhole den Radfahrer
- [ ] Ich bleibe hinter dem Radfahrer

4

5

1.2.38-102

Welche Bedeutung kann das blaue Blinklicht allein (ohne Einsatzhorn) haben?

- [ ] Das Fahrzeug befindet sich auf einer Einsatzfahrt. Sie sollten ihm Platz machen
- [ ] Ohne Einsatzhorn hat das blaue Blinklicht keine Bedeutung
- [ ] Ankündigung eines geschlossenen Verbandes

3

6

1.1.09-029

Wodurch lässt sich die Fahrtüchtigkeit nach übermäßigem Alkoholkonsum kurzfristig wiederherstellen?

- [ ] Durch das Trinken von 2 Tassen Kaffee
- [ ] Durch 15 Minuten Sport
- [ ] Durch gar nichts

4

7

1.5.01-134

Worauf sollten Sie nach dem Starten Ihres Fahrzeugs achten? Ich sollte möglichst …

- [ ] … den Motor im Stand warmlaufen lassen
- [ ] … unverzüglich losfahren
- [ ] … mit niedriger Motordrehzahl fahren

3

8

1.2.03-107

Sie fahren auf einer gut ausgebauten Straße, auf der Gegenverkehr ungehindert an Ihnen vorbeifahren kann. Innerhalb welcher Strecke müssen Sie in jedem Fall anhalten können? Innerhalb der …

- [ ] … von mir übersehbaren Strecke
- [ ] … halben von mir übersehbaren Strecke
- [ ] … doppelten von mir übersehbaren Strecke

4

9

1.3.01-113

Welches Verhalten ist richtig?

- [ ] Der Radfahrer muss warten
- [ ] Ich muss warten

5

10

1.1.06-105

In welchen Fällen muss das Überholen abgebrochen werden?

- [ ] Wenn der Eingeholte plötzlich beschleunigt
- [ ] Wenn durch unerwarteten Gegenverkehr Gefahr entsteht
- [ ] Wenn der Eingeholte seine Geschwindigkeit stark verringert

5

11

1.1.01-102

Was sind vermeidbare Behinderungen im fließenden Verkehr?

- [ ] Abwürgen des Motors
- [ ] Langsamfahren ohne triftigen Grund
- [ ] Liegenbleiben wegen Kraftstoffmangels

3

12

1.2.09-124

Sie wollen links abbiegen. Welche Schwierigkeiten können dabei auftreten?

- [ ] Linksabbieger können sich gefährlich nahekommen
- [ ] Sichteinschränkungen durch Entgegenkommende
- [ ] Missverständnisse mit entgegenkommenden Linksabbiegern

3

13

1.1.03-110

Was müssen Sie tun, wenn vor Ihnen ein Nebelfeld die Sicht stark behindert?

- [ ] Geschwindigkeit rechtzeitig den Sichtverhältnissen anpassen
- [ ] Abstand zum vorausfahrenden Fahrzeug vergrößern
- [ ] Dicht aufschließen, um sich an den Schlussleuchten des vorausfahrenden Fahrzeugs zu orientieren

4

Fehlerpunkte

Fehlerpunkte

14 1.1.02-027

Womit müssen Sie rechnen, wenn ältere Personen mit Gehhilfe die Fahrbahn überqueren?

- Dass sie auf der Fahrbahn stehen bleiben
- Dass sie auf der Fahrbahn umkehren
- Dass sie die Fahrbahn langsam überqueren

4

15 1.2.26-115

Warum ist eine defensive Fahrweise beim Annähern an Fußgängerüberwege besonders wichtig?

- Damit nachfolgende Fahrzeuge leichter überholen können
- Damit Fußgänger nicht verunsichert werden
- Damit Auffahrunfälle vermieden werden

4

16

1.3.01-126-M

Welches Verhalten ist richtig?

- Ich muss den gelben Pkw durchfahren lassen
- Ich fahre zuerst

5

17

1.2.36-101-B

Was gilt hier?

- Abbiegen ist nicht zulässig
- Die Kreuzung darf überquert werden
- Vor dem Einfahren in die Kreuzung muss auf weitere Zeichen des Polizeibeamten gewartet werden

4

18

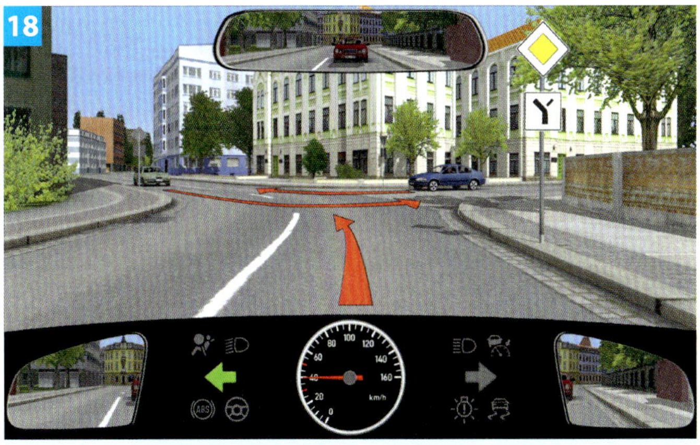

1.3.01-050-M

Welches Verhalten ist richtig?

- Ich muss dem blauen Pkw Vorfahrt gewähren
- Ich darf durchfahren
- Ich muss dem grünen Pkw Vorfahrt gewähren

5

19 1.4.41-174

1 2 3

Bei welchem Verkehrszeichen ist das Wenden verboten?

- Verkehrszeichen 1
- Verkehrszeichen 2
- Verkehrszeichen 3

3

20 1.4.41-147

Worauf weist dieses Verkehrszeichen hin?

- Auf einen Gehweg
- Auf den Beginn eines verkehrsberuhigten Bereichs
- Auf ein Verbot für Fahrrad- und Mofa-Verkehr

2

Fehlerpunkte

Fehlerpunkte

ZUSATZFRAGEN – KLASSE B

21

VIDEO 45

2.1.03-029

Warum sollten Sie jetzt bremsen? Wegen des …

- ☐ … blauen Pkws
- ☐ … Traktors
- ☐ … grünen Pkws

3

22

2.2.04-005

Welchen Sicherheitsabstand sollten Sie außerorts zum vorausfahrenden Fahrzeug mindestens einhalten?

- ☐ Die Hälfte der Tachoanzeige in Metern
- ☐ Ein Drittel der Tachoanzeige in Metern
- ☐ Ein Fünftel der Tachoanzeige in Metern

4

23

2.1.11-016

Warum kann das Fahren unter Zeitdruck gefährlich sein? Weil bei Fahrten unter Zeitdruck häufig …

- ☐ … zu schnell gefahren wird
- ☐ … defensiv gefahren wird
- ☐ … Gefahren unterschätzt werden

4

24

2.1.01-004

Wodurch kann eine Gefährdung entstehen?

- ☐ Durch Kurvenschneiden
- ☐ Durch zu großen Abstand nach vorn
- ☐ Durch zu spätes Abblenden

4

25

2.2.21-118

Während der Fahrt leuchtet die Airbagkontrollleuchte ständig. Was müssen Sie tun?

- ☐ Eine Werkstatt aufsuchen
- ☐ Das Fahrzeug sofort aus dem Straßenverkehr entfernen
- ☐ Nichts, weil das ein Signal für die Werkstatt ist

3

26

2.4.41-103

1 2

Welches Verkehrszeichen bezieht sich auf die tatsächliche Masse?

Antwort: Nr. ☐

2

27

2.7.01-104

Sie fahren mit Ihrem Pkw und Anhänger auf einer Straße mit Gegenverkehr und wollen nach links abbiegen. Was ist beim Wiederanfahren besonders wichtig?

- ☐ An die eigene Zuglänge denken
- ☐ Den Gegenverkehr mit der Lichthupe warnen
- ☐ Das geringere Beschleunigungsvermögen berücksichtigen

4

28

2.2.15-112

Ihr Pkw hat einen Defekt und ist nicht mehr fahrbereit. Was ist beim Abschleppen zu beachten? Während des Abschleppens …

- ☐ … ist das Abschleppseil möglichst straff zu halten
- ☐ … ist an beiden Fahrzeugen Warnblinklicht einzuschalten
- ☐ … darf die Autobahn nur als Abkürzung zur nächsten Werkstatt benutzt werden

3

29

2.7.01-105

Sie fahren einen Pkw mit einem ungebremsten Anhänger. Es kommt ein längeres, starkes Gefälle. Was ist richtig?

- ☐ Wenn nötig Geschwindigkeit verringern, rechtzeitig niedrigen Gang einlegen, bremsbereit sein
- ☐ Schieben des Anhängers berücksichtigen
- ☐ Bremse des Pkws durch häufiges Auskuppeln entlasten

4

30

2.7.02-127

Welche Auswirkung hat das Lenken im Stand für Ihr Fahrzeug?

- ☐ An der Lauffläche des Reifens können Beschädigungen entstehen
- ☐ Die Mechanik der Vorderachse wird stark belastet
- ☐ Die Lenkung wird leichtgängiger

2

Fehlerpunkte ☐

Fehlerpunkte ☐

Amtliche Prüfungsfragen für Führerscheinbewerber

Grundlagen für alle Klassen und Zusatzfragen Klasse B

15

Hinweise zu Videofragen:

In jeder Theorie-Prüfung sind 2 zufällige Videofragen vorhanden. Die Videofragen sind auf den Prüfungsbögen gekennzeichnet (Video-Abspielsymbol inklusive der Fragennummer). Die beiliegende DVD enthält alle diese Videos.

Legen Sie die DVD in Ihr CD-/DVD-Laufwerk ein und öffnen Sie die DVD durch Doppelklick auf das entsprechende Laufwerk in Ihrem Explorer. Wählen Sie das Video mit der im Bogen angegebenen Videonummer durch Doppelklick aus.

Während der Prüfung dürfen Sie ein Video maximal 5-mal anschauen, ohne dass Ihnen die Frage bekannt ist. Erst wenn Sie bereit sind, können Sie sich die Frage zum Video anzeigen lassen. Danach müssen Sie die Frage beantworten und können das Video nicht noch mal anschauen.

Wichtig: Daher zuerst das Video max. 5-mal anschauen. Erst danach die zugehörige Frage lesen und bearbeiten.

Bezugsfahrzeug

Bitte beachten Sie das zugrunde liegende Bezugsfahrzeug:

Sie fahren ein ...

▶ Grundstoff:
Kraftfahrzeug mit Verbrennungsmotor

▶ Klasse B:
Zweispuriges Kraftfahrzeug mit Verbrennungsmotor, mit manuellem Schaltgetriebe und mit automatischem Blockierverhinderer (ABV)

Wenn in den Prüfungsaufgaben keine besonderen Fahrzeugeigenschaften benannt sind, gelten die folgenden allgemeinen Eigenschaften „Ihres Fahrzeugs" (Bezugsfahrzeug).

▶ Bitte beachten Sie:
Wenn in der Prüfungsaufgabe besondere Fahrzeugeigenschaften ausdrücklich benannt sind, müssen diese bei der Aufgabenbearbeitung berücksichtigt werden!

	Fehlerpunkte / 5-Punkte-Regel
Klasse	B
zulässige Fehlerpunkte	10
Grundstoff	
Zusatzstoff	
Summe	
5-Punkte-Regel *)	
bestanden	
nicht bestanden	
Bemerkungen	
*) 2 oder mehr Fragen mit je 5 Fehlerpunkten falsch	

Beantworten Sie die Fragen durch Ankreuzen von Antworten oder durch die Angabe von Zahlen. Sie haben die Frage falsch beantwortet, wenn ...
▶ nicht jede richtige Antwort angekreuzt ist ▶ oder eine/mehrere falsche Antwort(en) angekreuzt ist/sind ▶ oder eine falsche/keine Zahl angegeben ist

Sie haben die Prüfung nicht bestanden, wenn ...
▶ die zul. Fehlerpunkte überschritten wurden (d.h. mehr als 10 Punkte bei Klasse B)
▶ oder wenn 2 oder mehr Fragen mit je 5 Fehlerpunkten falsch beantwortet wurden

1 VIDEO 46

Wie verhalten Sie sich richtig?

- Ich lenke jetzt nach links
- Ich bremse weiter ab
- Ich bleibe zunächst auf meinem Fahrstreifen

1.1.07-174-M 3

2

Warum dürfen Sie jetzt nicht überholen?

- Weil der Straßenbelag auf der linken Fahrbahnhälfte sehr schlecht ist
- Weil die Radfahrerin nach links abbiegen könnte
- Weil ich möglichen Gegenverkehr nicht rechtzeitig sehen kann

1.1.06-005-M 5

3 VIDEO 47

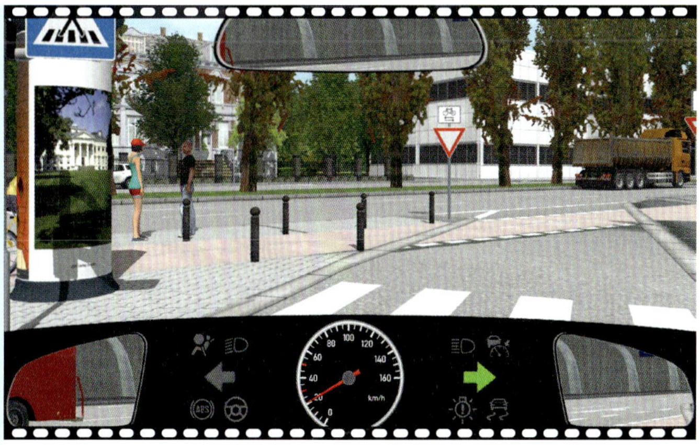

Warum müssen Sie jetzt anhalten?

- Wegen der Radfahrerin
- Wegen der Fußgänger
- Wegen des Lkws

1.1.07-171 4

4

1.2.09-107-B

Wer muss die Fahrtrichtungsänderung anzeigen?

- [ ] Ich selbst
- [ ] Das Motorrad
- [ ] Keiner

3

5

1.2.19-101

Sie fahren auf einem Waldweg und nähern sich einem Bahnübergang ohne Andreaskreuz. Wie verhalten Sie sich?

- [ ] Mit mäßiger Geschwindigkeit heranfahren und beobachten, ob sich ein Schienenfahrzeug nähert
- [ ] Ohne weiteres durchfahren, da Schienenfahrzeuge hier wartepflichtig sind
- [ ] Horchen, ob sich durch Pfeifen oder Läuten ein Schienenfahrzeug ankündigt

3

6

1.5.01-017

In welcher Situation sollten Sie den Motor abstellen, um Kraftstoff zu sparen und die Umweltbelastung zu verringern? Wenn ich …

- [ ] … im Stau absehbar länger warten muss
- [ ] … an einem beschrankten Bahnübergang warten muss
- [ ] … an einem „Stop"-Schild anhalten muss

3

7

1.1.07-121

Wie müssen Sie sich bei einem Stau im Tunnel verhalten?

- [ ] Warnblinklicht einschalten
- [ ] Bei Stillstand mit ca. 5 m Sicherheitsabstand zum Vordermann anhalten
- [ ] Fahrzeug sichern und umgehend verlassen

4

8

1.2.09-120

Sie möchten links abbiegen. In welcher Reihenfolge bereiten Sie das Abbiegen vor?

- [ ] Nachfolgenden Verkehr beobachten, Fahrtrichtung anzeigen, einordnen
- [ ] Fahrtrichtung anzeigen, einordnen, nachfolgenden Verkehr beobachten
- [ ] Einordnen, Fahrtrichtung anzeigen, nachfolgenden Verkehr beobachten

4

9

1.2.09-112-M

Wer muss blinken?

- [ ] Ich selbst
- [ ] Der rote Pkw
- [ ] Der blaue Lkw

3

10

1.1.01-107

Welche Anzeichen warnen während der Fahrt vor aufkommender Müdigkeit?

- [ ] Häufiges Gähnen
- [ ] Verkürzte Reaktionszeit
- [ ] Schwere Augenlider

4

11

1.1.09-022

Dürfen Kraftfahrer beim Führen von Kraftfahrzeugen während der Probezeit unter der Wirkung alkoholischer Getränke stehen?

- [ ] Nein, in keinem Fall
- [ ] Ja, bis 0,5 Promille ohne alkoholbedingte Fahrauffälligkeit
- [ ] Ja, bis 0,3 Promille ohne alkoholbedingte Fahrauffälligkeit

4

12

1.1.03-105

Wie können Sie beim Fahren gefahrlos feststellen, ob die Fahrbahn vereist ist?

- [ ] Bei ganz langsamer Fahrt bremsen
- [ ] Lenkung ruckartig hin- und herbewegen
- [ ] Kräftig Gas geben

4

13

1.1.09-004

Wodurch kann die Fahrtüchtigkeit herabgesetzt werden?

- [ ] Durch Übermüdung
- [ ] Durch Alkohol und andere berauschende Mittel
- [ ] Durch bestimmte Medikamente

4

Fehlerpunkte

Fehlerpunkte

14 1.3.01-001

An welchen Stellen ohne vorfahrtregelnde Verkehrszeichen gilt die Regel „rechts vor links“?

An Straßenkreuzungen und -einmündungen

An Grundstücksausfahrten

Am Ende eines verkehrsberuhigten Bereiches

5

15 1.2.05-107

Auf welcher Seite ist eine Straßenbahn zu überholen, die in der Mitte der Fahrbahn fährt (keine Einbahnstraße)?

Links

Rechts

Links nur dann, wenn rechts andere Fahrzeuge die Fahrbahn versperren

3

16

1.3.01-013-M

Welches Verhalten ist richtig?

Ich muss den roten Lkw abbiegen lassen

Ich muss den Radfahrer abbiegen lassen

Ich darf als Erster die Kreuzung überqueren

5

17

1.3.01-040-M

Welches Verhalten ist hier richtig?

Der grüne Pkw darf vor dem roten Pkw fahren

Ich darf vor dem roten Pkw fahren

Ich darf vor dem grünen Pkw fahren

5

18

VIDEO 48 ▶ 1.2.09-204-M

Warum müssen Sie in dieser Situation vor dem Linksabbiegen warten?

Wegen der Straßenbahn

Wegen des roten Pkws

Wegen des gelben Fahrzeugs

5

19 1.4.41-125

Hier beginnt ein verkehrsberuhigter Geschäftsbereich. Wie müssen Sie sich verhalten?

Auf regen Fußgängerverkehr besonders achten

Mindestgeschwindigkeit von 20 km/h einhalten

Höchstparkdauer beachten

2

20 1.4.42-132

Sie fahren in einen so gekennzeichneten, hell erleuchteten Tunnel. Wie verhalten Sie sich?

Ich fahre ohne Licht

Ich fahre mit Tagfahrlicht

Ich fahre mit Abblendlicht

4

ZUSATZFRAGEN – KLASSE B

21

2.2.07-008

Wie verhalten Sie sich richtig?

- [ ] Ich fahre mit unveränderter Geschwindigkeit weiter
- [ ] Ich ordne mich auf dem rechten Fahrstreifen ein
- [ ] Ich reduziere meine Geschwindigkeit

5

22

2.7.05-104

Was müssen Sie beim Fahren mit Winterreifen besonders beachten? Ich darf …

- [ ] … höchstens so schnell fahren wie bei der Nutzung von Schneeketten
- [ ] … die zulässige Höchstgeschwindigkeit für diese Reifen nicht überschreiten
- [ ] … nicht schneller als 80 km/h fahren

3

23

2.7.02-139

Die Kontrollleuchte der Fahrdynamik-regelung (ESC) Ihres Pkws leuchtet dauerhaft. Worauf kann das hinweisen? Die Fahrdynamikregelung (ESC) ...

- [ ] … wurde deaktiviert
- [ ] … ist aktiv
- [ ] … ist defekt

2

24

2.1.11-019

Sie sind durch eine Gefahrbremsung nur knapp einem Verkehrsunfall entgangen. Ihre Hände und Knie zittern. Wie verhalten Sie sich richtig?

- [ ] Ich lege schnellstmöglich eine Pause ein, um mich zu beruhigen
- [ ] Ich denke später darüber nach, ob ich die Situation hätte vermeiden können
- [ ] Ich fahre direkt weiter, um mich zu beruhigen

3

25

2.7.01-146

Was kann die Funktion des Spurhalte-Assistenten mit Lenkeingriff beeinträchtigen?

- [ ] Die Witterungsverhältnisse
- [ ] Der Zustand der Fahrbahnmarkierungen
- [ ] Zusätzliche Fahrbahnmarkierungen im Baustellenbereich

3

26

2.4.40-003

Wie müssen Sie sich bei diesem Verkehrszeichen verhalten?

- [ ] Geschwindigkeit vor der Kurve vermindern
- [ ] Vor der Kurve links blinken
- [ ] Möglichst weit rechts fahren

3

27

2.2.17-116

Welche Funktion soll der Fernlichtassistent bei Dunkelheit erfüllen? Der Fernlichtassistent …

- [ ] … blendet das Fernlicht bei Gegenverkehr rechtzeitig ab
- [ ] … reinigt die Scheinwerfer für das Fernlicht
- [ ] … aktiviert bei geeigneten Umgebungsbedingungen das Fernlicht

3

28

2.2.15-110

Ihr Pkw hat auf der Autobahn eine Reifenpanne. Wie müssen Sie sich verhalten? Ich muss …

- [ ] … das Warndreieck in etwa 100 m Entfernung aufstellen
- [ ] … das Warnblinklicht einschalten und möglichst weit rechts anhalten
- [ ] … bis zur nächsten Ausfahrt weiterfahren

4

29

2.2.21-122

Sie möchten in Ihrem Pkw ein Kind mitnehmen. Wann müssen Sie hierzu einen Kindersitz verwenden?

- [ ] Wenn das Kind jünger als 12 Jahre und kleiner als 150 cm ist
- [ ] Wenn das Kind älter als 12 Jahre und größer als 150 cm ist
- [ ] Wenn das Kind älter als 12 Jahre und kleiner als 150 cm ist

4

30

2.2.22-132

Was ist beim Transport von Pedelecs auf einem Hecktragesystem für die Anhängekupplung zu beachten? Für das hohe Gewicht der Pedelecs muss ...

- [ ] … der Reifenfülldruck des Pkws entsprechend angepasst werden
- [ ] … die Stützlast der Anhängekupplung geeignet sein
- [ ] … das Hecktragesystem geeignet sein

3

Fehlerpunkte

Fehlerpunkte

Amtliche Prüfungsfragen für Führerscheinbewerber

Grundlagen für alle Klassen und Zusatzfragen Klasse B

16

Hinweise zu Videofragen:

In jeder Theorie-Prüfung sind 2 zufällige Videofragen vorhanden. Die Videofragen sind auf den Prüfungsbögen gekennzeichnet (Video-Abspielsymbol inklusive der Fragennummer). Die beiliegende DVD enthält alle diese Videos.

Legen Sie die DVD in Ihr CD-/DVD-Laufwerk ein und öffnen Sie die DVD durch Doppelklick auf das entsprechende Laufwerk in Ihrem Explorer. Wählen Sie das Video mit der im Bogen angegebenen Videonummer durch Doppelklick aus.

Während der Prüfung dürfen Sie ein Video maximal 5-mal anschauen, ohne dass Ihnen die Frage bekannt ist. Erst wenn Sie bereit sind, können Sie sich die Frage zum Video anzeigen lassen. Danach müssen Sie die Frage beantworten und können das Video nicht noch mal anschauen.

Wichtig: Daher zuerst das Video max. 5-mal anschauen. Erst danach die zugehörige Frage lesen und bearbeiten.

Bezugsfahrzeug

Bitte beachten Sie das zugrunde liegende Bezugsfahrzeug:

Sie fahren ein ...

▶ Grundstoff:
Kraftfahrzeug mit Verbrennungsmotor

▶ Klasse B:
Zweispuriges Kraftfahrzeug mit Verbrennungsmotor, mit manuellem Schaltgetriebe und mit automatischem Blockierverhinderer (ABV)

Wenn in den Prüfungsaufgaben keine besonderen Fahrzeugeigenschaften benannt sind, gelten die folgenden allgemeinen Eigenschaften „Ihres Fahrzeugs" (Bezugsfahrzeug).

▶ Bitte beachten Sie:
Wenn in der Prüfungsaufgabe besondere Fahrzeugeigenschaften ausdrücklich benannt sind, müssen diese bei der Aufgabenbearbeitung berücksichtigt werden!

	Fehlerpunkte / 5-Punkte-Regel
Klasse	B
zulässige Fehlerpunkte	10
Grundstoff	
Zusatzstoff	
Summe	
5-Punkte-Regel *)	
bestanden	
nicht bestanden	
Bemerkungen	
*) 2 oder mehr Fragen mit je 5 Fehlerpunkten falsch	

Beantworten Sie die Fragen durch Ankreuzen von Antworten oder durch die Angabe von Zahlen. Sie haben die Frage falsch beantwortet, wenn ...
▶ nicht jede richtige Antwort angekreuzt ist ▶ oder eine/mehrere falsche Antwort(en) angekreuzt ist/sind ▶ oder eine falsche/keine Zahl angegeben ist

Sie haben die Prüfung nicht bestanden, wenn ...
▶ die zul. Fehlerpunkte überschritten wurden (d.h. mehr als 10 Punkte bei Klasse B)
▶ oder wenn 2 oder mehr Fragen mit je 5 Fehlerpunkten falsch beantwortet wurden

1

Wie sollten Sie sich verhalten?

- Bremsbereit bleiben
- Unverändert weiterfahren
- Auf Schrittgeschwindigkeit abbremsen

1.1.02-119 5

2

Wie sollten Sie sich jetzt verhalten?

- Ich bremse auf Schrittgeschwindigkeit ab
- Ich bleibe bremsbereit
- Ich überhole den Radfahrer

1.1.02-048-M 5

3

Warum kann hier das Rechtsabbiegen gefährlich werden?

- Weil ich möglicherweise nicht rechtzeitig anhalten kann, wenn Fußgänger die Seitenstraße überqueren
- Weil Fahrzeuge, die aus der Seitenstraße kommen, beim Abbremsen ins Schleudern geraten können
- Weil mein Fahrzeug bei zu schnellem Abbiegen ins Schleudern geraten kann

1.1.03-116 4

Fehlerpunkte

4

VIDEO 50

1.2.09-127

Warum müssen Sie jetzt bremsen?

- Wegen des Transporters
- Wegen des Motorrads
- Wegen der Radfahrerin

5

5

1.1.07-154

Wie verhalten Sie sich bei einer Tunneldurchfahrt richtig?

- In einem Tunnel mit Gegenverkehr orientiere ich mich am rechten Fahrbahnrand
- Ich präge mir Sicherheitseinrichtungen wie Notausgänge und Notruftelefone ein
- Ich fahre mit verringertem Abstand, damit ich mich an den Schlussleuchten des vorausfahrenden Fahrzeugs orientieren kann

4

6

1.2.12-107

Wer parkt?

- Wer länger als drei Minuten hält
- Wer sein Fahrzeug verlässt
- Wer vor einer geschlossenen Bahnschranke länger als drei Minuten wartet

3

7

1.5.01-131

Sie fahren ein Kraftfahrzeug mit manuellem Schaltgetriebe auf ebener Fahrbahn. Wie sollten Sie schalten, um besonders umweltbewusst und sparsam zu fahren?

- So früh wie möglich hochschalten
- So spät wie möglich zurückschalten
- Gänge bis in den oberen Drehzahlbereich ausfahren und dann schalten

3

8

1.2.12-108

Welcher Mindestabstand muss vor einem Fußgängerüberweg beim Halten oder Parken eingehalten werden?

Antwort: ____ m

3

9

1.2.09-113-M

Wer muss hier die Fahrtrichtungsänderung anzeigen?

- Ich selbst
- Der rote Pkw
- Das Motorrad

3

10

1.1.09-019

Welche Auswirkungen kann Haschischkonsum haben?

- Das Gefahrenbewusstsein kann abnehmen
- Fehler bei der Verarbeitung von Informationen können zunehmen
- Fehleinschätzungen von Geschwindigkeit und Entfernung können eintreten

4

11

1.2.20-004

Welchen Fahrzeugen müssen Sie das Abfahren von gekennzeichneten Haltestellen ermöglichen?

- Taxen
- Linienbussen
- Schulbussen

3

12

1.1.01-112

Was kann zum Abkommen von der Fahrbahn führen?

- Ablenkung
- Unaufmerksamkeit
- Müdigkeit

4

13

1.1.07-023

Was sollten Sie bei Elektrofahrrädern (E-Bikes) im Straßenverkehr beachten? E-Bikes können …

- … im Aussehen schwer von herkömmlichen Fahrrädern unterschieden werden
- … leicht am Motorgeräusch erkannt werden
- … in der Geschwindigkeit leicht unterschätzt werden

3

Fehlerpunkte

Fehlerpunkte

14

1.1.09-008

Wozu können bereits geringe Mengen Alkohol führen?

Zu verzögerter Reaktion

Zu einem Nachlassen der Hör- und Sehleistung

Zu riskanter Fahrweise

4

15

1.2.05-119

Woran können Sie erkennen, dass eine Pferdekutsche die Fahrtrichtung ändern möchte?

Am Ausstrecken des Armes des Kutschers

An der ausgestellten Winkerkelle

Am eingeschalteten Blinker

3

16

Welches Verhalten ist hier richtig?

1.3.01-041-M

Ich darf vor dem gelben Pkw fahren

Ich darf vor dem roten Pkw fahren

Der gelbe Pkw darf vor dem roten Pkw fahren

5

17

Welches Verhalten ist richtig?

1.3.01-016-M

Ich muss den blauen Lkw durchfahren lassen

Der blaue Lkw muss mich durchfahren lassen

Ich muss den Traktor abbiegen lassen

5

18

In welcher Reihenfolge müssen die Fahrzeuge hier weiterfahren?

1.3.01-127-M

Der Radfahrer, ich, der gelbe Pkw

Der Radfahrer, der gelbe Pkw, ich

Ich, der Radfahrer, der gelbe Pkw

5

19

1.4.42-126

Worauf weist dieses Verkehrszeichen hin?

Es darf nicht schneller als 35 km/h gefahren werden

Auf eine Bundesstraße

Es muss mindestens 35 km/h gefahren werden

2

20

1.4.42-141

Was bedeutet diese Verkehrszeichenkombination für Sie?

Ich darf nicht nach rechts abbiegen oder geradeaus fahren

Ich muss die Vorfahrt der von rechts kommenden Fahrzeuge beachten, wenn ich geradeaus weiterfahre

Ich befinde mich auf einer Vorfahrtstraße, die nach links abknickt

4

Fehlerpunkte

Fehlerpunkte

ZUSATZFRAGEN – KLASSE B

21

2.4.42-109-M

Was ist in dieser Situation richtig?
Ich darf den Schutzstreifen …

- … nicht befahren
- … befahren, nachdem ich durch sorgfältige Verkehrsbeobachtung eine Gefährdung von Radfahrern ausgeschlossen habe
- … nur so lange befahren, bis ich an dem Lkw vorbeigefahren bin

4

22

2.2.04-002

Sie fahren im Stadtverkehr auf trockener Fahrbahn in einer Kolonne, die sich mit einer Geschwindigkeit von 50 km/h bewegt. Welchen Sicherheitsabstand zum vorausfahrenden Fahrzeug müssen Sie mindestens einhalten?

- 5 m entsprechend etwa 1 Pkw-Länge
- 10 m entsprechend etwa 2 Pkw-Längen
- 15 m entsprechend etwa 3 Pkw-Längen

4

23

2.7.02-134

Die Kontrollleuchte des Blinkers blinkt erheblich schneller als üblich.
Was kann die Ursache dafür sein?

- Die Sicherung ist defekt
- Ein Leuchtmittel ist defekt
- Das Warnblinklicht ist eingeschaltet

2

24

2.7.05-105

Ihr Pkw ist mit Winterreifen ausgerüstet. Welche Bedeutung hat der Geschwindigkeits-Aufkleber „max. 190 km/h" am Armaturenbrett?
Die Geschwindigkeit von maximal 190 km/h …

- … gilt nur bei winterlichen Straßenverhältnissen
- … darf nicht überschritten werden
- … gilt nicht bei trockenen Straßenverhältnissen

3

25

2.7.01-147

Unter welcher Voraussetzung funktioniert der Spurhalte-Assistent mit Lenkeingriff bestmöglich?

- Bei eindeutigen Fahrbahnmarkierungen
- Bei Schneeresten auf der Fahrbahn
- Bei zusätzlichen Baustellenmarkierungen

3

26

2.6.06-216

Was müssen Sie in dieser Situation beachten?

- Nach 200 m verringert sich die Breite des linken Fahrstreifens
- Mein Fahrzeug ist mit Außenspiegeln breiter als in den Fahrzeugpapieren angegeben
- Auf einer Länge von 200 m verringert sich die Breite des linken Fahrstreifens

3

27

2.2.23-127

Welche Teile Ihres Kraftfahrzeugs müssen Sie vor Fahrtantritt vollständig von Schnee und Eis befreien?

- Die Frontscheibe
- Die Außenspiegel
- Die Seitenscheiben

3

28

2.7.01-152

Ihr Kraftfahrzeug ist mit einem Aktiven Spurhalte-Assistenten ausgerüstet. Welche Information kann über die Statusanzeige dieses Systems angezeigt werden? Das Assistenzsystem …

- … ist eingeschaltet
- … ist ausgeschaltet
- … hat eine Störung

3

29

2.7.01-102

Was ändert sich durch das Mitführen eines Wohnanhängers?

- Der Überholweg wird wesentlich länger
- Hastige Lenkbewegungen erhöhen die Schleudergefahr
- Der Bremsweg wird wesentlich kürzer

4

30

2.1.03-034

Was kann Aquaplaning (Wasserglätte) zur Folge haben?

- Eine eingeschränkte Lenkfähigkeit des Fahrzeugs
- Eine vergrößerte Haftreibung der Reifen
- Eine verringerte Bremsfähigkeit des Fahrzeugs

4

Fehlerpunkte

Fehlerpunkte

Amtliche Prüfungsfragen für Führerscheinbewerber

Grundlagen für alle Klassen und Zusatzfragen Klasse B

17

Hinweise zu Videofragen:

In jeder Theorie-Prüfung sind 2 zufällige Videofragen vorhanden. Die Videofragen sind auf den Prüfungsbögen gekennzeichnet (Video-Abspielsymbol inklusive der Fragennummer). Die beiliegende DVD enthält alle diese Videos.

Legen Sie die DVD in Ihr CD-/DVD-Laufwerk ein und öffnen Sie die DVD durch Doppelklick auf das entsprechende Laufwerk in Ihrem Explorer. Wählen Sie das Video mit der im Bogen angegebenen Videonummer durch Doppelklick aus.

Während der Prüfung dürfen Sie ein Video maximal 5-mal anschauen, ohne dass Ihnen die Frage bekannt ist. Erst wenn Sie bereit sind, können Sie sich die Frage zum Video anzeigen lassen. Danach müssen Sie die Frage beantworten und können das Video nicht noch mal anschauen.

Wichtig: Daher zuerst das Video max. 5-mal anschauen. Erst danach die zugehörige Frage lesen und bearbeiten.

Bezugsfahrzeug

Bitte beachten Sie das zugrunde liegende Bezugsfahrzeug:

Sie fahren ein ...

▶ Grundstoff:
Kraftfahrzeug mit Verbrennungsmotor

▶ Klasse B:
Zweispuriges Kraftfahrzeug mit Verbrennungsmotor, mit manuellem Schaltgetriebe und mit automatischem Blockierverhinderer (ABV)

Wenn in den Prüfungsaufgaben keine besonderen Fahrzeugeigenschaften benannt sind, gelten die folgenden allgemeinen Eigenschaften „Ihres Fahrzeugs" (Bezugsfahrzeug).

▶ Bitte beachten Sie:
Wenn in der Prüfungsaufgabe besondere Fahrzeugeigenschaften ausdrücklich benannt sind, müssen diese bei der Aufgabenbearbeitung berücksichtigt werden!

	Fehlerpunkte / 5-Punkte-Regel
Klasse	B
zulässige Fehlerpunkte	10
Grundstoff	
Zusatzstoff	
Summe	
5-Punkte-Regel *)	
bestanden	
nicht bestanden	
Bemerkungen	
*) 2 oder mehr Fragen mit je 5 Fehlerpunkten falsch	

Beantworten Sie die Fragen durch Ankreuzen von Antworten oder durch die Angabe von Zahlen.
Sie haben die Frage falsch beantwortet, wenn ...
▶ nicht jede richtige Antwort angekreuzt ist ▶ oder eine/mehrere falsche Antwort(en) angekreuzt ist/sind ▶ oder eine falsche/keine Zahl angegeben ist

Sie haben die Prüfung nicht bestanden, wenn ...
▶ die zul. Fehlerpunkte überschritten wurden (d.h. mehr als 10 Punkte bei Klasse B)
▶ oder wenn 2 oder mehr Fragen mit je 5 Fehlerpunkten falsch beantwortet wurden

1

Worauf müssen Sie sich hier einstellen?

- [ ] Personen betreten die Fahrbahn
- [ ] Entgegenkommende Fahrzeuge biegen nach links ab
- [ ] Fahrzeuge biegen auf die Fahrbahn ein

1.1.07-159-M

4

2

VIDEO 51

Wie verhalten Sie sich in dieser Situation richtig?

- [ ] Ich wechsle in etwa 200 m auf den rechten Fahrstreifen
- [ ] Ich darf die auf dem rechten Fahrstreifen fahrenden Fahrzeuge überholen
- [ ] Ich wechsle jetzt auf den rechten Fahrstreifen

1.2.07-105-M

4

3

VIDEO 52

Worauf müssen Sie jetzt achten?

- [ ] Auf den vorausfahrenden Pkw
- [ ] Auf das Fahrrad
- [ ] Auf das Motorrad

1.1.07-147

4

4

1.2.36-015-M

Wer darf zuerst fahren?

- [ ] Der rote Pkw
- [ ] Das Motorrad
- [ ] Ich

4

5

1.1.02-028

Trotz vorhandenen Gehweges auf der rechten Straßenseite fährt eine Person im Rollstuhl auf der Straße. Wie verhalten Sie sich?

- [ ] Ich fahre so lange hinterher, bis ich überholen kann
- [ ] Ich mache die Person durch Hupen darauf aufmerksam, dass sie sich falsch verhält
- [ ] Ich überhole mit großem Seitenabstand, weil ich mit Ausweichbewegungen rechnen muss

4

6

1.2.12-112

Wie weit vor und hinter einem Haltestellenschild dürfen Sie nicht parken?

Antwort: Jeweils ____ m

2

7

1.1.01-109

Was ist zu tun, wenn Sie während der Fahrt Anzeichen von Müdigkeit spüren?

- [ ] Unverzüglich eine Pause einlegen
- [ ] Sich an frischer Luft bewegen
- [ ] Anregende Musik hören

4

8

1.3.01-003

Sie kommen an eine Kreuzung, an der Sie die Vorfahrtlage nicht gleich überblicken. Wie verhalten Sie sich?

- [ ] Warten, beobachten und sich gegebenenfalls mit anderen verständigen
- [ ] Nach der Regel „rechts vor links“ fahren
- [ ] Als Geradeausfahrer immer durchfahren

5

Fehlerpunkte

9

1.2.12-121-M

Wer parkt falsch?

- [ ] Der dunkle Pkw
- [ ] Der weiße Pkw
- [ ] Keiner der beiden Pkws

2

10

1.1.07-125

Welche grundlegenden Verhaltensregeln müssen Sie im Tunnel beachten?

- [ ] Nicht wenden
- [ ] Anweisungen und Informationen des Tunnelpersonals Folge leisten
- [ ] Auch am Tage im gut beleuchteten Tunnel mit Abblendlicht fahren

4

11

1.5.01-007

Was soll man beim Tanken beachten?

- [ ] Keine Kraftstoffdämpfe einatmen
- [ ] Nicht nachtanken, wenn der Tank voll ist und die Zapfpistole abgeschaltet hat
- [ ] Möglichst randvoll tanken

3

12

1.2.05-108

In welchen Fällen dürfen Sie eine Straßenbahn links überholen?

- [ ] In Einbahnstraßen
- [ ] Wenn die Schienen zu weit rechts liegen
- [ ] Wenn die Fahrbahn (keine Einbahnstraße) rechts neben der Straßenbahn durch andere Fahrzeuge versperrt ist

3

13

1.2.10-106

Sie wollen aus einem Grundstück nach rechts in eine Straße einbiegen. Von links kommen Radfahrer. Wer muss warten?

- [ ] Ich muss warten
- [ ] Alle müssen anhalten und sich dann verständigen
- [ ] Die Radfahrer müssen warten

4

Fehlerpunkte

14 1.1.09-033

Bei welcher Substanz kann der Konsum vor oder während der Fahrt zu Fahruntüchtigkeit führen?

Kokain

Alkohol

Haschisch

4

15 1.1.07-009

Sie nähern sich einer Schule. Kinder verlassen das Schulgelände. Womit müssen Sie rechnen? Dass Kinder …

… sich immer verkehrsgerecht verhalten

… mit ihren Fahrrädern unvorsichtig auf die Fahrbahn fahren

… ausgelassen auf die Fahrbahn stürmen

5

16

1.1.02-041-M

Mit welchen Gefahren müssen Sie rechnen?

Alle Kinder warten auf dem Gehweg

Die Kinder verlassen die Fahrbahn nicht rechtzeitig

Einzelne Kinder kehren wieder um

5

17

1.3.01-120-M

Welches Verhalten ist richtig?

Ich muss das blaue Fahrzeug vorbeilassen

Ich darf vor dem grünen Fahrzeug abbiegen

Ich muss das grüne Fahrzeug durchfahren lassen

5

18

1.3.01-048-M

Welches Verhalten ist richtig?

Ich lasse den blauen Pkw abbiegen

Ich fahre als Erster

Ich lasse das Motorrad vor mir abbiegen

5

19 1.4.41-153

Wie verhalten Sie sich bei diesem Verkehrszeichen?

Ich fahre bremsbereit mit mäßiger Geschwindigkeit heran

Wenn ich rechts abbiege, bin ich nicht wartepflichtig

Ich gewähre dem Querverkehr die Vorfahrt

4

20 1.4.42-120

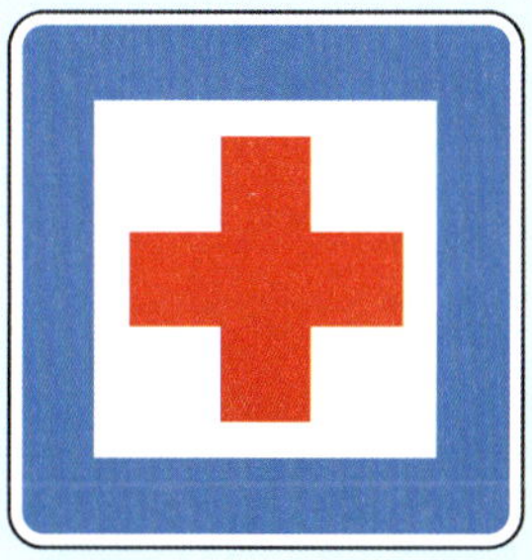

Worauf weist dieses Verkehrszeichen hin?

Auf eine Kreuzung

Auf eine Gefahrstelle

Auf eine Erste-Hilfe-Station

2

Fehlerpunkte

Fehlerpunkte

ZUSATZFRAGEN – KLASSE B

21

VIDEO 53 ▶ 2.1.07-202

Wie verhalten Sie sich?

- [ ] Auf den linken Fahrstreifen wechseln
- [ ] Geschwindigkeit verringern, bremsbereit sein
- [ ] Weiterfahren, Lichtzeichen geben

4

22 2.7.01-160

Welches Fahrerassistenzsystem müssen Sie manuell aktivieren, wenn Sie in bestimmten Situationen unterstützt werden möchten?

- [ ] Die Adaptive Geschwindigkeitsregelanlage (AGR)
- [ ] Den Notbremsassistenten
- [ ] Den Aktiven Park-Assistenten

3

23 2.7.06-116

Wie können Sie eine aktivierte Geschwindigkeitsregelanlage (einen Tempomaten) manuell übersteuern?

- [ ] Durch Bremsen
- [ ] Durch Beschleunigen
- [ ] Durch Lenken

3

24 2.2.23-036

Was dürfen Sie am amtlichen Kennzeichen verändern?

- [ ] Es darf nichts verändert werden
- [ ] Bunte Aufkleber aufbringen
- [ ] Zum Schutz der Beschriftung eine Folie aufkleben

2

25 2.1.01-103

Wodurch kann eine Gefährdung beim Fahren entstehen?

- [ ] Durch eine stark einseitig wirkende Betriebsbremse
- [ ] Durch ein zu großes Spiel in der Lenkung
- [ ] Durch ein nicht funktionierendes Abblendlicht

4

26

VIDEO 54 ▶ 2.1.08-102

Warum sollten Sie es vermeiden, im Baustellenbereich zu überholen?

- [ ] Die Zeitersparnis ist oft gering
- [ ] Fahrzeuge auf dem rechten Fahrstreifen können die gelbe Fahrbahnmarkierung überfahren
- [ ] Das Unfallrisiko erhöht sich deutlich

4

27 2.7.04-002

Welche Aufgabe hat Motoröl in einem Verbrennungsmotor? Das Motoröl dient …

- [ ] … dem Verschleißschutz
- [ ] … der Kühlung
- [ ] … der Reinigung

2

28 2.7.01-151

Unter welcher Voraussetzung kann ein Aktiver Spurwechsel-Assistent einen Fahrstreifenwechsel durchführen? Wenn der Assistent …

- [ ] … eine ausreichende Lücke im Gegenverkehr erkannt hat
- [ ] … eine ausreichend markierte Fahrbahn mit mehreren Fahrstreifen erkannt hat
- [ ] … keine Fahrzeuge im relevanten Sicherheitsbereich erkannt hat

3

29 2.1.03-015

Was kann auf nasser Fahrbahn zu Aquaplaning (Wasserglätte) führen?

- [ ] Hohe Geschwindigkeit
- [ ] Abgefahrene Reifen
- [ ] Spurrillen in der Fahrbahn

5

30 2.5.01-014

Was erhöht den Kraftstoffverbrauch Ihres Fahrzeugs deutlich? Die Benutzung …

- [ ] … der Sitzheizung
- [ ] … der Klimaanlage
- [ ] … des Navigationsgerätes

3

Fehlerpunkte

Fehlerpunkte

Amtliche Prüfungsfragen für Führerscheinbewerber

Grundlagen für alle Klassen und Zusatzfragen Klasse B

18

Hinweise zu Videofragen:

In jeder Theorie-Prüfung sind 2 zufällige Videofragen vorhanden. Die Videofragen sind auf den Prüfungsbögen gekennzeichnet (Video-Abspielsymbol inklusive der Fragennummer). Die beiliegende DVD enthält alle diese Videos.

Legen Sie die DVD in Ihr CD-/DVD-Laufwerk ein und öffnen Sie die DVD durch Doppelklick auf das entsprechende Laufwerk in Ihrem Explorer. Wählen Sie das Video mit der im Bogen angegebenen Videonummer durch Doppelklick aus.

Während der Prüfung dürfen Sie ein Video maximal 5-mal anschauen, ohne dass Ihnen die Frage bekannt ist. Erst wenn Sie bereit sind, können Sie sich die Frage zum Video anzeigen lassen. Danach müssen Sie die Frage beantworten und können das Video nicht noch mal anschauen.

Wichtig: Daher zuerst das Video max. 5-mal anschauen. Erst danach die zugehörige Frage lesen und bearbeiten.

Bezugsfahrzeug

Bitte beachten Sie das zugrunde liegende Bezugsfahrzeug:

Sie fahren ein ...

▶ Grundstoff:
Kraftfahrzeug mit Verbrennungsmotor

▶ Klasse B:
Zweispuriges Kraftfahrzeug mit Verbrennungsmotor, mit manuellem Schaltgetriebe und mit automatischem Blockierverhinderer (ABV)

Wenn in den Prüfungsaufgaben keine besonderen Fahrzeugeigenschaften benannt sind, gelten die folgenden allgemeinen Eigenschaften „Ihres Fahrzeugs" (Bezugsfahrzeug).

▶ Bitte beachten Sie:
Wenn in der Prüfungsaufgabe besondere Fahrzeugeigenschaften ausdrücklich benannt sind, müssen diese bei der Aufgabenbearbeitung berücksichtigt werden!

	Fehlerpunkte / 5-Punkte-Regel
Klasse	B
zulässige Fehlerpunkte	10
Grundstoff	
Zusatzstoff	
Summe	
5-Punkte-Regel *)	
bestanden	
nicht bestanden	
Bemerkungen	
*) 2 oder mehr Fragen mit je 5 Fehlerpunkten falsch	

Beantworten Sie die Fragen durch Ankreuzen von Antworten oder durch die Angabe von Zahlen.
Sie haben die Frage falsch beantwortet, wenn ...
▶ nicht jede richtige Antwort angekreuzt ist ▶ oder eine/mehrere falsche Antwort(en) angekreuzt ist/sind ▶ oder eine falsche/keine Zahl angegeben ist

Sie haben die Prüfung nicht bestanden, wenn ...
▶ die zul. Fehlerpunkte überschritten wurden (d.h. mehr als 10 Punkte bei Klasse B)
▶ oder wenn 2 oder mehr Fragen mit je 5 Fehlerpunkten falsch beantwortet wurden

1

VIDEO 55

Sie möchten an der Kreuzung nach rechts abbiegen.

Wie verhalten Sie sich richtig?

- Ich lenke deutlich nach rechts und schaffe dadurch eine Lücke im rechten Fahrstreifen
- Ich verzichte auf das Rechtsabbiegen und bleibe in meinem Fahrstreifen
- Ich warte, bis alle Fahrzeuge vorbeigefahren sind, und wechsle dann in den rechten Fahrstreifen

1.2.07-116 **4**

2

Vor dem Motorrad möchte ein Pkw auf die Fahrbahn zurücksetzen. Womit müssen Sie rechnen?

- Dass der Pkw weiter zurücksetzt
- Dass das Motorrad plötzlich abgebremst wird
- Dass mein Bremsweg länger als normal wird

1.1.07-139 **3**

3

Sie möchten an der Kreuzung nach rechts abbiegen. Was ist richtig?

- Ich darf den Schutzstreifen für Radfahrer nur mit Schrittgeschwindigkeit überqueren
- Ich wechsle den Fahrstreifen möglichst frühzeitig
- Ich darf Radfahrer auf dem Schutzstreifen nicht behindern

1.1.07-019-M **4**

Fehlerpunkte

4

1.3.01-117-M

Welches Verhalten ist richtig? Ich muss …

- ☐ … den Radfahrer durchfahren lassen
- ☐ … den Bus durchfahren lassen
- ☐ … an der Haltlinie anhalten

5

5

1.1.07-141

Warum sind Sie besonders gefährdet, wenn Sie ein Zweirad fahren?

- ☐ Weil meine Geschwindigkeit unterschätzt werden kann
- ☐ Weil ich bei Unfällen ein höheres Verletzungsrisiko habe
- ☐ Weil ich leicht zu übersehen bin

4

6

1.1.07-154

Wie verhalten Sie sich bei einer Tunneldurchfahrt richtig?

- ☐ Ich fahre mit verringertem Abstand, damit ich mich an den Schlussleuchten des vorausfahrenden Fahrzeugs orientieren kann
- ☐ In einem Tunnel mit Gegenverkehr orientiere ich mich am rechten Fahrbahnrand
- ☐ Ich präge mir Sicherheitseinrichtungen wie Notausgänge und Notruftelefone ein

4

7

1.1.01-110

Wie wirkt sich Müdigkeit beim Fahren aus?

- ☐ Nachlassende Aufmerksamkeit
- ☐ Eingeschränkte Wahrnehmung
- ☐ Verzögerte Reaktionen

4

8

1.2.22-101

Wie weit darf eine Ladung über die Rückstrahler nach hinten höchstens hinausragen, ohne dass eine Kennzeichnung erforderlich ist?

Antwort: ☐ m

2

9

1.2.11-103-M

Sie möchten geradeaus weiterfahren. Wie verhalten Sie sich richtig?

- ☐ Ich überhole das neben mir fahrende Fahrzeug und wechsle den Fahrstreifen
- ☐ Ich bleibe zunächst in meinem Fahrstreifen
- ☐ Ich wechsle bei einer ausreichenden Verkehrslücke nach rechts

4

10

1.2.16-103

Wie verhalten Sie sich bei einer Panne in einem Tunnel?

- ☐ Motor vorsorglich laufen lassen
- ☐ Fahrzeug möglichst in einer Pannenbucht abstellen
- ☐ Warnblinklicht einschalten

4

11

1.5.01-133

Sie fahren ein Kraftfahrzeug mit manuellem Schaltgetriebe. Wodurch erreichen Sie einen sparsamen Kraftstoffverbrauch?

- ☐ Durch ein spätes Hochschalten beim Beschleunigen
- ☐ Durch eine gleichmäßige Fahrweise mit niedriger Motordrehzahl
- ☐ Durch den richtigen Reifenfülldruck

3

12

1.1.01-001

Was versteht man unter defensivem Fahren?

- ☐ Vorsorglich an jeder Kreuzung anhalten
- ☐ Nicht auf dem eigenen Recht bestehen
- ☐ Mit Fehlern anderer rechnen

4

13

1.2.09-117

In welchen Fällen müssen Sie eine Änderung der Fahrtrichtung anzeigen?

- ☐ Vor dem Abbiegen in eine Einmündung oder in ein Grundstück
- ☐ Wenn ich dem Verlauf einer abknickenden Vorfahrtstraße folgen will
- ☐ Wenn ich eine abknickende Vorfahrtstraße in gerader Richtung verlassen will

4

Fehlerpunkte ☐

Fehlerpunkte ☐

14 1.1.09-017

Welche Folgen kann es haben, wenn man unter Einwirkung von Drogen (wie z. B. Haschisch, Heroin, Kokain) ein Kraftfahrzeug führt?

Entzug der Fahrerlaubnis oder Fahrverbot

Anordnung einer medizinisch-psychologischen Untersuchung

Geld- und/oder Freiheitsstrafe

4

15 1.2.26-117

Ein Radfahrer möchte – ohne abzusteigen – auf einem Fußgängerüberweg die Fahrbahn überqueren. Wie verhalten Sie sich?

Ich hupe und fahre vor dem Radfahrer weiter

Ich bremse erst kurz vor dem Fußgängerüberweg ab

Ich lasse den Radfahrer die Fahrbahn passieren

4

16

1.3.01-018-M

Welches Verhalten ist richtig?

Ich muss das Motorrad durchfahren lassen

Ich muss den Bus durchfahren lassen

Ich fahre vor dem Bus

5

17

1.3.01-047-M

Welches Verhalten ist hier richtig? Ich muss …

… den blauen Pkw durchfahren lassen

… an der Haltlinie anhalten

… den roten Pkw durchfahren lassen

5

18

VIDEO 56 1.1.06-114

Wie verhalten Sie sich?

Ich führe den Überholvorgang zügig durch

Ich breche den Überholvorgang ab

Ich führe den Überholvorgang vorsichtig durch

5

19 1.4.41-152

Worauf weist dieses Verkehrszeichen hin?

Ich habe Vorrang vor dem Gegenverkehr

Ich befinde mich in einer Einbahnstraße

Ich darf nur geradeaus weiterfahren

2

20 1.4.41-017

Was gilt bei dieser Verkehrszeichenkombination? Ich muss Vorfahrt gewähren und dabei …

… den Radverkehr von links und rechts beachten

… den Verkehr mit Elektrorollern von links und rechts beachten

… nur den Kraftfahrzeugverkehr auf der Vorfahrtstraße von links und rechts beachten

3

ZUSATZFRAGEN – KLASSE B

21

2.4.42-006

Worauf weist dieses Verkehrszeichen hin?

- Auf eine Bedarfsumleitung für den Autobahnverkehr
- Auf eine U-Bahnstation
- Auf die Bundesstraße 22

2

22

2.2.18-103

Sie fahren auf der Autobahn und haben die Ausfahrt verpasst.
Wie verhalten Sie sich richtig?

- Ich fahre auf dem Seitenstreifen zurück, wenn die Ausfahrt weniger als 100 m entfernt ist
- Ich fahre weiter und verlasse die Autobahn an einer der nächsten Ausfahrten
- Ich halte auf dem Seitenstreifen, um die weitere Fahrtstrecke zu planen

4

23

2.7.01-141

Sie fahren sehr schnell in eine enge Kurve. Was kann passieren, wenn Sie plötzlich stark bremsen müssen? Mein Fahrzeug ...

- … verliert die Straßenhaftung
- … bleibt mit Stabilitätskontrolle jederzeit fahrstabil
- … rutscht aus der Kurve

4

24

2.2.22-109

Wie hoch darf eine rote Leuchte, die eine nach hinten hinausragende Ladung kennzeichnet, höchstens über der Fahrbahn angebracht sein?

- 1,50 m
- 2,00 m
- 2,50 m

3

25

2.8.01-001

Wie lange dauert normalerweise die Probezeit?

- 2 Jahre
- 1 Jahr
- 3 Jahre

2

26

2.7.05-107

Diese Kontrollleuchte leuchtet auf.
Was kann die Ursache dafür sein?

- Eine lose Radmutter
- Ein zu niedriger Reifenfülldruck in einem Reifen
- Ein kürzlich erfolgter Radwechsel

3

27

2.2.03-012

Sie fahren auf einer sehr schmalen Straße und haben 50 m Sichtweite.

Wie lang darf Ihr Anhalteweg höchstens sein?

Antwort: ____ m

4

28

2.7.01-131

Wie wirken sich die Kurvenlaufeigenschaften einer Fahrzeugkombination (Pkw mit Wohnanhänger) beim Abbiegen aus?

- Der Wohnanhänger kann ausschwenken
- Der Wohnanhänger läuft in der Regel in der Spur des Pkws
- Der Wohnanhänger kann die Kurve schneiden

3

29

2.2.18-011

Auf einer Autobahn mit 3 Fahrstreifen hat sich ein Stau gebildet. Wo ist die Gasse für Rettungsfahrzeuge zu bilden?

- Auf dem Seitenstreifen
- Zwischen dem mittleren und dem rechten Fahrstreifen
- Zwischen dem linken und dem mittleren Fahrstreifen

4

30

2.7.06-104

Welche Vorteile bietet ein Antiblockiersystem (ABS)?

- Das Durchdrehen der Räder beim Anfahren wird verhindert
- Beim Bremsen in Kurven wird die Kippgefahr vermindert
- Starkes Bremsen und gleichzeitiges Ausweichen ist möglich

4

Fehlerpunkte

Fehlerpunkte

Amtliche Prüfungsfragen für Führerscheinbewerber

Grundlagen für alle Klassen und Zusatzfragen Klasse B

19

Hinweise zu Videofragen:

In jeder Theorie-Prüfung sind 2 zufällige Videofragen vorhanden. Die Videofragen sind auf den Prüfungsbögen gekennzeichnet (Video-Abspielsymbol inklusive der Fragennummer). Die beiliegende DVD enthält alle diese Videos.

Legen Sie die DVD in Ihr CD-/DVD-Laufwerk ein und öffnen Sie die DVD durch Doppelklick auf das entsprechende Laufwerk in Ihrem Explorer. Wählen Sie das Video mit der im Bogen angegebenen Videonummer durch Doppelklick aus.

Während der Prüfung dürfen Sie ein Video maximal 5-mal anschauen, ohne dass Ihnen die Frage bekannt ist. Erst wenn Sie bereit sind, können Sie sich die Frage zum Video anzeigen lassen. Danach müssen Sie die Frage beantworten und können das Video nicht noch mal anschauen.

Wichtig: Daher zuerst das Video max. 5-mal anschauen. Erst danach die zugehörige Frage lesen und bearbeiten.

Bezugsfahrzeug

Bitte beachten Sie das zugrunde liegende Bezugsfahrzeug:

Sie fahren ein ...

▶ Grundstoff:
Kraftfahrzeug mit Verbrennungsmotor

▶ Klasse B:
Zweispuriges Kraftfahrzeug mit Verbrennungsmotor, mit manuellem Schaltgetriebe und mit automatischem Blockierverhinderer (ABV)

Wenn in den Prüfungsaufgaben keine besonderen Fahrzeugeigenschaften benannt sind, gelten die folgenden allgemeinen Eigenschaften „Ihres Fahrzeugs" (Bezugsfahrzeug).

▶ Bitte beachten Sie:
Wenn in der Prüfungsaufgabe besondere Fahrzeugeigenschaften ausdrücklich benannt sind, müssen diese bei der Aufgabenbearbeitung berücksichtigt werden!

	Fehlerpunkte / 5-Punkte-Regel
Klasse	B
zulässige Fehlerpunkte	10
Grundstoff	
Zusatzstoff	
Summe	
5-Punkte-Regel *)	
bestanden	
nicht bestanden	
Bemerkungen	
*) 2 oder mehr Fragen mit je 5 Fehlerpunkten falsch	

Beantworten Sie die Fragen durch Ankreuzen von Antworten oder durch die Angabe von Zahlen.
Sie haben die Frage falsch beantwortet, wenn...
▶ nicht jede richtige Antwort angekreuzt ist ▶ oder eine/mehrere falsche Antwort(en) angekreuzt ist/sind ▶ oder eine falsche/keine Zahl angegeben ist

Sie haben die Prüfung nicht bestanden, wenn...
▶ die zul. Fehlerpunkte überschritten wurden (d.h. mehr als 10 Punkte bei Klasse B)
▶ oder wenn 2 oder mehr Fragen mit je 5 Fehlerpunkten falsch beantwortet wurden

1

VIDEO 57

Womit sollten Sie in dieser Situation rechnen?

- Der Traktor vor mir biegt nach rechts ab
- Der Fahrer des gelben Pkws übersieht mich
- Auf der Fahrbahn befindet sich Rollsplitt

1.1.07-204-M

4

2

Womit müssen Sie rechnen, wenn Sie überholen wollen?

- Mit unsicherer Fahrweise des Radfahrers
- Mit verlängertem Anhalteweg
- Mit Rutschgefahr

1.1.06-122

4

3

VIDEO 58

Wie verhalten Sie sich in dieser Situation richtig?

- Ich führe eine Gefahrbremsung durch
- Ich fahre bremsbereit weiter
- Ich beschleunige

1.1.07-172-M

4

Fehlerpunkte

4

VIDEO 59 ▶

Warum müssen Sie jetzt warten? Wegen des … 1.2.09-206-M

- [ ] … gelben Pkws
- [ ] … Radfahrers
- [ ] … blauen Fahrzeugs

5

5

Wie wird der berauschende Wirkstoff von Haschisch im Körper abgebaut? 1.1.09-015

- [ ] Gleichmäßig, 0,1 Promille je Stunde
- [ ] Gleichmäßig, 0,1 Gramm je Stunde
- [ ] Ungleichmäßig, zeitlich nicht abschätzbar

4

6

Welche Maßnahmen tragen zur Umweltschonung bei? Die Verwendung von … 1.5.01-014

- [ ] … Leichtlaufreifen
- [ ] … Klimaanlagen
- [ ] … Leichtlaufölen

3

7

An welchen Stellen ohne vorfahrtregelnde Verkehrszeichen gilt die Regel „rechts vor links"? 1.3.01-002

- [ ] An Einmündungen mit abgesenktem Bordstein
- [ ] An Straßenkreuzungen und -einmündungen
- [ ] Wo Feld- oder Waldwege in eine andere Straße münden

5

8

Welche Fahrzeuge dürfen auf Fahrbahnen in zweiter Reihe halten? 1.2.12-124

- [ ] Alle Fahrzeuge, wenn sie be- oder entladen werden
- [ ] Alle Fahrzeuge, wenn das Warnblinklicht eingeschaltet ist
- [ ] Alle Taxis, wenn Fahrgäste ein- oder aussteigen

2

9

Womit müssen Sie bei derartigen Querungshilfen rechnen? 1.2.26-009-M

- [ ] Fußgänger nehmen an, dass sie Vorrang vor dem Verkehr haben
- [ ] Radfahrer überqueren die Straße, ohne den Verkehr zu beachten
- [ ] Fußgänger beachten stets den Vorrang von Fahrzeugen

4

10

In welcher Situation ist das Überholen unzulässig? Wenn ich den … 1.1.06-128

- [ ] … Überholvorgang nicht vor dem Beginn eines Überholverbots beenden kann
- [ ] … Überholvorgang nicht vor einer Kuppe beenden kann
- [ ] … nötigen Seitenabstand nicht einhalten kann

4

11

Welche Anzeichen warnen während der Fahrt vor aufkommender Müdigkeit? 1.1.01-107

- [ ] Verkürzte Reaktionszeit
- [ ] Schwere Augenlider
- [ ] Häufiges Gähnen

4

12

Sie fahren hinter einem landwirtschaftlichen Fahrzeug mit hoch beladenem Anhänger. Womit müssen Sie rechnen? 1.1.07-013

- [ ] Der Zug hat wegen der Beladung einen besonders kurzen Bremsweg
- [ ] Vor allem beim Bremsen oder beim Abbiegen können Teile der Ladung herunterfallen
- [ ] Die Blinker können verdeckt sein, so dass schlecht zu erkennen ist, wenn der Zug abbiegen will

4

13

Womit müssen Sie rechnen, wenn Fußgänger die Fahrbahn überqueren? Fußgänger können … 1.1.02-135

- [ ] … unachtsam sein
- [ ] … plötzlich stehen bleiben
- [ ] … auf halbem Wege umkehren

4

Fehlerpunkte

Fehlerpunkte

14 1.2.06-001

Welches Fahrzeug muss warten, wenn eine Baustelle die halbe Fahrbahn blockiert?

Das Fahrzeug, auf dessen Seite die Baustelle ist

Das Fahrzeug auf der freien Fahrbahnhälfte

Immer das kleinere Fahrzeug

3

15 1.2.05-101

Wo ist das Überholen verboten?

Wo die Verkehrslage unklar ist

In allen Einbahnstraßen

Wo der Gegenverkehr behindert werden könnte

4

16

1.3.01-116

Welches Verhalten ist richtig?

Ich muss den Radfahrer durchfahren lassen

Ich darf vor dem Radfahrer abbiegen

Der blaue Lkw darf zuerst fahren

5

17

1.3.01-052

Welches Verhalten ist richtig?

Ich muss die Radfahrerin durchfahren lassen

Ich verzichte auf meine Vorfahrt, um die Kreuzung nicht zu verstopfen

Ich darf vor der Radfahrerin links abbiegen

5

18

VIDEO 60 1.2.11-114-M

Wann dürfen Sie abbiegen?

Sofort, da der Lkw-Fahrer mich dazu auffordert

Erst, wenn der Lkw-Fahrer mit Handzeichen eindeutig auf seine Vorfahrt verzichtet hat

Nur, wenn ich den Querverkehr nicht gefährde oder nicht wesentlich behindere

3

19 1.4.41-030

Sie befahren eine so beschilderte Einbahnstraße. Was ist richtig?

Ich muss mich zum Linksabbiegen möglichst weit links einordnen

Ich darf entgegen der Fahrtrichtung parken

Ich darf auch am linken Fahrbahnrand parken

3

20 1.4.41-114

Wer darf auf dieser Straße mit einem Kraftfahrzeug fahren?

Wer etwas einkaufen will

Wer jemanden besuchen will

Wer Waren liefern muss

3

Fehlerpunkte

Fehlerpunkte

ZUSATZFRAGEN – KLASSE B

21

VIDEO 61 **Wie verhalten Sie sich hier richtig?** 2.1.06-104-M

☐ Ich überhole die Radfahrerinnen vorerst nicht

☐ Ich überhole die Radfahrerinnen

☐ Ich fordere die Radfahrerinnen durch Hupen auf, hintereinanderzufahren

4

22 2.1.11-132

An einer roten Ampel innerorts möchte Sie ein anderer Fahrer offensichtlich zu einem Straßenrennen provozieren. Wie sollten Sie sich verhalten?

☐ Ich nehme die Herausforderung an, ohne jedoch 50 km/h zu überschreiten

☐ Ich schenke diesem Verhalten keine Beachtung

☐ Ich steige aus und stelle den Fahrer zur Rede

4

23 2.1.01-102

Wozu führt das Hören von lauter Musik, vor allem mit extremen Bässen im Auto?

☐ In der Nähe solcher Fahrzeuge verlieren Blinde die Orientierung

☐ Blinde erkennen dadurch leichter den Verlauf der Fahrbahn

☐ Die Aufmerksamkeit des Fahrers wird erheblich beeinträchtigt

4

24 2.6.02-038

Nach Umbauten an Ihrem Fahrzeug ist eine Begutachtung erforderlich. Wann muss diese erfolgen?

☐ Unverzüglich nach dem Umbau

☐ Bei der nächsten Inspektion

☐ Nach Aufforderung durch die Zulassungsstelle

3

25 2.2.02-006

Sie fahren außerorts auf einer Straße mit drei markierten Fahrstreifen in jeder Fahrtrichtung. Auf dem rechten Fahrstreifen fahren in größeren Abständen einzelne, langsamere Fahrzeuge. Welchen Fahrstreifen dürfen Sie durchgängig befahren?

☐ Den linken

☐ Den mittleren

3

26

VIDEO 62 2.1.07-117-M

Worauf müssen Sie beim Einbiegen nach rechts achten?

☐ Auf von links kommende Fahrzeuge

☐ Auf den Traktor

☐ Auf das Motorrad

3

27 2.2.03-025

Sie fahren bei Nebel auf der Autobahn. Ihre Sichtweite beträgt weniger als 50 m. Wie schnell dürfen Sie höchstens fahren?

Antwort: ☐ km/h

3

28 2.6.07-220

Welche Tätigkeiten können beim Fahren zu risikoreichen Ablenkungen führen?

☐ Die Eingabe einer Adresse in ein Navigationsgerät

☐ Das Schreiben einer Textnachricht

☐ Das Telefonieren auch mit Freisprecheinrichtung

3

29 2.2.22-122

Was haben Sie zu beachten, wenn Sie Ladung transportieren möchten? Die Ladung...

☐ ... darf in Form einzelner Stangen seitlich hinausragen

☐ ... muss gesichert sein

☐ ... darf keinen vermeidbaren Lärm verursachen

3

30 2.1.05-010

Womit sollten Sie rechnen, wenn Sie auf der Autobahn mit sehr hoher Geschwindigkeit fahren?

☐ Andere Verkehrsteilnehmer unterschätzen meine Geschwindigkeit

☐ Seitenwind kann meine Fahrstabilität beeinträchtigen

☐ Ich kann möglicherweise nicht rechtzeitig auf Gefahren reagieren

3

Fehlerpunkte ☐

Fehlerpunkte ☐

Amtliche Prüfungsfragen für Führerscheinbewerber **20**

Grundlagen für alle Klassen und Zusatzfragen Klasse B

Hinweise zu Videofragen:

In jeder Theorie-Prüfung sind 2 zufällige Videofragen vorhanden. Die Videofragen sind auf den Prüfungsbögen gekennzeichnet (Video-Abspielsymbol inklusive der Fragennummer). Die beiliegende DVD enthält alle diese Videos.

Legen Sie die DVD in Ihr CD-/DVD-Laufwerk ein und öffnen Sie die DVD durch Doppelklick auf das entsprechende Laufwerk in Ihrem Explorer. Wählen Sie das Video mit der im Bogen angegebenen Videonummer durch Doppelklick aus.

Während der Prüfung dürfen Sie ein Video maximal 5-mal anschauen, ohne dass Ihnen die Frage bekannt ist. Erst wenn Sie bereit sind, können Sie sich die Frage zum Video anzeigen lassen. Danach müssen Sie die Frage beantworten und können das Video nicht noch mal anschauen.

Wichtig: Daher zuerst das Video max. 5-mal anschauen. Erst danach die zugehörige Frage lesen und bearbeiten.

Bezugsfahrzeug

Bitte beachten Sie das zugrunde liegende Bezugsfahrzeug:

Sie fahren ein ...

▶ Grundstoff:
Kraftfahrzeug mit Verbrennungsmotor

▶ Klasse B:
Zweispuriges Kraftfahrzeug mit Verbrennungsmotor, mit manuellem Schaltgetriebe und mit automatischem Blockierverhinderer (ABV)

Wenn in den Prüfungsaufgaben keine besonderen Fahrzeugeigenschaften benannt sind, gelten die folgenden allgemeinen Eigenschaften „Ihres Fahrzeugs" (Bezugsfahrzeug).

▶ Bitte beachten Sie:
Wenn in der Prüfungsaufgabe besondere Fahrzeugeigenschaften ausdrücklich benannt sind, müssen diese bei der Aufgabenbearbeitung berücksichtigt werden!

	Fehlerpunkte / 5-Punkte-Regel
Klasse	B
zulässige Fehlerpunkte	10
Grundstoff	
Zusatzstoff	
Summe	
5-Punkte-Regel *)	
bestanden	
nicht bestanden	
Bemerkungen	
*) 2 oder mehr Fragen mit je 5 Fehlerpunkten falsch	

Beantworten Sie die Fragen durch Ankreuzen von Antworten oder durch die Angabe von Zahlen.
Sie haben die Frage falsch beantwortet, wenn ...
▶ nicht jede richtige Antwort angekreuzt ist ▶ oder eine/mehrere falsche Antwort(en) angekreuzt ist/sind ▶ oder eine falsche/keine Zahl angegeben ist

Sie haben die Prüfung nicht bestanden, wenn ...
▶ die zul. Fehlerpunkte überschritten wurden (d.h. mehr als 10 Punkte bei Klasse B)
▶ oder wenn 2 oder mehr Fragen mit je 5 Fehlerpunkten falsch beantwortet wurden

1

(Warnblinklicht ist aus)
Wie verhalten Sie sich in dieser Situation richtig?

- ☐ Ich behalte mein Geschwindigkeit bei
- ☐ Ich bremse jetzt auf Schrittgeschwindigkeit ab
- ☐ Ich fahre mit erhöhter Aufmerksamkeit

1.2.20-108-M **4**

2

Womit müssen Sie rechnen?

- ☐ Das Motorrad könnte nach links ausscheren
- ☐ Die Person neben dem Transporter könnte weiter auf die Fahrbahn treten
- ☐ Fußgänger könnten vor dem Transporter die Fahrbahn überqueren

1.1.07-138 **4**

3

VIDEO 63 ▶

Womit müssen Sie jetzt rechnen?

- ☐ Der Fahrer des gelben Fahrzeugs öffnet die Fahrertür
- ☐ Der blaue Lkw schert nach links aus
- ☐ Der Radfahrer schert nach links aus

1.1.07-169-M **4**

Fehlerpunkte

4

1.3.01-017-M

Welches Verhalten ist richtig?

- [ ] Ich muss das Motorrad durchfahren lassen
- [ ] Ich muss den Bus durchfahren lassen
- [ ] Ich fahre vor dem Bus

5

5

1.5.01-118

Warum ist die Nutzung von Leichtlaufölen vorteilhaft? Weil diese Öle …

- [ ] … weniger Reibung im Motor erzeugen
- [ ] … den Kraftstoffverbrauch verringern
- [ ] … im Hausmüll entsorgt werden können

3

6

1.2.38-003

Wovor kann gelbes Blinklicht auf einem Fahrzeug warnen?

- [ ] Vor Gefahren an einer Arbeits- oder Unfallstelle
- [ ] Vor einem langsam fahrenden Großraumtransport
- [ ] Vor einem Fahrzeug mit ungewöhnlicher Breite

3

7

1.1.01-108

Welche Folgen kann die Missachtung von Müdigkeitsanzeichen nach sich ziehen?

- [ ] Sekundenschlaf
- [ ] Konzentrationsmangel
- [ ] Fahrfehler

4

8

1.2.03-001

Was verlängert den Bremsweg?

- [ ] Mitführen eines ungebremsten Anhängers
- [ ] Nasse oder glatte Fahrbahnen
- [ ] Fahren auf Gefällstrecken

4

Fehlerpunkte

9

VIDEO 64

1.2.09-126

Wie verhalten Sie sich hier richtig? Ich darf das Mofa …

- [ ] … jetzt mit ausreichendem Seitenabstand überholen
- [ ] … nicht vor dem Bahnübergang überholen
- [ ] … vor dem Bahnübergang überholen, sobald der Radfahrer weg ist

4

10

1.1.07-117

Zu welcher Tageszeit ist mit verstärktem Wildwechsel zu rechnen?

- [ ] Im Morgengrauen
- [ ] In der Mittagszeit
- [ ] Während der Abenddämmerung

3

11

1.1.09-006

Wie lange dauert es im Allgemeinen, bis 1,0 Promille Alkohol im Blut abgebaut ist?

- [ ] 10 Stunden
- [ ] 5 Stunden
- [ ] 1 Stunde

4

12

1.2.05-110

In welchen Fällen müssen Sie blinken?

- [ ] Vor dem Ausscheren zum Überholen oder zum Vorbeifahren
- [ ] Beim Verlassen einer abknickenden Vorfahrtstraße in gerader Richtung
- [ ] Vor dem Wiedereinordnen nach dem Überholen

3

13

1.1.06-106

Wann ist das Überholen verboten?

- [ ] Wenn Sie nicht wesentlich schneller fahren können als der zu Überholende
- [ ] Wenn Sie nicht die gesamte Überholstrecke überblicken
- [ ] Wenn die Verkehrslage unklar ist

4

Fehlerpunkte

14 1.2.34-106

Wie können Sie auf der Autobahn Hilfe anfordern?

- Über Autobahnraststätten
- Über Notrufsäulen
- Über die Telefonnummern 112 oder 110

3

15 1.1.07-145

Während der Fahrt in einem Tunnel haben Sie Ihr Fahrzeug wegen eines Feuers noch im Tunnel abstellen müssen. Wie verhalten Sie sich jetzt?

- Ich schließe mein Fahrzeug ab
- Ich lösche das Feuer soweit möglich
- Ich löse Feueralarm an der Notrufstation aus

4

16

1.3.01-018-M

Welches Verhalten ist richtig?

- Ich muss das Motorrad durchfahren lassen
- Ich muss den Bus durchfahren lassen
- Ich fahre vor dem Bus

5

17

1.1.02-043-M

Wie müssen Sie sich verhalten?

- Sofort auf Schrittgeschwindigkeit abbremsen
- Bremsbereit bleiben
- Mit unverminderter Geschwindigkeit vorbeifahren

5

18

1.3.01-034-M

Wie verhalten Sie sich hier richtig?

- Ich lasse das gelbe Fahrzeug durchfahren
- Ich biege vor dem gelben Fahrzeug ab
- Ich biege vor dem roten Pkw ab

5

19 1.4.41-175

1 2 3

Ab welchem Verkehrszeichen dürfen Sie eine zulässige Höchstgeschwindigkeit von 60 km/h nicht überschreiten?

- Verkehrszeichen 1
- Verkehrszeichen 2
- Verkehrszeichen 3

3

20 1.4.41-019

Was gilt bezüglich gelber Fahrbahnmarkierungen? Gelbe Fahrbahnmarkierungen …

- … werden nur vorübergehend angebracht (zum Beispiel an Baustellen)
- … ersetzen die Gültigkeit weißer Fahrbahnmarkierungen
- … gelten nur für Baustellenfahrzeuge

3

Fehlerpunkte

Fehlerpunkte

ZUSATZFRAGEN – KLASSE B

21

VIDEO 65 ▶ 2.1.06-007-M

Sie möchten überholen.
Wie verhalten Sie sich jetzt richtig?

- ☐ Ich beschleunige
- ☐ Ich verzichte auf das Überholen
- ☐ Ich behalte die Geschwindigkeit bei

3

22 2.1.11-018

Warum ist ein häufiger Wechsel des Fahrstreifens nicht sinnvoll?

- ☐ Weil dadurch die Gefahr von Fahrfehlern zunehmen kann
- ☐ Weil der Zeitgewinn dadurch in der Regel sehr gering ist
- ☐ Weil dadurch andere Verkehrsteilnehmer gefährdet werden können

3

23 2.6.07-001

Was müssen Sie bei der Benutzung von Navigationssystemen und Straßenkarten beachten?

- ☐ Die Inhalte können schon kurz nach dem Kauf veraltet sein
- ☐ Auch aktuelle Inhalte können von der Realität abweichen
- ☐ Alle Navigationssysteme können sich automatisch aktualisieren

2

24 2.1.03-015

Was kann auf nasser Fahrbahn zu Aquaplaning (Wasserglätte) führen?

- ☐ Hohe Geschwindigkeit
- ☐ Abgefahrene Reifen
- ☐ Spurrillen in der Fahrbahn

5

25 2.2.18-101

Ihr Fahrzeug ist auf der Autobahn liegen geblieben.
Was ist beim Abschleppen zu beachten?

- ☐ Während des Abschleppens haben beide Fahrzeuge Warnblinklicht einzuschalten
- ☐ Die Autobahn muss bei der nächsten Ausfahrt verlassen werden
- ☐ Die Autobahn darf bis zu der Ausfahrt befahren werden, die einer geeigneten Werkstatt am nächsten liegt

3

Fehlerpunkte ☐

26

VIDEO 66 ▶ 2.1.07-112

Warum sollten Sie jetzt Ihre Geschwindigkeit verringern?

- ☐ Weil der Straßenverlauf dies erfordert
- ☐ Weil ich Vorfahrt gewähren muss
- ☐ Weil ich für andere Verkehrsteilnehmer schlecht zu sehen bin

5

27 2.8.01-009

Sie befinden sich in der Probezeit und sind bisher nicht auffällig geworden. Welche Folgen können eintreten, wenn Sie an dem Verkehrszeichen „Halt. Vorfahrt gewähren." nicht anhalten und dadurch andere Verkehrsteilnehmer gefährden?

- ☐ Anordnung zur Teilnahme an einem Aufbauseminar für Fahranfänger
- ☐ Anordnung zum erneuten Ablegen einer theoretischen Fahrerlaubnisprüfung
- ☐ Eintrag in das Fahreignungsregister

2

28 2.7.01-130

Sie müssen in einer Kurve auf nasser Fahrbahn plötzlich bremsen. Welche Besonderheiten bestehen bei einem Fahrzeug mit Antiblockiersystem (ABS)?

- ☐ Das Fahrzeug bleibt immer fahrstabil
- ☐ Die Lenkfähigkeit bleibt länger erhalten
- ☐ Das Fahrzeug kann nicht aus der Kurve rutschen

4

29 2.2.03-018

Wie schnell dürfen Sie mit einem Pkw und einem Anhänger außerhalb geschlossener Ortschaften höchstens fahren?

Antwort: ☐ km/h

3

30 2.7.01-162

Wie kann Sie der Aktive Park-Assistent beim Einparken unterstützen?
Der Aktive Park-Assistent ...

- ☐ ... erkennt alle Hindernisse während des Parkens
- ☐ ... prüft, ob das Parken an einer bestimmten Stelle erlaubt ist
- ☐ ... erkennt ausreichend große Parklücken

3

Fehlerpunkte ☐

Amtliche Prüfungsfragen für Führerscheinbewerber **21**

Grundlagen für alle Klassen und Zusatzfragen Klasse B

Hinweise zu Videofragen:

In jeder Theorie-Prüfung sind 2 zufällige Videofragen vorhanden. Die Videofragen sind auf den Prüfungsbögen gekennzeichnet (Video-Abspielsymbol inklusive der Fragennummer). Die beiliegende DVD enthält alle diese Videos.

Legen Sie die DVD in Ihr CD-/DVD-Laufwerk ein und öffnen Sie die DVD durch Doppelklick auf das entsprechende Laufwerk in Ihrem Explorer. Wählen Sie das Video mit der im Bogen angegebenen Videonummer durch Doppelklick aus.

Während der Prüfung dürfen Sie ein Video maximal 5-mal anschauen, ohne dass Ihnen die Frage bekannt ist. Erst wenn Sie bereit sind, können Sie sich die Frage zum Video anzeigen lassen. Danach müssen Sie die Frage beantworten und können das Video nicht noch mal anschauen.

Wichtig: Daher zuerst das Video max. 5-mal anschauen. Erst danach die zugehörige Frage lesen und bearbeiten.

Bezugsfahrzeug

Bitte beachten Sie das zugrunde liegende Bezugsfahrzeug:

Sie fahren ein ...

▶ Grundstoff:
Kraftfahrzeug mit Verbrennungsmotor

▶ Klasse B:
Zweispuriges Kraftfahrzeug mit Verbrennungsmotor, mit manuellem Schaltgetriebe und mit automatischem Blockierverhinderer (ABV)

Wenn in den Prüfungsaufgaben keine besonderen Fahrzeugeigenschaften benannt sind, gelten die folgenden allgemeinen Eigenschaften „Ihres Fahrzeugs" (Bezugsfahrzeug).

▶ Bitte beachten Sie:
Wenn in der Prüfungsaufgabe besondere Fahrzeugeigenschaften ausdrücklich benannt sind, müssen diese bei der Aufgabenbearbeitung berücksichtigt werden!

	Fehlerpunkte / 5-Punkte-Regel
Klasse	B
zulässige Fehlerpunkte	10
Grundstoff	
Zusatzstoff	
Summe	
5-Punkte-Regel *)	
bestanden	
nicht bestanden	
Bemerkungen	
*) 2 oder mehr Fragen mit je 5 Fehlerpunkten falsch	

Beantworten Sie die Fragen durch Ankreuzen von Antworten oder durch die Angabe von Zahlen. Sie haben die Frage falsch beantwortet, wenn...
▶ nicht jede richtige Antwort angekreuzt ist ▶ oder eine/mehrere falsche Antwort(en) angekreuzt ist/sind ▶ oder eine falsche/keine Zahl angegeben ist

Sie haben die Prüfung nicht bestanden, wenn...
▶ die zul. Fehlerpunkte überschritten wurden (d.h. mehr als 10 Punkte bei Klasse B)
▶ oder wenn 2 oder mehr Fragen mit je 5 Fehlerpunkten falsch beantwortet wurden

1

Warum dürfen Sie jetzt nicht überholen?

- Weil der Straßenbelag auf der linken Fahrbahnhälfte sehr schlecht ist
- Weil die Radfahrerin nach links abbiegen könnte
- Weil ich möglichen Gegenverkehr nicht rechtzeitig sehen kann

1.1.06-005-M — 5

2

Sie wollen rechts abbiegen. Worauf müssen Sie sich einstellen?

- Der Lkw wird anhalten
- Der Fußgänger könnte den Lkw vorbeilassen und dann vor mir die Fahrbahn überqueren
- Nach dem Abbiegen des Lkws könnten Fußgänger von der gegenüberliegenden Straßenseite kommen

1.1.02-123-M — 4

3

Warum müssen Sie hier besonders vorsichtig sein?

- Weil beim Bremsen erhöhte Rutschgefahr besteht
- Weil ein Fahrzeug von rechts kommen könnte
- Weil das von links kommende Auto Vorfahrt hat

1.1.07-006-B — 3

Fehlerpunkte

4

1.2.37-010-M

Wie verhalten Sie sich in dieser Situation?

- [ ] Die Kreuzung ohne anzuhalten überqueren
- [ ] An der Sichtlinie anhalten
- [ ] An der Haltlinie anhalten

4

5

1.1.07-002

Worauf müssen Sie innerorts an Kreuzungen und Einmündungen besonders achten?

- [ ] Die breitere Straße ist immer bevorrechtigt
- [ ] Kreuzende oder einmündende Straßen können bevorrechtigt sein, obwohl sie schmal und weniger gut ausgebaut sind
- [ ] An allen Kreuzungen und Einmündungen gilt ausnahmslos die Regel „rechts vor links"

3

6

1.1.06-002

Ist es leichtsinnig, noch kurz vor einer Kreuzung einen Lastzug zu überholen?

- [ ] Ja, weil der Lastzug die Sicht auf wichtige Verkehrszeichen verdecken kann
- [ ] Nein, weil Lastzüge meist langsam fahren
- [ ] Ja, weil der Lastzug die Sicht auf den Querverkehr verdeckt

5

7

1.2.19-105

Sie nähern sich einem beschrankten Bahnübergang. Wo müssen Sie warten, wenn Sie bei stockendem Verkehr auf dem Bahnübergang zum Stehen kommen würden?

- [ ] Vor dem Andreaskreuz
- [ ] Unmittelbar vor den Schienen
- [ ] In Höhe der Schranke

3

8

1.2.37-101

Sie wollen bei „Grün" nach links abbiegen; links neben Ihnen will eine Straßenbahn geradeaus weiterfahren. Was ist richtig?

- [ ] Die Straßenbahn muss warten
- [ ] Gegenseitige Verständigung, weil keine Regel besteht
- [ ] Sie müssen warten

4

Fehlerpunkte

9

1.2.12-128-M

Wo dürfen Sie hier parken? In meiner Fahrtrichtung …

- [ ] … nur auf dem linken Seitenstreifen
- [ ] … auf dem linken und rechten Seitenstreifen
- [ ] … nur auf dem rechten Seitenstreifen

3

10

1.2.03-102

Sie verdoppeln Ihre Geschwindigkeit.

Wie verändert sich der Bremsweg?

Antwort: Er wird ____ mal so lang

4

11

1.1.03-105

Wie können Sie beim Fahren gefahrlos feststellen, ob die Fahrbahn vereist ist?

- [ ] Lenkung ruckartig hin- und herbewegen
- [ ] Kräftig Gas geben
- [ ] Bei ganz langsamer Fahrt bremsen

4

12

1.5.01-007

Was soll man beim Tanken beachten?

- [ ] Möglichst randvoll tanken
- [ ] Nicht nachtanken, wenn der Tank voll ist und die Zapfpistole abgeschaltet hat
- [ ] Keine Kraftstoffdämpfe einatmen

3

13

1.1.07-010

Worauf kann Warnblinklicht hinweisen?

- [ ] Auf liegen gebliebene Fahrzeuge
- [ ] Auf Schulbusse, bei denen Kinder ein- oder aussteigen
- [ ] Auf einen Stau

4

Fehlerpunkte

14 1.1.01-108

Welche Folgen kann die Missachtung von Müdigkeitsanzeichen nach sich ziehen?

- Sekundenschlaf
- Konzentrationsmangel
- Fahrfehler

4

15 1.2.12-106

Wo dürfen Sie in Fahrtrichtung links parken?

- Wo rechts das Parken verboten ist
- In Einbahnstraßen
- Wo Schienen auf der rechten Seite verlegt sind

3

16

1.3.01-021-M

Welches Verhalten ist richtig?
Ich darf …

- … als Erster abbiegen
- … erst nach dem Motorrad abbiegen
- … vor dem gelben Pkw abbiegen

5

17

1.3.01-103-M

Welches Verhalten ist richtig?

- Ich muss warten
- Das Motorrad muss warten

5

18 1.4.40-009

Worauf weist diese Kombination von Verkehrszeichen hin?

- Auf den Vorrang von Gespannfuhrwerken vor Kraftfahrzeugen
- Auf eine Gefahrstelle im Zusammenhang mit Gespannfuhrwerken
- Auf ein Durchfahrtsverbot für Gespannfuhrwerke

3

19

1.3.01-043-M

Welches Verhalten ist hier richtig?

- Das Motorrad darf vor dem gelben Pkw fahren
- Ich darf vor dem Motorrad fahren
- Ich darf vor dem gelben Pkw fahren

5

20 1.4.41-134

Worauf weisen diese Verkehrszeichen hin?
Auf ein Haltverbot …

- … das auf der Fahrbahn und auch auf dem Seitenstreifen gilt
- … das nur auf dem Seitenstreifen gilt
- … das nur für Lkw gilt

3

Fehlerpunkte

Fehlerpunkte

ZUSATZFRAGEN – KLASSE B

21

VIDEO 67

2.4.41-005-M

Wie verhalten Sie sich jetzt richtig?

- [ ] Ich behalte meine Geschwindigkeit bei
- [ ] Ich beschleunige erst, wenn die Geschwindigkeitsbegrenzung durch ein Verkehrszeichen aufgehoben wird
- [ ] Ich beschleunige

3

26

VIDEO 68

2.1.07-111

Warum müssen Sie in dieser Situation bremsbereit sein?

- [ ] Weil der Straßenverlauf dies erfordert
- [ ] Weil das andere Fahrzeug weiterfahren könnte
- [ ] Weil eine Geschwindigkeitsbegrenzung erkennbar ist

5

22

2.2.21-127

Was ist hinsichtlich der gewünschten Schutzwirkung von Airbags zu beachten?

- [ ] Airbags können ihre volle Funktion nur bei richtiger Sitzposition der mitfahrenden Personen erzielen
- [ ] Airbags können bei Fahrten in der Stadt den Sicherheitsgurt ersetzen
- [ ] Der Entfaltungsraum von Airbags darf nicht beeinträchtigt sein

3

27

2.5.01-211

Warum sind Kurzstreckenfahrten mit kaltem Motor besonders umweltschädlich?

Weil bei Fahrten mit kaltem Motor …

- [ ] … mehr Kraftstoff verbraucht wird
- [ ] … die Fahrzeugbatterie überladen wird
- [ ] … der Materialverschleiß größer ist

3

23

2.7.02-136

Beim Beschleunigen stellen Sie fest, dass das Lenkrad „flattert". Wie sollten Sie sich verhalten? Ich überprüfe die ...

- [ ] … Vorderräder auf Beschädigungen
- [ ] … Lenkradbefestigung
- [ ] … Radbefestigung der Vorderräder

2

28

2.2.12-203

Vor welchen Zeichen müssen Sie mindestens 10 m Abstand halten, wenn diese sonst durch Ihr Fahrzeug verdeckt würden?

- [ ] Andreaskreuz
- [ ] Halt. Vorfahrt gewähren.
- [ ] Haltverbot

3

24

2.2.37-003

Sie fahren mit ungefähr 40 km/h. Etwa 40 m vor Ihnen wechselt die Ampel von „Grün" auf „Gelb".

Wie verhalten Sie sich?

- [ ] Weiterfahren
- [ ] Anhalten

4

29

2.2.23-063

Was kann während der Fahrt dazu führen, dass Sie Warnsignale überhören?

- [ ] Das Hören von lauter Musik
- [ ] Eine Ablenkung durch Telefonieren
- [ ] Das Fahren mit geringer Motordrehzahl

3

25

2.2.30-103

Für welche Kraftfahrzeuge gilt bei einer geschäftsmäßigen oder entgeltlichen Beförderung von Gütern das Fahrverbot an Sonn- und Feiertagen?

- [ ] Für Pkws mit einem Anhänger
- [ ] Für Lkws mit einer zulässigen Gesamtmasse über 7,5 t
- [ ] Für Lkws mit einem Anhänger

3

30

2.7.06-103

Welche Vorteile bietet ein Antiblockiersystem (ABS)?

- [ ] Beim Bremsen wird das Blockieren der Räder verhindert
- [ ] Selbst bei starkem Bremsen bleibt die Lenkfähigkeit erhalten
- [ ] Kurven können wesentlich schneller durchfahren werden

4

Fehlerpunkte

Fehlerpunkte

Amtliche Prüfungsfragen für Führerscheinbewerber

Grundlagen für alle Klassen und Zusatzfragen Klasse B

22

Hinweise zu Videofragen:

In jeder Theorie-Prüfung sind 2 zufällige Videofragen vorhanden. Die Videofragen sind auf den Prüfungsbögen gekennzeichnet (Video-Abspielsymbol inklusive der Fragennummer). Die beiliegende DVD enthält alle diese Videos.

Legen Sie die DVD in Ihr CD-/DVD-Laufwerk ein und öffnen Sie die DVD durch Doppelklick auf das entsprechende Laufwerk in Ihrem Explorer. Wählen Sie das Video mit der im Bogen angegebenen Videonummer durch Doppelklick aus.

Während der Prüfung dürfen Sie ein Video maximal 5-mal anschauen, ohne dass Ihnen die Frage bekannt ist. Erst wenn Sie bereit sind, können Sie sich die Frage zum Video anzeigen lassen. Danach müssen Sie die Frage beantworten und können das Video nicht noch mal anschauen.

Wichtig: Daher zuerst das Video max. 5-mal anschauen. Erst danach die zugehörige Frage lesen und bearbeiten.

Bezugsfahrzeug

Bitte beachten Sie das zugrunde liegende Bezugsfahrzeug:

Sie fahren ein ...

▶ Grundstoff:
Kraftfahrzeug mit Verbrennungsmotor

▶ Klasse B:
Zweispuriges Kraftfahrzeug mit Verbrennungsmotor, mit manuellem Schaltgetriebe und mit automatischem Blockierverhinderer (ABV)

Wenn in den Prüfungsaufgaben keine besonderen Fahrzeugeigenschaften benannt sind, gelten die folgenden allgemeinen Eigenschaften „Ihres Fahrzeugs" (Bezugsfahrzeug).

▶ Bitte beachten Sie:
Wenn in der Prüfungsaufgabe besondere Fahrzeugeigenschaften ausdrücklich benannt sind, müssen diese bei der Aufgabenbearbeitung berücksichtigt werden!

	Fehlerpunkte / 5-Punkte-Regel
Klasse	B
zulässige Fehlerpunkte	10
Grundstoff	
Zusatzstoff	
Summe	
5-Punkte-Regel *)	
bestanden	
nicht bestanden	
Bemerkungen	
*) 2 oder mehr Fragen mit je 5 Fehlerpunkten falsch	

Beantworten Sie die Fragen durch Ankreuzen von Antworten oder durch die Angabe von Zahlen. Sie haben die Frage falsch beantwortet, wenn ...
▶ nicht jede richtige Antwort angekreuzt ist ▶ oder eine/mehrere falsche Antwort(en) angekreuzt ist/sind ▶ oder eine falsche/keine Zahl angegeben ist

Sie haben die Prüfung nicht bestanden, wenn ...
▶ die zul. Fehlerpunkte überschritten wurden (d.h. mehr als 10 Punkte bei Klasse B)
▶ oder wenn 2 oder mehr Fragen mit je 5 Fehlerpunkten falsch beantwortet wurden

1

Sie fahren nach Starkregen.
Was sollten Sie in dieser Situation beachten?

- Ich sollte einen großen Sicherheitsabstand zum vorausfahrenden Fahrzeug halten
- Ich kann Unebenheiten auf der Fahrbahn schlecht erkennen
- Spritzwasser kann meine Sicht beeinträchtigen

1.1.03-007-M 4

2 VIDEO 69 ▶

Was müssen Sie in dieser Situation beachten?

- Personen könnten die Fahrbahn überqueren
- Ich darf nur mit Schrittgeschwindigkeit am stehenden Bus vorbeifahren
- Ich darf nicht am stehenden Bus vorbeifahren

1.2.20-111-M 5

3

Mit welchem Verhalten müssen Sie an solchen Haltestellen rechnen?

- Fußgänger verlassen die Haltestelleninsel unachtsam
- Fußgänger warten, bis die Fahrbahn frei ist
- Fußgänger rennen über die Fahrbahn zur Haltestelleninsel

1.1.02-122 4

Fehlerpunkte

4

1.1.02-125-M

Womit sollten Sie rechnen?

- ☐ Dass Erwachsene auf die Fahrbahn treten können
- ☐ Dass Kinder zwischen den Fahrzeugen auftauchen können
- ☐ Dass starkes Bremsen erforderlich werden kann

4

5

1.1.03-109

Wo müssen Sie besonders mit plötzlich auftretendem Nebel rechnen?

- ☐ An Flussläufen
- ☐ In Moorgebieten
- ☐ An Seen

3

6

1.1.07-001

Womit müssen Sie rechnen, wenn vor Ihnen ein Lastzug in eine enge Straße nach rechts abbiegen will? Er wird …

- ☐ … sich besonders weit rechts einordnen
- ☐ … seine Geschwindigkeit stark vermindern
- ☐ … vor dem Abbiegen nach links ausscheren

3

7

1.1.01-002

Was kann zu Auffahrunfällen führen?

- ☐ Unerwartet starkes Bremsen
- ☐ Unaufmerksamkeit
- ☐ Zu dichtes Auffahren

4

8

1.2.23-001

Wer ist für den verkehrssicheren Zustand eines zugelassenen Fahrzeugs verantwortlich?

- ☐ Der Fahrer
- ☐ Die Haftpflichtversicherung
- ☐ Der Halter

2

Fehlerpunkte ☐

9

1.2.26-114

Wie verhalten Sie sich in dieser Situation?

- ☐ Ich schließe unmittelbar zum blauen Fahrzeug auf
- ☐ Ich lasse den Fußgänger die Fahrbahn überqueren
- ☐ Ich warte vor dem Fußgängerüberweg, bis das blaue Fahrzeug abgebogen ist

5

10

1.1.09-027

Wie lange sind Cannabis und dessen Abbauprodukte im Urin nachweisbar?

- ☐ Nur mehrere Stunden
- ☐ Höchstens mehrere Tage
- ☐ Noch nach Wochen

4

11

1.1.09-029

Wodurch lässt sich die Fahrtüchtigkeit nach übermäßigem Alkoholkonsum kurzfristig wiederherstellen?

- ☐ Durch das Trinken von 2 Tassen Kaffee
- ☐ Durch gar nichts
- ☐ Durch 15 Minuten Sport

4

12

1.2.03-106

Sie fahren mit 30 km/h. Dabei beträgt der Bremsweg bei einer normalen Bremsung 9 Meter nach der Faustformel. Wie lang ist der Bremsweg unter gleichen Bedingungen bei 60 km/h?

- ☐ 27 m
- ☐ 36 m
- ☐ 18 m

4

13

1.5.01-110

Wie fahren Sie umweltbewusst?

- ☐ Rechtzeitig Gas wegnehmen und Schwung ausnutzen, wenn die nächste Ampel „Rot“ zeigt
- ☐ Bei „Grün“ immer voll beschleunigen
- ☐ Unnötiges Beschleunigen und unnötiges Abbremsen vermeiden

3

Fehlerpunkte ☐

14 1.2.22-107

Was haben Sie zu beachten, wenn Sie Ladung transportieren möchten? Die Ladung darf …

… selbst bei einer Vollbremsung nicht verrutschen

… nie nach vorn über das Fahrzeug hinausragen

… mich nicht behindern

3

15 1.2.10-104

Sie möchten aus einem verkehrsberuhigten Bereich in eine Straße einfahren. Wie müssen Sie sich verhalten? Ich muss …

… Fußganger auf dem Gehweg vorbeigehen lassen

… vor dem Abbiegen die Fahrtrichtung anzeigen

… die Regel „rechts vor links" beachten

4

16

1.3.01-007-M

Welches Verhalten ist richtig?

Ich muss den Radfahrer durchfahren lassen

Ich muss den Motorradfahrer durchfahren lassen

Ich darf vor dem Radfahrer abbiegen

5

17

1.3.01-041-M

Welches Verhalten ist hier richtig?

Ich darf vor dem gelben Pkw fahren

Ich darf vor dem roten Pkw fahren

Der gelbe Pkw darf vor dem roten Pkw fahren

5

18

1.3.01-039-M

Wer darf hier zuerst fahren?

Der rote Lkw

Ich

Der Elektroroller

5

19 1.4.40-112

Wovor warnt dieses Verkehrszeichen?

Vor Schleudergefahr bei verschmutzter Fahrbahn

Vor alkoholisierten Autofahrern

Vor Schleudergefahr bei nasser Fahrbahn

3

20 1.4.41-149

Wie müssen Sie sich in dieser Straße verhalten, wenn Sie ein Kraftfahrzeug im Lieferverkehr fahren?

Ich darf nur mit Schrittgeschwindigkeit fahren

Ich muss auf Fußgänger besondere Rücksicht nehmen

Wenn keine Personen in der Nähe sind, darf ich schneller als Schrittgeschwindigkeit fahren

3

Fehlerpunkte

Fehlerpunkte

ZUSATZFRAGEN – KLASSE B

21

VIDEO 70 ▶ 2.1.07-015-M

Warum sollten Sie hier die Geschwindigkeit weiter verringern?

- [ ] Weil der rote Pkw auf meinen Fahrstreifen ausweichen könnte
- [ ] Weil der blaue Pkw weiterfahren könnte
- [ ] Weil weitere Personen die Fahrbahn betreten könnten

5

22 2.2.23-126

Ihr Kraftfahrzeug ist eingeschneit. Wie müssen Sie sich vor Fahrtantritt verhalten? Ich muss Schnee …

- [ ] … vom Nummernschild entfernen
- [ ] … von den Beleuchtungseinrichtungen entfernen
- [ ] … vom Fahrzeugdach entfernen

3

23 2.2.12-001

Wo ist das Halten verboten?

- [ ] Auf Autobahnen und Kraftfahrstraßen außerhalb der Parkplätze
- [ ] Im Bereich von scharfen Kurven
- [ ] An Bus-Haltestellen

3

24 2.1.11-132

An einer roten Ampel innerorts möchte Sie ein anderer Fahrer offensichtlich zu einem Straßenrennen provozieren. Wie sollten Sie sich verhalten?

- [ ] Ich schenke diesem Verhalten keine Beachtung
- [ ] Ich nehme die Herausforderung an, ohne jedoch 50 km/h zu überschreiten
- [ ] Ich steige aus und stelle den Fahrer zur Rede

4

25 2.2.23-104

Wie sichert man einen Pkw mit Schaltgetriebe am Berg gegen Wegrollen?

- [ ] Schalthebel in Leerlaufstellung bringen
- [ ] Feststellbremse betätigen
- [ ] Ersten Gang oder Rückwärtsgang einlegen

3

Fehlerpunkte

26 2.4.40-004

Wie verhalten Sie sich im Bereich dieser Gefahrstrecke?

- [ ] Langsamer fahren, auf Wild achten
- [ ] Abblenden und bremsen, wenn Wild in Sicht kommt
- [ ] Nicht vor Wild ausweichen, wenn der Gegenverkehr gefährdet würde

3

27 2.1.01-102

Wozu führt das Hören von lauter Musik, vor allem mit extremen Bässen, im Auto

- [ ] Blinde erkennen dadurch leichter den Verlauf der Fahrbahn
- [ ] In der Nähe solcher Fahrzeuge verlieren Blinde die Orientierung
- [ ] Die Aufmerksamkeit des Fahrers wird erheblich beeinträchtigt

4

28 2.5.01-107

Wie können Sie Kraftstoff sparen?

- [ ] Mindestens Reifendruck nach Betriebsanleitung einhalten
- [ ] Nicht im höchsten Gang fahren
- [ ] Dachgepäckträger oder Skihalter abnehmen

3

29 2.7.01-136

Was sollten Sie beim Laden von reinen Elektrofahrzeugen beachten?

- [ ] Das Laden sollte nur mit Ladekabeln erfolgen, die vom Hersteller freigegeben sind
- [ ] Das Laden kann an jeder Tankstelle erfolgen
- [ ] Die Ladedauer hängt vom Stromanschluss ab

3

30 2.2.13-002

Eine Parkuhr ist noch nicht abgelaufen. Wie verhalten Sie sich? Sie dürfen die Restparkzeit …

- [ ] … nicht ausnutzen
- [ ] … nur ausnutzen, wenn Sie eine Parkscheibe verwenden
- [ ] … ausnutzen, ohne die Parkuhr erneut zu betätigen

2

Fehlerpunkte

Amtliche Prüfungsfragen für Führerscheinbewerber 23

Grundlagen für alle Klassen und Zusatzfragen Klasse B

Hinweise zu Videofragen:

In jeder Theorie-Prüfung sind 2 zufällige Videofragen vorhanden. Die Videofragen sind auf den Prüfungsbögen gekennzeichnet (Video-Abspielsymbol inklusive der Fragennummer). Die beiliegende DVD enthält alle diese Videos.

Legen Sie die DVD in Ihr CD-/DVD-Laufwerk ein und öffnen Sie die DVD durch Doppelklick auf das entsprechende Laufwerk in Ihrem Explorer. Wählen Sie das Video mit der im Bogen angegebenen Videonummer durch Doppelklick aus.

Während der Prüfung dürfen Sie ein Video maximal 5-mal anschauen, ohne dass Ihnen die Frage bekannt ist. Erst wenn Sie bereit sind, können Sie sich die Frage zum Video anzeigen lassen. Danach müssen Sie die Frage beantworten und können das Video nicht noch mal anschauen.

Wichtig: Daher zuerst das Video max. 5-mal anschauen. Erst danach die zugehörige Frage lesen und bearbeiten.

Bezugsfahrzeug

Bitte beachten Sie das zugrunde liegende Bezugsfahrzeug:

Sie fahren ein ...

▶ Grundstoff:
Kraftfahrzeug mit Verbrennungsmotor

▶ Klasse B:
Zweispuriges Kraftfahrzeug mit Verbrennungsmotor, mit manuellem Schaltgetriebe und mit automatischem Blockierverhinderer (ABV)

Wenn in den Prüfungsaufgaben keine besonderen Fahrzeugeigenschaften benannt sind, gelten die folgenden allgemeinen Eigenschaften „Ihres Fahrzeugs“ (Bezugsfahrzeug).

▶ Bitte beachten Sie:
Wenn in der Prüfungsaufgabe besondere Fahrzeugeigenschaften ausdrücklich benannt sind, müssen diese bei der Aufgabenbearbeitung berücksichtigt werden!

	Fehlerpunkte / 5-Punkte-Regel
Klasse	B
zulässige Fehlerpunkte	10
Grundstoff	
Zusatzstoff	
Summe	
5-Punkte-Regel *)	
bestanden	
nicht bestanden	
Bemerkungen	
*) 2 oder mehr Fragen mit je 5 Fehlerpunkten falsch	

Beantworten Sie die Fragen durch Ankreuzen von Antworten oder durch die Angabe von Zahlen. Sie haben die Frage falsch beantwortet, wenn ...
▶ nicht jede richtige Antwort angekreuzt ist ▶ oder eine/mehrere falsche Antwort(en) angekreuzt ist/sind ▶ oder eine falsche/keine Zahl angegeben ist

Sie haben die Prüfung nicht bestanden, wenn ...
▶ die zul. Fehlerpunkte überschritten wurden (d.h. mehr als 10 Punkte bei Klasse B)
▶ oder wenn 2 oder mehr Fragen mit je 5 Fehlerpunkten falsch beantwortet wurden

1 VIDEO 71

Worauf müssen Sie beim Umschalten der Ampel auf „Grün“ achten?

- Auf den Fußgänger
- Auf das Motorrad
- Auf den Gegenverkehr

1.1.07-152-M **5**

2

Womit müssen Sie rechnen?

- Dass vor mir Fußgänger auf die Fahrbahn treten
- Dass Fußgänger warten werden, bis ich vorbeigefahren bin
- Dass Kinder plötzlich zwischen den Fahrzeugen auftauchen

1.1.02-130-M **4**

3

Womit müssen Sie hinter dieser Straßenkuppe rechnen?

- Dort kann ein Fahrzeug liegen geblieben sein
- Es kann ein Fahrzeug entgegenkommen, das meinen Fahrstreifen mitbenutzt
- Auf meinem Fahrstreifen kann sich ein langsam fahrendes Fahrzeug befinden

1.1.07-103-M **3**

Fehlerpunkte

4

VIDEO 72 ▶

1.2.09-135-M

Warum dürfen Sie jetzt nicht abbiegen? Wegen des ...

- ☐ … grünen Pkws
- ☐ … gelben Pkws
- ☐ … roten Fahrzeugs

5

5

1.1.07-158

Mit welchem Verhalten von Radfahrern müssen Sie rechnen? Radfahrer benutzen ...

- ☐ … Einbahnstraßen in beide Richtungen
- ☐ … Radwege auf der falschen Seite
- ☐ … keine Beleuchtung bei Dunkelheit

4

6

1.2.12-111

Sie wollen innerorts vor einem Andreaskreuz parken. Welche Entfernung müssen Sie mindestens einhalten?

Antwort: ☐ m

2

7

1.2.10-107

Sie wollen aus einem Grundstück über den Gehweg auf die Fahrbahn einbiegen. Worauf müssen Sie achten?

- ☐ Verkehrsteilnehmer auf dem Gehweg dürfen nicht gefährdet werden
- ☐ Gegebenenfalls ist ein Einweisen erforderlich
- ☐ Immer zuerst auf den fließenden Verkehr auf der Fahrbahn achten

4

8

1.5.01-121

Wie können Sie den Reifenverschleiß gering halten?

- ☐ Ich verzichte möglichst auf starkes Beschleunigen
- ☐ Ich kontrolliere regelmäßig den Reifenfülldruck
- ☐ Ich verwende ganzjährig Winterreifen

3

9

1.2.05-125-M

Was müssen Sie in dieser Situation beim Überholen der Radfahrer beachten?

- ☐ Aufgrund der Steigung pendeln die Radfahrer
- ☐ Ich muss mit mindestens 1,5 m Seitenabstand überholen
- ☐ Ich muss mit mindestens 1,0 m Seitenabstand überholen

4

10

1.1.01-101

Sie fahren innerorts hinter einem Fahrzeug mit ortsfremdem Kennzeichen. Was könnte geschehen? Der Vorausfahrende …

- ☐ … hält unerwartet an, um nach dem Weg zu fragen
- ☐ … betätigt den Blinker vor dem Abbiegen zu spät
- ☐ … bremst unerwartet

3

11

1.2.04-101

Wovon hängt der einzuhaltende Abstand zum vorausfahrenden Fahrzeug ab?

- ☐ Von den Sichtverhältnissen
- ☐ Von der Geschwindigkeit
- ☐ Von der Fahrbahnbeschaffenheit

5

12

1.1.03-001

Wo müssen Sie besonders mit starker Fahrbahnverschmutzung und Rutschgefahr rechnen?

- ☐ An innerstädtischen Kreuzungen
- ☐ An Baustellen
- ☐ An Einmündungen von Feldwegen

3

13

1.1.07-118

Mit welchen Gefahren müssen Sie vor allem in ländlichen Gebieten rechnen?

- ☐ Mit Fahrbahnverschmutzungen
- ☐ Mit langsamen landwirtschaftlichen Fahrzeugen
- ☐ Mit überbreiten landwirtschaftlichen Fahrzeugen

4

Fehlerpunkte ☐

Fehlerpunkte ☐

14 1.1.09-018

Was kann Haschischkonsum bewirken?

Verbesserte Zeiteinschätzung

Rausch mit gefährlichen Sinnestäuschungen und Herabsetzung des Reaktionsvermögens

Rausch mit Verwirrtheitszuständen und Depressionen

4

15 1.2.19-004

Ein Bahnbediensteter schwenkt an einem Bahnübergang eine rote Leuchte.

Was bedeutet dies?

Sie dürfen die Gleise vorsichtig überqueren

Die rote Leuchte hat für Sie keine Bedeutung

Sie müssen vor dem Bahnübergang warten

3

16

1.3.01-112

Sie wollen nach links abbiegen.
Wer muss warten?

Ich muss warten

Das blaue Fahrzeug muss warten

5

17

1.3.01-046-M

Welches Verhalten ist richtig?

Ich muss den blauen Pkw durchfahren lassen

Ich darf durchfahren

5

18

1.3.01-013-M

Welches Verhalten ist richtig?

Ich darf als Erster die Kreuzung überqueren

Ich muss den roten Lkw abbiegen lassen

Ich muss den Radfahrer abbiegen lassen

5

19 1.4.40-142

Worauf weist dieses Verkehrszeichen hin?

Auf eine Bahnunterführung

Auf einen Bahnübergang

Auf einen Bahnhof

3

20 1.4.42-011

1 2 3

Ab welchem Verkehrszeichen dürfen Sie nur mit Schrittgeschwindigkeit weiterfahren?

Verkehrszeichen 1

Verkehrszeichen 2

Verkehrszeichen 3

3

ZUSATZFRAGEN – KLASSE B

21 2.4.42-106

Worauf weist dieses Verkehrszeichen hin?

- [ ] Auf Explosionsgefahr an einer Tankstelle durch Elektrogeräte
- [ ] Auf die Möglichkeit zum Aufladen von Mobiltelefonen
- [ ] Auf eine Ladestation für Elektrofahrzeuge

2

22 2.1.11-132

An einer roten Ampel innerorts möchte Sie ein anderer Fahrer offensichtlich zu einem Straßenrennen provozieren. Wie sollten Sie sich verhalten?

- [ ] Ich steige aus und stelle den Fahrer zur Rede
- [ ] Ich schenke diesem Verhalten keine Beachtung
- [ ] Ich nehme die Herausforderung an, ohne jedoch 50 km/h zu überschreiten

4

23 2.1.02-002

Sie fahren auf einer schmalen Straße. Etwa 20 m vor Ihnen läuft plötzlich ein Kind auf die Fahrbahn. Wann ist ein Zusammenprall trotz Gefahrbremsung unvermeidbar? Bei einer Geschwindigkeit von …

- [ ] 20 km/h
- [ ] 30 km/h
- [ ] 50 km/h

4

24 2.2.04-102

Wann muss ein Pkw mit Anhänger außerorts auf Straßen mit nur einem Fahrstreifen für jede Richtung vom Vorausfahrenden einen so großen Abstand halten, dass ein Überholer einscheren kann?

Antwort: Bei einer Zuglänge über ____ m

3

25 2.2.15-109

Was ist beim Abschleppen zu beachten?

- [ ] Der Abstand zwischen den Fahrzeugen darf nicht größer als 5 m sein
- [ ] Abschleppseil/Abschleppstange muss deutlich gekennzeichnet sein
- [ ] Motorräder dürfen nur mit fester Verbindung abgeschleppt werden

3

26

VIDEO 73 2.7.06-118-M

Sie nutzen während der Fahrt die Adaptive Geschwindigkeitsregelanlage (AGR). Die Geschwindigkeit ist auf 100 km/h eingestellt. Worauf müssen Sie sich vor der Kurve einstellen?

- [ ] Durch die AGR kann mein Fahrzeug nun beschleunigt werden
- [ ] Ich muss die Geschwindigkeit an die Situation anpassen
- [ ] Die AGR fordert mich zur Verringerung der Geschwindigkeit auf

3

27 2.1.10-103

Wann sollten Sie Ihre Fahrt unterbrechen? Wenn ich …

- [ ] … die Geschwindigkeitsregelanlage (Tempomat) aktivieren möchte
- [ ] … einen im Fahrzeug heruntergefallenen Gegenstand aufheben möchte
- [ ] … merke, dass meine Konzentration nachlässt

3

28 2.7.06-101

Was bewirkt ein Antiblockiersystem (ABS)?

- [ ] Aquaplaning wird verhindert
- [ ] Auch bei glatter Fahrbahn wird das Fahrzeug bestmöglich gebremst
- [ ] Beim Bremsen bleibt die Lenkfähigkeit weitgehend erhalten

4

29 2.2.17-109

Wann müssen Sie auch am Tage mit Abblendlicht fahren? Bei erheblicher Sichtbehinderung durch …

- [ ] … Nebel oder Schneefall
- [ ] … beschlagene Windschutzscheibe
- [ ] … Regen

4

30 2.7.01-142

Was kann in Kurven zum Schleudern Ihres Kraftfahrzeugs führen?

- [ ] Leichtes Beschleunigen am Kurvenausgang
- [ ] Zu schnelles Fahren
- [ ] Starke Lenkeinschläge

3

Fehlerpunkte ____ Fehlerpunkte ____

Amtliche Prüfungsfragen für Führerscheinbewerber

Grundlagen für alle Klassen und Zusatzfragen Klasse B

24

Hinweise zu Videofragen:

In jeder Theorie-Prüfung sind 2 zufällige Videofragen vorhanden. Die Videofragen sind auf den Prüfungsbögen gekennzeichnet (Video-Abspielsymbol inklusive der Fragennummer). Die beiliegende DVD enthält alle diese Videos.

Legen Sie die DVD in Ihr CD-/DVD-Laufwerk ein und öffnen Sie die DVD durch Doppelklick auf das entsprechende Laufwerk in Ihrem Explorer. Wählen Sie das Video mit der im Bogen angegebenen Videonummer durch Doppelklick aus.

Während der Prüfung dürfen Sie ein Video maximal 5-mal anschauen, ohne dass Ihnen die Frage bekannt ist. Erst wenn Sie bereit sind, können Sie sich die Frage zum Video anzeigen lassen. Danach müssen Sie die Frage beantworten und können das Video nicht noch mal anschauen.

Wichtig: Daher zuerst das Video max. 5-mal anschauen. Erst danach die zugehörige Frage lesen und bearbeiten.

Bezugsfahrzeug

Bitte beachten Sie das zugrunde liegende Bezugsfahrzeug:

Sie fahren ein ...

▶ Grundstoff:
Kraftfahrzeug mit Verbrennungsmotor

▶ Klasse B:
Zweispuriges Kraftfahrzeug mit Verbrennungsmotor, mit manuellem Schaltgetriebe und mit automatischem Blockierverhinderer (ABV)

Wenn in den Prüfungsaufgaben keine besonderen Fahrzeugeigenschaften benannt sind, gelten die folgenden allgemeinen Eigenschaften „Ihres Fahrzeugs" (Bezugsfahrzeug).

▶ Bitte beachten Sie:
Wenn in der Prüfungsaufgabe besondere Fahrzeugeigenschaften ausdrücklich benannt sind, müssen diese bei der Aufgabenbearbeitung berücksichtigt werden!

	Fehlerpunkte / 5-Punkte-Regel
Klasse	B
zulässige Fehlerpunkte	10
Grundstoff	
Zusatzstoff	
Summe	
5-Punkte-Regel *)	
bestanden	
nicht bestanden	
Bemerkungen	
*) 2 oder mehr Fragen mit je 5 Fehlerpunkten falsch	

Beantworten Sie die Fragen durch Ankreuzen von Antworten oder durch die Angabe von Zahlen.
Sie haben die Frage falsch beantwortet, wenn ...
▶ nicht jede richtige Antwort angekreuzt ist ▶ oder eine/mehrere falsche Antwort(en) angekreuzt ist/sind ▶ oder eine falsche/keine Zahl angegeben ist

Sie haben die Prüfung nicht bestanden, wenn ...
▶ die zul. Fehlerpunkte überschritten wurden (d.h. mehr als 10 Punkte bei Klasse B)
▶ oder wenn 2 oder mehr Fragen mit je 5 Fehlerpunkten falsch beantwortet wurden

1 VIDEO 74 ▶

Sie möchten geradeaus weiterfahren. Wie verhalten Sie sich in dieser Situation richtig?

- Ich lasse das rote Fahrzeug abbiegen
- Ich überquere die Kreuzung als Erster
- Ich lasse den Elektroroller die Fahrbahn überqueren

1.1.07-161-M — 5

2

Was ist hier zu beachten?

- Links von der Fahrbahnbegrenzung darf nicht gehalten werden
- Die Fahrbahnbegrenzung darf in keinem Fall überfahren werden
- Langsame Fahrzeuge müssen möglichst auf dem Seitenstreifen fahren

1.2.12-123-M — 3

3

Wie sollten Sie sich verhalten?

- Auf Schrittgeschwindigkeit abbremsen
- Unverändert weiterfahren
- Bremsbereit bleiben

1.1.02-119 — 5

Fehlerpunkte

4

1.3.01-118-M

Welches Verhalten ist richtig?

- [ ] Ich muss die Radfahrerin durchfahren lassen
- [ ] Die Radfahrerin muss mich vorbeilassen
- [ ] Ich darf vor dem Motorrad fahren

5

5

1.2.38-101

Was kann es bedeuten, wenn an einem Fahrzeug blaues Blinklicht – jedoch kein Einsatzhorn – eingeschaltet ist?

- [ ] An einer Unfallstelle wird vor Gefahren gewarnt
- [ ] Es wird vor einer Einsatzstelle der Feuerwehr gewarnt
- [ ] Ein Abschleppwagen fährt zu einem Einsatz

3

6

1.1.01-103

Warum darf man nicht unnötig langsam fahren?

- [ ] Weil der Verkehrsfluss behindert wird
- [ ] Weil die Gefahr von Auffahrunfällen erhöht wird
- [ ] Weil Nachfolgende zu gefährlichem Überholen verleitet werden

3

7

1.1.09-028

Warum ist man nach dem Konsum der Droge „Crystal Meth" fahruntauglich?

- [ ] Weil Wahnvorstellungen auftreten können
- [ ] Weil die eigene Leistungsfähigkeit überschätzt werden kann
- [ ] Weil plötzliche Erschöpfung eintreten kann

4

8

1.2.36-013

Aus einem unmittelbar vor Ihnen fahrenden Fahrzeug wird Ihnen mit der „Polizeikelle" Zeichen gegeben. Was bedeutet dies?

- [ ] Ich muss dem Fahrzeug folgen, bis es anhält
- [ ] Ich darf das Fahrzeug nicht überholen
- [ ] Ich muss in die gezeigte Richtung abbiegen

3

Fehlerpunkte

9

1.1.03-120

Wie verhalten Sie sich in dieser Situation richtig?

- [ ] Ich verringere die Geschwindigkeit
- [ ] Ich bremse in der Kurve stark ab
- [ ] Ich vermeide ruckartige Lenkbewegungen

3

10

1.1.01-001

Was versteht man unter defensivem Fahren?

- [ ] Nicht auf dem eigenen Recht bestehen
- [ ] Mit Fehlern anderer rechnen
- [ ] Vorsorglich an jeder Kreuzung anhalten

4

11

1.1.03-003

Wo müssen Sie besonders mit Fahrbahnvereisung rechnen?

- [ ] Auf Brücken
- [ ] Auf Strecken, die durch Wald führen
- [ ] Auf stark befahrenen Strecken

4

12

1.2.09-120

Sie möchten links abbiegen. In welcher Reihenfolge bereiten Sie das Abbiegen vor?

- [ ] Nachfolgenden Verkehr beobachten, Fahrtrichtung anzeigen, einordnen
- [ ] Fahrtrichtung anzeigen, einordnen, nachfolgenden Verkehr beobachten
- [ ] Einordnen, Fahrtrichtung anzeigen, nachfolgenden Verkehr beobachten

4

13

1.5.01-132

Sie fahren ein Kraftfahrzeug mit manuellem Schaltgetriebe. Welches Verhalten belastet die Umwelt?

- [ ] Ein Fahren bergab in hohem Gang
- [ ] Eine ungleichmäßige Fahrweise
- [ ] Ein häufiges Gasgeben beim Warten an der Ampel

3

Fehlerpunkte

14 1.1.09-019

Welche Auswirkungen kann Haschischkonsum haben?

Das Gefahrenbewusstsein kann abnehmen

Fehler bei der Verarbeitung von Informationen können zunehmen

Fehleinschätzungen von Geschwindigkeit und Entfernung können eintreten

4

15 1.2.26-113

Eine Person will die Fahrbahn auf dem Fußgängerüberweg überqueren. Wie verhalten Sie sich?

Ich überhole wartende Fahrzeuge mit besonderer Vorsicht

Ich bereite mich auf das Anhalten vor

Ich überhole nicht

5

16 1.4.41-032

1 2 3

Bei welcher Verkehrsregelung müssen Sie vor dem Rechtsabbiegen grundsätzlich anhalten?

Verkehrszeichen 1

Verkehrszeichen 2

Verkehrszeichen 3

4

17

Welches Verhalten ist richtig? 1.3.01-042-M

Ich muss die Straßenbahn durchfahren lassen

Ich muss das Motorrad durchfahren lassen

Die Straßenbahn muss mich vorher abbiegen lassen

5

18

Welches Verhalten ist richtig? 1.3.01-125-M

Ich muss dem blauen Pkw Vorfahrt gewähren

Ich muss dem roten Pkw Vorfahrt gewähren

Ich habe Vorfahrt vor dem blauen Pkw

5

19 1.2.19-110

Vor einem Bahnübergang steht vor einer von rechts einmündenden Straße ein rot leuchtendes Lichtzeichen ohne Andreaskreuz. Wo müssen Sie warten?

An der Haltlinie

Ich kann nach Beobachten des Verkehrs bis zum Bahnübergang vorfahren

Wenn keine Haltlinie vorhanden ist, vor dem Lichtzeichen

3

20 1.4.40-101

Sie fahren außerorts an diesem Verkehrszeichen vorbei. In welcher Entfernung ist die Gefahrstelle zu erwarten?

Zwischen 50 m und 150 m

Zwischen 250 m und 350 m

Zwischen 150 m und 250 m

2

Fehlerpunkte

Fehlerpunkte

ZUSATZFRAGEN – KLASSE B

21

2.1.03-122

Womit müssen Sie hier rechnen?

- Mit Blendung durch die tief stehende Sonne
- Mit Fußgängern auf der Fahrbahn
- Mit einem verringerten Seitenabstand zum Gegenverkehr

4

22

2.5.01-129

Ihr Pkw ist mit einer Start-Stopp-Automatik ausgerüstet. Welchen Vorteil bietet die Nutzung dieses Fahrzeugsystems für den Umweltschutz? Die Start-Stopp-Automatik reduziert …

- … den Reifenabrieb
- … den Kraftstoffverbrauch
- … die Lärmbelastung

3

23

2.1.04-002

Wie müssen Sie sich verhalten, wenn im Fernlicht plötzlich Wild auftaucht?

- Sofort abblenden
- Mit Fernlicht unverändert weiterfahren
- Hupen und bremsen

3

24

2.7.01-157

Sie nutzen während der Fahrt den Aktiven Spurhalte-Assistenten. Wie können Sie dieses Fahrerassistenzsystem im Falle des Systemeingriffs manuell übersteuern?

- Durch Beschleunigen
- Durch Gegenlenken
- Durch Betätigung des Blinkers

3

25

2.5.01-209

Welche Kraftfahrzeuge dürfen ohne Feinstaub-Plakette in eine Umweltzone einfahren?

- Alle Kraftfahrzeuge mit Katalysator
- Alle zwei- und dreirädrigen Kraftfahrzeuge
- Alle land- und forstwirtschaftlichen Zugmaschinen

3

26

VIDEO 75

2.1.07-022-M

Wie verhalten Sie sich in dieser Situation richtig? Ich muss …

- … die Geschwindigkeit weiter verringern
- … eine Gefahrbremsung durchführen
- … bremsbereit sein

3

27

2.7.06-105

Wann tritt bei einem Anhänger mit Auflaufbremse die Bremswirkung ein?

- Zeitgleich mit der Betätigung des Bremspedals im Zugfahrzeug
- Beim Auflaufen des Anhängers auf das Zugfahrzeug
- Vor Eintreten der Bremswirkung beim Zugfahrzeug, damit der Zug gestreckt bleibt

3

28

2.2.21-112

Ein Pkw ist mit zwei Frontairbags ausgerüstet. Auf welchen Sitzplätzen müssen Sicherheitsgurte angelegt werden?

- Nicht auf den Vordersitzen
- Nur auf den Vordersitzen
- Auf allen Sitzen

4

29

2.2.04-001

Sie fahren mit 80 km/h hinter einem Auto her. Welchen Sicherheitsabstand müssen Sie mindestens einhalten?

- Einen „Ein-Sekunden-Abstand"
- Einen Abstand von 15 Metern
- Einen „Zwei-Sekunden-Abstand"

4

30

2.2.21-124

Was ist bei der Benutzung eines Sicherheitsgurts zu beachten?

- Der Sicherheitsgurt sollte nicht verdreht sein
- Der Sicherheitsgurt sollte nach dem Anlegen straff gezogen werden
- Ein beschädigter Sicherheitsgurt muss ausgetauscht werden

3

Fehlerpunkte

Fehlerpunkte

Amtliche Prüfungsfragen für Führerscheinbewerber

Grundlagen für alle Klassen und Zusatzfragen Klasse B

25

Hinweise zu Videofragen:

In jeder Theorie-Prüfung sind 2 zufällige Videofragen vorhanden. Die Videofragen sind auf den Prüfungsbögen gekennzeichnet (Video-Abspielsymbol inklusive der Fragennummer). Die beiliegende DVD enthält alle diese Videos.

Legen Sie die DVD in Ihr CD-/DVD-Laufwerk ein und öffnen Sie die DVD durch Doppelklick auf das entsprechende Laufwerk in Ihrem Explorer. Wählen Sie das Video mit der im Bogen angegebenen Videonummer durch Doppelklick aus.

Während der Prüfung dürfen Sie ein Video maximal 5-mal anschauen, ohne dass Ihnen die Frage bekannt ist. Erst wenn Sie bereit sind, können Sie sich die Frage zum Video anzeigen lassen. Danach müssen Sie die Frage beantworten und können das Video nicht noch mal anschauen.

Wichtig: Daher zuerst das Video max. 5-mal anschauen. Erst danach die zugehörige Frage lesen und bearbeiten.

Bezugsfahrzeug

Bitte beachten Sie das zugrunde liegende Bezugsfahrzeug:

Sie fahren ein ...

▶ Grundstoff:
Kraftfahrzeug mit Verbrennungsmotor

▶ Klasse B:
Zweispuriges Kraftfahrzeug mit Verbrennungsmotor, mit manuellem Schaltgetriebe und mit automatischem Blockierverhinderer (ABV)

Wenn in den Prüfungsaufgaben keine besonderen Fahrzeugeigenschaften benannt sind, gelten die folgenden allgemeinen Eigenschaften „Ihres Fahrzeugs" (Bezugsfahrzeug).

▶ Bitte beachten Sie:
Wenn in der Prüfungsaufgabe besondere Fahrzeugeigenschaften ausdrücklich benannt sind, müssen diese bei der Aufgabenbearbeitung berücksichtigt werden!

	Fehlerpunkte / 5-Punkte-Regel
Klasse	B
zulässige Fehlerpunkte	10
Grundstoff	
Zusatzstoff	
Summe	
5-Punkte-Regel *)	
bestanden	
nicht bestanden	
Bemerkungen	
*) 2 oder mehr Fragen mit je 5 Fehlerpunkten falsch	

Beantworten Sie die Fragen durch Ankreuzen von Antworten oder durch die Angabe von Zahlen.
Sie haben die Frage falsch beantwortet, wenn...
▶ nicht jede richtige Antwort angekreuzt ist ▶ oder eine/mehrere falsche Antwort(en) angekreuzt ist/sind ▶ oder eine falsche/keine Zahl angegeben ist

Sie haben die Prüfung nicht bestanden, wenn...
▶ die zul. Fehlerpunkte überschritten wurden (d.h. mehr als 10 Punkte bei Klasse B)
▶ oder wenn 2 oder mehr Fragen mit je 5 Fehlerpunkten falsch beantwortet wurden

1

Womit müssen Sie rechnen?

- ☐ Mit Personen, die die Fahrbahn überqueren
- ☐ Mit einem Fahrzeug, das am Bus vorbeifährt
- ☐ Dass ich vor der Kreuzung halten muss

1.1.07-014-M — **3**

2 — **VIDEO 76**

Wie verhalten Sie sich jetzt richtig?

- ☐ Ich warte vor dem Andreaskreuz
- ☐ Ich überquere vorsichtig die Schienen
- ☐ Ich warte an den Schienen

1.2.19-114 — **4**

3 — **VIDEO 77**

Worauf stellen Sie sich in dieser Situation ein?

- ☐ Der gelbe Pkw biegt nach links ab
- ☐ Ich muss auf meine Vorfahrt verzichten
- ☐ Die Fußgängerin überquert die Straße

1.1.07-175-M — **4**

Fehlerpunkte

4

1.1.05-107-M

Womit müssen Sie hier rechnen?

- [ ] Dass zu schnell gefahren wird
- [ ] Dass Einmündungen übersehen werden
- [ ] Dass Kinder auf die Straße laufen

4

5 1.1.02-133

Eine Person am Straßenrand trägt eine gelbe Armbinde mit drei schwarzen Punkten. Worauf weist diese Armbinde hin?

- [ ] Auf die Zugehörigkeit zu einer Berufsgruppe
- [ ] Auf eine besondere Verhaltenspflicht gegenüber dieser Person
- [ ] Auf eine behinderte Person

4

6 1.2.05-103

Was ist Voraussetzung für das Ausscheren zum Überholen?

- [ ] Dass eine Gefährdung des nachfolgenden Verkehrs ausgeschlossen ist
- [ ] Dass der Vorausfahrende rechts blinkt
- [ ] Dass der Gegenverkehr nicht gefährdet wird

4

7 1.1.07-113

Sie fahren auf einer neu angelegten Straße durch bewaldetes Gebiet. Womit müssen Sie rechnen?

- [ ] Wild überquert unerwartet die Fahrbahn
- [ ] Auf neu angelegten Straßen sind Wildunfälle nicht zu erwarten
- [ ] Mit einem Hindernis durch einen Wildunfall

3

8 1.2.10-105

Sie wollen aus einem verkehrsberuhigten Bereich in eine Straße einfahren. Von links kommen Radfahrer. Wer muss warten?

- [ ] Alle müssen anhalten und sich dann verständigen
- [ ] Die Radfahrer müssen warten
- [ ] Ich muss warten

4

9

1.3.01-051-M

Welches Verhalten ist richtig?

- [ ] Ich lasse den Traktor abbiegen
- [ ] Ich fahre als Erster
- [ ] Ich lasse die Straßenbahn durchfahren

5

10 1.1.07-009

Sie nähern sich einer Schule. Kinder verlassen das Schulgelände. Womit müssen Sie rechnen? Dass Kinder …

- [ ] … mit ihren Fahrrädern unvorsichtig auf die Fahrbahn fahren
- [ ] … sich immer verkehrsgerecht verhalten
- [ ] … ausgelassen auf die Fahrbahn stürmen

5

11 1.3.01-119

Sie möchten eine Vorfahrtstraße überqueren. Die Sicht nach beiden Seiten ist durch parkende Fahrzeuge stark eingeschränkt. Wie verhalten Sie sich?

- [ ] Ich überquere die Kreuzung zügig
- [ ] Ich taste mich vorsichtig in die Kreuzung hinein
- [ ] Ich warne den kreuzenden Verkehr durch Hupen

5

12 1.2.36-012

Ein Polizeifahrzeug überholt Sie und schert unmittelbar vor Ihnen ein. Auf dem Dach erscheint in roter Leuchtschrift „BITTE FOLGEN“. Für wen gilt dies?

- [ ] Für alle Fahrzeuge auf meinem Fahrstreifen
- [ ] Für nachfolgende Polizei- und Rettungsfahrzeuge
- [ ] Für mich

3

13 1.1.05-003

Wie durchfahren Sie enge Kurven?

- [ ] Erst im Scheitelpunkt der Kurve Geschwindigkeit vermindern
- [ ] Vor der Kurve Geschwindigkeit vermindern
- [ ] Erst beim Übergang in die Gerade wieder beschleunigen

4

Fehlerpunkte

Fehlerpunkte

14 1.1.09-033

Bei welcher Substanz kann der Konsum vor oder während der Fahrt zu Fahruntüchtigkeit führen?

- Kokain
- Alkohol
- Haschisch

4

15 1.2.19-117

Sie möchten einen Bahnübergang mit geöffneten Schranken überqueren. Was ist richtig?

- Ich darf die Schienen nur mit Schrittgeschwindigkeit überqueren
- Ich muss mit mäßiger Geschwindigkeit an den Bahnübergang heranfahren
- Ich rechne beim Überqueren des Bahnübergangs mit Bodenwellen

3

16

1.2.37-020-M

An dieser Ampel mit Grünpfeilschild möchten Sie jetzt nach rechts abbiegen. Wie verhalten Sie sich richtig?

- Ich biege ohne anzuhalten mit Schrittgeschwindigkeit ab
- Ich schließe eine Behinderung anderer Verkehrsteilnehmer aus
- Ich halte zunächst an der Haltlinie an

4

17

1.3.01-038-M

Welches Verhalten ist richtig?

- Ich muss das Motorrad durchfahren lassen
- Ich muss den blauen Pkw durchfahren lassen
- Ich darf vor dem blauen Pkw fahren

5

Fehlerpunkte

18 1.4.41-172

Was gilt bei diesem Verkehrszeichen? Eine Begrenzung der Höchstgeschwindigkeit auf 30 km/h, die …

- … zwischen 6 und 22 Uhr gilt
- … zwischen 22 und 6 Uhr gilt
- … nicht für Elektrofahrzeuge gilt

3

19 1.4.42-136

Was müssen Sie bei dieser Verkehrszeichenkombination beachten?

- Wenn ich geradeaus weiterfahre, muss ich rechts blinken
- Die Fahrtrichtung nach links ist vorgeschrieben
- Wenn ich der Vorfahrtstraße folge, muss ich links blinken

4

20 1.4.41-116

Wer darf in eine so beschilderte Straße einfahren?

- Bewohner
- Besucher der Bewohner
- Fahrzeuge im Durchgangsverkehr

2

Fehlerpunkte

ZUSATZFRAGEN – KLASSE B

21

VIDEO 78 ▶ 2.1.08-032-M

Womit müssen Sie jetzt rechnen?

- ☐ Der Fahrer des gelben Lkws sieht das Stauende zu spät
- ☐ Der blaue Pkw schert vor mir ein
- ☐ Das Motorrad fährt zwischen den Fahrzeugreihen durch

4

22 2.2.21-111

Ab welcher Aufprallgeschwindigkeit müssen Sie mit schweren oder tödlichen Verletzungen rechnen, wenn Sie keinen Sicherheitsgurt angelegt haben?

- ☐ Ab 50 km/h
- ☐ Ab 30 km/h
- ☐ Ab 80 km/h

4

23 2.2.26-102

Sie kommen unerwartet auf einem Fußgängerüberweg zum Stehen. Wie verhalten Sie sich?

- ☐ Etwas vorwärts oder rückwärts fahren, um den Überweg so weit wie möglich frei zu machen
- ☐ Halbseitig auf den Gehweg fahren, um damit den Überweg frei zu machen
- ☐ Keinesfalls rückwärts fahren, auch wenn hinten frei ist

4

24 2.2.17-001

Woran können Sie erkennen, ob die Nebelschlussleuchte eingeschaltet ist?

- ☐ An der blauen Kontrollleuchte
- ☐ An der roten Kontrollleuchte
- ☐ An der gelben Kontrollleuchte

2

25 2.1.11-020

Während der Fahrt ärgern Sie sich sehr über das Verhalten eines anderen Verkehrsteilnehmers. Wie verhalten Sie sich jetzt richtig?

- ☐ Ich konzentriere mich weiterhin auf den Verkehr
- ☐ Ich fahre so weiter, dass mein Ärger sich nicht negativ auf die Verkehrssicherheit auswirkt
- ☐ Ich lege falls nötig eine Pause ein, um mich zu beruhigen

3

26

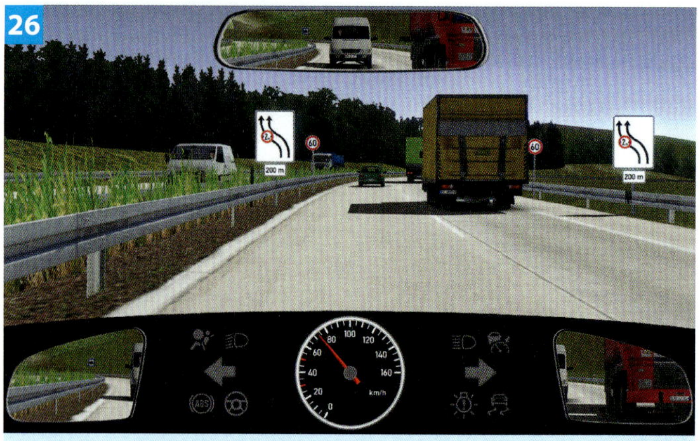

2.6.06-213

Wann dürfen Sie in dieser Situation weiter auf dem linken Fahrstreifen verbleiben? Wenn mein Fahrzeug …

- ☐ … einschließlich Ladung tatsächlich maximal 2 m breit ist
- ☐ … gemäß Zulassungsbescheinigung Teil I (Fahrzeugschein) 2 m breit ist

3

27 2.7.02-140

In Ihrem Pkw ist der Sicherheitsgurt für den Beifahrer defekt. Wie verhalten Sie sich richtig?

- ☐ Ich lasse den Sicherheitsgurt reparieren
- ☐ Ich lasse keinen Beifahrer mitfahren
- ☐ Ich passe die Gurthöhenverstellung an

2

28 2.2.03-104

Wie schnell dürfen Sie mit einem Pkw außerhalb geschlossener Ortschaften auf Straßen mit einem Fahrstreifen für jede Richtung höchstens fahren?

Antwort: ☐ km/h

3

29 2.2.04-005

Welchen Sicherheitsabstand sollten Sie außerorts zum vorausfahrenden Fahrzeug mindestens einhalten?

- ☐ Ein Drittel der Tachoanzeige in Metern
- ☐ Ein Fünftel der Tachoanzeige in Metern
- ☐ Die Hälfte der Tachoanzeige in Metern

4

30 2.7.01-121

Was müssen Sie nach dem Ankuppeln eines einachsigen Anhängers mit Auflaufbremse tun?

- ☐ Funktion der Bremse prüfen
- ☐ Vorhandenes Stützrad in die oberste Stellung bringen
- ☐ Abreißseil an der Anhängekupplung des Motorwagens einhängen

4

Fehlerpunkte ☐

Fehlerpunkte ☐

Amtliche Prüfungsfragen für Führerscheinbewerber

Grundlagen für alle Klassen und Zusatzfragen Klasse B

26

Hinweise zu Videofragen:

In jeder Theorie-Prüfung sind 2 zufällige Videofragen vorhanden. Die Videofragen sind auf den Prüfungsbögen gekennzeichnet (Video-Abspielsymbol inklusive der Fragennummer). Die beiliegende DVD enthält alle diese Videos.

Legen Sie die DVD in Ihr CD-/DVD-Laufwerk ein und öffnen Sie die DVD durch Doppelklick auf das entsprechende Laufwerk in Ihrem Explorer. Wählen Sie das Video mit der im Bogen angegebenen Videonummer durch Doppelklick aus.

Während der Prüfung dürfen Sie ein Video maximal 5-mal anschauen, ohne dass Ihnen die Frage bekannt ist. Erst wenn Sie bereit sind, können Sie sich die Frage zum Video anzeigen lassen. Danach müssen Sie die Frage beantworten und können das Video nicht noch mal anschauen.

Wichtig: Daher zuerst das Video max. 5-mal anschauen. Erst danach die zugehörige Frage lesen und bearbeiten.

Bezugsfahrzeug

Bitte beachten Sie das zugrunde liegende Bezugsfahrzeug:

Sie fahren ein ...

▶ Grundstoff:
Kraftfahrzeug mit Verbrennungsmotor

▶ Klasse B:
Zweispuriges Kraftfahrzeug mit Verbrennungsmotor, mit manuellem Schaltgetriebe und mit automatischem Blockierverhinderer (ABV)

Wenn in den Prüfungsaufgaben keine besonderen Fahrzeugeigenschaften benannt sind, gelten die folgenden allgemeinen Eigenschaften „Ihres Fahrzeugs" (Bezugsfahrzeug).

▶ Bitte beachten Sie:
Wenn in der Prüfungsaufgabe besondere Fahrzeugeigenschaften ausdrücklich benannt sind, müssen diese bei der Aufgabenbearbeitung berücksichtigt werden!

	Fehlerpunkte / 5-Punkte-Regel
Klasse	B
zulässige Fehlerpunkte	10
Grundstoff	
Zusatzstoff	
Summe	
5-Punkte-Regel *)	
bestanden	
nicht bestanden	
Bemerkungen	
*) 2 oder mehr Fragen mit je 5 Fehlerpunkten falsch	

Beantworten Sie die Fragen durch Ankreuzen von Antworten oder durch die Angabe von Zahlen. Sie haben die Frage falsch beantwortet, wenn ...
▶ nicht jede richtige Antwort angekreuzt ist ▶ oder eine/mehrere falsche Antwort(en) angekreuzt ist/sind ▶ oder eine falsche/keine Zahl angegeben ist

Sie haben die Prüfung nicht bestanden, wenn ...
▶ die zul. Fehlerpunkte überschritten wurden (d.h. mehr als 10 Punkte bei Klasse B)
▶ oder wenn 2 oder mehr Fragen mit je 5 Fehlerpunkten falsch beantwortet wurden

1

Wie verhalten Sie sich in dieser Situation richtig?

- Ich fahre vor dem Entgegenkommenden
- Ich warte, bis der Entgegenkommende vorbeigefahren ist
- Ich verständige mich mit dem Entgegenkommenden, wer zuerst fährt

1.2.06-101-M

5

2

Sie möchten hier nach rechts abbiegen. Was ist richtig?

- Ich muss nur den entgegenkommenden Fußgänger die Fahrbahn überqueren lassen
- Ich muss beide Fußgänger die Fahrbahn überqueren lassen
- Ich habe Vorrang vor beiden Fußgängern

1.2.09-022-M

4

3

Sie wollen nach rechts abbiegen. Wie sollten Sie sich verhalten?

- Vor dem Radfahrer abbiegen
- Den Radfahrer durchfahren lassen
- „Schulterblick" durchführen

1.1.07-137

4

Fehlerpunkte

4

1.1.07-103-M

Womit müssen Sie hinter dieser Straßenkuppe rechnen?

- [ ] Dort kann ein Fahrzeug liegen geblieben sein
- [ ] Es kann ein Fahrzeug entgegenkommen, das meinen Fahrstreifen mitbenutzt
- [ ] Auf meinem Fahrstreifen kann sich ein langsam fahrendes Fahrzeug befinden

3

5

1.1.03-104

Die Straße ist auf einem kurzen Stück vereist. Was sollen Sie hier möglichst vermeiden?

- [ ] Beschleunigen
- [ ] Bremsen
- [ ] Lenkbewegungen

4

6

1.1.07-010

Worauf kann Warnblinklicht hinweisen?

- [ ] Auf liegen gebliebene Fahrzeuge
- [ ] Auf einen Stau
- [ ] Auf Schulbusse, bei denen Kinder ein- oder aussteigen

4

7

1.1.09-026

Warum ist bereits der einmalige Konsum von Drogen für die Teilnahme am Straßenverkehr gefährlich? Weil er …

- [ ] … zur Fahruntüchtigkeit führen kann
- [ ] … einen mehrstündigen Rausch verursachen kann
- [ ] … Wahrnehmungsstörungen verursachen kann

4

8

1.5.01-131

Sie fahren ein Kraftfahrzeug mit manuellem Schaltgetriebe auf ebener Fahrbahn. Wie sollten Sie schalten, um besonders umweltbewusst und sparsam zu fahren?

- [ ] So früh wie möglich hochschalten
- [ ] Gänge bis in den oberen Drehzahlbereich ausfahren und dann schalten
- [ ] So spät wie möglich zurückschalten

3

9

1.1.02-131

Womit müssen Sie rechnen?

- [ ] Dass Fußgänger plötzlich auf die Fahrbahn treten
- [ ] Dass Fahrzeugtüren geöffnet werden
- [ ] Dass Fahrzeuge anfahren

3

10

1.2.17-102

Wie kann verhindert werden, dass der Gegenverkehr mit dem Abblendlicht geblendet wird?

- [ ] Die Leuchtweite ist in Abhängigkeit vom Beladungszustand des Fahrzeugs zu regulieren
- [ ] Es dürfen nur für den jeweiligen Scheinwerfer zulässige Leuchtmittel verwendet werden
- [ ] Nach jeder Reparatur am Scheinwerfer sollte eine Überprüfung der Einstellung erfolgen

3

11

1.1.02-128

Mit welchem Verhalten muss bei Personen am Fußgängerüberweg gerechnet werden?

- [ ] Sie blicken weder nach links noch nach rechts
- [ ] Sie betreten unerwartet die Fahrbahn
- [ ] Sie kehren manchmal auf halbem Wege um

4

12

1.2.05-106

Wie müssen Sie sich verhalten, wenn Sie überholt werden?

- [ ] Möglichst weit rechts fahren
- [ ] Geschwindigkeit nicht erhöhen
- [ ] Geschwindigkeit erhöhen

4

13

1.1.06-111

Warum kann Überholen auch auf übersichtlichen und geraden Fahrbahnen gefährlich sein? Weil der …

- [ ] … Gegenverkehr schneller fährt als angenommen
- [ ] … Gegenverkehr langsamer fährt als angenommen
- [ ] … Überholweg länger ist als angenommen

5

Fehlerpunkte

Fehlerpunkte

14 1.2.19-117

Sie möchten einen Bahnübergang mit geöffneten Schranken überqueren. Was ist richtig?

- Ich darf die Schienen nur mit Schrittgeschwindigkeit überqueren
- Ich muss mit mäßiger Geschwindigkeit an den Bahnübergang heranfahren
- Ich rechne beim Überqueren des Bahnübergangs mit Bodenwellen

3

15 1.2.22-102

Womit ist bei Dunkelheit eine Ladung zu kennzeichnen, die mehr als 1 m über die Rückstrahler des Fahrzeugs hinausragt?

- Mit orangefarbener Warntafel
- Durch Einschalten der Nebelschlussleuchte
- Mit roter Leuchte und rotem Rückstrahler

3

16

1.3.01-049-M

Welches Verhalten ist richtig?

- Ich muss den roten Pkw vorlassen
- Ich darf als Erster fahren
- Ich muss die Straßenbahn vorlassen

5

17

1.3.01-057-M

Wie verhalten Sie sich richtig?

- Ich darf erst nach dem blauen Lkw fahren
- Ich muss den roten Pkw durchfahren lassen
- Ich darf vor dem blauen Lkw fahren

5

18

VIDEO 79 1.3.01-130-M

Was ist in dieser Situation richtig?

- Ich muss warten
- Der blaue Pkw muss warten
- Ich muss mich mit dem Fahrer des blauen Pkws verständigen

5

19

1.4.41-156

Wie müssen Sie sich in dieser Verkehrssituation verhalten? Ich muss …

- … nicht anhalten, da keine Haltlinie vorhanden ist
- … an der Sichtlinie anhalten und Vorfahrt gewähren
- … nur bei Querverkehr anhalten

4

20 1.4.40-151

Worauf weist dieses Verkehrszeichen hin?

- Auf eine Fähre
- Auf Kanalarbeiten
- Auf eine bewegliche Brücke

2

ZUSATZFRAGEN – KLASSE B

21

VIDEO 80 ▶ 2.1.07-113-M

Wie verhalten Sie sich in dieser Situation richtig?

- ☐ Ich beschleunige
- ☐ Ich fahre gleichmäßig weiter
- ☐ Ich verzögere

5

22 2.2.23-036

Was dürfen Sie am amtlichen Kennzeichen verändern?

- ☐ Es darf nichts verändert werden
- ☐ Zum Schutz der Beschriftung eine Folie aufkleben
- ☐ Bunte Aufkleber aufbringen

2

23 2.1.03-123

Bei einer Geradeausfahrt verlieren Sie durch Aquaplaning die Kontrolle über Ihr Fahrzeug. Wie reagieren Sie jetzt richtig?

- ☐ Ich nehme vorsichtig den Fuß vom Gaspedal
- ☐ Ich bremse stark ab
- ☐ Ich halte das Lenkrad möglichst gerade

4

24 2.2.22-127

Welche Möglichkeit der Ladungssicherung gibt es in einem Pkw?

- ☐ Das Gepäcknetz
- ☐ Den Spanngurt
- ☐ Die Anti-Rutschmatte

3

25 2.2.18-007

Sie fahren bei geringer Verkehrsdichte auf einer Autobahn. Wie lange dürfen Sie den linken Fahrstreifen benutzen?

- ☐ Solange es nötig ist, um andere Fahrzeuge zu überholen
- ☐ Solange Sie hinter einem Fahrzeug fahren, das auf dem linken Fahrstreifen überholt
- ☐ Ständig, solange kein anderes Fahrzeug Sie überholen will

3

26

VIDEO 81 ▶ 2.2.05-016-M

**Sie möchten überholen.
Wie sollten Sie sich jetzt verhalten?**

- ☐ Ich überhole noch nicht, da der blaue Pkw überholen könnte
- ☐ Ich folge dem blauen Pkw unmittelbar, falls dieser überholt
- ☐ Ich überhole alle Fahrzeuge in einem Überholvorgang

3

27 2.2.17-010

Die hinteren Beleuchtungseinrichtungen Ihres Kraftfahrzeugs sind verdeckt. Was ist zu tun? Ein Leuchtenträger mit allen hinteren Beleuchtungseinrichtungen ist …

- ☐ … nur bei Fahrten bei Dämmerung oder Dunkelheit anzubringen
- ☐ … in jedem Fall anzubringen
- ☐ … nur bei Strecken über 5 km anzubringen

2

28 2.1.03-106

Was müssen Sie am Tage bei einer plötzlich auftretenden Nebelbank tun?

- ☐ Geschwindigkeit sofort den Sichtverhältnissen anpassen
- ☐ Nur Standlicht einschalten
- ☐ Abblendlicht einschalten

4

29 2.5.01-124

Welche Auswirkung kann das Hören sehr lauter Musik beim Autofahren haben?

- ☐ Signale des übrigen Verkehrs werden nicht wahrgenommen
- ☐ Andere Verkehrsteilnehmer werden belästigt
- ☐ Die Reaktionsfähigkeit des Fahrers verbessert sich

3

30 2.1.02-002

Sie fahren auf einer schmalen Straße. Etwa 20 m vor Ihnen läuft plötzlich ein Kind auf die Fahrbahn. Wann ist ein Zusammenprall trotz Gefahrbremsung unvermeidbar? Bei einer Geschwindigkeit von:

- ☐ 50 km/h
- ☐ 30 km/h
- ☐ 20 km/h

4

Fehlerpunkte ☐ Fehlerpunkte ☐

Amtliche Prüfungsfragen für Führerscheinbewerber

Grundlagen für alle Klassen und Zusatzfragen Klasse B

27

Hinweise zu Videofragen:

In jeder Theorie-Prüfung sind 2 zufällige Videofragen vorhanden. Die Videofragen sind auf den Prüfungsbögen gekennzeichnet (Video-Abspielsymbol inklusive der Fragennummer). Die beiliegende DVD enthält alle diese Videos.

Legen Sie die DVD in Ihr CD-/DVD-Laufwerk ein und öffnen Sie die DVD durch Doppelklick auf das entsprechende Laufwerk in Ihrem Explorer. Wählen Sie das Video mit der im Bogen angegebenen Videonummer durch Doppelklick aus.

Während der Prüfung dürfen Sie ein Video maximal 5-mal anschauen, ohne dass Ihnen die Frage bekannt ist. Erst wenn Sie bereit sind, können Sie sich die Frage zum Video anzeigen lassen. Danach müssen Sie die Frage beantworten und können das Video nicht noch mal anschauen.

Wichtig: Daher zuerst das Video max. 5-mal anschauen. Erst danach die zugehörige Frage lesen und bearbeiten.

Bezugsfahrzeug

Bitte beachten Sie das zugrunde liegende Bezugsfahrzeug:

Sie fahren ein ...

▶ Grundstoff:
Kraftfahrzeug mit Verbrennungsmotor

▶ Klasse B:
Zweispuriges Kraftfahrzeug mit Verbrennungsmotor, mit manuellem Schaltgetriebe und mit automatischem Blockierverhinderer (ABV)

Wenn in den Prüfungsaufgaben keine besonderen Fahrzeugeigenschaften benannt sind, gelten die folgenden allgemeinen Eigenschaften „Ihres Fahrzeugs" (Bezugsfahrzeug).

▶ Bitte beachten Sie:
Wenn in der Prüfungsaufgabe besondere Fahrzeugeigenschaften ausdrücklich benannt sind, müssen diese bei der Aufgabenbearbeitung berücksichtigt werden!

	Fehlerpunkte / 5-Punkte-Regel
Klasse	B
zulässige Fehlerpunkte	10
Grundstoff	
Zusatzstoff	
Summe	
5-Punkte-Regel *)	
bestanden	
nicht bestanden	
Bemerkungen	
*) 2 oder mehr Fragen mit je 5 Fehlerpunkten falsch	

Beantworten Sie die Fragen durch Ankreuzen von Antworten oder durch die Angabe von Zahlen.
Sie haben die Frage falsch beantwortet, wenn ...
▶ nicht jede richtige Antwort angekreuzt ist ▶ oder eine/mehrere falsche Antwort(en) angekreuzt ist/sind ▶ oder eine falsche/keine Zahl angegeben ist

Sie haben die Prüfung nicht bestanden, wenn ...
▶ die zul. Fehlerpunkte überschritten wurden (d.h. mehr als 10 Punkte bei Klasse B)
▶ oder wenn 2 oder mehr Fragen mit je 5 Fehlerpunkten falsch beantwortet wurden

1

Wie sollten Sie sich bei diesen Sichtverhältnissen verhalten?

- [ ] Ich reduziere meine Geschwindigkeit
- [ ] Ich schalte das Fernlicht ein
- [ ] Ich orientiere mich am rechten Fahrbahnrand

1.1.04-111 **3**

2 VIDEO 82

Warum sollten Sie jetzt bremsbereit sein?

- [ ] Weil die Fußgängerin auf die Straße laufen könnte
- [ ] Weil der Fahrer des braunen Fahrzeugs aussteigen könnte
- [ ] Weil der Bus auf meinen Fahrstreifen fahren könnte

1.1.07-206-M **4**

3 VIDEO 83

Warum dürfen Sie jetzt nicht abbiegen? Wegen des ...

- [ ] ... gelben Lkws
- [ ] ... roten Pkws
- [ ] ... blauen Traktors

1.2.09-203-M **4**

Fehlerpunkte

4

1.1.03-120

Wie verhalten Sie sich in dieser Situation richtig?

- [ ] Ich verringere die Geschwindigkeit
- [ ] Ich bremse in der Kurve stark ab
- [ ] Ich vermeide ruckartige Lenkbewegungen

3

5 1.1.07-167

Sie fahren durch einen Tunnel. Welche Besonderheit besteht dabei? Im Tunnel …

- [ ] … kann ich durch starke Fahrgeräusche abgelenkt werden
- [ ] … sind Sicherheitseinrichtungen wie Notausgänge und Notruftelefone ausgeschildert
- [ ] … kann ich durch Lichteffekte abgelenkt werden

4

6 1.1.05-002

Wo ist zu schnelles Fahren besonders gefährlich?

- [ ] In unübersichtlichen Kurven
- [ ] An Fahrbahnverengungen
- [ ] An Bahnübergängen

4

7 1.5.01-016

Wozu kann eine regelmäßige Fahrzeugwartung beitragen?

- [ ] Den Kraftstoffverbrauch gering zu halten
- [ ] Die Emissionswerte gering zu halten
- [ ] Die Verkehrssicherheit zu gewährleisten

3

8 1.3.01-053

Sie möchten nach rechts in eine Vorfahrtstraße einbiegen. Worauf müssen Sie achten?

- [ ] Auf von links und von rechts kommende Fahrzeuge
- [ ] Auf Radfahrer und Fußgänger, die rechts neben oder noch hinter Ihnen sind
- [ ] Nur auf die von links kommenden Fahrzeuge

5

9

VIDEO 84 1.2.20-109-M

Was müssen Sie in dieser Situation beachten?

- [ ] Ich darf mit Schrittgeschwindigkeit am Bus vorbeifahren
- [ ] Ich darf nicht am Bus vorbeifahren
- [ ] Personen könnten die Fahrbahn überqueren

5

10 1.2.05-124

Welchen Seitenabstand müssen Sie beim Überholen von Fußgängern und Radfahrern einhalten? Ich muss …

- [ ] … innerorts mindestens 1,5 m Seitenabstand einhalten
- [ ] … innerorts mindestens 1,0 m Seitenabstand einhalten
- [ ] … außerorts mindestens 2,0 m Seitenabstand einhalten

4

11 1.2.10-005

Sie kommen aus einer Straße mit abgesenktem Bordstein und wollen in eine andere Straße einbiegen. Von links kommt ein Pkw. Was gilt hier?

- [ ] Wer über einen abgesenkten Bordstein in eine Straße einfährt, ist wartepflichtig
- [ ] Die Regel „rechts vor links"
- [ ] Der abgesenkte Bordstein ist für die Wartepflicht ohne Bedeutung

4

12 1.2.19-104

Wann dürfen Sie einen unbeschrankten Bahnübergang mit Blinklichtanlage überqueren, nachdem ein Zug durchgefahren ist?

- [ ] Wenn das rote Blinklicht erloschen ist
- [ ] Sofort nach Durchfahrt des Zuges, auch wenn das rote Blinklicht noch leuchtet
- [ ] Sobald der Gegenverkehr anfährt, auch wenn das rote Blinklicht noch leuchtet

3

13 1.1.01-109

Was ist zu tun, wenn Sie während der Fahrt Anzeichen von Müdigkeit spüren?

- [ ] Anregende Musik hören
- [ ] Unverzüglich eine Pause einlegen
- [ ] Sich an frischer Luft bewegen

4

Fehlerpunkte

Fehlerpunkte

14 1.1.09-015

Wie wird der berauschende Wirkstoff von Haschisch im Körper abgebaut?

- Ungleichmäßig, zeitlich nicht abschätzbar
- Gleichmäßig, 0,1 Promille je Stunde
- Gleichmäßig, 0,1 Gramm je Stunde

4

15 1.2.11-003

Bei stockendem Verkehr müssen bestimmte Bereiche freigehalten werden. Welche sind dies?

- Kreuzungen
- Grundstückseinfahrten
- Bahnübergänge

4

16

1.3.01-035-M

Welches Verhalten ist richtig?

- Ich lasse den grünen Pkw durchfahren
- Ich biege vor dem grünen Pkw links ab
- Ich muss den roten Pkw vorbeilassen

5

17

1.3.01-114-M

Welches Verhalten ist richtig?

- Ich muss den Radfahrer abbiegen lassen
- Ich muss den blauen Pkw durchfahren lassen
- Der blaue Pkw muss mich abbiegen lassen

5

18 1.1.09-021

Für wen besteht ein Alkoholverbot beim Führen von Kraftfahrzeugen?

- Für alle Kraftfahrer unter 21 Jahren
- Für alle Kraftfahrer
- Für alle Kraftfahrer in der Probezeit

4

19 1.4.41-119

Welche Fahrzeuge dürfen eine so beschilderte Straße nicht befahren?

- Motorräder
- Pkw
- Fahrräder

2

20

1.4.42-009-M

Welche Bedeutung hat die weiße Markierung auf der Fahrbahn in dieser Situation? Die weiße Markierung …

- … hebt eine Wartepflicht infolge der Rechts-vor-links-Regelung hervor
- … kennzeichnet einen verkehrsberuhigten Bereich
- … warnt vor einem schlechten Fahrbahnzustand

3

ZUSATZFRAGEN – KLASSE B

21

VIDEO 85 ▶ 2.1.08-029-M

Warum müssen Sie jetzt die Geschwindigkeit verringern?

- [ ] Wegen der Geschwindigkeitsbeschränkung
- [ ] Wegen des Lkws
- [ ] Wegen des blauen Pkws

4

22 2.7.01-125

Was müssen Sie beim Beladen eines Anhängers beachten? Die Ladung …

- [ ] … darf nach hinten ohne zusätzliche Kennzeichnung höchstens 1 m über die Rückstrahler hinausragen
- [ ] … darf nach vorn höchstens 1 m über das Zugfahrzeug hinausragen
- [ ] … muss sicher verstaut werden

3

23 2.7.01-144

In welcher Situation kann Sie der Spurhalte-Assistent mit Lenkeingriff unterstützen? Beim Fahren …

- [ ] … auf Autobahnen
- [ ] … auf Landstraßen
- [ ] … in engen Baustellen mit schlechter Markierung

3

24 2.7.02-117

Die Scheibenwaschanlage funktioniert nicht. Woran kann das liegen?

- [ ] Kein Wasser im Vorratsbehälter
- [ ] Sicherung defekt
- [ ] Düsen verstopft

2

25 2.6.02-027

Welche Dokumente müssen Sie mitführen, wenn Sie ein zulassungspflichtiges Kraftfahrzeug führen möchten?

- [ ] Den Führerschein
- [ ] Die Zulassungsbescheinigung Teil I (Fahrzeugschein)
- [ ] Die Zulassungsbescheinigung Teil II (Fahrzeugbrief)

2

26

VIDEO 86 ▶ 2.2.09-004-M

Sie möchten nach links abbiegen. Wie verhalten Sie sich richtig?

- [ ] Ich halte auf Höhe des Feldweges und warte
- [ ] Ich fahre weiter, da ich hier nicht abbiegen darf
- [ ] Ich beschleunige und biege zügig ab

5

27 2.5.01-117

Wo ist die Feinstaub-Plakette zur Kennzeichnung schadstoffarmer Fahrzeuge anzubringen?

- [ ] Deutlich sichtbar auf der Außenseite der Windschutzscheibe
- [ ] Deutlich sichtbar auf der Innenseite der Windschutzscheibe
- [ ] Deutlich sichtbar auf der Innenseite der Heckscheibe

4

28 2.2.21-118

Während der Fahrt leuchtet die Airbagkontrollleuchte ständig. Was müssen Sie tun?

- [ ] Eine Werkstatt aufsuchen
- [ ] Das Fahrzeug sofort aus dem Straßenverkehr entfernen
- [ ] Nichts, weil das ein Signal für die Werkstatt ist

3

29 2.2.17-404

Warum müssen Sie auch am Tage mit Abblendlicht fahren, wenn die Sicht durch Nebel, Regen oder Schneefall erheblich behindert ist?

- [ ] Um von anderen Verkehrsteilnehmern besser gesehen werden zu können
- [ ] Um mit erhöhter Geschwindigkeit fahren zu können
- [ ] Um Verkehrszeichen in größerer Entfernung besser sehen zu können

4

30 2.5.01-111

Wie kann Lärm vermindert werden?

- [ ] Durch Fahren im 4. oder 5. Gang in Ortschaften
- [ ] Durch Fahren mit hoher Motordrehzahl
- [ ] Durch Fahren mit hoher Geschwindigkeit

3

Fehlerpunkte

Fehlerpunkte

Amtliche Prüfungsfragen für Führerscheinbewerber

Grundlagen für alle Klassen und Zusatzfragen Klasse B

28

Hinweise zu Videofragen:

In jeder Theorie-Prüfung sind 2 zufällige Videofragen vorhanden. Die Videofragen sind auf den Prüfungsbögen gekennzeichnet (Video-Abspielsymbol inklusive der Fragennummer). Die beiliegende DVD enthält alle diese Videos.

Legen Sie die DVD in Ihr CD-/DVD-Laufwerk ein und öffnen Sie die DVD durch Doppelklick auf das entsprechende Laufwerk in Ihrem Explorer. Wählen Sie das Video mit der im Bogen angegebenen Videonummer durch Doppelklick aus.

Während der Prüfung dürfen Sie ein Video maximal 5-mal anschauen, ohne dass Ihnen die Frage bekannt ist. Erst wenn Sie bereit sind, können Sie sich die Frage zum Video anzeigen lassen. Danach müssen Sie die Frage beantworten und können das Video nicht noch mal anschauen.

Wichtig: Daher zuerst das Video max. 5-mal anschauen. Erst danach die zugehörige Frage lesen und bearbeiten.

Bezugsfahrzeug

Bitte beachten Sie das zugrunde liegende Bezugsfahrzeug:

Sie fahren ein ...

▶ Grundstoff:
Kraftfahrzeug mit Verbrennungsmotor

▶ Klasse B:
Zweispuriges Kraftfahrzeug mit Verbrennungsmotor, mit manuellem Schaltgetriebe und mit automatischem Blockierverhinderer (ABV)

Wenn in den Prüfungsaufgaben keine besonderen Fahrzeugeigenschaften benannt sind, gelten die folgenden allgemeinen Eigenschaften „Ihres Fahrzeugs" (Bezugsfahrzeug).

▶ Bitte beachten Sie:
Wenn in der Prüfungsaufgabe besondere Fahrzeugeigenschaften ausdrücklich benannt sind, müssen diese bei der Aufgabenbearbeitung berücksichtigt werden!

	Fehlerpunkte / 5-Punkte-Regel
Klasse	B
zulässige Fehlerpunkte	10
Grundstoff	
Zusatzstoff	
Summe	
5-Punkte-Regel *)	
bestanden	
nicht bestanden	
Bemerkungen	
*) 2 oder mehr Fragen mit je 5 Fehlerpunkten falsch	

Beantworten Sie die Fragen durch Ankreuzen von Antworten oder durch die Angabe von Zahlen.
Sie haben die Frage falsch beantwortet, wenn ...
▶ nicht jede richtige Antwort angekreuzt ist ▶ oder eine/mehrere falsche Antwort(en) angekreuzt ist/sind ▶ oder eine falsche/keine Zahl angegeben ist

Sie haben die Prüfung nicht bestanden, wenn ...
▶ die zul. Fehlerpunkte überschritten wurden (d.h. mehr als 10 Punkte bei Klasse B)
▶ oder wenn 2 oder mehr Fragen mit je 5 Fehlerpunkten falsch beantwortet wurden

1

Wie verhalten Sie sich in dieser Situation richtig?

- Ich beobachte die Fußgänger aufmerksam
- Ich fahre mit gleicher Geschwindigkeit weiter
- Ich verringere meine Geschwindigkeit und bereite mich darauf vor, anzuhalten

1.2.26-010-M

4

2

Wie schätzen Sie die Situation ein?

- Die Fußgängerin kann unachtsam die Fahrbahn betreten
- Ich kann unvermindert weiterfahren
- Der Fußgänger mit dem Mofa kann plötzlich die Richtung ändern

1.1.02-132

4

3

Worauf müssen Sie sich einstellen?

- Auf eine unebene und verschmutzte Fahrbahn
- Auf Arbeiter und Baugeräte auf der Fahrbahn
- Auf einen durch Polizei geregelten Verkehrsablauf

1.1.07-107-B

3

Fehlerpunkte

4

VIDEO 87

1.2.11-104

Wie verhalten Sie sich?

- [ ] Flüssig abbiegen, um die Nachfolgenden nicht zu behindern
- [ ] Vor dem Linksabbiegen warten und den Bereich der Mittelinsel frei halten
- [ ] Zunächst im Bereich der Mittelinsel warten, wo der andere Pkw steht

5

5

1.1.07-142

Auf einer stark befahrenen Straße mit mehreren Fahrstreifen haben Sie sich zum Linksabbiegen eingeordnet. Sie möchten nun stattdessen nach rechts abbiegen. Wie verhalten Sie sich?

- [ ] Ich biege im großen Bogen nach rechts ab
- [ ] Ich biege nach links ab
- [ ] Ich fahre mit eingeschaltetem Warnblinklicht rückwärts

3

6

1.2.34-103

Sie kommen als Erster an eine Unfallstelle mit Verletzten. Was sollten Sie in der Regel zuerst tun?

- [ ] Unfallstelle absichern
- [ ] Prüfen, wie schwer die Verletzungen sind
- [ ] Zur nächsten Telefonzelle fahren und Rettungsdienst alarmieren

4

7

1.2.26-108

Die Ampel zeigt „Grün". Sie wollen rechts abbiegen. Wie verhalten Sie sich gegenüber Personen, welche die Straße überqueren, in die Sie einbiegen möchten?

- [ ] Zügig vor den Personen abbiegen
- [ ] Die Personen durch Hupen warnen
- [ ] Den Personen das Überqueren der Straße ermöglichen

4

8

1.1.02-022

Womit ist zu rechnen, wenn Kinder an einer Ampel warten? Dass die Kinder …

- [ ] … schon losrennen, wenn die Ampel in meiner Fahrtrichtung von Grün auf Gelb umschaltet
- [ ] … auch bei Rot loslaufen, weil es ihnen zu lange dauert
- [ ] … sich gegenseitig auf die Fahrbahn schubsen

4

Fehlerpunkte

9

1.1.04-108

Warum kann das Befahren dieser Straße gefährlich werden?

- [ ] Weil Personen auf der Fahrbahn leicht übersehen werden
- [ ] Weil entgegenkommende Kraftfahrzeuge erst spät erkannt werden
- [ ] Weil schlecht beleuchtete Fahrzeuge schwer zu erkennen sind

4

10

1.5.01-014

Welche Maßnahmen tragen zur Umweltschonung bei? Die Verwendung von …

- [ ] … Leichtlaufreifen
- [ ] … Leichtlaufölen
- [ ] … Klimaanlagen

3

11

1.2.19-008

An der Einfahrt in ein Industriegebiet steht das Andreaskreuz mit dem Zusatzzeichen „Industriegebiet, Schienenfahrzeuge haben Vorrang". Was haben Sie zu beachten?

- [ ] Schienenfahrzeuge haben an allen Bahnübergängen Vorrang
- [ ] An Bahnübergänge nur mit mäßiger Geschwindigkeit heranfahren
- [ ] Kraftfahrzeuge haben an Bahnübergängen ohne Andreaskreuz Vorrang

3

12

1.3.01-003

Sie kommen an eine Kreuzung, an der Sie die Vorfahrtlage nicht gleich überblicken. Wie verhalten Sie sich?

- [ ] Warten, beobachten und sich gegebenenfalls mit anderen verständigen
- [ ] Nach der Regel „rechts vor links" fahren
- [ ] Als Geradeausfahrer immer durchfahren

5

13

1.1.02-027

Womit müssen Sie rechnen, wenn ältere Personen mit Gehhilfe die Fahrbahn überqueren?

- [ ] Dass sie auf der Fahrbahn stehen bleiben
- [ ] Dass sie auf der Fahrbahn umkehren
- [ ] Dass sie die Fahrbahn langsam überqueren

4

Fehlerpunkte

14 1.1.07-013

Sie fahren hinter einem landwirtschaftlichen Fahrzeug mit hoch beladenem Anhänger. Womit müssen Sie rechnen?

- Vor allem beim Bremsen oder beim Abbiegen können Teile der Ladung herunterfallen
- Die Blinker können verdeckt sein, so dass schlecht zu erkennen ist, wenn der Zug abbiegen will
- Der Zug hat wegen der Beladung einen besonders kurzen Bremsweg

4

15 1.1.09-032

Was kann der Konsum von Drogen bewirken?

- Eine Beeinträchtigung der Konzentration
- Eine Erhöhung der Risikobereitschaft
- Eine Fehleinschätzung von Geschwindigkeiten

4

16

Welches Verhalten ist richtig? 1.3.01-118-M

- Die Radfahrerin muss mich vorbeilassen
- Ich muss die Radfahrerin durchfahren lassen
- Ich darf vor dem Motorrad fahren

5

17

Welches Verhalten ist richtig? Ich darf … 1.3.01-021-M

- … erst nach dem Motorrad abbiegen
- … als Erster abbiegen
- … vor dem gelben Pkw abbiegen

5

18

Wie müssen Sie sich in dieser Situation verhalten? Ich muss … 1.2.19-111

- … links am Sicherungsposten vorbeifahren
- … rechts am Sicherungsposten vorbeifahren
- … vor dem Andreaskreuz halten

3

19 1.4.41-015

Was ist bei diesem Verkehrszeichen erlaubt?

- Das Halten zum Be- oder Entladen sowie zum Ein- oder Aussteigen
- Das Parken, wenn eine Parkscheibe benutzt wird
- Das Halten bis zu 3 Minuten

2

20 1.4.40-001

Wie verhalten Sie sich bei diesem Verkehrszeichen?

- Nur den von rechts kommenden Verkehr beobachten
- Bremsbereit sein
- Geschwindigkeit vermindern

4

Fehlerpunkte

Fehlerpunkte

ZUSATZFRAGEN – KLASSE B

21

2.1.08-005-B

Womit müssen Sie hier rechnen?

- Mit einem Fahrstreifenwechsel des Vorausfahrenden
- Mit einer Verdichtung des Verkehrs hinter der Unterführung
- Mit dem Ende des rechten Fahrstreifens

3

22

2.1.07-119

Wie müssen Sie sich verhalten, wenn sich ein Zusammenstoß mit Wild nicht mehr vermeiden lässt?

- Ich bremse so stark wie möglich
- Ich behalte die Fahrtrichtung bei
- Ich weiche immer aus

3

23

2.1.11-119

Das Risiko, beim Fahren eines Kraftfahrzeugs einen Unfall zu verursachen, ist zwischen dem 18. und 24. Lebensjahr deutlich erhöht. Welche Ursachen sind dafür häufig von Bedeutung?

- Zu wenig Fahrerfahrung
- Überschätzung der eigenen Fähigkeiten
- Erhöhte Risikobereitschaft

4

24

2.7.02-128

Wann sollten Sie bei Ihrem Pkw die Bremsanlage überprüfen lassen?

- Wenn die Bremskontrollleuchte während der Fahrt aufleuchtet
- Wenn mein Pkw bei einer Bremsung nicht in der Spur bleibt
- Wenn mit meinem Pkw eine Gefahrbremsung durchgeführt wurde

3

25

2.7.01-111

Worauf ist beim Luftdruck der Reifen zu achten?

- Luftdruck bei starker Beladung nach Betriebsanleitung erhöhen
- Luftdruck vor längeren Fahrten verringern
- Luftdruck regelmäßig kontrollieren, einschließlich Reserverad

3

26

VIDEO 88

2.1.07-121-M

Wie müssen Sie sich in dieser Situation verhalten?

- Ich bremse sofort stark ab
- Ich weiche nach links aus
- Ich weiche nicht aus

5

27

2.7.01-065

Was müssen Sie beim Fahren mit einem Quad beachten?

- Das Tragen eines geeigneten Schutzhelms ist Pflicht
- Beim Durchfahren von engen Kurven neigen Quads zum Kippen
- Die Fahreigenschaften entsprechen denen von Pkws

4

28

2.2.23-128

Sie möchten bei winterlichen Witterungsverhältnissen eine Fahrt antreten. Was müssen Sie beachten? Schnee und Eis auf dem Fahrzeugdach können beim Herabfallen …

- … Unfälle verursachen
- … andere Fahrzeuge beschädigen
- … nach vorn die eigene Sicht beeinträchtigen

3

29

2.6.03-117

Sie möchten einen Anhänger mit einer zulässigen Gesamtmasse über 750 kg mit Ihrem Pkw verbinden. Was müssen Sie dabei beachten?

- Die Beleuchtungseinrichtung des Anhängers muss nach dem Ankuppeln auf ihre Funktion hin überprüft werden
- Das Abreißseil muss sachgerecht angebracht sein
- Der Handgriff der Zugkugelkupplung muss mechanisch und optisch überprüft werden

2

30

2.5.01-121

Welche Maßnahme kann zum umweltschonenden Fahren beitragen?

- Die Teilnahme an einem fahrpraktischen Training zur kraftstoffsparenden Fahrweise
- Die Nutzung von Fahrzeugen mit Elektroantrieb
- Die Bildung von Fahrgemeinschaften

3

Fehlerpunkte

Fehlerpunkte

Amtliche Prüfungsfragen für Führerscheinbewerber

Grundlagen für alle Klassen und Zusatzfragen Klasse B

29

Hinweise zu Videofragen:

In jeder Theorie-Prüfung sind 2 zufällige Videofragen vorhanden. Die Videofragen sind auf den Prüfungsbögen gekennzeichnet (Video-Abspielsymbol inklusive der Fragennummer). Die beiliegende DVD enthält alle diese Videos.

Legen Sie die DVD in Ihr CD-/DVD-Laufwerk ein und öffnen Sie die DVD durch Doppelklick auf das entsprechende Laufwerk in Ihrem Explorer. Wählen Sie das Video mit der im Bogen angegebenen Videonummer durch Doppelklick aus.

Während der Prüfung dürfen Sie ein Video maximal 5-mal anschauen, ohne dass Ihnen die Frage bekannt ist. Erst wenn Sie bereit sind, können Sie sich die Frage zum Video anzeigen lassen. Danach müssen Sie die Frage beantworten und können das Video nicht noch mal anschauen.

Wichtig: Daher zuerst das Video max. 5-mal anschauen. Erst danach die zugehörige Frage lesen und bearbeiten.

Bezugsfahrzeug

Bitte beachten Sie das zugrunde liegende Bezugsfahrzeug:

Sie fahren ein ...

▶ Grundstoff:
Kraftfahrzeug mit Verbrennungsmotor

▶ Klasse B:
Zweispuriges Kraftfahrzeug mit Verbrennungsmotor, mit manuellem Schaltgetriebe und mit automatischem Blockierverhinderer (ABV)

Wenn in den Prüfungsaufgaben keine besonderen Fahrzeugeigenschaften benannt sind, gelten die folgenden allgemeinen Eigenschaften „Ihres Fahrzeugs" (Bezugsfahrzeug).

▶ Bitte beachten Sie:
Wenn in der Prüfungsaufgabe besondere Fahrzeugeigenschaften ausdrücklich benannt sind, müssen diese bei der Aufgabenbearbeitung berücksichtigt werden!

	Fehlerpunkte / 5-Punkte-Regel
Klasse	B
zulässige Fehlerpunkte	10
Grundstoff	
Zusatzstoff	
Summe	
5-Punkte-Regel *)	
bestanden	
nicht bestanden	
Bemerkungen	
*) 2 oder mehr Fragen mit je 5 Fehlerpunkten falsch	

Beantworten Sie die Fragen durch Ankreuzen von Antworten oder durch die Angabe von Zahlen.
Sie haben die Frage falsch beantwortet, wenn ...
▶ nicht jede richtige Antwort angekreuzt ist ▶ oder eine/mehrere falsche Antwort(en) angekreuzt ist/sind ▶ oder eine falsche/keine Zahl angegeben ist

Sie haben die Prüfung nicht bestanden, wenn ...
▶ die zul. Fehlerpunkte überschritten wurden (d.h. mehr als 10 Punkte bei Klasse B)
▶ oder wenn 2 oder mehr Fragen mit je 5 Fehlerpunkten falsch beantwortet wurden

1 VIDEO 89

Warum müssen Sie jetzt anhalten?

- Wegen des Radfahrers
- Wegen des gelben Lkws
- Weil die Verkehrssituation unübersichtlich ist

1.1.07-160-M **5**

2

Womit müssen Sie rechnen?

- Dass Fußgänger plötzlich auf die Fahrbahn treten
- Dass Fahrzeugtüren geöffnet werden
- Dass Fahrzeuge anfahren

1.1.02-131 **3**

3

Warum kann hier das Rechtsabbiegen gefährlich werden?

- Weil ich möglicherweise nicht rechtzeitig anhalten kann, wenn Fußgänger die Seitenstraße überqueren
- Weil Fahrzeuge, die aus der Seitenstraße kommen, beim Abbremsen ins Schleudern geraten können
- Weil mein Fahrzeug bei zu schnellem Abbiegen ins Schleudern geraten kann

1.1.03-116 **4**

Fehlerpunkte

4

VIDEO 90 ▶

1.2.05-126-M

Wie verhalten Sie sich in dieser Situation richtig?

- [ ] Ich überhole den Radfahrer mit ausreichendem Seitenabstand
- [ ] Ich bleibe hinter dem Radfahrer
- [ ] Ich muss den Fußgänger die Fahrbahn überqueren lassen

5

5

1.1.06-104

Wann wird ein Überholender gefährdet? Wenn der Eingeholte …

- [ ] … plötzlich beschleunigt
- [ ] … seine Geschwindigkeit stark verringert
- [ ] … zum Überholen ausschert

5

6

1.1.07-120

Was müssen Sie beachten, bevor Sie in einen Tunnel einfahren?

- [ ] Auch am Tage in gut beleuchteten Tunneln mit Abblendlicht fahren
- [ ] Nebelscheinwerfer einschalten
- [ ] Sonnenbrille abnehmen

4

7

1.1.09-022

Dürfen Kraftfahrer beim Führen von Kraftfahrzeugen während der Probezeit unter der Wirkung alkoholischer Getränke stehen?

- [ ] Ja, bis 0,5 Promille ohne alkoholbedingte Fahrauffälligkeit
- [ ] Ja, bis 0,3 Promille ohne alkoholbedingte Fahrauffälligkeit
- [ ] Nein, in keinem Fall

4

8

1.2.05-004

Sie möchten innerorts einen Radfahrer überholen. Welchen seitlichen Mindestabstand müssen Sie dabei einhalten?

Antwort: ____ m

4

9

1.3.01-114-M

Welches Verhalten ist richtig?

- [ ] Der blaue Pkw muss mich abbiegen lassen
- [ ] Ich muss den Radfahrer abbiegen lassen
- [ ] Ich muss den blauen Pkw durchfahren lassen

5

10

1.1.01-110

Wie wirkt sich Müdigkeit beim Fahren aus?

- [ ] Nachlassende Aufmerksamkeit
- [ ] Eingeschränkte Wahrnehmung
- [ ] Verzögerte Reaktionen

4

11

1.5.01-124

Sie fahren zur Hauptverkehrszeit im Stadtverkehr. Welche Auswirkung hat das Fahren im Stop-and-go-Verkehr? Mein Fahrzeug …

- [ ] … verbraucht mehr Kraftstoff
- [ ] … verursacht mehr Abgase
- [ ] … verursacht mehr Belästigungen für andere

3

12

1.2.09-123

Sie möchten nach links abbiegen. Wem müssen Sie Vorrang gewähren?

- [ ] Entgegenkommenden Radfahrern
- [ ] Fußgängern, welche die Straße überqueren wollen, in die ich einbiege
- [ ] Entgegenkommenden Kraftfahrzeugen

4

13

1.2.34-009

Sie haben mit Ihrem Fahrzeug ein fremdes geparktes Fahrzeug beschädigt. Trotz angemessener Wartezeit ist der Geschädigte nicht erschienen. Wie verhalten Sie sich jetzt richtig? Ich muss …

- [ ] … meinen Namen und meine Anschrift am Unfallort hinterlassen
- [ ] … meinen Namen und meine Anschrift einem unbeteiligten Zeugen mitteilen
- [ ] … den Unfall der Polizei melden

3

Fehlerpunkte ____

Fehlerpunkte ____

14 1.1.07-173

Während der Fahrt überquert vor Ihrem Fahrzeug ein Reh die Fahrbahn. Was sollten Sie beachten?

- Das Reh kann durch Einschalten des Fernlichts verscheucht werden
- Das Reh kann mitten auf der Fahrbahn stehen bleiben
- Dem Reh können weitere Tiere folgen

3

15 1.2.19-102

Wie verhalten Sie sich an einem Bahnübergang, dessen Schranken geschlossen sind?

- Vor dem Andreaskreuz warten, Straßeneinmündungen freilassen
- Verkehrsraum ausnutzen, dicht vor der Schranke warten
- Bei Dunkelheit möglichst auf Standlicht schalten

3

16

1.3.01-051-M

Welches Verhalten ist richtig?

- Ich lasse den Traktor abbiegen
- Ich lasse die Straßenbahn durchfahren
- Ich fahre als Erster

5

17

VIDEO 91 1.2.20-201-M

Wie verhalten Sie sich in dieser Situation richtig?

- Ich fahre rechts an der Straßenbahn vorbei
- Ich bleibe hinter der Straßenbahn
- Ich überhole die Straßenbahn links

3

18

1.3.01-013-M

Welches Verhalten ist richtig?

- Ich muss den roten Lkw abbiegen lassen
- Ich darf als Erster die Kreuzung überqueren
- Ich muss den Radfahrer abbiegen lassen

5

19 1.4.40-130

Worauf weist dieses Verkehrszeichen hin?

- Auf einen Bahnübergang in etwa 160 m Entfernung
- Auf einen Bahnübergang in etwa 80 m Entfernung
- Auf einen Bahnübergang in etwa 240 m Entfernung

2

20 1.4.40-156

Sie fahren ein Kraftfahrzeug mit manuellem Schaltgetriebe. Was müssen Sie bei diesem Verkehrszeichen berücksichtigen?

- Der Bremsweg verlängert sich
- Bei längerer Betätigung der Bremse kann die Bremswirkung nachlassen
- Die Bremswirkung wird besser, wenn kein Gang eingelegt ist

3

ZUSATZFRAGEN – KLASSE B

21

2.1.08-008-B

Hier bildet sich ein Stau.
Wie verhalten Sie sich richtig?

- [ ] Möglichst Warnblinklicht einschalten, um nachfolgende Fahrzeuge zu warnen
- [ ] So weit links wie möglich fahren, um rechts Platz für eine Gasse zu machen
- [ ] So weit rechts wie möglich fahren, um links Platz für eine Gasse zu machen

4

22 2.7.02-129

Während der Fahrt merken Sie, dass Ihr Pkw beim Bremsen stark nach links zieht. Wie verhalten Sie sich richtig? Ich sollte …

- [ ] … nur mit geringer Geschwindigkeit weiterfahren
- [ ] … nur noch mit der Handbremse bremsen
- [ ] … meinen Pkw umgehend in einer Werkstatt überprüfen lassen

3

23 2.7.03-102

Sie fahren mit Schrittgeschwindigkeit in einem Stau. Wann ist der Kupplungsverschleiß an Ihrem Kraftfahrzeug mit manuellem Schaltgetriebe am geringsten? Wenn ich …

- [ ] … in einem niedrigen Gang möglichst ohne Betätigung der Kupplung fahre
- [ ] … wiederholt anfahre und anhalte
- [ ] … langsam mit schleifender Kupplung fahre

2

24 2.5.01-013

Sie möchten Ihr Fahrzeug waschen. Wo sollten Sie dies im Interesse des Umweltschutzes tun?

- [ ] In einer Autowaschanlage
- [ ] Auf einem Parkplatz
- [ ] Auf einer öffentlichen Straße

3

25 2.7.01-045

Was ist beim Kontrollieren des Reifenluftdrucks zu berücksichtigen?

- [ ] Werkstoff der Felgen (Stahl/Leichtmetall)
- [ ] Beladung/Besetzung des Fahrzeugs
- [ ] Temperatur der Reifen

3

26 2.4.41-102

1 2

Welches Verkehrszeichen bezieht sich auf die zulässige Gesamtmasse?

Antwort: Nr. [ ]

2

27 2.2.09-101

Wie verhalten Sie sich beim Rückwärtsfahren richtig? Ich schaue nach hinten und ...

- [ ] … sichere den Verkehrsraum zusätzlich durch einen Rundumblick
- [ ] … achte darauf, dass sich keine Personen im toten Winkel befinden
- [ ] … fahre aufmerksam und langsam

3

28 2.1.03-015

Was kann auf nasser Fahrbahn zu Aquaplaning (Wasserglätte) führen?

- [ ] Hohe Geschwindigkeit
- [ ] Abgefahrene Reifen
- [ ] Spurrillen in der Fahrbahn

5

29 2.2.17-109

Wann müssen Sie auch am Tage mit Abblendlicht fahren? Bei erheblicher Sichtbehinderung durch …

- [ ] … beschlagene Windschutzscheibe
- [ ] … Nebel oder Schneefall
- [ ] … Regen

4

30 2.1.05-002

Wozu kann langes Fahren mit höherer Geschwindigkeit führen?

- [ ] Die Reaktionsbereitschaft nimmt zu
- [ ] Das Gefühl für die Geschwindigkeit lässt nach
- [ ] Es wird zu dicht aufgefahren

4

Fehlerpunkte [ ] Fehlerpunkte [ ]

Amtliche Prüfungsfragen für Führerscheinbewerber

Grundlagen für alle Klassen und Zusatzfragen Klasse B

30

Hinweise zu Videofragen:

In jeder Theorie-Prüfung sind 2 zufällige Videofragen vorhanden. Die Videofragen sind auf den Prüfungsbögen gekennzeichnet (Video-Abspielsymbol inklusive der Fragennummer). Die beiliegende DVD enthält alle diese Videos.

Legen Sie die DVD in Ihr CD-/DVD-Laufwerk ein und öffnen Sie die DVD durch Doppelklick auf das entsprechende Laufwerk in Ihrem Explorer. Wählen Sie das Video mit der im Bogen angegebenen Videonummer durch Doppelklick aus.

Während der Prüfung dürfen Sie ein Video maximal 5-mal anschauen, ohne dass Ihnen die Frage bekannt ist. Erst wenn Sie bereit sind, können Sie sich die Frage zum Video anzeigen lassen. Danach müssen Sie die Frage beantworten und können das Video nicht noch mal anschauen.

Wichtig: Daher zuerst das Video max. 5-mal anschauen. Erst danach die zugehörige Frage lesen und bearbeiten.

Bezugsfahrzeug

Bitte beachten Sie das zugrunde liegende Bezugsfahrzeug:

Sie fahren ein ...

▶ Grundstoff:
Kraftfahrzeug mit Verbrennungsmotor

▶ Klasse B:
Zweispuriges Kraftfahrzeug mit Verbrennungsmotor, mit manuellem Schaltgetriebe und mit automatischem Blockierverhinderer (ABV)

Wenn in den Prüfungsaufgaben keine besonderen Fahrzeugeigenschaften benannt sind, gelten die folgenden allgemeinen Eigenschaften „Ihres Fahrzeugs" (Bezugsfahrzeug).

▶ Bitte beachten Sie:
Wenn in der Prüfungsaufgabe besondere Fahrzeugeigenschaften ausdrücklich benannt sind, müssen diese bei der Aufgabenbearbeitung berücksichtigt werden!

	Fehlerpunkte / 5-Punkte-Regel
Klasse	B
zulässige Fehlerpunkte	10
Grundstoff	
Zusatzstoff	
Summe	
5-Punkte-Regel *)	
bestanden	
nicht bestanden	
Bemerkungen	
*) 2 oder mehr Fragen mit je 5 Fehlerpunkten falsch	

Beantworten Sie die Fragen durch Ankreuzen von Antworten oder durch die Angabe von Zahlen.
Sie haben die Frage falsch beantwortet, wenn ...
▶ nicht jede richtige Antwort angekreuzt ist ▶ oder eine/mehrere falsche Antwort(en) angekreuzt ist/sind ▶ oder eine falsche/keine Zahl angegeben ist

Sie haben die Prüfung nicht bestanden, wenn ...
▶ die zul. Fehlerpunkte überschritten wurden (d.h. mehr als 10 Punkte bei Klasse B)
▶ oder wenn 2 oder mehr Fragen mit je 5 Fehlerpunkten falsch beantwortet wurden

1 VIDEO 92

Warum müssen Sie jetzt anhalten?

- Wegen des Radfahrers
- Wegen der Straßenbahn
- Wegen des weißen Pkws

1.2.09-125 **4**

2

Womit müssen Sie rechnen?

- Das Motorrad könnte nach links ausscheren
- Die Person neben dem Transporter könnte weiter auf die Fahrbahn treten
- Fußgänger könnten vor dem Transporter die Fahrbahn überqueren

1.1.07-138 **4**

3

Warum müssen Sie auf dieser Straße besonders aufmerksam fahren?

- Weil die Fahrbahnoberfläche uneben und unterschiedlich griffig ist
- Weil eine Straßenbahn entgegenkommen könnte
- Weil das Fahren auf den Schienen gefährlich ist

1.1.03-102-B **4**

Fehlerpunkte

4

1.2.11-007-M

Sie möchten geradeaus weiterfahren. Was ist in dieser Situation richtig?

- [ ] Ich lasse den geschlossenen Verband durchfahren
- [ ] Ich überquere die Kreuzung
- [ ] Ich warte an der Haltlinie

4

5

1.1.09-018

Was kann Haschischkonsum bewirken?

- [ ] Rausch mit gefährlichen Sinnestäuschungen und Herabsetzung des Reaktionsvermögens
- [ ] Verbesserte Zeiteinschätzung
- [ ] Rausch mit Verwirrtheitszuständen und Depressionen

4

6

1.1.02-005

Mit welchem Verhalten von Kindern müssen Sie an Zebrastreifen rechnen?

- [ ] Sie schätzen Geschwindigkeit und Entfernung herannahender Fahrzeuge immer richtig ein und warten am Fahrbahnrand
- [ ] Sie laufen auf den Zebrastreifen, ohne auf den Verkehr zu achten
- [ ] Sie kehren ohne erkennbaren Grund auf dem Zebrastreifen um und laufen zurück

5

7

1.1.07-121

Wie müssen Sie sich bei einem Stau im Tunnel verhalten?

- [ ] Fahrzeug sichern und umgehend verlassen
- [ ] Bei Stillstand mit ca. 5 m Sicherheitsabstand zum Vordermann anhalten
- [ ] Warnblinklicht einschalten

4

8

1.2.22-106

Welche Bedeutung haben orangefarbene Warntafeln an einem Fahrzeug?

Es handelt sich um einen …

- [ ] … Gefahrguttransport
- [ ] … Transport leicht verderblicher Lebensmittel
- [ ] … Viehtransport

3

Fehlerpunkte

9

1.1.04-103-B

Was müssen Sie hier tun, wenn Sie geblendet werden?

- [ ] Zum rechten Fahrbahnrand schauen
- [ ] Beschleunigen, um schneller aus dem Lichtkegel herauszukommen
- [ ] Geschwindigkeit notfalls vermindern

4

10

1.1.01-107

Welche Anzeichen warnen während der Fahrt vor aufkommender Müdigkeit?

- [ ] Schwere Augenlider
- [ ] Verkürzte Reaktionszeit
- [ ] Häufiges Gähnen

4

11

1.2.07-001

Was müssen Sie tun, wenn Sie den Fahrstreifen wechseln wollen?

- [ ] Fahrstreifenwechsel rechtzeitig ankündigen
- [ ] Auf den nachfolgenden Verkehr achten
- [ ] Vor dem Fahrstreifenwechsel immer stark abbremsen

4

12

1.2.19-107

An einem Bahnübergang – innerorts – ist die Schranke geschlossen. Wo müssen Sie warten?

- [ ] Vor dem Andreaskreuz
- [ ] Vor der letzten Bake
- [ ] Vor der ersten Bake

3

13

1.1.09-026

Warum ist bereits der einmalige Konsum von Drogen für die Teilnahme am Straßenverkehr gefährlich? Weil er …

- [ ] … zur Fahruntüchtigkeit führen kann
- [ ] … einen mehrstündigen Rausch verursachen kann
- [ ] … Wahrnehmungsstörungen verursachen kann

4

Fehlerpunkte

14 1.2.36-007

Im Rückspiegel sehen Sie auf dem Dach eines unmittelbar hinter Ihnen fahrenden Streifenwagens in roter Leuchtschrift „STOP POLIZEI". Für wen gilt dies?

- Für alle nachfolgenden Fahrzeuge
- Für alle Fahrzeuge, die sich auf der Straße befinden
- Nur für Sie

3

15 1.5.01-133

Sie fahren ein Kraftfahrzeug mit manuellem Schaltgetriebe. Wodurch erreichen Sie einen sparsamen Kraftstoffverbrauch?

- Durch den richtigen Reifenfülldruck
- Durch ein spätes Hochschalten beim Beschleunigen
- Durch eine gleichmäßige Fahrweise mit niedriger Motordrehzahl

3

16

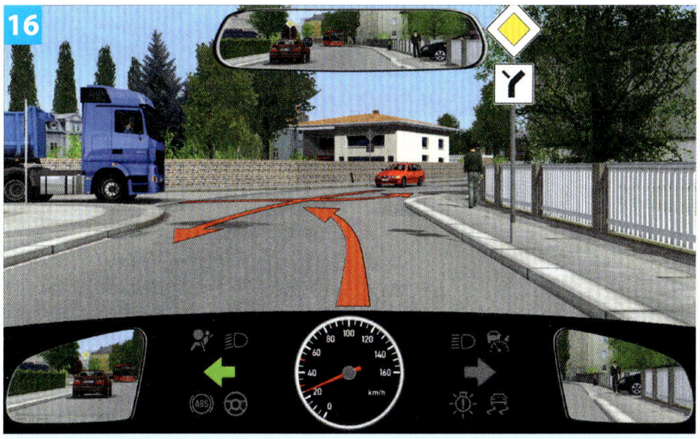

1.3.01-057-M

Wie verhalten Sie sich richtig?

- Ich darf erst nach dem blauen Lkw fahren
- Ich muss den roten Pkw durchfahren lassen
- Ich darf vor dem blauen Lkw fahren

5

17

Was gilt in dieser Situation? 1.3.01-058-M

- Ich muss das Motorrad zuerst fahren lassen
- Das Motorrad muss warten
- Ich muss links blinken

5

18

Welches Verhalten ist richtig? 1.3.01-017-M

- Ich muss das Motorrad durchfahren lassen
- Ich muss den Bus durchfahren lassen
- Ich fahre vor dem Bus

5

19 1.4.40-149

Womit müssen Sie bei diesem Verkehrszeichen rechnen?

- Mit stark verschmutzter Fahrbahn
- Mit Weidetieren auf der Fahrbahn
- Mit Wildwechsel

3

20 1.4.41-121

Worauf weisen diese Verkehrszeichen hin?

- Auf das Verbot der Einfahrt in 100 m Entfernung
- Auf eine Zollstelle in 100 m Entfernung
- Auf eine Einbahnstraße von 100 m Länge

2

ZUSATZFRAGEN – KLASSE B

21

VIDEO 93 ▶ 2.1.06-031-M

Warum müssen Sie den Überholvorgang jetzt abbrechen?

- [ ] Weil das Motorrad mich überholen wird
- [ ] Weil ein Überholverbotsschild in Sicht ist
- [ ] Weil der Traktor nach links abbiegen wird

4

22 2.2.13-003

Sie kommen um 10.40 Uhr in einem Bereich an, in dem mit Parkscheibe 2 Stunden lang geparkt werden darf. Welche Uhrzeit müssen Sie auf der Parkscheibe einstellen?

- [ ] 12.40 Uhr
- [ ] 11.00 Uhr
- [ ] 13.00 Uhr

2

23 2.7.02-050

Eine Anzeige Ihres flüssigkeitsgekühlten Fahrzeugs informiert Sie über eine zu hohe Kühlmitteltemperatur. Was kann die Ursache dafür sein?

- [ ] Der Kühler ist verschmutzt
- [ ] Der Kühlerlüfter ist ausgefallen
- [ ] Das Kühlsystem ist undicht

2

24 2.1.03-101

Wo tritt besonders häufig Aquaplaning (Wasserglätte) auf?

- [ ] In Fahrbahnsenken
- [ ] Bei Spurrillen in der Fahrbahn
- [ ] An Bahnübergängen

5

25 2.1.05-008

Sie nähern sich mit hoher Geschwindigkeit einer engen Linkskurve. Warum müssen Sie die Geschwindigkeit bereits vor der Kurve vermindern? Weil mein Fahrzeug sonst …

- [ ] … rechts aus der Kurve rutschen kann
- [ ] … ins Schleudern geraten kann
- [ ] … links aus der Kurve rutschen kann

4

26

VIDEO 94 ▶ 2.1.07-025-M

Wie verhalten Sie sich jetzt richtig?

- [ ] Ich fahre unverändert weiter
- [ ] Ich bremse stark ab
- [ ] Ich verzichte auf meine Vorfahrt

4

27 2.2.03-008

Sie fahren 100 km/h und haben 1 Sekunde Reaktionszeit. Wie lang ist der Reaktionsweg nach der Faustformel?

Antwort: ____ m

2

28 2.1.08-013

Was müssen Sie beim Einfahren auf die Autobahn beachten?

- [ ] Der Verkehr auf dem durchgehenden rechten Fahrstreifen muss das Einfahren ermöglichen
- [ ] Auf dem Einfädelungsstreifen darf ich schneller fahren als auf der durchgehenden Fahrbahn
- [ ] Der Verkehr auf der durchgehenden Fahrbahn hat Vorfahrt

5

29 2.1.06-032

Sie fahren auf einer Straße mit einem Fahrstreifen für jede Richtung. Vor Ihnen fährt ein geschlossener Verband von Kraftfahrzeugen. Warum sollten Sie zur Vermeidung von gefährlichen Situationen auf ein Überholen verzichten?

- [ ] Weil der Überholweg deutlich größer als bei Einzelfahrzeugen ist
- [ ] Weil ich den geschlossenen Verband nicht durch vorzeitiges Einscheren unterbrechen soll
- [ ] Weil ich die Verkehrssituation vor dem geschlossenen Verband nicht überblicken kann

3

30 2.6.03-116

Wie viele Anhänger dürfen hinter einem Pkw mitgeführt werden?

Antwort: ____ Anhänger

2

Fehlerpunkte ____

Fehlerpunkte ____

Amtliche Prüfungsfragen für Führerscheinbewerber

Grundlagen für alle Klassen und Zusatzfragen Klasse B

31

Hinweise zu Videofragen:

In jeder Theorie-Prüfung sind 2 zufällige Videofragen vorhanden. Die Videofragen sind auf den Prüfungsbögen gekennzeichnet (Video-Abspielsymbol inklusive der Fragennummer). Die beiliegende DVD enthält alle diese Videos.

Legen Sie die DVD in Ihr CD-/DVD-Laufwerk ein und öffnen Sie die DVD durch Doppelklick auf das entsprechende Laufwerk in Ihrem Explorer. Wählen Sie das Video mit der im Bogen angegebenen Videonummer durch Doppelklick aus.

Während der Prüfung dürfen Sie ein Video maximal 5-mal anschauen, ohne dass Ihnen die Frage bekannt ist. Erst wenn Sie bereit sind, können Sie sich die Frage zum Video anzeigen lassen. Danach müssen Sie die Frage beantworten und können das Video nicht noch mal anschauen.

Wichtig: Daher zuerst das Video max. 5-mal anschauen. Erst danach die zugehörige Frage lesen und bearbeiten.

Bezugsfahrzeug

Bitte beachten Sie das zugrunde liegende Bezugsfahrzeug:

Sie fahren ein ...

▶ Grundstoff:
Kraftfahrzeug mit Verbrennungsmotor

▶ Klasse B:
Zweispuriges Kraftfahrzeug mit Verbrennungsmotor, mit manuellem Schaltgetriebe und mit automatischem Blockierverhinderer (ABV)

Wenn in den Prüfungsaufgaben keine besonderen Fahrzeugeigenschaften benannt sind, gelten die folgenden allgemeinen Eigenschaften „Ihres Fahrzeugs“ (Bezugsfahrzeug).

▶ Bitte beachten Sie:
Wenn in der Prüfungsaufgabe besondere Fahrzeugeigenschaften ausdrücklich benannt sind, müssen diese bei der Aufgabenbearbeitung berücksichtigt werden!

	Fehlerpunkte / 5-Punkte-Regel
Klasse	B
zulässige Fehlerpunkte	10
Grundstoff	
Zusatzstoff	
Summe	
5-Punkte-Regel *)	
bestanden	
nicht bestanden	
Bemerkungen	
*) 2 oder mehr Fragen mit je 5 Fehlerpunkten falsch	

Beantworten Sie die Fragen durch Ankreuzen von Antworten oder durch die Angabe von Zahlen.
Sie haben die Frage falsch beantwortet, wenn ...
▶ nicht jede richtige Antwort angekreuzt ist ▶ oder eine/mehrere falsche Antwort(en) angekreuzt ist/sind ▶ oder eine falsche/keine Zahl angegeben ist

Sie haben die Prüfung nicht bestanden, wenn ...
▶ die zul. Fehlerpunkte überschritten wurden (d.h. mehr als 10 Punkte bei Klasse B)
▶ oder wenn 2 oder mehr Fragen mit je 5 Fehlerpunkten falsch beantwortet wurden

1 VIDEO 95

Worauf stellen Sie sich in dieser Situation ein?

Der entgegenkommende Pkw wird jetzt ...

- ... abbremsen und die Straßenmitte nicht überfahren
- ... überholen ohne die Straßenmitte zu überfahren
- ... ausscheren und die Straßenmitte überfahren

1.1.07-017 5

2 VIDEO 96

Wie verhalten Sie sich jetzt richtig?

- Ich weiche nach links aus
- Ich fahre gleichmäßig weiter
- Ich bremse ab

1.1.07-176-M 4

3

Die Straßenbahn ist an der Haltestelle gerade zum Stehen gekommen. Welches Verhalten ist richtig?

Ein- oder aussteigende Fahrgäste ...

- ... dürfen nicht gefährdet werden
- ... dürfen nicht behindert werden
- ... dürfen mit der Hupe gewarnt werden

1.1.02-116 4

4

VIDEO 97

1.2.09-132-M

Warum müssen Sie in dieser Situation mit dem Abbiegen warten?

- [ ] Wegen des Motorrads
- [ ] Wegen der Fußgängerin
- [ ] Wegen des Lkws

5

5

1.1.03-003

Wo müssen Sie besonders mit Fahrbahnvereisung rechnen?

- [ ] Auf Brücken
- [ ] Auf Strecken, die durch Wald führen
- [ ] Auf stark befahrenen Strecken

4

6

1.1.02-027

Womit müssen Sie rechnen, wenn ältere Personen mit Gehhilfe die Fahrbahn überqueren?

- [ ] Dass sie auf der Fahrbahn stehen bleiben
- [ ] Dass sie auf der Fahrbahn umkehren
- [ ] Dass sie die Fahrbahn langsam überqueren

4

7

1.1.07-167

Sie fahren durch einen Tunnel. Welche Besonderheit besteht dabei? Im Tunnel …

- [ ] … kann ich durch starke Fahrgeräusche abgelenkt werden
- [ ] … sind Sicherheitseinrichtungen wie Notausgänge und Notruftelefone ausgeschildert
- [ ] … kann ich durch Lichteffekte abgelenkt werden

4

8

1.2.23-007

Sie möchten während der Fahrt telefonieren. Was müssen Sie beachten?

- [ ] Ich darf ohne Freisprecheinrichtung telefonieren, wenn das Fahrzeug an geeigneter Stelle steht und der Motor vollständig abgestellt ist
- [ ] Ich benötige eine Freisprecheinrichtung
- [ ] Ich darf ohne Freisprecheinrichtung telefonieren, wenn das Fahrzeug mit Schrittgeschwindigkeit fährt

3

9

1.3.01-035-M

Welches Verhalten ist richtig?

- [ ] Ich lasse den grünen Pkw durchfahren
- [ ] Ich biege vor dem grünen Pkw links ab
- [ ] Ich muss den roten Pkw vorbeilassen

5

10

1.1.09-015

Wie wird der berauschende Wirkstoff von Haschisch im Körper abgebaut?

- [ ] Gleichmäßig, 0,1 Promille je Stunde
- [ ] Ungleichmäßig, zeitlich nicht abschätzbar
- [ ] Gleichmäßig, 0,1 Gramm je Stunde

4

11

1.1.07-011

Vor Ihnen will ein großer Mähdrescher nach rechts abbiegen. Was ist richtig? Der Mähdrescher …

- [ ] … wird beim Abbiegen weit nach links ausschwenken
- [ ] … kann wegen der Hinterradlenkung nicht ausschwenken
- [ ] … wird vor dem Abbiegen sehr langsam werden

4

12

1.2.22-108

Ab welcher Höhe darf Ladung bis zu 50 cm nach vorn über Ihr Kraftfahrzeug hinausragen?

- [ ] 2,50 m
- [ ] 2,00 m
- [ ] 3,00 m

3

13

1.2.12-124

Welche Fahrzeuge dürfen auf Fahrbahnen in zweiter Reihe halten?

- [ ] Alle Fahrzeuge, wenn sie be- oder entladen werden
- [ ] Alle Fahrzeuge, wenn das Warnblinklicht eingeschaltet ist
- [ ] Alle Taxis, wenn Fahrgäste ein- oder aussteigen

2

Fehlerpunkte

Fehlerpunkte

14 1.5.01-125

Was ist eine Voraussetzung für umweltschonendes und energiesparendes Fahren?

Regelmäßige Motorwäsche

Regelmäßige Kontrolle des Reifenfülldrucks

Regelmäßige Fahrzeugwartung

3

15 1.2.05-120

Sie möchten eine Pferdekutsche auf einer Landstraße überholen. Wie verhalten Sie sich? Ich überhole mit möglichst …

… wenig Lärm

… hoher Motordrehzahl

… großem Seitenabstand

4

16

Was ist in dieser Situation richtig? Ich muss … 1.2.36-016-M

… ohne zu warten nach rechts abbiegen

… vor der Kreuzung warten

… umkehren

4

17

Welches Verhalten ist richtig? 1.3.01-060-M

Ich muss warten

Ich muss blinken

Der gelbe Pkw muss warten

5

18

Welches Verhalten ist richtig? 1.3.01-050-M

Ich muss dem blauen Pkw Vorfahrt gewähren

Ich muss dem grünen Pkw Vorfahrt gewähren

Ich darf durchfahren

5

19 1.4.41-162

Was gilt bei diesem Verkehrszeichen?

Ich muss rechts blinken

Ich darf auch nach links weiterfahren

Ich darf nur nach rechts weiterfahren

2

20 1.4.41-031

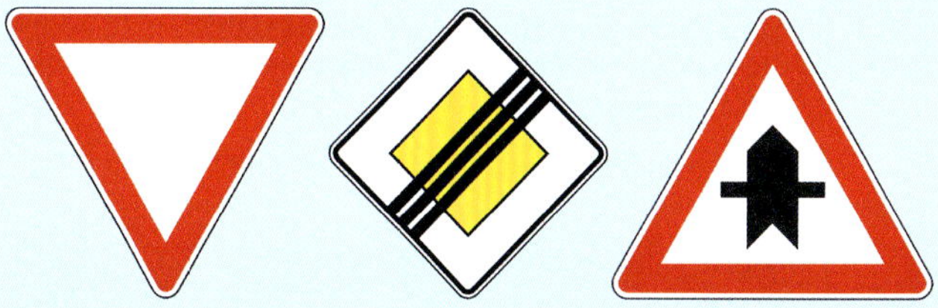

1 2 3

Sie befahren eine Vorfahrtstraße. Welches Verkehrszeichen beendet Ihre Vorfahrt?

Verkehrszeichen 1

Verkehrszeichen 2

Verkehrszeichen 3

3

ZUSATZFRAGEN – KLASSE B

21 2.4.41-104

Für welche Fahrzeuge ist das Befahren einer so beschilderten Straße verboten? Für Fahrzeuge, deren …

- … zulässige Achslast 2 t überschreitet
- … zulässige Gesamtmasse 2 t nicht überschreitet
- … tatsächliche Achslast 2 t überschreitet

2

22 2.2.04-002

Sie fahren im Stadtverkehr auf trockener Fahrbahn in einer Kolonne, die sich mit einer Geschwindigkeit von 50 km/h bewegt. Welchen Sicherheitsabstand zum vorausfahrenden Fahrzeug müssen Sie mindestens einhalten?

- 15 m entsprechend etwa 3 Pkw-Längen
- 10 m entsprechend etwa 2 Pkw-Längen
- 5 m entsprechend etwa 1 Pkw-Länge

4

23 2.1.11-013

Woran erkennt man einen guten Fahrzeugführer? Ein guter Fahrzeugführer …

- … geht nicht auf Provokationen im Straßenverkehr ein
- … weist andere Verkehrsteilnehmer stets auf ihre Fahrfehler hin
- … zeichnet sich durch eine ruhige und gelassene Fahrweise aus

4

24 2.7.02-107

Die Bremse an Ihrem Pkw wirkt stark einseitig. Welche Folgen können beim Bremsen eintreten?

- Seitliches Ausbrechen des Fahrzeugs
- Ausfall des Antiblockiersystems (ABS)
- Längerer Bremsweg

3

25 2.7.01-167

Was gilt bei der Nutzung von Fahrerassistenzsystemen für die Längs- und Querführung Ihres Kraftfahrzeugs?

- Ich muss die Systemgrenzen des Fahrerassistenzsystems kennen
- Ich muss bei einer Fehlfunktion das Fahrerassistenzsystem unverzüglich übersteuern
- Ich kann bei Müdigkeit die Längs- und Querführung dem Fahrerassistenzsystem überlassen

3

26 2.4.42-107

Worauf weist dieses Verkehrszeichen hin?

- Auf eine Tankstelle mit Waschanlage („Pflegen + Reinigen")
- Auf einen Parkplatz mit Anschluss an öffentliche Verkehrsmittel („Parken + Reisen")
- Auf einen Fahrzeugverleih mit Reparaturwerkstatt („Pannenservice + Reparatur")

3

27 2.1.04-104

Sie erkennen nachts auf einer Landstraße Personen auf Ihrer Fahrbahnseite. Wie verhalten Sie sich, wenn Sie durch ein entgegenkommendes Fahrzeug geblendet werden? Ich vermindere die Geschwindigkeit …

- … und schaue zum rechten Fahrbahnrand
- … und schalte Fernlicht ein
- … und halte nötigenfalls an

4

28 2.2.07-002

Für welche Kraftfahrzeuge gilt innerorts die freie Fahrstreifenwahl?

Antwort:
Für alle Kraftfahrzeuge bis ____ t zulässiger Gesamtmasse

3

29 2.1.03-104

Es fängt an zu regnen. Warum müssen Sie den Sicherheitsabstand sofort vergrößern?

- Weil sich ein Schmierfilm bilden kann, der den Bremsweg verlängert
- Weil die Sicht schlechter werden kann und die Scheibenwischer nicht sofort ein klares Sichtfeld schaffen
- Weil die Bremsen schneller ansprechen

4

30 2.6.06-104

Was gilt beim Betrieb von Fahrzeugen hinsichtlich der Fahrzeughöhe einschließlich der Höhe der Ladung? Ich muss …

- … mich in der Zulassungsbescheinigung Teil I über die Fahrzeughöhe informieren
- … bei nach oben über den Fahrzeugumriss hinausragender Ladung die tatsächliche Höhe ermitteln
- … die gesetzlich zulässige Höhe von maximal 4,5 m einhalten

3

Fehlerpunkte

Fehlerpunkte

Amtliche Prüfungsfragen für Führerscheinbewerber

Grundlagen für alle Klassen und Zusatzfragen Klasse B

32

Hinweise zu Videofragen:

In jeder Theorie-Prüfung sind 2 zufällige Videofragen vorhanden. Die Videofragen sind auf den Prüfungsbögen gekennzeichnet (Video-Abspielsymbol inklusive der Fragennummer). Die beiliegende DVD enthält alle diese Videos.

Legen Sie die DVD in Ihr CD-/DVD-Laufwerk ein und öffnen Sie die DVD durch Doppelklick auf das entsprechende Laufwerk in Ihrem Explorer. Wählen Sie das Video mit der im Bogen angegebenen Videonummer durch Doppelklick aus.

Während der Prüfung dürfen Sie ein Video maximal 5-mal anschauen, ohne dass Ihnen die Frage bekannt ist. Erst wenn Sie bereit sind, können Sie sich die Frage zum Video anzeigen lassen. Danach müssen Sie die Frage beantworten und können das Video nicht noch mal anschauen.

Wichtig: Daher zuerst das Video max. 5-mal anschauen. Erst danach die zugehörige Frage lesen und bearbeiten.

Bezugsfahrzeug

Bitte beachten Sie das zugrunde liegende Bezugsfahrzeug:

Sie fahren ein ...

▶ Grundstoff:
Kraftfahrzeug mit Verbrennungsmotor

▶ Klasse B:
Zweispuriges Kraftfahrzeug mit Verbrennungsmotor, mit manuellem Schaltgetriebe und mit automatischem Blockierverhinderer (ABV)

Wenn in den Prüfungsaufgaben keine besonderen Fahrzeugeigenschaften benannt sind, gelten die folgenden allgemeinen Eigenschaften „Ihres Fahrzeugs" (Bezugsfahrzeug).

▶ Bitte beachten Sie:
Wenn in der Prüfungsaufgabe besondere Fahrzeugeigenschaften ausdrücklich benannt sind, müssen diese bei der Aufgabenbearbeitung berücksichtigt werden!

	Fehlerpunkte / 5-Punkte-Regel
Klasse	B
zulässige Fehlerpunkte	10
Grundstoff	
Zusatzstoff	
Summe	
5-Punkte-Regel *)	
bestanden	
nicht bestanden	
Bemerkungen	
*) 2 oder mehr Fragen mit je 5 Fehlerpunkten falsch	

Beantworten Sie die Fragen durch Ankreuzen von Antworten oder durch die Angabe von Zahlen.
Sie haben die Frage falsch beantwortet, wenn...
▶ nicht jede richtige Antwort angekreuzt ist ▶ oder eine/mehrere falsche Antwort(en) angekreuzt ist/sind ▶ oder eine falsche/keine Zahl angegeben ist

Sie haben die Prüfung nicht bestanden, wenn...
▶ die zul. Fehlerpunkte überschritten wurden (d.h. mehr als 10 Punkte bei Klasse B)
▶ oder wenn 2 oder mehr Fragen mit je 5 Fehlerpunkten falsch beantwortet wurden

1

Wie sollten Sie sich verhalten?

- Auf Schrittgeschwindigkeit abbremsen
- Unvermindert weiterfahren
- Bremsbereit bleiben

1.1.02-042-M

5

2

Wo müssen Sie warten?

- An der Sichtlinie
- An der Haltlinie
- In Höhe der Ampel

1.2.37-011-M

4

3

Wie verhalten Sie sich?

- Mit unveränderter Geschwindigkeit weiterfahren
- Kinder beobachten
- Bremsbereit sein

1.1.02-039-M

4

Fehlerpunkte

4

VIDEO 98 ▶ 1.1.07-147

Worauf müssen Sie jetzt achten?

- [ ] Auf den vorausfahrenden Pkw
- [ ] Auf das Fahrrad
- [ ] Auf das Motorrad

4

5 1.1.02-135

Womit müssen Sie rechnen, wenn Fußgänger die Fahrbahn überqueren? Fußgänger können …

- [ ] … unachtsam sein
- [ ] … plötzlich stehen bleiben
- [ ] … auf halbem Wege umkehren

4

6 1.1.07-118

Mit welchen Gefahren müssen Sie vor allem in ländlichen Gebieten rechnen?

- [ ] Mit Fahrbahnverschmutzungen
- [ ] Mit langsamen landwirtschaftlichen Fahrzeugen
- [ ] Mit überbreiten landwirtschaftlichen Fahrzeugen

4

7 1.1.07-101

Sie wollen eine landwirtschaftliche Zugmaschine mit nach hinten herausragendem Anbaugerät überholen. Was ist zu beachten?

- [ ] Zugmaschinen können wegen ihrer niedrigen Geschwindigkeit immer gefahrlos überholt werden
- [ ] Beim Abbiegen kann das Anbaugerät ausschwenken
- [ ] Die hintere Beleuchtung kann stark verschmutzt oder verdeckt sein, so dass eingeschaltete Blinkleuchten schlecht oder gar nicht zu sehen sind

4

8 1.5.01-114

Was kann dazu beitragen, Kraftstoff zu sparen und die Umweltbelastung zu verringern?

- [ ] Schon beim Kauf eines Kraftfahrzeugs auf den Kraftstoffverbrauch achten
- [ ] Durch vorausschauende Fahrweise zu einem gleichmäßigen Verkehrsfluss beitragen
- [ ] Nach Möglichkeit öffentliche Verkehrsmittel benutzen, mit dem Fahrrad fahren oder zu Fuß gehen

3

9

1.3.01-129-M

Wie verhalten Sie sich hier richtig?

- [ ] Ich fahre vor dem Radfahrer
- [ ] Ich warte, bis der Radfahrer abgebogen ist
- [ ] Ich warne den Radfahrer durch Hupen

5

10 1.2.11-003

Bei stockendem Verkehr müssen bestimmte Bereiche freigehalten werden. Welche sind dies?

- [ ] Kreuzungen
- [ ] Grundstückseinfahrten
- [ ] Bahnübergänge

4

11 1.2.01-003

Gegenüber welchen Verkehrsteilnehmern müssen Sie sich besonders vorsichtig verhalten?

- [ ] Gegenüber Kindern
- [ ] Gegenüber Personen mit erkennbaren Behinderungen
- [ ] Gegenüber Taxifahrern

4

12 1.2.12-125

Wo ist das Halten verboten?

- [ ] Auf markierten Fahrstreifen mit Richtungspfeilen
- [ ] Vor Ein- und Ausfahrten von Grundstücken
- [ ] Auf Einfädelungs- und Ausfädelungsstreifen

3

13 1.1.07-125

Welche grundlegenden Verhaltensregeln müssen Sie im Tunnel beachten?

- [ ] Auch am Tage im gut beleuchteten Tunnel mit Abblendlicht fahren
- [ ] Nicht wenden
- [ ] Anweisungen und Informationen des Tunnelpersonals Folge leisten

4

Fehlerpunkte

Fehlerpunkte

14 1.1.02-129

Ein Fußgänger mit einem weißen Stock möchte vor Ihnen die Fahrbahn überqueren. Wie müssen Sie sich verhalten? Ich muss …

… Warnzeichen geben

… mit gleichbleibender Geschwindigkeit weiterfahren

… die Geschwindigkeit vermindern und nötigenfalls anhalten

4

15 1.2.22-101

Wie weit darf eine Ladung über die Rückstrahler nach hinten höchstens hinausragen, ohne dass eine Kennzeichnung erforderlich ist?

Antwort: m

2

16

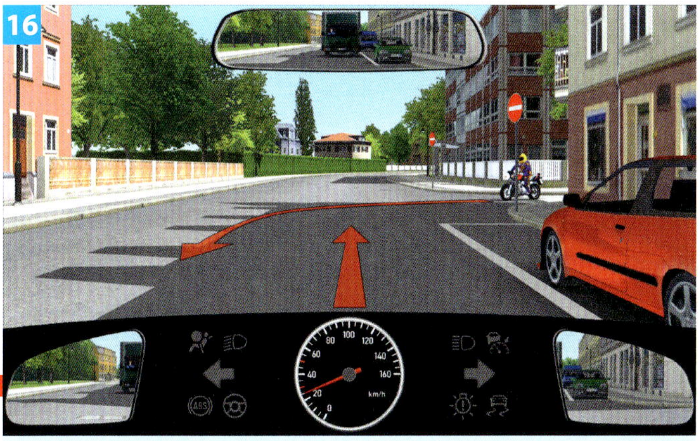

Welches Verhalten ist richtig? 1.3.01-103-M

Das Motorrad muss warten

Ich muss warten

5

17

1.3.01-041-M

Welches Verhalten ist hier richtig?

Ich darf vor dem gelben Pkw fahren

Der gelbe Pkw darf vor dem roten Pkw fahren

Ich darf vor dem roten Pkw fahren

5

18

Welches Verhalten ist richtig? 1.2.37-002-B

Ich darf erst abbiegen, wenn die Ampel „Grün" zeigt

Ich darf unter Beachtung der Verkehrszeichen abbiegen

Der grüne Pkw muss warten

4

19 1.4.42-111

Was ist hier beim Parken zu beachten?

Der Parkschein muss für Kontrollen gut lesbar ausgelegt sein

Parkschein und Parkscheibe sind gleichgestellt

Die auf dem Parkschein angegebene Parkzeit darf nicht überschritten werden

2

20 1.4.40-118

Womit müssen Sie bei diesem Verkehrszeichen rechnen?

Mit Erweiterung der Fahrbahn auf drei Fahrstreifen

Mit plötzlichem Bremsen der Vorausfahrenden

Mit einem Stau

3

Fehlerpunkte

Fehlerpunkte

ZUSATZFRAGEN – KLASSE B

21

VIDEO 99 ▶ 2.2.18-024-M

Womit müssen Sie jetzt rechnen? Der auf meinem Fahrstreifen vor mir fahrende Lkw wird …

- … abbremsen
- … beschleunigen
- … auf dem mittleren Fahrstreifen bleiben

4

22 2.2.03-305

Auf welchen Straßen gilt die Richtgeschwindigkeit von 130 km/h?

- Auf Kraftfahrstraßen außerhalb geschlossener Ortschaften mit mindestens zwei markierten Fahrstreifen für jede Richtung
- Auf Autobahnen
- Auf Kraftfahrstraßen außerhalb geschlossener Ortschaften mit baulich getrennten Fahrbahnen für jede Richtung

3

23 2.2.14-102

Was müssen Sie beim Verlassen Ihres Pkw tun?

- Vor dem Öffnen der Tür den nachfolgenden Verkehr beachten
- Das Fahrzeug gegen unbefugte Benutzung sichern
- Das Fahrzeug gegen Wegrollen sichern

3

24 2.1.03-104

Es fängt an zu regnen. Warum müssen Sie den Sicherheitsabstand sofort vergrößern?

- Weil die Bremsen schneller ansprechen
- Weil sich ein Schmierfilm bilden kann, der den Bremsweg verlängert
- Weil die Sicht schlechter werden kann und die Scheibenwischer nicht sofort ein klares Sichtfeld schaffen

4

25 2.5.01-123

Welche Pkws, die eine ausgewiesene Umweltzone befahren, unterliegen der Kennzeichnungspflicht mit einer Feinstaub-Plakette? Pkws mit …

- … Ottomotor
- … Dieselmotor
- … Elektromotor

3

26 2.4.42-002

Worauf weist dieses Verkehrszeichen hin?

- Auf das Ende der Kraftfahrstraße
- Auf das Ende der Autobahn
- Auf ein Verbot für Kraftwagen

2

27 2.2.04-001

Sie fahren mit 80 km/h hinter einem Auto her. Welchen Sicherheitsabstand müssen Sie mindestens einhalten?

- Einen „Ein-Sekunden-Abstand"
- Einen „Zwei-Sekunden-Abstand"
- Einen Abstand von 15 Metern

4

28 2.7.01-105

Sie fahren einen Pkw mit einem ungebremsten Anhänger. Es kommt ein längeres, starkes Gefälle. Was ist richtig?

- Wenn nötig Geschwindigkeit verringern, rechtzeitig niedrigen Gang einlegen, bremsbereit sein
- Bremse des Pkw durch häufiges Auskuppeln entlasten
- Schieben des Anhängers berücksichtigen

4

29 2.2.21-114

Sie wollen nach einem Kindergeburtstag mehrere kleine Kinder nach Hause bringen. Was ist bei der Beförderung in Ihrem Pkw zu beachten?

- Die Kinder sind mit den vorgeschriebenen Rückhalteeinrichtungen zu sichern
- Rückhalteeinrichtungen für Kinder brauchen innerhalb geschlossener Ortschaften nicht benutzt zu werden
- Das Anschnallen der Kinder mit den vorhandenen Sicherheitsgurten reicht aus

4

30 2.6.03-112

Sie möchten einen gebremsten Anhänger mitführen. Wo finden Sie Angaben bzw. Hinweise zur zulässigen Anhängelast Ihres Pkws?

- In der Zulassungsbescheinigung Teil I meines Pkws
- In der Zulassungsbescheinigung Teil I meines Anhängers
- Im Versicherungsschein

2

Fehlerpunkte

Fehlerpunkte

Amtliche Prüfungsfragen für Führerscheinbewerber

Grundlagen für alle Klassen und Zusatzfragen Klasse B

33

Hinweise zu Videofragen:

In jeder Theorie-Prüfung sind 2 zufällige Videofragen vorhanden. Die Videofragen sind auf den Prüfungsbögen gekennzeichnet (Video-Abspielsymbol inklusive der Fragennummer). Die beiliegende DVD enthält alle diese Videos.

Legen Sie die DVD in Ihr CD-/DVD-Laufwerk ein und öffnen Sie die DVD durch Doppelklick auf das entsprechende Laufwerk in Ihrem Explorer. Wählen Sie das Video mit der im Bogen angegebenen Videonummer durch Doppelklick aus.

Während der Prüfung dürfen Sie ein Video maximal 5-mal anschauen, ohne dass Ihnen die Frage bekannt ist. Erst wenn Sie bereit sind, können Sie sich die Frage zum Video anzeigen lassen. Danach müssen Sie die Frage beantworten und können das Video nicht noch mal anschauen.

Wichtig: Daher zuerst das Video max. 5-mal anschauen. Erst danach die zugehörige Frage lesen und bearbeiten.

Bezugsfahrzeug

Bitte beachten Sie das zugrunde liegende Bezugsfahrzeug:

Sie fahren ein ...

▶ Grundstoff:
Kraftfahrzeug mit Verbrennungsmotor

▶ Klasse B:
Zweispuriges Kraftfahrzeug mit Verbrennungsmotor, mit manuellem Schaltgetriebe und mit automatischem Blockierverhinderer (ABV)

Wenn in den Prüfungsaufgaben keine besonderen Fahrzeugeigenschaften benannt sind, gelten die folgenden allgemeinen Eigenschaften „Ihres Fahrzeugs" (Bezugsfahrzeug).

▶ Bitte beachten Sie:
Wenn in der Prüfungsaufgabe besondere Fahrzeugeigenschaften ausdrücklich benannt sind, müssen diese bei der Aufgabenbearbeitung berücksichtigt werden!

	Fehlerpunkte / 5-Punkte-Regel
Klasse	B
zulässige Fehlerpunkte	10
Grundstoff	
Zusatzstoff	
Summe	
5-Punkte-Regel *)	
bestanden	
nicht bestanden	
Bemerkungen	
*) 2 oder mehr Fragen mit je 5 Fehlerpunkten falsch	

Beantworten Sie die Fragen durch Ankreuzen von Antworten oder durch die Angabe von Zahlen.
Sie haben die Frage falsch beantwortet, wenn...
▶ nicht jede richtige Antwort angekreuzt ist ▶ oder eine/mehrere falsche Antwort(en) angekreuzt ist/sind ▶ oder eine falsche/keine Zahl angegeben ist

Sie haben die Prüfung nicht bestanden, wenn...
▶ die zul. Fehlerpunkte überschritten wurden (d.h. mehr als 10 Punkte bei Klasse B)
▶ oder wenn 2 oder mehr Fragen mit je 5 Fehlerpunkten falsch beantwortet wurden

1

Warnblinklicht an

Was müssen Sie in dieser Situation beachten? Sie dürfen ...

- [ ] ... nur mit Schrittgeschwindigkeit vorbeifahren
- [ ] ... nur vorbeifahren, wenn eine Gefährdung von Fahrgästen ausgeschlossen ist
- [ ] ... in keinem Fall vorbeifahren

1.1.02-108-B — 4

2

VIDEO 100

Warum dürfen Sie jetzt nicht überholen?

- [ ] Weil der Gegenverkehr behindert wird
- [ ] Weil der Radfahrer nach links abbiegen könnte
- [ ] Weil ein Überholverbot ausgeschildert ist

1.1.06-202-M — 4

3

VIDEO 101

Weshalb müssen Sie hier warten?

- [ ] Wegen des grünen Pkws
- [ ] Wegen der Radfahrerin
- [ ] Wegen des Fußgängers

1.1.07-148 — 5

4

VIDEO 102

1.2.07-116

Sie möchten an der Kreuzung nach rechts abbiegen. Wie verhalten Sie sich richtig?

- Ich verzichte auf das Rechtsabbiegen und bleibe in meinem Fahrstreifen
- Ich lenke deutlich nach rechts und schaffe dadurch eine Lücke im rechten Fahrstreifen
- Ich warte, bis alle Fahrzeuge vorbeigefahren sind, und wechsle dann in den rechten Fahrstreifen

4

5

1.2.03-105

Nach welcher Faustformel kann man aus der Geschwindigkeit den Bremsweg in Metern bei einer normalen Bremsung berechnen?

- {Geschwindigkeit in km/h}/{10} x 5
- {Geschwindigkeit in km/h}/{10} x {Geschwindigkeit in km/h}/{10}
- {Geschwindigkeit in km/h}/{10} x 3

2

6

1.2.23-008

Sie möchten ein Kraftfahrzeug auf öffentlichen Straßen in Betrieb nehmen. Was müssen Sie beachten?

- Das Kraftfahrzeug muss verkehrssicher sein
- Ich muss der Fahrzeughalter sein
- Für das Kraftfahrzeug muss eine Haftpflichtversicherung bestehen

3

7

1.2.05-107

Auf welcher Seite ist eine Straßenbahn zu überholen, die in der Mitte der Fahrbahn fährt (keine Einbahnstraße)?

- Rechts
- Links
- Links nur dann, wenn rechts andere Fahrzeuge die Fahrbahn versperren

3

8

1.1.06-124

Sie möchten in einer schmalen Straße Radfahrer überholen. Wegen der Straßenbreite ist ein Seitenabstand zu ihnen von höchstens 50 cm möglich. Wie verhalten Sie sich?

- Ich gebe vor dem Überholen ein kurzes Warnzeichen
- Ich überhole mit mäßiger Geschwindigkeit
- Ich überhole nicht

5

9

1.2.37-102-B

Sie haben sich versehentlich rechts eingeordnet, obwohl Sie nach links abbiegen möchten. Wie dürfen Sie weiterfahren?

- Nach links, sobald die Ampel dafür „Grün" zeigt
- Geradeaus
- Nach rechts

4

10

1.3.01-003

Sie kommen an eine Kreuzung, an der Sie die Vorfahrtlage nicht gleich überblicken. Wie verhalten Sie sich?

- Warten, beobachten und sich gegebenenfalls mit anderen verständigen
- Nach der Regel „rechts vor links" fahren
- Als Geradeausfahrer immer durchfahren

5

11

1.2.36-003

Welche Bedeutung haben Weisungen von Polizeibeamten?

- Ihnen ist nur Folge zu leisten, wenn sie mit den aufgestellten Verkehrszeichen übereinstimmen
- Ihnen ist Folge zu leisten
- Sie entbinden von der eigenen Sorgfaltspflicht

4

12

1.1.09-021

Für wen besteht ein Alkoholverbot beim Führen von Kraftfahrzeugen?

- Für alle Kraftfahrer unter 21 Jahren
- Für alle Kraftfahrer
- Für alle Kraftfahrer in der Probezeit

4

13

1.5.01-006

Ihr Kraftfahrzeug verliert etwas Öl. Wie viel Trinkwasser kann bereits durch einen Tropfen Öl ungenießbar werden? Bis zu …

- … 600 Liter
- … 50 Liter
- … 1 Liter

4

Fehlerpunkte

Fehlerpunkte

14 1.1.02-022

Womit ist zu rechnen, wenn Kinder an einer Ampel warten? Dass die Kinder …

- … schon losrennen, wenn die Ampel in meiner Fahrtrichtung von Grün auf Gelb umschaltet
- … auch bei Rot loslaufen, weil es ihnen zu lange dauert
- … sich gegenseitig auf die Fahrbahn schubsen

4

15 1.1.07-117

Zu welcher Tageszeit ist mit verstärktem Wildwechsel zu rechnen?

- In der Mittagszeit
- Im Morgengrauen
- Während der Abenddämmerung

3

16

1.3.01-120-M

Welches Verhalten ist richtig?

- Ich muss das grüne Fahrzeug durchfahren lassen
- Ich darf vor dem grünen Fahrzeug abbiegen
- Ich muss das blaue Fahrzeug vorbeilassen

5

17

Welches Verhalten ist hier richtig? 1.3.01-045-M

- Ich muss den gelben Pkw durchfahren lassen
- Ich muss den blauen Lkw durchfahren lassen
- Ich darf vor dem gelben Pkw fahren

5

18

VIDEO 103 1.1.07-175-M

Worauf stellen Sie sich in dieser Situation ein?

- Die Fußgängerin überquert die Straße
- Der gelbe Pkw biegt nach links ab
- Ich muss auf meine Vorfahrt verzichten

4

19 1.4.41-159

Was müssen Sie bei diesem Verkehrszeichen beachten?

- Ich muss links blinken
- Ich darf nicht blinken
- Ich darf nur nach links weiterfahren

2

20 1.4.41-029

Worauf weist dieses Verkehrszeichen hin? Fahrzeuge aller Art dürfen diese Straße …

- … mit Schrittgeschwindigkeit befahren
- … als Anlieger befahren
- … nicht befahren

3

ZUSATZFRAGEN – KLASSE B

21 2.4.42-101

Was gilt nach diesem Verkehrszeichen?

- [ ] Bei Dunkelheit darf mit Standlicht gefahren werden
- [ ] Überholen darf nicht durch Hupen angekündigt werden
- [ ] Parkende Pkw dürfen mit der Parkleuchte gesichert werden

3

22 2.1.06-030

Sie möchten auf einer Allee überholen. Welche Besonderheit sollten Sie beachten?

- [ ] Seitenabstände werden hier häufig falsch eingeschätzt
- [ ] Fahrzeuge mit hohen Aufbauten weichen hier häufig Ästen aus
- [ ] Die Häufigkeit von Baumunfällen ist hier besonders hoch

4

23 2.7.02-119

Woran kann es liegen, wenn die Scheibenwischer nicht mehr sauber wischen?

- [ ] Scheibenheizung ist defekt
- [ ] Ölfilm auf der Scheibe
- [ ] Scheibenwischerblätter sind abgenutzt

2

24 2.7.01-123

Sie wollen Ihren einachsigen Anhänger (Auflaufbremse, 1.000 kg zulässige Gesamtmasse) im Gefälle abstellen. Was müssen Sie tun?

- [ ] Feststellbremse anziehen
- [ ] Unterlegkeile vor die Räder legen
- [ ] Rückfahrsperre verriegeln

3

25 2.2.21-121

Wie können Sie verhindern, dass ein Kind während der Fahrt eine hintere Tür öffnet? Ich aktiviere …

- [ ] … die Kindersicherung der hinteren Türen
- [ ] … die Zentralverriegelung

4

26 2.4.43-002

Sie brauchen Hilfe auf der Autobahn. Welche Information gibt Ihnen dafür der Pfeil am Leitpfosten?

- [ ] Nächste Notrufsäule in Pfeilrichtung
- [ ] Nächster Parkplatz in Pfeilrichtung
- [ ] Nächste Ausfahrt in Pfeilrichtung

2

27 2.5.01-208

Wie durchfahren Sie sicher eine Gefällestrecke? Ich nehme das Gaspedal vollständig zurück und schalte …

- [ ] … in den Leerlauf
- [ ] … in einen Gang, in dem ich wenig bremsen muss
- [ ] … die Zündung aus

3

28 2.1.08-013

Was müssen Sie beim Einfahren auf die Autobahn beachten?

- [ ] Auf dem Einfädelungsstreifen darf ich schneller fahren als auf der durchgehenden Fahrbahn
- [ ] Der Verkehr auf dem durchgehenden rechten Fahrstreifen muss das Einfahren ermöglichen
- [ ] Der Verkehr auf der durchgehenden Fahrbahn hat Vorfahrt

5

29 2.2.32-101

Sie fahren aus unbefestigtem Gelände (z. B. Acker, Baustelle) auf eine öffentliche Straße und verschmutzen diese erheblich. Wer ist für die Beseitigung dieses Verkehrshindernisses verantwortlich?

- [ ] Sie als Verursacher
- [ ] Das zuständige Straßenbauamt
- [ ] Die Anlieger dieses Straßenabschnitts

3

30 2.2.21-111

Ab welcher Aufprallgeschwindigkeit müssen Sie mit schweren oder tödlichen Verletzungen rechnen, wenn Sie keinen Sicherheitsgurt angelegt haben?

- [ ] Ab 30 km/h
- [ ] Ab 50 km/h
- [ ] Ab 80 km/h

4

Fehlerpunkte

Fehlerpunkte

Amtliche Prüfungsfragen für Führerscheinbewerber

Grundlagen für alle Klassen und Zusatzfragen Klasse B

34

Hinweise zu Videofragen:

In jeder Theorie-Prüfung sind 2 zufällige Videofragen vorhanden. Die Videofragen sind auf den Prüfungsbögen gekennzeichnet (Video-Abspielsymbol inklusive der Fragennummer). Die beiliegende DVD enthält alle diese Videos.

Legen Sie die DVD in Ihr CD-/DVD-Laufwerk ein und öffnen Sie die DVD durch Doppelklick auf das entsprechende Laufwerk in Ihrem Explorer. Wählen Sie das Video mit der im Bogen angegebenen Videonummer durch Doppelklick aus.

Während der Prüfung dürfen Sie ein Video maximal 5-mal anschauen, ohne dass Ihnen die Frage bekannt ist. Erst wenn Sie bereit sind, können Sie sich die Frage zum Video anzeigen lassen. Danach müssen Sie die Frage beantworten und können das Video nicht noch mal anschauen.

Wichtig: Daher zuerst das Video max. 5-mal anschauen. Erst danach die zugehörige Frage lesen und bearbeiten.

Bezugsfahrzeug

Bitte beachten Sie das zugrunde liegende Bezugsfahrzeug:

Sie fahren ein ...

▶ Grundstoff:
Kraftfahrzeug mit Verbrennungsmotor

▶ Klasse B:
Zweispuriges Kraftfahrzeug mit Verbrennungsmotor, mit manuellem Schaltgetriebe und mit automatischem Blockierverhinderer (ABV)

Wenn in den Prüfungsaufgaben keine besonderen Fahrzeugeigenschaften benannt sind, gelten die folgenden allgemeinen Eigenschaften „Ihres Fahrzeugs" (Bezugsfahrzeug).

▶ Bitte beachten Sie:
Wenn in der Prüfungsaufgabe besondere Fahrzeugeigenschaften ausdrücklich benannt sind, müssen diese bei der Aufgabenbearbeitung berücksichtigt werden!

	Fehlerpunkte / 5-Punkte-Regel
Klasse	B
zulässige Fehlerpunkte	10
Grundstoff	
Zusatzstoff	
Summe	
5-Punkte-Regel *)	
bestanden	
nicht bestanden	
Bemerkungen	
*) 2 oder mehr Fragen mit je 5 Fehlerpunkten falsch	

Beantworten Sie die Fragen durch Ankreuzen von Antworten oder durch die Angabe von Zahlen. Sie haben die Frage falsch beantwortet, wenn ...
▶ nicht jede richtige Antwort angekreuzt ist ▶ oder eine/mehrere falsche Antwort(en) angekreuzt ist/sind ▶ oder eine falsche/keine Zahl angegeben ist

Sie haben die Prüfung nicht bestanden, wenn ...
▶ die zul. Fehlerpunkte überschritten wurden (d.h. mehr als 10 Punkte bei Klasse B)
▶ oder wenn 2 oder mehr Fragen mit je 5 Fehlerpunkten falsch beantwortet wurden

1

VIDEO 104

Warum müssen Sie hier verzögern und bremsbereit sein?

Wegen des ...

- [ ] ... grünen Fahrzeugs
- [ ] ... Radfahrers
- [ ] ... Fußgängers

1.2.11-110-M

5

2

Bei welcher Person müssen Sie mit einer schweren Sehbehinderung rechnen?

- [ ] Dem Kind
- [ ] Dem Mann
- [ ] Der Frau

1.1.02-032

4

3

VIDEO 105

Warum müssen Sie hier langsam und bremsbereit fahren?

- [ ] Weil der weiße Transporter anfährt
- [ ] Weil die Verkehrssituation unübersichtlich ist
- [ ] Weil sich ein Kind auf der Fahrbahn befindet

1.1.02-050-M

5

Fehlerpunkte

4

1.1.02-124-M

Worauf müssen Sie sich einstellen?

- [ ] Auf querende Personen
- [ ] Auf Sichtbehinderungen
- [ ] Auf sich öffnende Fahrzeugtüren

4

5

1.1.09-024

Warum kann die Fahrtüchtigkeit bereits durch geringe Mengen Alkohol beeinträchtigt werden?

- [ ] Weil sich die Reaktionszeit verkürzt
- [ ] Weil sich das Sichtfeld der Augen verkleinert
- [ ] Weil sich das räumliche Sehen verschlechtert

4

6

1.5.01-007

Was soll man beim Tanken beachten?

- [ ] Keine Kraftstoffdämpfe einatmen
- [ ] Möglichst randvoll tanken
- [ ] Nicht nachtanken, wenn der Tank voll ist und die Zapfpistole abgeschaltet hat

3

7

1.2.02-108

Ihnen kommt eine Pferdekutsche entgegen. Wie sollten Sie sich verhalten? Ich sollte …

- [ ] … Lärm vermeiden
- [ ] … Standlicht einschalten
- [ ] … möglichst weit rechts fahren

3

8

1.1.06-105

In welchen Fällen muss das Überholen abgebrochen werden?

- [ ] Wenn der Eingeholte seine Geschwindigkeit stark verringert
- [ ] Wenn durch unerwarteten Gegenverkehr Gefahr entsteht
- [ ] Wenn der Eingeholte plötzlich beschleunigt

5

Fehlerpunkte

9

1.1.07-139

Vor dem Motorrad möchte ein Pkw auf die Fahrbahn zurücksetzen. Womit müssen Sie rechnen?

- [ ] Dass der Pkw weiter zurücksetzt
- [ ] Dass das Motorrad plötzlich abgebremst wird
- [ ] Dass mein Bremsweg länger als normal wird

3

10

1.2.05-103

Was ist Voraussetzung für das Ausscheren zum Überholen?

- [ ] Dass der Vorausfahrende rechts blinkt
- [ ] Dass eine Gefährdung des nachfolgenden Verkehrs ausgeschlossen ist
- [ ] Dass der Gegenverkehr nicht gefährdet wird

4

11

1.2.16-101

Zu welchem Zweck darf die Hupe außerorts benutzt werden?

- [ ] Als Warnsignal
- [ ] Als Rufzeichen
- [ ] Als Überholsignal

2

12

1.2.23-006

Sie wollen während des Führens eines Fahrzeugs telefonieren. Was ist zu beachten?

- [ ] Die Bedienung des Telefons kann mich ablenken
- [ ] Das Telefonieren mit einer Freisprecheinrichtung lenkt mich nicht ab
- [ ] Das Gespräch kann mich ablenken

3

13

1.3.01-053

Sie möchten nach rechts in eine Vorfahrtstraße einbiegen. Worauf müssen Sie achten?

- [ ] Nur auf die von links kommenden Fahrzeuge
- [ ] Auf Radfahrer und Fußgänger, die rechts neben oder noch hinter Ihnen sind
- [ ] Auf von links und von rechts kommende Fahrzeuge

5

Fehlerpunkte

14 1.1.02-028

Trotz vorhandenen Gehweges auf der rechten Straßenseite fährt eine Person im Rollstuhl auf der Straße. Wie verhalten Sie sich?

Ich mache die Person durch Hupen darauf aufmerksam, dass sie sich falsch verhält

Ich fahre so lange hinterher, bis ich überholen kann

Ich überhole mit großem Seitenabstand, weil ich mit Ausweichbewegungen rechnen muss

4

15 1.3.01-001

An welchen Stellen ohne vorfahrtregelnde Verkehrszeichen gilt die Regel „rechts vor links"?

An Grundstücksausfahrten

Am Ende eines verkehrsberuhigten Bereiches

An Straßenkreuzungen und -einmündungen

5

16

1.3.01-128-M

Wer darf in dieser Situation zuerst fahren?

Der rote Pkw

Ich selbst

Der blaue Traktor

5

17

1.2.36-014-M

Wie verhalten Sie sich jetzt richtig?

Ich warte vor der Kreuzung auf weitere Weisungen des Polizeibeamten

Ich überquere die Kreuzung vorsichtig

Ich lasse das blaue Fahrzeug zuerst fahren

4

18

VIDEO 106 1.1.06-202-M

Warum dürfen Sie jetzt nicht überholen?

Weil der Gegenverkehr behindert wird

Weil der Radfahrer nach links abbiegen könnte

Weil ein Überholverbot ausgeschildert ist

4

19 1.4.40-157

Sie fahren ein Kraftfahrzeug mit manuellem Schaltgetriebe. Wie verhalten Sie sich bei diesem Verkehrszeichen richtig?

Ich schalte stets in einen höheren Gang

Ich befahre vorsichtig dieses Gefälle

Ich schalte gegebenenfalls in einen niedrigeren Gang

2

20

1.4.42-147-M

Sie fahren auf dieser Straße mit einem Schutzstreifen für Radfahrer. Wie dürfen Sie den Schutzstreifen nutzen? Wenn eine Gefährdung von Radfahrern ausgeschlossen ist, darf ich …

… den Schutzstreifen bei Bedarf befahren

… auf dem Schutzstreifen parken

… auf dem Schutzstreifen halten

3

Fehlerpunkte

Fehlerpunkte

ZUSATZFRAGEN – KLASSE B

21 2.4.41-106

Durch welche Fahrzeuge können bei Missachtung dieses Verkehrszeichens schwere Unfälle entstehen? Durch Fahrzeuge mit folgenden Abmessungen einschließlich Ladung:

- [ ] Länge 10 m, Breite 3,9 m, Höhe 3 m
- [ ] Länge 8 m, Breite 2,5 m, Höhe 4 m
- [ ] Länge 4 m, Breite 2,5 m, Höhe 2,5 m

3

22 2.2.17-115

Was kann eine falsche Einstellung der manuellen Leuchtweitenregelung zur Folge haben?

- [ ] Der Gegenverkehr kann durch mein Abblendlicht geblendet werden
- [ ] Die Lebensdauer des Leuchtmittels für das Abblendlicht kann sich verringern
- [ ] Die Leuchtweite vor meinem Fahrzeug kann zu gering sein

3

23 2.1.03-101

Wo tritt besonders häufig Aquaplaning (Wasserglätte) auf?

- [ ] In Fahrbahnsenken
- [ ] Bei Spurrillen in der Fahrbahn
- [ ] An Bahnübergängen

5

24 2.7.01-164

Was müssen Sie bei der Nutzung des Aktiven Park-Assistenten beachten? Der Aktive Park-Assistent …

- [ ] … muss bei entstehenden Gefahren manuell übersteuert werden
- [ ] … entbindet mich von der Verkehrsbeobachtung
- [ ] … erkennt während des Parkens zuverlässig alle Hindernisse

2

25 2.2.23-101

Was ist bei Fahrzeugen mit Planen zu beachten?

- [ ] Bei Fahrzeugen mit Planen kann auf eine besondere Sicherung der Ladung verzichtet werden
- [ ] Die Planen dürfen die Sicht des Fahrers über die Außenspiegel nach hinten nicht behindern
- [ ] Unbeladene Anhänger mit hohen Planenaufbauten sind gegen Seitenwind besonders empfindlich

3

26

VIDEO 107 2.1.06-026-M

Warum dürfen Sie jetzt nicht überholen? Wegen des …

- [ ] … Motorrads
- [ ] … roten Pkws
- [ ] … Straßenverlaufs

5

27 2.2.03-011

Sie fahren 50 km/h und haben 1 Sekunde Reaktionszeit. Wie lang ist der Reaktionsweg nach der Faustformel?

Antwort: ☐ m

2

28 2.1.11-118

Ein Pkw schert nach dem Überholen ohne ausreichenden Abstand vor Ihnen ein. Wie verhalten Sie sich?

- [ ] Ich bleibe gelassen, um Konflikte zu vermeiden
- [ ] Ich bremse ab, um den Sicherheitsabstand wieder herzustellen
- [ ] Ich betätige die Lichthupe, um auf die Behinderung aufmerksam zu machen

4

29 2.7.06-105

Wann tritt bei einem Anhänger mit Auflaufbremse die Bremswirkung ein?

- [ ] Beim Auflaufen des Anhängers auf das Zugfahrzeug
- [ ] Zeitgleich mit der Betätigung des Bremspedals im Zugfahrzeug
- [ ] Vor Eintreten der Bremswirkung beim Zugfahrzeug, damit der Zug gestreckt bleibt

3

30 2.2.12-003

Wo ist das Parken verboten?

- [ ] Unmittelbar hinter Fußgängerüberwegen
- [ ] Auf schmalen Fahrbahnen gegenüber Ein- und Ausfahrten von Grundstücken
- [ ] An Taxenständen

3

Fehlerpunkte ☐

Fehlerpunkte ☐

Amtliche Prüfungsfragen für Führerscheinbewerber

Grundlagen für alle Klassen und Zusatzfragen Klasse B

35

Hinweise zu Videofragen:

In jeder Theorie-Prüfung sind 2 zufällige Videofragen vorhanden. Die Videofragen sind auf den Prüfungsbögen gekennzeichnet (Video-Abspielsymbol inklusive der Fragennummer). Die beiliegende DVD enthält alle diese Videos.

Legen Sie die DVD in Ihr CD-/DVD-Laufwerk ein und öffnen Sie die DVD durch Doppelklick auf das entsprechende Laufwerk in Ihrem Explorer. Wählen Sie das Video mit der im Bogen angegebenen Videonummer durch Doppelklick aus.

Während der Prüfung dürfen Sie ein Video maximal 5-mal anschauen, ohne dass Ihnen die Frage bekannt ist. Erst wenn Sie bereit sind, können Sie sich die Frage zum Video anzeigen lassen. Danach müssen Sie die Frage beantworten und können das Video nicht noch mal anschauen.

Wichtig: Daher zuerst das Video max. 5-mal anschauen. Erst danach die zugehörige Frage lesen und bearbeiten.

Bezugsfahrzeug

Bitte beachten Sie das zugrunde liegende Bezugsfahrzeug:

Sie fahren ein ...

▶ Grundstoff:
Kraftfahrzeug mit Verbrennungsmotor

▶ Klasse B:
Zweispuriges Kraftfahrzeug mit Verbrennungsmotor, mit manuellem Schaltgetriebe und mit automatischem Blockierverhinderer (ABV)

Wenn in den Prüfungsaufgaben keine besonderen Fahrzeugeigenschaften benannt sind, gelten die folgenden allgemeinen Eigenschaften „Ihres Fahrzeugs" (Bezugsfahrzeug).

▶ Bitte beachten Sie:
Wenn in der Prüfungsaufgabe besondere Fahrzeugeigenschaften ausdrücklich benannt sind, müssen diese bei der Aufgabenbearbeitung berücksichtigt werden!

	Fehlerpunkte / 5-Punkte-Regel
Klasse	B
zulässige Fehlerpunkte	10
Grundstoff	
Zusatzstoff	
Summe	
5-Punkte-Regel *)	
bestanden	
nicht bestanden	
Bemerkungen	
*) 2 oder mehr Fragen mit je 5 Fehlerpunkten falsch	

Beantworten Sie die Fragen durch Ankreuzen von Antworten oder durch die Angabe von Zahlen.
Sie haben die Frage falsch beantwortet, wenn ...
▶ nicht jede richtige Antwort angekreuzt ist ▶ oder eine/mehrere falsche Antwort(en) angekreuzt ist/sind ▶ oder eine falsche/keine Zahl angegeben ist

Sie haben die Prüfung nicht bestanden, wenn ...
▶ die zul. Fehlerpunkte überschritten wurden (d.h. mehr als 10 Punkte bei Klasse B)
▶ oder wenn 2 oder mehr Fragen mit je 5 Fehlerpunkten falsch beantwortet wurden

1 VIDEO 108

Worauf müssen Sie jetzt achten?

- [ ] Auf den blauen Pkw
- [ ] Auf den Radfahrer links
- [ ] Auf die Radfahrerin rechts

1.1.07-203-M — 4

2

Worauf müssen Sie sich hier einstellen?

- [ ] Auf ein von rechts kommendes Fahrzeug
- [ ] Auf einen verlängerten Bremsweg
- [ ] Auf eine verengte Fahrbahn

1.1.03-006-M — 3

3 VIDEO 109

Warum müssen Sie vor dem Rechtsabbiegen warten?

- [ ] Wegen der Radfahrerin
- [ ] Wegen des schwarzen Pkws
- [ ] Wegen der Fußgängerin

1.2.09-128-M — 5

Fehlerpunkte

4

VIDEO 110

1.2.11-111

Warum müssen Sie weiterhin bremsen? Wegen des …

- … blauen Lkws
- … Müllfahrzeugs
- … Radfahrers

4

5

1.1.07-141

Warum sind Sie besonders gefährdet, wenn Sie ein Zweirad fahren?

- Weil ich leicht zu übersehen bin
- Weil meine Geschwindigkeit unterschätzt werden kann
- Weil ich bei Unfällen ein höheres Verletzungsrisiko habe

4

6

1.1.09-024

Warum kann die Fahrtüchtigkeit bereits durch geringe Mengen Alkohol beeinträchtigt werden?

- Weil sich die Reaktionszeit verkürzt
- Weil sich das Sichtfeld der Augen verkleinert
- Weil sich das räumliche Sehen verschlechtert

4

7

1.2.05-104

Wie müssen Sie einen Überholvorgang beenden?

- Dicht vor dem Überholten wieder auf die rechte Fahrbahnseite wechseln
- Das Wiedereinordnen rechtzeitig und deutlich anzeigen
- Ohne den Überholten zu behindern, so bald wie möglich wieder nach rechts einordnen

3

8

1.1.09-026

Warum ist bereits der einmalige Konsum von Drogen für die Teilnahme am Straßenverkehr gefährlich? Weil er …

- … zur Fahruntüchtigkeit führen kann
- … einen mehrstündigen Rausch verursachen kann
- … Wahrnehmungsstörungen verursachen kann

4

9

1.2.37-021

Was gilt an dieser ampelgeregelten Kreuzung mit Zusatzzeichen? An dieser Kreuzung …

- … dürfen Kraftfahrzeuge nach rechts abbiegen, auch wenn die Ampel „Rot" zeigt
- … dürfen Radfahrer nach rechts abbiegen, auch wenn die Ampel „Rot" zeigt
- … ist für Radfahrer die Fahrtrichtung nach rechts vorgeschrieben

3

10

1.5.01-110

Wie fahren Sie umweltbewusst?

- Unnötiges Beschleunigen und unnötiges Abbremsen vermeiden
- Rechtzeitig Gas wegnehmen und Schwung ausnutzen, wenn die nächste Ampel „Rot" zeigt
- Bei „Grün" immer voll beschleunigen

3

11

1.1.03-121

Während der Fahrt regnet es plötzlich stark. Wie sollten Sie sich verhalten?

- Ich verringere meine Geschwindigkeit
- Ich vermeide starkes Beschleunigen
- Ich verringere den Sicherheitsabstand zum Vorausfahrenden

4

12

1.1.06-104

Wann wird ein Überholender gefährdet? Wenn der Eingeholte …

- … plötzlich beschleunigt
- … zum Überholen ausschert
- … seine Geschwindigkeit stark verringert

5

13

1.2.06-001

Welches Fahrzeug muss warten, wenn eine Baustelle die halbe Fahrbahn blockiert?

- Das Fahrzeug, auf dessen Seite die Baustelle ist
- Das Fahrzeug auf der freien Fahrbahnhälfte
- Immer das kleinere Fahrzeug

3

Fehlerpunkte

Fehlerpunkte

14 1.3.01-119

Sie möchten eine Vorfahrtstraße überqueren. Die Sicht nach beiden Seiten ist durch parkende Fahrzeuge stark eingeschränkt. Wie verhalten Sie sich?

Ich warne den kreuzenden Verkehr durch Hupen

Ich taste mich vorsichtig in die Kreuzung hinein

Ich überquere die Kreuzung zügig

5

15 1.2.03-101

Welche zulässige Höchstgeschwindigkeit gilt allgemein innerhalb geschlossener Ortschaften?

Antwort: km/h

3

16

1.1.02-048-M

Wie sollten Sie sich jetzt verhalten?

Ich bremse auf Schrittgeschwindigkeit ab

Ich bleibe bremsbereit

Ich überhole den Radfahrer

5

17

Welches Verhalten ist richtig? 1.3.01-016-M

Der blaue Lkw muss mich durchfahren lassen

Ich muss den blauen Lkw durchfahren lassen

Ich muss den Traktor abbiegen lassen

5

18

Welches Verhalten ist richtig? 1.3.01-116

Ich darf vor dem Radfahrer abbiegen

Der blaue Lkw darf zuerst fahren

Ich muss den Radfahrer durchfahren lassen

5

19 1.4.41-160

Was gilt bei diesem Verkehrszeichen?

Ich bin verpflichtet, nach links abzubiegen

Ich muss an Hindernissen links vorbeifahren

Ich darf vor dem Zeichen nicht nach rechts abbiegen

2

20 1.4.40-147

Worauf weist dieses Verkehrszeichen hin?

Auf den Vorrang von Reitern vor Kraftfahrzeugen

Auf ein Durchfahrtsverbot wegen eines Reitweges

Auf eine Gefahrstelle im Zusammenhang mit Pferden

3

Fehlerpunkte

Fehlerpunkte

ZUSATZFRAGEN – KLASSE B

21 2.4.42-001

Worauf weist dieses Verkehrszeichen hin?

- [ ] Auf eine vorübergehende Sperrung der Autobahn
- [ ] Auf das Ende der Autobahn
- [ ] Auf das Ende der Kraftfahrstraße

2

22 2.1.07-207

Sie halten mit Ihrem Fahrzeug an, um Mitfahrende rechts aussteigen zu lassen. Dort verläuft ein Radweg. Was sollten Sie tun?

- [ ] Ich sollte die Aussteigenden auf den Radweg hinweisen
- [ ] Ich sollte nur den Verkehr im Innenspiegel beobachten
- [ ] Ich sollte mich vergewissern, dass keine Radfahrer kommen

3

23 2.2.03-024

Sie fahren bei Dunkelheit auf einer gut ausgebauten Landstraße und nutzen das Abblendlicht. Innerhalb welcher Strecke müssen Sie anhalten können?

- [ ] Innerhalb der Reichweite des Abblendlichts
- [ ] Innerhalb der Reichweite des Fernlichts
- [ ] Innerhalb der Reichweite des Standlichts

4

24 2.1.05-002

Wozu kann langes Fahren mit höherer Geschwindigkeit führen?

- [ ] Es wird zu dicht aufgefahren
- [ ] Die Reaktionsbereitschaft nimmt zu
- [ ] Das Gefühl für die Geschwindigkeit lässt nach

4

25 2.5.01-207

Wie können Sie bereits bei der Planung Ihrer Fahrten zum Umweltschutz beitragen? Indem ich …

- [ ] … mehrere Fahrziele in einer Fahrt zusammenlege
- [ ] … Fahrgemeinschaften mit anderen Fahrzeugnutzern bilde
- [ ] … plane, öffentliche Verkehrsmittel statt des eigenen Fahrzeugs zu nutzen

3

26 2.4.42-104

Worauf weist dieses Verkehrszeichen hin? Auf eine …

- [ ] … Wasserstofftankstelle
- [ ] … Erdgastankstelle
- [ ] … Autogastankstelle

2

27 2.2.05-018

Sie möchten einen Lkw mit Anhänger überholen. Was müssen Sie dabei beachten?

- [ ] Der erforderliche Überholweg verlängert sich wegen des Anhängers deutlich
- [ ] Das Ausscheren zum Überholen darf erst unmittelbar hinter dem Lastzug erfolgen
- [ ] Der Fahrzeugumriss des Lastzugs kann vorausfahrende Fahrzeuge verdecken

4

28 2.2.18-019

Wie müssen Sie sich in einem Stau auf Autobahnen und auf Kraftfahrstraßen mit zwei Fahrstreifen für eine Richtung verhalten? Ich muss auf dem …

- [ ] … rechten Fahrstreifen möglichst weit rechts fahren
- [ ] … linken Fahrstreifen möglichst weit links fahren
- [ ] … rechten Fahrstreifen möglichst weit links fahren

4

29 2.1.04-104

Sie erkennen nachts auf einer Landstraße Personen auf Ihrer Fahrbahnseite. Wie verhalten Sie sich, wenn Sie durch ein entgegenkommendes Fahrzeug geblendet werden? Ich vermindere die Geschwindigkeit und …

- [ ] … schaue zum rechten Fahrbahnrand
- [ ] … halte nötigenfalls an
- [ ] … schalte Fernlicht ein

4

30 2.2.21-126

Was sollten Sie vor Fahrtantritt prüfen? Ich prüfe, ob …

- [ ] … jede mitfahrende Person den Sicherheitsgurt angelegt hat
- [ ] … ich eine ausreichende Verkehrsbeobachtung sicherstellen kann
- [ ] … ich die Zulassungsbescheinigung Teil II mitführe

3

Fehlerpunkte

Fehlerpunkte

Amtliche Prüfungsfragen für Führerscheinbewerber **36**

Grundlagen für alle Klassen und Zusatzfragen Klasse B

Hinweise zu Videofragen:

In jeder Theorie-Prüfung sind 2 zufällige Videofragen vorhanden. Die Videofragen sind auf den Prüfungsbögen gekennzeichnet (Video-Abspielsymbol inklusive der Fragennummer). Die beiliegende DVD enthält alle diese Videos.

Legen Sie die DVD in Ihr CD-/DVD-Laufwerk ein und öffnen Sie die DVD durch Doppelklick auf das entsprechende Laufwerk in Ihrem Explorer. Wählen Sie das Video mit der im Bogen angegebenen Videonummer durch Doppelklick aus.

Während der Prüfung dürfen Sie ein Video maximal 5-mal anschauen, ohne dass Ihnen die Frage bekannt ist. Erst wenn Sie bereit sind, können Sie sich die Frage zum Video anzeigen lassen. Danach müssen Sie die Frage beantworten und können das Video nicht noch mal anschauen.

Wichtig: Daher zuerst das Video max. 5-mal anschauen. Erst danach die zugehörige Frage lesen und bearbeiten.

Bezugsfahrzeug

Bitte beachten Sie das zugrunde liegende Bezugsfahrzeug:

Sie fahren ein ...

▶ Grundstoff:
Kraftfahrzeug mit Verbrennungsmotor

▶ Klasse B:
Zweispuriges Kraftfahrzeug mit Verbrennungsmotor, mit manuellem Schaltgetriebe und mit automatischem Blockierverhinderer (ABV)

Wenn in den Prüfungsaufgaben keine besonderen Fahrzeugeigenschaften benannt sind, gelten die folgenden allgemeinen Eigenschaften „Ihres Fahrzeugs“ (Bezugsfahrzeug).

▶ Bitte beachten Sie:
Wenn in der Prüfungsaufgabe besondere Fahrzeugeigenschaften ausdrücklich benannt sind, müssen diese bei der Aufgabenbearbeitung berücksichtigt werden!

	Fehlerpunkte / 5-Punkte-Regel
Klasse	B
zulässige Fehlerpunkte	10
Grundstoff	
Zusatzstoff	
Summe	
5-Punkte-Regel *)	
bestanden	
nicht bestanden	
Bemerkungen	
*) 2 oder mehr Fragen mit je 5 Fehlerpunkten falsch	

Beantworten Sie die Fragen durch Ankreuzen von Antworten oder durch die Angabe von Zahlen.
Sie haben die Frage falsch beantwortet, wenn ...
▶ nicht jede richtige Antwort angekreuzt ist ▶ oder eine/mehrere falsche Antwort(en) angekreuzt ist/sind ▶ oder eine falsche/keine Zahl angegeben ist

Sie haben die Prüfung nicht bestanden, wenn ...
▶ die zul. Fehlerpunkte überschritten wurden (d.h. mehr als 10 Punkte bei Klasse B)
▶ oder wenn 2 oder mehr Fragen mit je 5 Fehlerpunkten falsch beantwortet wurden

1 VIDEO 111

Wie verhalten Sie sich in dieser Situation richtig?

- [ ] Ich überhole den Radfahrer mit ausreichendem Seitenabstand
- [ ] Ich bleibe hinter dem Radfahrer
- [ ] Ich muss den Fußgänger die Fahrbahn überqueren lassen

1.2.05-126-M — 5

2

Womit müssen Sie hier rechnen?

- [ ] Dass zu schnell gefahren wird
- [ ] Dass Einmündungen übersehen werden
- [ ] Dass Kinder auf die Straße laufen

1.1.05-107-M — 4

3

Womit müssen Sie rechnen?

- [ ] Mit Personen, die die Fahrbahn überqueren
- [ ] Mit einem Fahrzeug, das am Bus vorbeifährt
- [ ] Dass ich vor der Kreuzung halten muss

1.1.07-014-M — 3

Fehlerpunkte

4

1.3.01-039-M

Wer darf hier zuerst fahren?

- [ ] Der rote Lkw
- [ ] Der Elektroroller
- [ ] Ich

5

5

1.1.02-005

Mit welchem Verhalten von Kindern müssen Sie an Zebrastreifen rechnen?

- [ ] Sie laufen auf den Zebrastreifen, ohne auf den Verkehr zu achten
- [ ] Sie schätzen Geschwindigkeit und Entfernung herannahender Fahrzeuge immer richtig ein und warten am Fahrbahnrand
- [ ] Sie kehren ohne erkennbaren Grund auf dem Zebrastreifen um und laufen zurück

5

6

1.1.09-008

Wozu können bereits geringe Mengen Alkohol führen?

- [ ] Zu verzögerter Reaktion
- [ ] Zu einem Nachlassen der Hör- und Sehleistung
- [ ] Zu riskanter Fahrweise

4

7

1.1.01-109

Was ist zu tun, wenn Sie während der Fahrt Anzeichen von Müdigkeit spüren?

- [ ] Unverzüglich eine Pause einlegen
- [ ] Sich an frischer Luft bewegen
- [ ] Anregende Musik hören

4

8

1.2.12-108

Welcher Mindestabstand muss vor einem Fußgängerüberweg beim Halten oder Parken eingehalten werden?

Antwort: ____ m

3

Fehlerpunkte ____

9

1.4.41-020-M

Was gilt in dieser Situation? Ich darf die Sperrfläche ...

- [ ] ... zum Wenden befahren
- [ ] ... bei einem Stau nutzen
- [ ] ... nicht befahren

3

10

1.1.03-105

Wie können Sie beim Fahren gefahrlos feststellen, ob die Fahrbahn vereist ist?

- [ ] Lenkung ruckartig hin- und herbewegen
- [ ] Bei ganz langsamer Fahrt bremsen
- [ ] Kräftig Gas geben

4

11

1.2.09-101

Was kann bei mehrspurigem Abbiegen zu besonders gefährlichen Situationen führen?

- [ ] Zu schnelles Fahren
- [ ] Genaues Einhalten des Fahrstreifens
- [ ] Fahrstreifenwechsel während des Abbiegens

4

12

1.2.34-009

Sie haben mit Ihrem Fahrzeug ein fremdes geparktes Fahrzeug beschädigt. Trotz angemessener Wartezeit ist der Geschädigte nicht erschienen. Wie verhalten Sie sich jetzt richtig? Ich muss ...

- [ ] ... meinen Namen und meine Anschrift am Unfallort hinterlassen
- [ ] ... meinen Namen und meine Anschrift einem unbeteiligten Zeugen mitteilen
- [ ] ... den Unfall der Polizei melden

3

13

1.2.38-101

Was kann es bedeuten, wenn an einem Fahrzeug blaues Blinklicht – jedoch kein Einsatzhorn – eingeschaltet ist?

- [ ] Es wird vor einer Einsatzstelle der Feuerwehr gewarnt
- [ ] An einer Unfallstelle wird vor Gefahren gewarnt
- [ ] Ein Abschleppwagen fährt zu einem Einsatz

3

Fehlerpunkte ____

14 1.1.02-052

Warum müssen Sie damit rechnen, dass Kinder sich im Straßenverkehr unvorhersehbar verhalten? Weil Kinder …

… leicht ablenkbar sind

… die Verkehrssituation häufig nur unvollständig überblicken können

… oft nicht zuordnen können, aus welcher Richtung ein Geräusch kommt

4

15 1.5.01-134

Worauf sollten Sie nach dem Starten Ihres Fahrzeugs achten? Ich sollte möglichst …

… den Motor im Stand warmlaufen lassen

… unverzüglich losfahren

… mit niedriger Motordrehzahl fahren

3

16

1.1.07-166-M

Womit müssen Sie in dieser Situation rechnen?

Der Radfahrer steigt ab, um mich vorbeizulassen

Der Radfahrer schert nach links aus

Mit Gegenverkehr

4

17

1.3.01-113

Welches Verhalten ist richtig?

Ich muss warten

Der Radfahrer muss warten

5

18

Wie verhalten Sie sich richtig? Ich fahre … 1.3.01-056-M

… nach den beiden Pkws

… nach dem blauen Pkw

… vor den beiden Pkws

5

19 1.4.41-133

Welche Verbote werden mit diesem Verkehrszeichen aufgehoben?

Überholverbote

Parkverbote

Geschwindigkeitsbeschränkungen

2

20 1.2.37-009

Wo ist bei dieser Ampel mit Grünpfeilschild vor dem Abbiegen nach rechts anzuhalten?

An der Haltlinie

Wenn keine Haltlinie vorhanden ist, vor der Kreuzung oder Einmündung

Es muss nicht angehalten werden

4

Fehlerpunkte

Fehlerpunkte

ZUSATZFRAGEN – KLASSE B

21

VIDEO 112 ▶ **Wie verhalten Sie sich richtig?** 2.1.06-012-M

- ☐ Ich überhole den roten Transporter und wechsle dann in den mittleren Fahrstreifen
- ☐ Ich überhole den blauen Pkw und wechsle dann in den mittleren Fahrstreifen
- ☐ Ich fordere den Nachfolgenden durch leichtes Bremsen auf, mehr Abstand herzustellen

5

22 2.5.01-125

Der Luftwiderstand wirkt sich auf den Kraftstoffverbrauch eines Fahrzeugs aus. Was beeinflusst den Luftwiderstand am stärksten?

- ☐ Die Anzahl der Mitfahrer
- ☐ Die gefahrene Geschwindigkeit
- ☐ Die Profiltiefe der Reifen

3

23 2.1.07-206

Sie fahren auf einer Landstraße. Vor Ihnen hat sich eine langsam fahrende Fahrzeugschlange von ca. 15 Fahrzeugen gebildet. Wie verhalten Sie sich?

- ☐ Ich bleibe zunächst hinter der Fahrzeugschlange
- ☐ Ich fordere Vorausfahrende durch Lichthupe und Blinken zum Überholen auf
- ☐ Ich überhole die Fahrzeugschlange schnellstmöglich

3

24 2.5.01-130

Sie fahren einen Pkw mit der Antriebsart Plug-in-Hybrid. Wie können Sie den Kraftstoffverbrauch optimieren?

- ☐ Ich lade die Batterie regelmäßig am Stromnetz auf
- ☐ Ich nutze ausschließlich die Rekuperation zum Aufladen der Batterie
- ☐ Ich nutze durch meine Fahrweise den elektrischen Antrieb

3

25 2.1.10-101

Was kann die Aufmerksamkeit im Straßenverkehr beeinträchtigen?

- ☐ Starke Emotionen (z. B. Freude, Ärger, Ungeduld)
- ☐ Lebhafte Unterhaltung
- ☐ Spannende Sendungen im Autoradio

4

26 2.4.42-004

Worauf weisen solche Verkehrszeichen hin?

- ☐ Auf die Entfernung bis zur nächsten Tankstelle
- ☐ Auf die Nummer einer Autobahn
- ☐ Auf die Nummer einer Europastraße

2

27 2.7.02-118

Aus den Düsen der Scheibenwaschanlage kommt zu wenig Wasser. Was kann die Ursache dafür sein?

- ☐ Düsen sind teilweise verstopft
- ☐ Zu viel Wasser im Vorratsbehälter
- ☐ Wasserförderpumpe defekt

2

28 2.1.11-121

Sie fahren auf einer Landstraße und werden von einem hinter Ihnen fahrenden Pkw bedrängt. Wie sollten Sie reagieren?

- ☐ Ich behalte meine Geschwindigkeit bei und halte mich rechts, um dem nachfolgenden Pkw das Überholen zu ermöglichen
- ☐ Ich erhöhe meine Geschwindigkeit, bis der nachfolgende Pkw aufhört, mich zu bedrängen
- ☐ Ich vermindere meine Geschwindigkeit, bis der nachfolgende Pkw aufhört, mich zu bedrängen

4

29 2.2.21-105

Wie dürfen Sie in Ihrem Pkw ein fünfjähriges Kind mitnehmen?

- ☐ In einem für das Kind geeigneten Kindersitz mit Prüfzeichen
- ☐ Auf einem hinteren Sitz mit serienmäßigem Dreipunktgurt
- ☐ Auf der hinteren Sitzbank mit angelegtem Beckengurt

4

30 2.7.01-122

Was müssen Sie beim Beladen eines einachsigen Anhängers beachten? Die zulässige …

- ☐ … Achslast
- ☐ … Stützlast
- ☐ … Gesamtmasse

3

 Fehlerpunkte ☐ Fehlerpunkte ☐

Amtliche Prüfungsfragen für Führerscheinbewerber

Grundlagen für alle Klassen und Zusatzfragen Klasse B

37

Hinweise zu Videofragen:

In jeder Theorie-Prüfung sind 2 zufällige Videofragen vorhanden. Die Videofragen sind auf den Prüfungsbögen gekennzeichnet (Video-Abspielsymbol inklusive der Fragennummer). Die beiliegende DVD enthält alle diese Videos.

Legen Sie die DVD in Ihr CD-/DVD-Laufwerk ein und öffnen Sie die DVD durch Doppelklick auf das entsprechende Laufwerk in Ihrem Explorer. Wählen Sie das Video mit der im Bogen angegebenen Videonummer durch Doppelklick aus.

Während der Prüfung dürfen Sie ein Video maximal 5-mal anschauen, ohne dass Ihnen die Frage bekannt ist. Erst wenn Sie bereit sind, können Sie sich die Frage zum Video anzeigen lassen. Danach müssen Sie die Frage beantworten und können das Video nicht noch mal anschauen.

Wichtig: Daher zuerst das Video max. 5-mal anschauen. Erst danach die zugehörige Frage lesen und bearbeiten.

Bezugsfahrzeug

Bitte beachten Sie das zugrunde liegende Bezugsfahrzeug:

Sie fahren ein ...

▶ Grundstoff:
Kraftfahrzeug mit Verbrennungsmotor

▶ Klasse B:
Zweispuriges Kraftfahrzeug mit Verbrennungsmotor, mit manuellem Schaltgetriebe und mit automatischem Blockierverhinderer (ABV)

Wenn in den Prüfungsaufgaben keine besonderen Fahrzeugeigenschaften benannt sind, gelten die folgenden allgemeinen Eigenschaften „Ihres Fahrzeugs" (Bezugsfahrzeug).

▶ Bitte beachten Sie:
Wenn in der Prüfungsaufgabe besondere Fahrzeugeigenschaften ausdrücklich benannt sind, müssen diese bei der Aufgabenbearbeitung berücksichtigt werden!

	Fehlerpunkte / 5-Punkte-Regel
Klasse	B
zulässige Fehlerpunkte	10
Grundstoff	
Zusatzstoff	
Summe	
5-Punkte-Regel *)	
bestanden	
nicht bestanden	
Bemerkungen	
*) 2 oder mehr Fragen mit je 5 Fehlerpunkten falsch	

Beantworten Sie die Fragen durch Ankreuzen von Antworten oder durch die Angabe von Zahlen. Sie haben die Frage falsch beantwortet, wenn...
▶ nicht jede richtige Antwort angekreuzt ist ▶ oder eine/mehrere falsche Antwort(en) angekreuzt ist/sind ▶ oder eine falsche/keine Zahl angegeben ist

Sie haben die Prüfung nicht bestanden, wenn...
▶ die zul. Fehlerpunkte überschritten wurden (d.h. mehr als 10 Punkte bei Klasse B)
▶ oder wenn 2 oder mehr Fragen mit je 5 Fehlerpunkten falsch beantwortet wurden

1

Womit müssen Sie rechnen?

- [ ] Dass vor mir Fußgänger auf die Fahrbahn treten
- [ ] Dass Fußgänger warten werden, bis ich vorbeigefahren bin
- [ ] Dass Kinder plötzlich zwischen den Fahrzeugen auftauchen

1.1.02-130-M **4**

2 VIDEO 113

Warum müssen Sie jetzt anhalten?

- [ ] Wegen des Radfahrers
- [ ] Wegen des gelben Lkws
- [ ] Weil die Verkehrssituation unübersichtlich ist

1.1.07-160-M **5**

3 VIDEO 114

Worauf müssen Sie jetzt achten?

- [ ] Auf den Radfahrer links
- [ ] Auf den grünen Pkw
- [ ] Auf die Radfahrerin rechts

1.1.07-155-M **4**

Fehlerpunkte

4

VIDEO 115

1.2.09-127

Warum müssen Sie jetzt bremsen?

- Wegen des Transporters
- Wegen des Motorrads
- Wegen der Radfahrerin

5

5

1.1.09-030

Was kann die Fahrtüchtigkeit ähnlich beeinträchtigen wie Alkohol?

- Medikamente
- Erfrischungsgetränke
- Drogen

4

6

1.1.07-009

Sie nähern sich einer Schule. Kinder verlassen das Schulgelände. Womit müssen Sie rechnen? Dass Kinder …

- … ausgelassen auf die Fahrbahn stürmen
- … mit ihren Fahrrädern unvorsichtig auf die Fahrbahn fahren
- … sich immer verkehrsgerecht verhalten

5

7

1.2.23-001

Wer ist für den verkehrssicheren Zustand eines zugelassenen Fahrzeugs verantwortlich?

- Der Fahrer
- Der Halter
- Die Haftpflichtversicherung

2

8

1.2.01-003

Gegenüber welchen Verkehrsteilnehmern müssen Sie sich besonders vorsichtig verhalten?

- Gegenüber Kindern
- Gegenüber Personen mit erkennbaren Behinderungen
- Gegenüber Taxifahrern

4

9

1.3.01-112

Sie wollen nach links abbiegen.

Wer muss warten?

- Das blaue Fahrzeug muss warten
- Ich muss warten

5

10

1.2.10-101

Wie verhalten Sie sich beim Anfahren vom Fahrbahnrand?

- Rückwärtigen Verkehr beobachten
- Blinken
- Blick in den Rückspiegel genügt

4

11

1.2.12-111

Sie wollen innerorts vor einem Andreaskreuz parken. Welche Entfernung müssen Sie mindestens einhalten?

Antwort: ____ m

2

12

1.1.03-109

Wo müssen Sie besonders mit plötzlich auftretendem Nebel rechnen?

- An Flussläufen
- In Moorgebieten
- An Seen

3

13

1.1.02-029

Eine Person im Rollstuhl schafft es nach dem Überqueren der Straße nicht, mit dem Rollstuhl den Bordstein zu überwinden, um den Gehweg zu erreichen. Wie verhalten Sie sich?

- Ich halte und schalte die Warnblinkanlage ein
- Ich steige aus und helfe der Person im Rollstuhl
- Ich hupe und fahre um die Person herum

4

Fehlerpunkte

Fehlerpunkte

14

Wie fahren Sie umweltbewusst?
1.5.01-110

Rechtzeitig Gas wegnehmen und Schwung ausnutzen, wenn die nächste Ampel „Rot" zeigt

Bei „Grün" immer voll beschleunigen

Unnötiges Beschleunigen und unnötiges Abbremsen vermeiden

3

15

1.1.01-113

Was führt häufig zu schweren Unfällen?

Eine mangelhafte Beobachtung des Verkehrs

Ein Fahren mit zu geringem Abstand

Eine unangepasste Geschwindigkeit

4

16

1.2.37-015

Was gilt hier?

Ich darf ungehindert abbiegen

Ich muss den Gegenverkehr durchfahren lassen

Ich muss in der Kreuzungsmitte anhalten

4

17

1.3.01-043-M

Welches Verhalten ist hier richtig?

Das Motorrad darf vor dem gelben Pkw fahren

Ich darf vor dem gelben Pkw fahren

Ich darf vor dem Motorrad fahren

5

18

Welches Verhalten ist richtig?
1.3.01-048-M

Ich fahre als Erster

Ich lasse das Motorrad vor mir abbiegen

Ich lasse den blauen Pkw abbiegen

5

19

1.4.40-114

Wie verhalten Sie sich bei diesem Verkehrszeichen?

Geschwindigkeit verringern

Vor Erreichen der Verengung immer anhalten

Nicht mehr überholen

3

20

1.4.41-161

Was gilt in dem Bereich von 15 m vor und hinter diesem Verkehrszeichen? Ich darf …

… halten

… ein- oder aussteigende Fahrgäste nicht behindern

… parken

2

Fehlerpunkte

Fehlerpunkte

ZUSATZFRAGEN – KLASSE B

21 2.4.42-005

Worauf weist die Zahl „26" in diesem Verkehrszeichen hin?

- [ ] Auf die Entfernung von der Ausfahrt bis Düsseldorf-Benrath
- [ ] Auf die Autobahnausfahrt Nummer 26
- [ ] Auf die A 26

2

22 2.2.17-402

Sie fahren bei Dunkelheit mit Fernlicht. Wann müssen Sie abblenden?

- [ ] Wenn ein Fahrzeug mit geringem Abstand vorausfährt
- [ ] Wenn ein Fahrzeug entgegenkommt
- [ ] Wenn Personen in gleicher Richtung vorausgehen

4

23 2.2.23-119

Was ist bei der Einstellung von Kopfstützen im Fahrzeug zu beachten?

- [ ] Die höchste Stelle des Kopfes sollte mit der Oberkante der Kopfstütze etwa gleichauf sein
- [ ] Der Abstand zwischen Hinterkopf und Kopfstütze sollte möglichst gering sein
- [ ] Die Oberkante der Kopfstütze sollte mit dem oberen Halswirbel abschließen

4

24 2.1.08-010

Womit müssen Sie bei Steigungen auf Autobahnen rechnen?

- [ ] Mit langsam fahrenden Lkws auf dem rechten Fahrstreifen
- [ ] Mit plötzlichen Überholmanövern anderer Verkehrsteilnehmer
- [ ] Mit großen Geschwindigkeitsunterschieden zwischen Fahrzeugen

4

25 2.1.11-123

Fünf junge Freunde fahren im Auto zu einer Freizeitveranstaltung. Die Stimmung ist ausgelassen. Welche Gefahren können dadurch entstehen? Der Fahrer wird …

- [ ] … vom Verkehrsgeschehen abgelenkt
- [ ] … zu riskantem Fahren verleitet
- [ ] … zu langsamerem Fahren verleitet

4

26 2.4.42-103

Worauf weist dieses Verkehrszeichen hin? Auf eine …

- [ ] … Erdgastankstelle
- [ ] … Wasserstofftankstelle
- [ ] … Autogastankstelle

2

27 2.1.03-103

Worauf müssen Sie sich einstellen, wenn es nach längerer Trockenheit anfängt zu regnen?

- [ ] Auf eine gefährliche Schmierschicht auf der Fahrbahn
- [ ] Auf einen kürzeren Bremsweg
- [ ] Auf schlechtere Sicht gleich nach Einschalten der Scheibenwischer

4

28 2.1.11-008

Nachdem Sie längere Zeit auf einer Landstraße einem sehr langsam fahrenden Pkw folgen mussten, können Sie endlich überholen. Wie verhalten Sie sich? Nach dem Überholen …

- [ ] … schere ich mit ausreichendem Abstand ein, um den anderen Fahrer nicht zu behindern
- [ ] … fahre ich betont langsam, um dem anderen Fahrer die Auswirkungen seines Verhaltens zu verdeutlichen
- [ ] … bremse ich kurz ab, um dem anderen Fahrer auf sein langsames Fahren hinzuweisen

4

29 2.7.01-150

Was kann die Folge sein, wenn Sie bei einem Pkw mit Frontantrieb in der Kurve zu stark beschleunigen? Der Pkw kann …

- [ ] … über die Vorderachse ausbrechen
- [ ] … über die Hinterachse ausbrechen
- [ ] … in der Lenkfähigkeit eingeschränkt sein

3

30 2.2.03-010

Sie fahren 50 km/h und führen eine normale Bremsung durch. Wie lang ist der Bremsweg nach der Faustformel?

Antwort: [ ] m

2

Fehlerpunkte [ ]

Fehlerpunkte [ ]

Amtliche Prüfungsfragen für Führerscheinbewerber **38**

Grundlagen für alle Klassen und Zusatzfragen Klasse B

Hinweise zu Videofragen:

In jeder Theorie-Prüfung sind 2 zufällige Videofragen vorhanden. Die Videofragen sind auf den Prüfungsbögen gekennzeichnet (Video-Abspielsymbol inklusive der Fragennummer). Die beiliegende DVD enthält alle diese Videos.

Legen Sie die DVD in Ihr CD-/DVD-Laufwerk ein und öffnen Sie die DVD durch Doppelklick auf das entsprechende Laufwerk in Ihrem Explorer. Wählen Sie das Video mit der im Bogen angegebenen Videonummer durch Doppelklick aus.

Während der Prüfung dürfen Sie ein Video maximal 5-mal anschauen, ohne dass Ihnen die Frage bekannt ist. Erst wenn Sie bereit sind, können Sie sich die Frage zum Video anzeigen lassen. Danach müssen Sie die Frage beantworten und können das Video nicht noch mal anschauen.

Wichtig: Daher zuerst das Video max. 5-mal anschauen. Erst danach die zugehörige Frage lesen und bearbeiten.

Bezugsfahrzeug

Bitte beachten Sie das zugrunde liegende Bezugsfahrzeug:

Sie fahren ein ...

▶ Grundstoff:
Kraftfahrzeug mit Verbrennungsmotor

▶ Klasse B:
Zweispuriges Kraftfahrzeug mit Verbrennungsmotor, mit manuellem Schaltgetriebe und mit automatischem Blockierverhinderer (ABV)

Wenn in den Prüfungsaufgaben keine besonderen Fahrzeugeigenschaften benannt sind, gelten die folgenden allgemeinen Eigenschaften „Ihres Fahrzeugs" (Bezugsfahrzeug).

▶ Bitte beachten Sie:
Wenn in der Prüfungsaufgabe besondere Fahrzeugeigenschaften ausdrücklich benannt sind, müssen diese bei der Aufgabenbearbeitung berücksichtigt werden!

	Fehlerpunkte / 5-Punkte-Regel
Klasse	B
zulässige Fehlerpunkte	10
Grundstoff	
Zusatzstoff	
Summe	
5-Punkte-Regel *)	
bestanden	
nicht bestanden	
Bemerkungen	
*) 2 oder mehr Fragen mit je 5 Fehlerpunkten falsch	

Beantworten Sie die Fragen durch Ankreuzen von Antworten oder durch die Angabe von Zahlen.
Sie haben die Frage falsch beantwortet, wenn ...
▶ nicht jede richtige Antwort angekreuzt ist ▶ oder eine/mehrere falsche Antwort(en) angekreuzt ist/sind ▶ oder eine falsche/keine Zahl angegeben ist

Sie haben die Prüfung nicht bestanden, wenn ...
▶ die zul. Fehlerpunkte überschritten wurden (d.h. mehr als 10 Punkte bei Klasse B)
▶ oder wenn 2 oder mehr Fragen mit je 5 Fehlerpunkten falsch beantwortet wurden

1

Warum müssen Sie hier besonders aufmerksam sein?

- ☐ Weil der Straßenverlauf unübersichtlich ist
- ☐ Weil die Fahrbahnoberfläche ungleichmäßig ist
- ☐ Weil der Gegenverkehr die Kurve schneiden könnte

1.1.03-114-M **4**

2

Wie verhalten Sie sich jetzt richtig?

- ☐ Ich bin bremsbereit
- ☐ Ich beobachte den Radfahrer aufmerksam
- ☐ Ich weiche auf die linke Fahrbahnhälfte aus

1.1.07-025-M **4**

3 VIDEO 116

Wie verhalten Sie sich jetzt richtig?

- ☐ Ich fahre nach rechts auf den Parkstreifen
- ☐ Ich behalte die Geschwindigkeit bei
- ☐ Ich verringere die Geschwindigkeit

1.1.06-131-M **5**

Fehlerpunkte

4

VIDEO 117

1.2.34-004

Wie verhalten Sie sich jetzt richtig?
Ich halte an, stelle den Motor ab und …

- [ ] … lasse beim Verlassen den Zündschlüssel oder Transponder im Fahrzeug
- [ ] … warte im Fahrzeug auf die Räumung der Unfallstelle
- [ ] … verlasse den Tunnel über den Notausgang

4

5

1.1.03-001

Wo müssen Sie besonders mit starker Fahrbahnverschmutzung und Rutschgefahr rechnen?

- [ ] An Baustellen
- [ ] An Einmündungen von Feldwegen
- [ ] An innerstädtischen Kreuzungen

3

6

1.1.02-126

Warum sind ältere Fußgänger im Verkehr mehr gefährdet als jüngere?

- [ ] Sie sehen und hören oft schlechter
- [ ] Sie reagieren oft langsamer und sind weniger beweglich
- [ ] Sie schätzen die Geschwindigkeit von Fahrzeugen oft falsch ein

4

7

1.2.34-111

Sie haben auf einer Landstraße einen Unfall. Wie sichern Sie diese Unfallstelle ab?

- [ ] Ich schalte sofort das Warnblinklicht ein
- [ ] Ich stelle das Warndreieck gut sichtbar in ca. 100 m Entfernung vor der Unfallstelle auf
- [ ] Ich warne, falls erforderlich, andere Fahrzeuge z. B. durch Handzeichen

4

8

1.1.07-113

Sie fahren auf einer neu angelegten Straße durch bewaldetes Gebiet. Womit müssen Sie rechnen?

- [ ] Wild überquert unerwartet die Fahrbahn
- [ ] Mit einem Hindernis durch einen Wildunfall
- [ ] Auf neu angelegten Straßen sind Wildunfälle nicht zu erwarten

3

Fehlerpunkte

9

1.2.05-125-M

Was müssen Sie in dieser Situation beim Überholen der Radfahrer beachten?

- [ ] Aufgrund der Steigung pendeln die Radfahrer
- [ ] Ich muss mit mindestens 1,0 m Seitenabstand überholen
- [ ] Ich muss mit mindestens 1,5 m Seitenabstand überholen

4

10

1.2.26-111

In welchen Fällen müssen Sie an einen Fußgängerüberweg besonders vorsichtig heranfahren?

- [ ] Wenn Fußgänger die Fahrbahn überqueren wollen
- [ ] Wenn die Sicht auf den Fußgängerüberweg eingeschränkt ist
- [ ] Wenn ein anderes Fahrzeug bereits vor dem Fußgängerüberweg wartet

5

11

1.5.01-016

Wozu kann eine regelmäßige Fahrzeugwartung beitragen?

- [ ] Den Kraftstoffverbrauch gering zu halten
- [ ] Die Emissionswerte gering zu halten
- [ ] Die Verkehrssicherheit zu gewährleisten

3

12

1.1.07-119

In der Dämmerung kommt Ihnen eine landwirtschaftliche Zugmaschine mit eingeschalteter Beleuchtung entgegen. Womit müssen Sie rechnen?

- [ ] Die Zugmaschine kann ein breiteres, schlecht erkennbares Arbeitsgerät mitführen
- [ ] Die Breite der Zugmaschine ist trotz der eingeschalteten Beleuchtung nicht immer erkennbar
- [ ] Die Zugmaschine kann 2 breitere Anhänger mitführen

4

13

1.2.23-002

Was müssen Sie tun, wenn Sie unterwegs feststellen, dass Ihr Fahrzeug nicht mehr verkehrssicher ist?

- [ ] Das Fahrzeug auf kürzestem Weg aus dem Verkehr ziehen
- [ ] Erst nach Beseitigung des Schadens weiterfahren
- [ ] Bis zur nächsten Vertragswerkstatt weiterfahren

3

Fehlerpunkte

14 1.1.07-120

Was müssen Sie beachten, bevor Sie in einen Tunnel einfahren?

- Nebelscheinwerfer einschalten
- Auch am Tage in gut beleuchteten Tunneln mit Abblendlicht fahren
- Sonnenbrille abnehmen

4

15 1.2.36-007

Im Rückspiegel sehen Sie auf dem Dach eines unmittelbar hinter Ihnen fahrenden Streifenwagens in roter Leuchtschrift „STOP POLIZEI". Für wen gilt dies?

- Für alle nachfolgenden Fahrzeuge
- Für alle Fahrzeuge, die sich auf der Straße befinden
- Nur für Sie

3

16

1.3.01-007-M

Welches Verhalten ist richtig?

- Ich muss den Motorradfahrer durchfahren lassen
- Ich darf vor dem Radfahrer abbiegen
- Ich muss den Radfahrer durchfahren lassen

5

17

Welches Verhalten ist richtig? 1.3.01-052

- Ich darf vor der Radfahrerin links abbiegen
- Ich muss die Radfahrerin durchfahren lassen
- Ich verzichte auf meine Vorfahrt, um die Kreuzung nicht zu verstopfen

5

18

Welches Verhalten ist richtig? 1.3.01-116

- Ich muss den Radfahrer durchfahren lassen
- Ich darf vor dem Radfahrer abbiegen
- Der blaue Lkw darf zuerst fahren

5

19 1.4.41-024

Dieses Verkehrszeichen ist am rechten Fahrbahnrand aufgestellt. Welche Bedeutung hat es? Es bedeutet …

- … das Ende eines absoluten Haltverbots
- … den Beginn eines absoluten Haltverbots
- … den Beginn eines eingeschränkten Haltverbots

2

20 1.4.41-170

Ihr Fahrstreifen ist mit diesem Verkehrszeichen gekennzeichnet. Was müssen Sie beachten?

- Ich darf nicht schneller als 60 km/h fahren
- Ich benutze diesen Fahrstreifen nur, wenn mein Fahrzeug mindestens 60 km/h fahren kann und dies auch darf
- Ich muss mindestens 60 km/h fahren, wenn es die Straßen- und Verkehrsverhältnisse zulassen

3

Fehlerpunkte

Fehlerpunkte

ZUSATZFRAGEN – KLASSE B

21 2.7.05-103

Was bedeutet das rot gekennzeichnete Symbol auf dem Reifen? Dieser Reifen ...

- ... darf nur in Verbindung mit Schneeketten benutzt werden
- ... ist für winterliche Wetterverhältnisse geeignet
- ... unterstützt die Fahreigenschaften auch bei Schnee

3

22 2.5.01-128

Welchen Vorteil bietet die Rekuperation an einem Elektrofahrzeug? Die Rekuperation ...

- ... erhöht die Reichweite
- ... ermöglicht eine Energierückgewinnung aus dem Bremsvorgang
- ... schont die Betriebsbremsanlage

3

23 2.2.18-009

Was gilt auf Kraftfahrstraßen?

- Bei Dunkelheit darf schneller gefahren werden, als es die Reichweite des Abblendlichts zulässt
- Einfahren nur an Kreuzungen und Einmündungen
- Wenden verboten

4

24 2.2.17-101

Wann dürfen Sie auch am Tage Nebelscheinwerfer einschalten? Bei erheblicher Sichtbehinderung durch:

- Nebel oder Schneefall
- Regen
- Eis auf der Windschutzscheibe

3

25 2.7.01-145

Bei welcher Fahraufgabe kann der Spurhalte-Assistent mit Lenkeingriff den Fahrzeugführer unterstützen?

- Beim Geradeausfahren
- Beim Abbiegen
- Beim Überholen

3

26

VIDEO 118 2.1.06-023-M

Wie verhalten Sie sich jetzt richtig? Ich überhole ...

- ... vorsichtig, da der Traktor mich dazu auffordert
- ... nicht, da der Traktor nach links ausscheren wird
- ... sofort, da der Überholweg dafür ausreicht

4

27 2.7.06-111

Wobei kann Sie eine Geschwindigkeitsregelanlage (Tempomat) unterstützen?

- Beim Einhalten einer gleichbleibenden Geschwindigkeit
- Beim Einhalten des Mindestabstands zum vorausfahrenden Fahrzeug
- Bei einer energiesparenden Fahrweise

3

28 2.2.22-124

Sie möchten Ladung transportieren. Was müssen Sie dabei beachten?

- Ich darf beim Fahren nicht durch die Ladung behindert werden
- Die Verkehrssicherheit des Fahrzeugs darf nicht beeinträchtigt werden
- Die Ladung darf während der Fahrt nicht verrutschen oder umfallen

3

29 2.1.01-004

Wodurch kann eine Gefährdung entstehen?

- Durch Kurvenschneiden
- Durch zu spätes Abblenden
- Durch zu großen Abstand nach vorn

4

30 2.7.01-118

Welche Vorteile bietet eine Antriebs-Schlupf-Regelung (ASR)?

- Beim Anfahren wird das Durchdrehen der Räder verhindert
- Beim Anfahren auf glatter Fahrbahn wird die Gefahr des seitlichen Wegrutschens geringer
- Beim Bremsen wird das Blockieren der Räder verhindert

3

Fehlerpunkte

Fehlerpunkte

Amtliche Prüfungsfragen für Führerscheinbewerber

Grundlagen für alle Klassen und Zusatzfragen Klasse B

39

Hinweise zu Videofragen:

In jeder Theorie-Prüfung sind 2 zufällige Videofragen vorhanden. Die Videofragen sind auf den Prüfungsbögen gekennzeichnet (Video-Abspielsymbol inklusive der Fragennummer). Die beiliegende DVD enthält alle diese Videos.

Legen Sie die DVD in Ihr CD-/DVD-Laufwerk ein und öffnen Sie die DVD durch Doppelklick auf das entsprechende Laufwerk in Ihrem Explorer. Wählen Sie das Video mit der im Bogen angegebenen Videonummer durch Doppelklick aus.

Während der Prüfung dürfen Sie ein Video maximal 5-mal anschauen, ohne dass Ihnen die Frage bekannt ist. Erst wenn Sie bereit sind, können Sie sich die Frage zum Video anzeigen lassen. Danach müssen Sie die Frage beantworten und können das Video nicht noch mal anschauen.

Wichtig: Daher zuerst das Video max. 5-mal anschauen. Erst danach die zugehörige Frage lesen und bearbeiten.

Bezugsfahrzeug

Bitte beachten Sie das zugrunde liegende Bezugsfahrzeug:

Sie fahren ein ...

▶ Grundstoff:
Kraftfahrzeug mit Verbrennungsmotor

▶ Klasse B:
Zweispuriges Kraftfahrzeug mit Verbrennungsmotor, mit manuellem Schaltgetriebe und mit automatischem Blockierverhinderer (ABV)

Wenn in den Prüfungsaufgaben keine besonderen Fahrzeugeigenschaften benannt sind, gelten die folgenden allgemeinen Eigenschaften „Ihres Fahrzeugs" (Bezugsfahrzeug).

▶ Bitte beachten Sie:
Wenn in der Prüfungsaufgabe besondere Fahrzeugeigenschaften ausdrücklich benannt sind, müssen diese bei der Aufgabenbearbeitung berücksichtigt werden!

	Fehlerpunkte / 5-Punkte-Regel
Klasse	B
zulässige Fehlerpunkte	10
Grundstoff	
Zusatzstoff	
Summe	
5-Punkte-Regel *)	
bestanden	
nicht bestanden	
Bemerkungen	
*) 2 oder mehr Fragen mit je 5 Fehlerpunkten falsch	

Beantworten Sie die Fragen durch Ankreuzen von Antworten oder durch die Angabe von Zahlen.
Sie haben die Frage falsch beantwortet, wenn...
▶ nicht jede richtige Antwort angekreuzt ist ▶ oder eine/mehrere falsche Antwort(en) angekreuzt ist/sind ▶ oder eine falsche/keine Zahl angegeben ist

Sie haben die Prüfung nicht bestanden, wenn...
▶ die zul. Fehlerpunkte überschritten wurden (d.h. mehr als 10 Punkte bei Klasse B)
▶ oder wenn 2 oder mehr Fragen mit je 5 Fehlerpunkten falsch beantwortet wurden

1

**Alle drei Fahrzeuge wollen links abbiegen.
Wer hat sich richtig eingeordnet?**

- Der Lkw
- Der gelbe Pkw
- Der grüne Pkw

1.2.09-103-B

3

2

Wie verhalten Sie sich jetzt?

VIDEO 119

- Verzögern und bremsbereit sein
- Gleichmäßig weiterfahren
- Nach links ausweichen

1.1.07-136

5

3

Wie verhalten Sie sich in dieser Situation richtig?

- Ich fahre mit ausreichendem Abstand links an der Person vorbei
- Ich halte an und lasse die Person die Straße überqueren
- Ich signalisiere der Person durch Betätigung der Lichthupe, dass ich warte

1.1.02-051-M

4

Fehlerpunkte

4

Womit müssen Sie hier rechnen? 1.1.04-107

- [ ] Dass Ihr Fahrzeug von anderen nicht rechtzeitig gesehen wird
- [ ] Dass Sie entgegenkommende Fahrzeuge erst spät erkennen
- [ ] Dass sich Ampeln von den bunten Lichtreklamen kaum abheben

4

5 1.2.34-011

Unter welcher Notrufnummer erreichen Sie europaweit den Rettungsdienst?

Antwort: ______

3

6 1.1.07-117

Zu welcher Tageszeit ist mit verstärktem Wildwechsel zu rechnen?

- [ ] In der Mittagszeit
- [ ] Während der Abenddämmerung
- [ ] Im Morgengrauen

3

7 1.1.03-110

Was müssen Sie tun, wenn vor Ihnen ein Nebelfeld die Sicht stark behindert?

- [ ] Dicht aufschließen, um sich an den Schlussleuchten des vorausfahrenden Fahrzeugs zu orientieren
- [ ] Abstand zum vorausfahrenden Fahrzeug vergrößern
- [ ] Geschwindigkeit rechtzeitig den Sichtverhältnissen anpassen

4

8 1.1.06-130

Weshalb kann Überholen auch auf übersichtlichen und geraden Fahrbahnen gefährlich sein? Weil ich …

- [ ] … die Entfernung eines entgegenkommenden Fahrzeugs als zu groß einschätze
- [ ] … die Geschwindigkeit eines entgegenkommenden Fahrzeugs als zu gering einschätze
- [ ] … meinen Überholweg kürzer einschätze, als er ist

5

9

Wer muss in dieser Situation blinken? 1.2.09-133-M

- [ ] Der rote Pkw
- [ ] Ich selbst
- [ ] Der blaue Pkw

3

10 1.1.06-124

Sie möchten in einer schmalen Straße Radfahrer überholen. Wegen der Straßenbreite ist ein Seitenabstand zu ihnen von höchstens 50 cm möglich. Wie verhalten Sie sich?

- [ ] Ich überhole mit mäßiger Geschwindigkeit
- [ ] Ich gebe vor dem Überholen ein kurzes Warnzeichen
- [ ] Ich überhole nicht

5

11 1.1.01-001

Was versteht man unter defensivem Fahren?

- [ ] Nicht auf dem eigenen Recht bestehen
- [ ] Vorsorglich an jeder Kreuzung anhalten
- [ ] Mit Fehlern anderer rechnen

4

12 1.2.09-101

Was kann bei mehrspurigem Abbiegen zu besonders gefährlichen Situationen führen?

- [ ] Zu schnelles Fahren
- [ ] Genaues Einhalten des Fahrstreifens
- [ ] Fahrstreifenwechsel während des Abbiegens

4

13 1.2.34-007

Sie kommen als Erster an eine Unfallstelle mit Verletzten. Sie sichern die Unfallstelle ab und haben sich einen Überblick verschafft. Was müssen Sie noch tun? Ich muss den …

- [ ] … Unfall dokumentieren
- [ ] … Verletzten Erste Hilfe leisten
- [ ] … Rettungsdienst alarmieren

4

Fehlerpunkte ______ Fehlerpunkte ______

14 1.5.01-121

Wie können Sie den Reifenverschleiß gering halten?

- Ich verzichte möglichst auf starkes Beschleunigen
- Ich verwende ganzjährig Winterreifen
- Ich kontrolliere regelmäßig den Reifenfülldruck

3

15 1.2.38-102

Welche Bedeutung kann das blaue Blinklicht allein (ohne Einsatzhorn) haben?

- Das Fahrzeug befindet sich auf einer Einsatzfahrt. Sie sollten ihm Platz machen
- Ankündigung eines geschlossenen Verbandes
- Ohne Einsatzhorn hat das blaue Blinklicht keine Bedeutung

3

16

1.3.01-060-M

Welches Verhalten ist richtig?

- Ich muss blinken
- Der gelbe Pkw muss warten
- Ich muss warten

5

17

1.3.01-042-M

Welches Verhalten ist richtig?

- Die Straßenbahn muss mich vorher abbiegen lassen
- Ich muss die Straßenbahn durchfahren lassen
- Ich muss das Motorrad durchfahren lassen

5

18

1.3.01-040-M

Welches Verhalten ist hier richtig?

- Ich darf vor dem roten Pkw fahren
- Ich darf vor dem grünen Pkw fahren
- Der grüne Pkw darf vor dem roten Pkw fahren

5

19 1.4.41-007

Wie müssen Sie sich bei diesem Verkehrszeichen verhalten?

- Sie sind verpflichtet, nach rechts abzubiegen
- Sie müssen an Verkehrsinseln rechts vorbeifahren
- Sie dürfen vor diesem Zeichen nicht nach links abbiegen

2

20 1.4.42-107

Wie verhalten Sie sich bei diesem Verkehrszeichen?

- Sie müssen dem Gegenverkehr Vorrang gewähren
- Ihren Vorrang dürfen Sie nur dann nutzen, wenn die Engstelle frei ist
- Trotz Vorrang müssen Sie sich auf ein Anhalten einstellen

3

ZUSATZFRAGEN – KLASSE B

21

2.2.18-104-M

Wie kann ein Spurwechsel-Assistent ohne Lenkeingriff Sie in dieser Situation unterstützen? Der Assistent …

- [ ] … führt selbstständig einen Spurwechsel durch
- [ ] … warnt vor einer Kollision mit einem Fahrzeug auf dem mittleren Fahrstreifen
- [ ] … bremst mein Fahrzeug ab

4

22

2.5.01-106

Wodurch erhöht sich der Kraftstoffverbrauch Ihres Pkw?

- [ ] Durch Dachgepäckträger oder Skihalter
- [ ] Durch zu hohen Reifendruck
- [ ] Durch Mitführen unnötiger Gegenstände

3

23

2.2.23-104

Wie sichert man einen Pkw mit Schaltgetriebe am Berg gegen Wegrollen?

- [ ] Feststellbremse betätigen
- [ ] Ersten Gang oder Rückwärtsgang einlegen
- [ ] Schalthebel in Leerlaufstellung bringen

3

24

2.2.21-122

Sie möchten in Ihrem Pkw ein Kind mitnehmen. Wann müssen Sie hierzu einen Kindersitz verwenden?

- [ ] Wenn das Kind jünger als 12 Jahre und kleiner als 150 cm ist
- [ ] Wenn das Kind älter als 12 Jahre und größer als 150 cm ist
- [ ] Wenn das Kind älter als 12 Jahre und kleiner als 150 cm ist

4

25

2.7.01-107

Was müssen Sie bei einem Pkw mit Wohnanhänger vor Fahrtbeginn prüfen?

- [ ] Ob die Mitfahrer im Wohnanhänger die Sicherheitsgurte angelegt haben
- [ ] Ob die Beleuchtungseinrichtung des Anhängers funktioniert
- [ ] Ob die Sicht nach hinten durch die Rückspiegel ausreicht

3

26

VIDEO 120

2.1.03-115

Wie verhalten Sie sich richtig?

- [ ] Ich verzögere weiter
- [ ] Ich wechsle jetzt nach links
- [ ] Ich warte vor dem Hindernis

4

27

2.6.03-119

Was ist beim Führen eines Pkws zu beachten, nachdem Sie einen Wohnanhänger angekuppelt haben? Durch den Wohnanhänger …

- [ ] … verschlechtert sich das Beschleunigungsvermögen
- [ ] … verkleinert sich der benötigte Kurvenradius beim Abbiegen
- [ ] … verlängert sich der Überholweg

3

28

2.7.02-049

Eine Anzeige Ihres flüssigkeitsgekühlten Kraftfahrzeugs informiert Sie über eine zu hohe Motortemperatur. Wie sollten Sie sich jetzt verhalten?

- [ ] Ich halte schnellstmöglich an geeigneter Stelle an
- [ ] Ich fahre für eine bessere Motorkühlung mit erhöhter Motordrehzahl langsam weiter
- [ ] Ich fahre in niedrigem Gang bis zur nächsten geplanten Fahrtunterbrechung weiter

2

29

2.7.01-143

Der Spurhalte-Assistent warnt Sie durch akustische, haptische oder optische Signale. Was kann die Ursache dafür sein?

- [ ] Mein Fahrzeug nähert sich der seitlichen Fahrbahnmarkierung an
- [ ] Mein Fahrzeug unterschreitet den Sicherheitsabstand zum vorausfahrenden Fahrzeug
- [ ] Ein anderes Fahrzeug überholt mich mit zu geringem Seitenabstand

3

30

2.1.11-131

Ihr Beifahrer weist Sie während der Fahrt darauf hin, dass Sie mehrfach zu dicht aufgefahren sind. Wie sollten Sie sich verhalten?

- [ ] Ich ignoriere die Hinweise des Beifahrers
- [ ] Ich nehme die Hinweise des Beifahrers ernst
- [ ] Ich halte einen größeren Abstand ein

4

Fehlerpunkte

Fehlerpunkte

Amtliche Prüfungsfragen für Führerscheinbewerber

Grundlagen für alle Klassen und Zusatzfragen Klasse B

40

Hinweise zu Videofragen:

In jeder Theorie-Prüfung sind 2 zufällige Videofragen vorhanden. Die Videofragen sind auf den Prüfungsbögen gekennzeichnet (Video-Abspielsymbol inklusive der Fragennummer). Die beiliegende DVD enthält alle diese Videos.

Legen Sie die DVD in Ihr CD-/DVD-Laufwerk ein und öffnen Sie die DVD durch Doppelklick auf das entsprechende Laufwerk in Ihrem Explorer. Wählen Sie das Video mit der im Bogen angegebenen Videonummer durch Doppelklick aus.

Während der Prüfung dürfen Sie ein Video maximal 5-mal anschauen, ohne dass Ihnen die Frage bekannt ist. Erst wenn Sie bereit sind, können Sie sich die Frage zum Video anzeigen lassen. Danach müssen Sie die Frage beantworten und können das Video nicht noch mal anschauen.

Wichtig: Daher zuerst das Video max. 5-mal anschauen. Erst danach die zugehörige Frage lesen und bearbeiten.

Bezugsfahrzeug

Bitte beachten Sie das zugrunde liegende Bezugsfahrzeug:

Sie fahren ein ...

▶ Grundstoff:
Kraftfahrzeug mit Verbrennungsmotor

▶ Klasse B:
Zweispuriges Kraftfahrzeug mit Verbrennungsmotor, mit manuellem Schaltgetriebe und mit automatischem Blockierverhinderer (ABV)

Wenn in den Prüfungsaufgaben keine besonderen Fahrzeugeigenschaften benannt sind, gelten die folgenden allgemeinen Eigenschaften „Ihres Fahrzeugs" (Bezugsfahrzeug).

▶ Bitte beachten Sie:
Wenn in der Prüfungsaufgabe besondere Fahrzeugeigenschaften ausdrücklich benannt sind, müssen diese bei der Aufgabenbearbeitung berücksichtigt werden!

	Fehlerpunkte / 5-Punkte-Regel
Klasse	B
zulässige Fehlerpunkte	10
Grundstoff	
Zusatzstoff	
Summe	
5-Punkte-Regel *)	
bestanden	
nicht bestanden	
Bemerkungen	
*) 2 oder mehr Fragen mit je 5 Fehlerpunkten falsch	

Beantworten Sie die Fragen durch Ankreuzen von Antworten oder durch die Angabe von Zahlen.
Sie haben die Frage falsch beantwortet, wenn ...
▶ nicht jede richtige Antwort angekreuzt ist ▶ oder eine/mehrere falsche Antwort(en) angekreuzt ist/sind ▶ oder eine falsche/keine Zahl angegeben ist

Sie haben die Prüfung nicht bestanden, wenn ...
▶ die zul. Fehlerpunkte überschritten wurden (d.h. mehr als 10 Punkte bei Klasse B)
▶ oder wenn 2 oder mehr Fragen mit je 5 Fehlerpunkten falsch beantwortet wurden

1

Vor dem Motorrad möchte ein Pkw auf die Fahrbahn zurücksetzen.

Womit müssen Sie rechnen?

- [ ] Dass der Pkw weiter zurücksetzt
- [ ] Dass das Motorrad plötzlich abgebremst wird
- [ ] Dass mein Bremsweg länger als normal wird

1.1.07-139 **3**

2

Worauf müssen Sie sich einstellen?

- [ ] Auf Arbeiter und Baugeräte auf der Fahrbahn
- [ ] Auf eine unebene und verschmutzte Fahrbahn
- [ ] Auf einen durch Polizei geregelten Verkehrsablauf

1.1.07-107-B **3**

3

VIDEO 121 ▶

Welches Verhalten ist richtig?

- [ ] Beschleunigen
- [ ] Nach links ausscheren
- [ ] Verzögern

1.2.11-105 **5**

Fehlerpunkte

4

1.1.02-122

Mit welchem Verhalten müssen Sie an solchen Haltestellen rechnen?

- [ ] Fußgänger verlassen die Haltestelleninsel unachtsam
- [ ] Fußgänger rennen über die Fahrbahn zur Haltestelleninsel
- [ ] Fußgänger warten, bis die Fahrbahn frei ist

4

5

1.5.01-126

Sie fahren ein Kraftfahrzeug mit manuellem Schaltgetriebe. Welche Fahrweise führt innerorts zu einem hohen Kraftstoffverbrauch?

- [ ] Starkes Beschleunigen
- [ ] Fahren mit hoher Motordrehzahl
- [ ] Fahren in hohem Gang

3

6

1.1.01-101

Sie fahren innerorts hinter einem Fahrzeug mit ortsfremdem Kennzeichen. Was könnte geschehen? Der Vorausfahrende …

- [ ] … betätigt den Blinker vor dem Abbiegen zu spät
- [ ] … hält unerwartet an, um nach dem Weg zu fragen
- [ ] … bremst unerwartet

3

7

1.1.07-125

Welche grundlegenden Verhaltensregeln müssen Sie im Tunnel beachten?

- [ ] Nicht wenden
- [ ] Auch am Tage im gut beleuchteten Tunnel mit Abblendlicht fahren
- [ ] Anweisungen und Informationen des Tunnelpersonals Folge leisten

4

8

1.1.06-130

Weshalb kann Überholen auch auf übersichtlichen und geraden Fahrbahnen gefährlich sein? Weil ich …

- [ ] … meinen Überholweg kürzer einschätze, als er ist
- [ ] … die Geschwindigkeit eines entgegenkommenden Fahrzeugs als zu gering einschätze
- [ ] … die Entfernung eines entgegenkommenden Fahrzeugs als zu groß einschätze

5

Fehlerpunkte

9

VIDEO 122

1.2.37-017

Wie sollten Sie sich verhalten?

- [ ] Weiterfahren
- [ ] Abbremsen

5

10

1.1.01-103

Warum darf man nicht unnötig langsam fahren?

- [ ] Weil der Verkehrsfluss behindert wird
- [ ] Weil Nachfolgende zu gefährlichem Überholen verleitet werden
- [ ] Weil die Gefahr von Auffahrunfällen erhöht wird

3

11

1.2.26-005

Was gilt unmittelbar vor und auf Zebrastreifen? Es darf nicht...

- [ ] … überholt werden
- [ ] … gehalten werden
- [ ] … geparkt werden

4

12

1.1.03-109

Wo müssen Sie besonders mit plötzlich auftretendem Nebel rechnen?

- [ ] An Flussläufen
- [ ] In Moorgebieten
- [ ] An Seen

3

13

1.2.12-002

Wo ist das Parken verboten?

- [ ] Am Fahrbahnrand, wenn hierdurch die Benutzung gekennzeichneter Parkflächen verhindert wird
- [ ] Auf Vorfahrtstraßen außerhalb geschlossener Ortschaften
- [ ] Auf Vorfahrtstraßen innerhalb geschlossener Ortschaften

3

Fehlerpunkte

14 1.2.36-001

Ein Polizeibeamter regelt auf einer Kreuzung den Verkehr, obwohl die Ampeln in Betrieb sind. Was gilt?

- Die Lichtzeichen der Ampeln
- Die Zeichen des Polizeibeamten
- Die vorfahrtregelnden Verkehrszeichen

4

15 1.3.01-053

Sie möchten nach rechts in eine Vorfahrtstraße einbiegen. Worauf müssen Sie achten?

- Auf von links und von rechts kommende Fahrzeuge
- Nur auf die von links kommenden Fahrzeuge
- Auf Radfahrer und Fußgänger, die rechts neben oder noch hinter Ihnen sind

5

16

1.3.01-049-M

Welches Verhalten ist richtig?

- Ich darf als Erster fahren
- Ich muss den roten Pkw vorlassen
- Ich muss die Straßenbahn vorlassen

5

17

1.3.01-117-M

Welches Verhalten ist richtig? Ich muss ...

- ... den Radfahrer durchfahren lassen
- ... den Bus durchfahren lassen
- ... an der Haltlinie anhalten

5

18

1.2.36-015-M

Wer darf zuerst fahren?

- Das Motorrad
- Der rote Pkw
- Ich

4

19 1.4.42-146

Worauf weist dieses Verkehrszeichen hin?

- Auf einen vorübergehenden Zusatzfahrstreifen
- Auf eine Haltemöglichkeit für Pausen und Fahrerwechsel
- Auf eine Nothalte- und Pannenbucht

4

20 1.4.40-115

Womit müssen Sie bei diesen Verkehrszeichen rechnen?

- Mit einer verengten Fahrbahn in etwa 50 m Entfernung
- Mit einer verengten Fahrbahn von 50 m Länge
- Mit einer Ausweichstelle in 50 m Entfernung

2

ZUSATZFRAGEN – KLASSE B

21 2.4.40-002

Wie verhalten Sie sich auf einer Autobahn bei diesem Verkehrszeichen?

- [ ] Bei Stau abbremsen und Warnblinklicht einschalten
- [ ] Bei Stau auf den Seitenstreifen wechseln und dort weiterfahren
- [ ] Aufmerksamkeit erhöhen, vorsorglich Abstand vergrößern

4

22 2.7.06-115

In welcher Situation ist die Nutzung einer Adaptiven Geschwindigkeitsregelanlage (AGR) zweckmäßig? Beim Fahren auf …

- [ ] … Autobahnen
- [ ] … kurvenreichen Straßen
- [ ] … Kraftfahrstraßen

3

23 2.1.07-208

Sie erhöhen Ihre Geschwindigkeit von 50 km/h auf 100 km/h. Wie verändert sich der Reaktionsweg entsprechend der Faustformel?

- [ ] Er vervierfacht sich von 25 m auf 100 m
- [ ] Er halbiert sich von 50 m auf 25 m
- [ ] Er verdoppelt sich von 15 m auf 30 m

3

24 2.6.06-103

Wie lang darf eine Fahrzeugkombination bestehend aus Pkw und Anhänger ohne überstehende Ladung höchstens sein?

Antwort: ____ m

2

25 2.2.12-102

Bis zu welcher zulässigen Gesamtmasse dürfen Fahrzeuge auf besonders gekennzeichneten Gehwegen geparkt werden?

Antwort: ____ t

2

26

2.1.08-018

Was ist in dieser Situation richtig?

- [ ] Ich muss meine Geschwindigkeit verringern
- [ ] Der Lkw muss warten
- [ ] Der Lkw hat Vorfahrt

5

27 2.7.01-142

Was kann in Kurven zum Schleudern Ihres Kraftfahrzeugs führen?

- [ ] Starke Lenkeinschläge
- [ ] Leichtes Beschleunigen am Kurvenausgang
- [ ] Zu schnelles Fahren

3

28 2.7.01-047

Wodurch wird die auf ein Fahrzeug wirkende Fliehkraft bei Kurvenfahrt vergrößert?

- [ ] Durch höhere Geschwindigkeit
- [ ] Durch kleineren Kurvenradius
- [ ] Durch höheren Reifenluftdruck

3

29 2.2.18-103

Sie fahren auf der Autobahn und haben die Ausfahrt verpasst. Wie verhalten Sie sich richtig?

- [ ] Ich fahre weiter und verlasse die Autobahn an einer der nächsten Ausfahrten
- [ ] Ich fahre auf dem Seitenstreifen zurück, wenn die Ausfahrt weniger als 100 m entfernt ist
- [ ] Ich halte auf dem Seitenstreifen, um die weitere Fahrtstrecke zu planen

4

30 2.2.21-007

Warum ist es gefährlich, wenn Personen auf den hinteren Sitzen die Sicherheitsgurte nicht benutzen? Bei einem Aufprall …

- [ ] … kann es schon bei niedrigen Geschwindigkeiten zu Verletzungen kommen
- [ ] … kann es zur Gefährdung der Personen auf den vorderen Sitzen kommen
- [ ] … können diese Personen aus dem Fahrzeug geschleudert werden

4

Fehlerpunkte ____ Fehlerpunkte ____

Amtliche Prüfungsfragen für Führerscheinbewerber

Grundlagen für alle Klassen und Zusatzfragen Klasse B

41

Hinweise zu Videofragen:

In jeder Theorie-Prüfung sind 2 zufällige Videofragen vorhanden. Die Videofragen sind auf den Prüfungsbögen gekennzeichnet (Video-Abspielsymbol inklusive der Fragennummer). Die beiliegende DVD enthält alle diese Videos.

Legen Sie die DVD in Ihr CD-/DVD-Laufwerk ein und öffnen Sie die DVD durch Doppelklick auf das entsprechende Laufwerk in Ihrem Explorer. Wählen Sie das Video mit der im Bogen angegebenen Videonummer durch Doppelklick aus.

Während der Prüfung dürfen Sie ein Video maximal 5-mal anschauen, ohne dass Ihnen die Frage bekannt ist. Erst wenn Sie bereit sind, können Sie sich die Frage zum Video anzeigen lassen. Danach müssen Sie die Frage beantworten und können das Video nicht noch mal anschauen.

Wichtig: Daher zuerst das Video max. 5-mal anschauen. Erst danach die zugehörige Frage lesen und bearbeiten.

Bezugsfahrzeug

Bitte beachten Sie das zugrunde liegende Bezugsfahrzeug:

Sie fahren ein ...

▶ Grundstoff:
Kraftfahrzeug mit Verbrennungsmotor

▶ Klasse B:
Zweispuriges Kraftfahrzeug mit Verbrennungsmotor, mit manuellem Schaltgetriebe und mit automatischem Blockierverhinderer (ABV)

Wenn in den Prüfungsaufgaben keine besonderen Fahrzeugeigenschaften benannt sind, gelten die folgenden allgemeinen Eigenschaften „Ihres Fahrzeugs“ (Bezugsfahrzeug).

▶ Bitte beachten Sie:
Wenn in der Prüfungsaufgabe besondere Fahrzeugeigenschaften ausdrücklich benannt sind, müssen diese bei der Aufgabenbearbeitung berücksichtigt werden!

	Fehlerpunkte / 5-Punkte-Regel
Klasse	B
zulässige Fehlerpunkte	10
Grundstoff	
Zusatzstoff	
Summe	
5-Punkte-Regel *)	
bestanden	
nicht bestanden	
Bemerkungen	
*) 2 oder mehr Fragen mit je 5 Fehlerpunkten falsch	

Beantworten Sie die Fragen durch Ankreuzen von Antworten oder durch die Angabe von Zahlen.
Sie haben die Frage falsch beantwortet, wenn ...
▶ nicht jede richtige Antwort angekreuzt ist ▶ oder eine/mehrere falsche Antwort(en) angekreuzt ist/sind ▶ oder eine falsche/keine Zahl angegeben ist

Sie haben die Prüfung nicht bestanden, wenn ...
▶ die zul. Fehlerpunkte überschritten wurden (d.h. mehr als 10 Punkte bei Klasse B)
▶ oder wenn 2 oder mehr Fragen mit je 5 Fehlerpunkten falsch beantwortet wurden

1

Womit müssen Sie rechnen, wenn Sie überholen wollen?

- Mit unsicherer Fahrweise des Radfahrers
- Mit verlängertem Anhalteweg
- Mit Rutschgefahr

1.1.06-122 **4**

2

VIDEO 123

Worauf stellen Sie sich in dieser Situation ein? Der entgegenkommende Pkw wird jetzt ...

- ... ausscheren und die Straßenmitte überfahren
- ... abbremsen und die Straßenmitte nicht überfahren
- ... überholen, ohne die Straßenmitte zu überfahren

1.1.07-017 **5**

3

Wer hält falsch?

- Der rote Pkw
- Der gelbe Pkw
- Beide Pkws

1.2.12-126-M **3**

Fehlerpunkte

4

VIDEO124

1.2.19-118-M

Wie müssen Sie sich jetzt verhalten? Ich muss …

- [ ] … den Bahnübergang zügig überqueren
- [ ] … vor dem Andreaskreuz anhalten
- [ ] … bei geöffneter Schranke weiterfahren

3

5

1.1.07-145

Während der Fahrt in einem Tunnel haben Sie Ihr Fahrzeug wegen eines Feuers noch im Tunnel abstellen müssen. Wie verhalten Sie sich jetzt?

- [ ] Ich löse Feueralarm an der Notrufstation aus
- [ ] Ich lösche das Feuer soweit möglich
- [ ] Ich schließe mein Fahrzeug ab

4

6

1.2.34-113

Wozu sind Sie verpflichtet, wenn Sie an einem Verkehrsunfall beteiligt sind? Ich muss …

- [ ] … die Unfallstelle absichern
- [ ] … Hilfe leisten, sollte es Verletzte geben
- [ ] … anhalten und mich über die Unfallfolgen vergewissern

4

7

1.1.01-101

Sie fahren innerorts hinter einem Fahrzeug mit ortsfremdem Kennzeichen. Was könnte geschehen? Der Vorausfahrende …

- [ ] … betätigt den Blinker vor dem Abbiegen zu spät
- [ ] … hält unerwartet an, um nach dem Weg zu fragen
- [ ] … bremst unerwartet

3

8

1.1.07-121

Wie müssen Sie sich bei einem Stau im Tunnel verhalten?

- [ ] Warnblinklicht einschalten
- [ ] Bei Stillstand mit ca. 5 m Sicherheitsabstand zum Vordermann anhalten
- [ ] Fahrzeug sichern und umgehend verlassen

4

Fehlerpunkte

9

1.3.01-128-M

Wer darf in dieser Situation zuerst fahren?

- [ ] Der rote Pkw
- [ ] Der blaue Traktor
- [ ] Ich selbst

5

10

1.2.16-104

Beim Befahren eines Tunnels nähern Sie sich einem Stauende. Wie verhalten Sie sich?

- [ ] Wenden und den Tunnel verlassen
- [ ] Warnblinklicht einschalten
- [ ] Am Stauende Motor abstellen und das Fahrzeug verlassen

4

11

1.1.07-001

Womit müssen Sie rechnen, wenn vor Ihnen ein Lastzug in eine enge Straße nach rechts abbiegen will? Er wird …

- [ ] … vor dem Abbiegen nach links ausscheren
- [ ] … sich besonders weit rechts einordnen
- [ ] … seine Geschwindigkeit stark vermindern

3

12

1.2.05-106

Wie müssen Sie sich verhalten, wenn Sie überholt werden?

- [ ] Möglichst weit rechts fahren
- [ ] Geschwindigkeit erhöhen
- [ ] Geschwindigkeit nicht erhöhen

4

13

1.1.06-124

Sie möchten in einer schmalen Straße Radfahrer überholen. Wegen der Straßenbreite ist ein Seitenabstand zu ihnen von höchstens 50 cm möglich. Wie verhalten Sie sich?

- [ ] Ich überhole nicht
- [ ] Ich gebe vor dem Überholen ein kurzes Warnzeichen
- [ ] Ich überhole mit mäßiger Geschwindigkeit

5

Fehlerpunkte

14 1.2.26-115

Warum ist eine defensive Fahrweise beim Annähern an Fußgängerüberwege besonders wichtig?

- [ ] Damit Auffahrunfälle vermieden werden
- [ ] Damit Fußgänger nicht verunsichert werden
- [ ] Damit nachfolgende Fahrzeuge leichter überholen können

4

15 1.5.01-114

Was kann dazu beitragen, Kraftstoff zu sparen und die Umweltbelastung zu verringern?

- [ ] Nach Möglichkeit öffentliche Verkehrsmittel benutzen, mit dem Fahrrad fahren oder zu Fuß gehen
- [ ] Schon beim Kauf eines Kraftfahrzeugs auf den Kraftstoffverbrauch achten
- [ ] Durch vorausschauende Fahrweise zu einem gleichmäßigen Verkehrsfluss beitragen

3

16

1.4.42-145

Was müssen Sie in Verkehrssituationen wie dieser beachten? Ich darf die Leitlinie …

- [ ] … überfahren, um an Hindernissen vorbeizufahren
- [ ] … überfahren, um zu überholen
- [ ] … nicht überfahren, wenn dadurch der Verkehr gefährdet wird

3

17

1.3.01-046-M

Welches Verhalten ist richtig?

- [ ] Ich muss den blauen Pkw durchfahren lassen
- [ ] Ich darf durchfahren

5

18

Welches Verhalten ist richtig? 1.3.01-018-M

- [ ] Ich muss das Motorrad durchfahren lassen
- [ ] Ich muss den Bus durchfahren lassen
- [ ] Ich fahre vor dem Bus

5

19

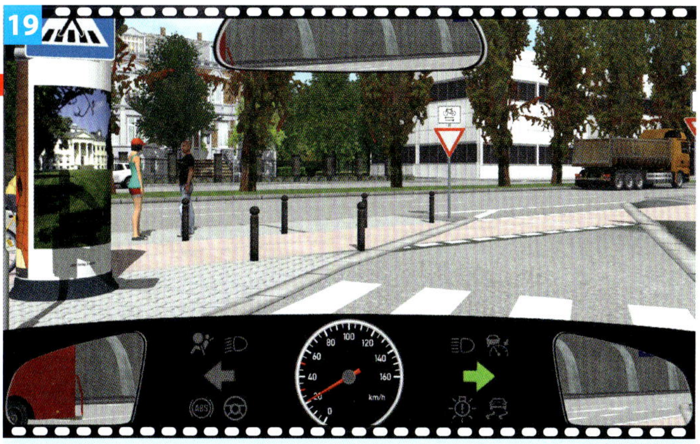

VIDEO 125 1.1.07-171

Warum müssen Sie jetzt anhalten?

- [ ] Wegen der Radfahrerin
- [ ] Wegen der Fußgänger
- [ ] Wegen des Lkws

4

20 1.4.40-154

Womit müssen Sie bei diesem Verkehrszeichen rechnen?

- [ ] Mit plötzlich auftretendem Fluglärm
- [ ] Mit der Ablenkung anderer Verkehrsteilnehmer
- [ ] Mit plötzlich bremsenden Fahrzeugen

2

ZUSATZFRAGEN – KLASSE B

21

2.1.03-111

Sie sind beim Überholen mehrerer Lkw in diese Situation geraten. Wie verhalten Sie sich jetzt?

- ☐ Ich überhole zügig weiter und schere vor dem roten Lkw ein
- ☐ Ich breche den Überholvorgang ab
- ☐ Ich stelle nach dem Einscheren wieder ausreichenden Sicherheitsabstand her

4

22

2.7.02-027

Warum muss eine durchgerostete Auspuffanlage unverzüglich repariert werden?

- ☐ Weil der Motor sonst zu heiß wird
- ☐ Weil Teile der Auspuffanlage auf die Fahrbahn fallen können
- ☐ Wegen der Lärmbelästigung

2

23

2.1.03-123

Bei einer Geradeausfahrt verlieren Sie durch Aquaplaning die Kontrolle über Ihr Fahrzeug. Wie reagieren Sie jetzt richtig?

- ☐ Ich nehme vorsichtig den Fuß vom Gaspedal
- ☐ Ich bremse stark ab
- ☐ Ich halte das Lenkrad möglichst gerade

4

24

2.2.04-106

Sie fahren einen schwer beladenen Pkw. Warum sollten Sie einen größeren Sicherheitsabstand zu vorausfahrenden Fahrzeugen einhalten? Weil sich …

- ☐ … meine Reaktionszeit verlängern kann
- ☐ … der Bremsweg verlängern kann
- ☐ … das Fahrverhalten des Pkws verändern kann

3

25

2.2.23-035

Was ist vorgeschrieben, wenn die Haftpflichtversicherung Ihres Fahrzeugs erloschen ist? Das Fahrzeug …

- ☐ … muss bei der Zulassungsstelle vorgeführt werden
- ☐ … darf im Straßenverkehr nicht mehr benutzt werden
- ☐ … muss bei der Zulassungsstelle abgemeldet werden

3

26

VIDEO 126

2.2.18-014

Wie sollten Sie sich verhalten?

- ☐ Ich ordne mich auf der Standspur (Seitenstreifen) ein
- ☐ Ich fahre weiter
- ☐ Ich halte auf meinem Fahrstreifen und warte auf eine Lücke

4

27

2.2.22-109

Wie hoch darf eine rote Leuchte, die eine nach hinten hinausragende Ladung kennzeichnet, höchstens über der Fahrbahn angebracht sein?

- ☐ 2,00 m
- ☐ 1,50 m
- ☐ 2,50 m

3

28

2.2.17-008

Sie fahren nachts auf unbeleuchteter Straße. Ein Fahrzeug fährt in geringem Abstand voraus. Welches Licht müssen Sie dabei eingeschaltet haben?

- ☐ Abblendlicht
- ☐ Fernlicht
- ☐ Standlicht allein

4

29

2.7.02-130

Ihr Fahrzeug lässt sich deutlich schwerer lenken als üblich. Wie verhalten Sie sich richtig?

- ☐ Ich achte zunächst bei weiteren Fahrten auf dieses Lenkverhalten
- ☐ Ich verringere den Reifenfülldruck an der Vorderachse
- ☐ Ich lasse das Fahrzeug umgehend in einer Werkstatt überprüfen

2

30

2.1.07-122

Sie fahren auf einer bei Motorradfahrern beliebten kurvenreichen Strecke. Womit müssen Sie rechnen?

- ☐ Motorradfahrer ragen, wegen ihrer starken Schräglage in Kurven, in meinen Fahrstreifen hinein
- ☐ Motorradfahrer schneiden Kurven
- ☐ Motorradfahrer überholen mich riskant

4

Fehlerpunkte ☐ Fehlerpunkte ☐

Amtliche Prüfungsfragen für Führerscheinbewerber

Grundlagen für alle Klassen und Zusatzfragen Klasse B

42

Hinweise zu Videofragen:

In jeder Theorie-Prüfung sind 2 zufällige Videofragen vorhanden. Die Videofragen sind auf den Prüfungsbögen gekennzeichnet (Video-Abspielsymbol inklusive der Fragennummer). Die beiliegende DVD enthält alle diese Videos.

Legen Sie die DVD in Ihr CD-/DVD-Laufwerk ein und öffnen Sie die DVD durch Doppelklick auf das entsprechende Laufwerk in Ihrem Explorer. Wählen Sie das Video mit der im Bogen angegebenen Videonummer durch Doppelklick aus.

Während der Prüfung dürfen Sie ein Video maximal 5-mal anschauen, ohne dass Ihnen die Frage bekannt ist. Erst wenn Sie bereit sind, können Sie sich die Frage zum Video anzeigen lassen. Danach müssen Sie die Frage beantworten und können das Video nicht noch mal anschauen.

Wichtig: Daher zuerst das Video max. 5-mal anschauen. Erst danach die zugehörige Frage lesen und bearbeiten.

Bezugsfahrzeug

Bitte beachten Sie das zugrunde liegende Bezugsfahrzeug:

Sie fahren ein ...

▶ Grundstoff:
Kraftfahrzeug mit Verbrennungsmotor

▶ Klasse B:
Zweispuriges Kraftfahrzeug mit Verbrennungsmotor, mit manuellem Schaltgetriebe und mit automatischem Blockierverhinderer (ABV)

Wenn in den Prüfungsaufgaben keine besonderen Fahrzeugeigenschaften benannt sind, gelten die folgenden allgemeinen Eigenschaften „Ihres Fahrzeugs" (Bezugsfahrzeug).

▶ Bitte beachten Sie:
Wenn in der Prüfungsaufgabe besondere Fahrzeugeigenschaften ausdrücklich benannt sind, müssen diese bei der Aufgabenbearbeitung berücksichtigt werden!

	Fehlerpunkte / 5-Punkte-Regel
Klasse	B
zulässige Fehlerpunkte	10
Grundstoff	
Zusatzstoff	
Summe	
5-Punkte-Regel *)	
bestanden	
nicht bestanden	
Bemerkungen	
*) 2 oder mehr Fragen mit je 5 Fehlerpunkten falsch	

Beantworten Sie die Fragen durch Ankreuzen von Antworten oder durch die Angabe von Zahlen.
Sie haben die Frage falsch beantwortet, wenn ...
▶ nicht jede richtige Antwort angekreuzt ist ▶ oder eine/mehrere falsche Antwort(en) angekreuzt ist/sind ▶ oder eine falsche/keine Zahl angegeben ist

Sie haben die Prüfung nicht bestanden, wenn ...
▶ die zul. Fehlerpunkte überschritten wurden (d.h. mehr als 10 Punkte bei Klasse B)
▶ oder wenn 2 oder mehr Fragen mit je 5 Fehlerpunkten falsch beantwortet wurden

1

Wie sollten Sie sich bei diesen Sichtverhältnissen verhalten?

- Ich schalte das Fernlicht ein
- Ich reduziere meine Geschwindigkeit
- Ich orientiere mich am rechten Fahrbahnrand

1.1.04-111 **3**

2

Womit müssen Sie rechnen?

- Dass Fußgänger warten werden, bis ich vorbeigefahren bin
- Dass Kinder plötzlich zwischen den Fahrzeugen auftauchen
- Dass vor mir Fußgänger auf die Fahrbahn treten

1.1.02-130-M **4**

3

VIDEO 127

Wie sollten Sie sich jetzt verhalten?

- Ich führe eine Gefahrenbremsung durch
- Ich halte das Lenkrad gerade und fest
- Ich weiche nach links aus

1.1.07-156-M **3**

Fehlerpunkte

4

VIDEO 128

1.2.06-006

Wie sollten Sie sich jetzt verhalten? Ich fahre weiter, …

- [ ] … um möglichen Gegenverkehr nicht aufzuhalten
- [ ] … wenn zu erkennen ist, dass kein Gegenverkehr kommt
- [ ] … da möglicher Gegenverkehr bereits warten muss

5

5

1.2.34-006

Sie sind an einem Unfall beteiligt. Welches Dokument müssen Sie anderen Unfallbeteiligten auf Verlangen vorweisen?

- [ ] Den Führerschein
- [ ] Die Zulassungsbescheinigung Teil I oder die Betriebserlaubnis
- [ ] Den Vertrag zur Haftpflichtversicherung

3

6

1.2.34-109

Sie bemerken im Tunnel einen Unfall. Was ist zu tun?

- [ ] Warnblinklicht einschalten
- [ ] Notdienste über Notrufstation informieren
- [ ] Fahrzeug nicht verlassen

4

7

1.1.06-130

Weshalb kann Überholen auch auf übersichtlichen und geraden Fahrbahnen gefährlich sein?

- [ ] Weil ich meinen Überholweg kürzer einschätze, als er ist
- [ ] Weil ich die Entfernung eines entgegenkommenden Fahrzeugs als zu groß einschätze
- [ ] Weil ich die Geschwindigkeit eines entgegenkommenden Fahrzeugs als zu gering einschätze

5

8

1.1.07-121

Wie müssen Sie sich bei einem Stau im Tunnel verhalten?

- [ ] Warnblinklicht einschalten
- [ ] Bei Stillstand mit ca. 5 m Sicherheitsabstand zum Vordermann anhalten
- [ ] Fahrzeug sichern und umgehend verlassen

4

Fehlerpunkte

9

1.2.37-102-B

Sie haben sich versehentlich rechts eingeordnet, obwohl Sie nach links abbiegen möchten. Wie dürfen Sie weiterfahren?

- [ ] Geradeaus
- [ ] Nach links, sobald die Ampel dafür „Grün" zeigt
- [ ] Nach rechts

4

10

1.1.07-154

Wie verhalten Sie sich bei einer Tunneldurchfahrt richtig?

- [ ] In einem Tunnel mit Gegenverkehr orientiere ich mich am rechten Fahrbahnrand
- [ ] Ich präge mir Sicherheitseinrichtungen wie Notausgänge und Notruftelefone ein
- [ ] Ich fahre mit verringertem Abstand, damit ich mich an den Schlussleuchten des vorausfahrenden Fahrzeugs orientieren kann

4

11

1.2.22-109

Was müssen Sie bei der Beladung Ihres Fahrzeugs beachten?

- [ ] Mein Fahrzeug darf die zulässigen Achslasten nicht überschreiten
- [ ] Ich muss die Ladung mit geeigneten Mitteln gegen Verrutschen sichern
- [ ] Mein Fahrzeug darf die zulässige Gesamtmasse maximal um 5 % überschreiten

3

12

1.1.09-017

Welche Folgen kann es haben, wenn man unter Einwirkung von Drogen (wie z. B. Haschisch, Heroin, Kokain) ein Kraftfahrzeug führt?

- [ ] Entzug der Fahrerlaubnis oder Fahrverbot
- [ ] Geld- und/oder Freiheitsstrafe
- [ ] Anordnung einer medizinisch-psychologischen Untersuchung

4

13

1.5.01-134

Worauf sollten Sie nach dem Starten Ihres Fahrzeugs achten? Ich sollte möglichst …

- [ ] … unverzüglich losfahren
- [ ] … mit niedriger Motordrehzahl fahren
- [ ] … den Motor im Stand warmlaufen lassen

3

Fehlerpunkte

14 1.3.01-053

Sie möchten nach rechts in eine Vorfahrtstraße einbiegen. Worauf müssen Sie achten?

- Nur auf die von links kommenden Fahrzeuge
- Auf von links und von rechts kommende Fahrzeuge
- Auf Radfahrer und Fußgänger, die rechts neben oder noch hinter Ihnen sind

5

15 1.1.03-110

Was müssen Sie tun, wenn vor Ihnen ein Nebelfeld die Sicht stark behindert?

- Abstand zum vorausfahrenden Fahrzeug vergrößern
- Dicht aufschließen, um sich an den Schlussleuchten des vorausfahrenden Fahrzeugs zu orientieren
- Geschwindigkeit rechtzeitig den Sichtverhältnissen anpassen

4

16

1.3.01-127-M

In welcher Reihenfolge müssen die Fahrzeuge hier weiterfahren?

- Der Radfahrer, der gelbe Pkw, ich
- Der Radfahrer, ich, der gelbe Pkw
- Ich, der Radfahrer, der gelbe Pkw

5

17

1.3.01-018-M

Welches Verhalten ist richtig?

- Ich muss den Bus durchfahren lassen
- Ich muss das Motorrad durchfahren lassen
- Ich fahre vor dem Bus

5

18 1.4.41-130

Worauf weisen diese Verkehrszeichen hin?

- Auf ein Überholverbot, das in 3 km Entfernung beginnt
- Auf eine Fahrbahn mit zwei Fahrstreifen für eine Richtung von 3 km Länge
- Auf eine Überholverbotsstrecke von 3 km Länge

3

19 1.4.41-027

Wann dürfen Sie hier halten?

- An Sonntagen
- An Samstagen
- An Feiertagen

2

20 1.2.34-010

Sie sind an einem Unfall mit einem Fahrzeug beteiligt, an dem die dargestellte orangefarbene Tafel angebracht ist. Sie sehen, dass aus dem Fahrzeug eine Flüssigkeit austritt. Wie verhalten Sie sich richtig?

- Ich gebe beim Notruf die Zahlen auf der orangefarbenen Tafel an
- Ich vermeide es, den Bereich mit der ausgelaufenen Flüssigkeit zu betreten
- Ich versuche, das Leck am Fahrzeug abzudichten

4

Fehlerpunkte

Fehlerpunkte

ZUSATZFRAGEN – KLASSE B

21

VIDEO 129 ▶ 2.1.02-006-M

Wie verhalten Sie sich jetzt richtig?

- ☐ Ich fahre unverändert weiter
- ☐ Ich halte an
- ☐ Ich beschleunige

5

22 2.7.05-006

Worauf müssen Sie bei der regelmäßigen Überprüfung der Reifen Ihres Fahrzeugs achten?

- ☐ Auf den Luftdruck
- ☐ Auf die Profiltiefe
- ☐ Auf äußere Beschädigungen

3

23 2.2.07-011

Sie fahren auf einer Straße mit mehreren markierten Fahrstreifen für eine Richtung. Wann ist das Reißverschlussverfahren anzuwenden?

- ☐ Wenn ein Fahrstreifen endet
- ☐ Wenn ein Fahrstreifen wegen eines Hindernisses nicht durchgehend befahrbar ist
- ☐ Wenn ein Einfädelungsstreifen auf der Autobahn endet

3

24 2.2.22-104

Was müssen Sie tun, wenn Sie auf dem Dach Ihres Pkw Fahrräder mitnehmen?

- ☐ Haltevorrichtung und Fahrräder sicher befestigen
- ☐ Hohe Geschwindigkeiten vermeiden
- ☐ Befestigung regelmäßig kontrollieren

3

25 2.7.01-158

In welcher Situation kann ein Aktiver Spurwechsel-Assistent sinnvoll eingesetzt werden? Beim Überholen auf ...

- ☐ ... Autobahnen
- ☐ ... autobahnähnlichen Straßen
- ☐ ... Straßen ohne Markierung

3

26

2.1.07-010-M

Womit müssen Sie auf diesem Parkplatz rechnen?

- ☐ Mit falsch parkenden Lkws
- ☐ Mit ausparkenden Fahrzeugen
- ☐ Mit Personen auf der Fahrbahn

3

27 2.7.05-102

Sie müssen ein defektes Rad demontieren. In welcher Reihenfolge sollten Sie vorgehen?

- ☐ Fahrzeug gegen Wegrollen sichern, Wagenheber ansetzen, Fahrzeug anheben, Radmuttern lösen, Radmuttern herausdrehen
- ☐ Wagenheber ansetzen, Fahrzeug gegen Wegrollen sichern, Radmuttern lösen, Fahrzeug anheben, Radmuttern herausdrehen
- ☐ Fahrzeug gegen Wegrollen sichern, Wagenheber ansetzen, Radmuttern lösen, Fahrzeug anheben, Radmuttern herausdrehen

3

28 2.1.04-102

Bei Dunkelheit und Regen kommen Ihnen auf einer Landstraße Fahrzeuge mit Abblendlicht entgegen. Was müssen Sie berücksichtigen?

- ☐ Durch Schlieren auf der Windschutzscheibe verschlechtert sich die Sicht
- ☐ Durch Einschalten von Fernlicht können Sie eine Blendung vermeiden
- ☐ Durch Spiegelung auf der nassen Fahrbahn können Sie geblendet werden

4

29 2.7.01-115

Wozu neigt ein Pkw mit Hinterradantrieb, wenn man in der Kurve zu viel Gas gibt?

- ☐ Er neigt dazu, vorne auszubrechen
- ☐ Er neigt dazu, hinten auszubrechen
- ☐ Er neigt zum Untersteuern

3

30 2.1.07-109

Sie erhöhen Ihre Geschwindigkeit von 50 km/h auf 100 km/h. Wie verändert sich der Bremsweg entsprechend der Faustformel?

- ☐ Er verdoppelt sich von 15 m auf 30 m
- ☐ Er halbiert sich von 50 m auf 25 m
- ☐ Er vervierfacht sich von 25 m auf 100 m

3

Fehlerpunkte ☐

Fehlerpunkte ☐

Amtliche Prüfungsfragen für Führerscheinbewerber

Grundlagen für alle Klassen und Zusatzfragen Klasse B

43

Hinweise zu Videofragen:

In jeder Theorie-Prüfung sind 2 zufällige Videofragen vorhanden. Die Videofragen sind auf den Prüfungsbögen gekennzeichnet (Video-Abspielsymbol inklusive der Fragennummer). Die beiliegende DVD enthält alle diese Videos.

Legen Sie die DVD in Ihr CD-/DVD-Laufwerk ein und öffnen Sie die DVD durch Doppelklick auf das entsprechende Laufwerk in Ihrem Explorer. Wählen Sie das Video mit der im Bogen angegebenen Videonummer durch Doppelklick aus.

Während der Prüfung dürfen Sie ein Video maximal 5-mal anschauen, ohne dass Ihnen die Frage bekannt ist. Erst wenn Sie bereit sind, können Sie sich die Frage zum Video anzeigen lassen. Danach müssen Sie die Frage beantworten und können das Video nicht noch mal anschauen.

Wichtig: Daher zuerst das Video max. 5-mal anschauen. Erst danach die zugehörige Frage lesen und bearbeiten.

Bezugsfahrzeug

Bitte beachten Sie das zugrunde liegende Bezugsfahrzeug:

Sie fahren ein ...

▶ Grundstoff:
Kraftfahrzeug mit Verbrennungsmotor

▶ Klasse B:
Zweispuriges Kraftfahrzeug mit Verbrennungsmotor, mit manuellem Schaltgetriebe und mit automatischem Blockierverhinderer (ABV)

Wenn in den Prüfungsaufgaben keine besonderen Fahrzeugeigenschaften benannt sind, gelten die folgenden allgemeinen Eigenschaften „Ihres Fahrzeugs“ (Bezugsfahrzeug).

▶ Bitte beachten Sie:
Wenn in der Prüfungsaufgabe besondere Fahrzeugeigenschaften ausdrücklich benannt sind, müssen diese bei der Aufgabenbearbeitung berücksichtigt werden!

	Fehlerpunkte / 5-Punkte-Regel
Klasse	B
zulässige Fehlerpunkte	10
Grundstoff	
Zusatzstoff	
Summe	
5-Punkte-Regel *)	
bestanden	
nicht bestanden	
Bemerkungen	
*) 2 oder mehr Fragen mit je 5 Fehlerpunkten falsch	

Beantworten Sie die Fragen durch Ankreuzen von Antworten oder durch die Angabe von Zahlen.
Sie haben die Frage falsch beantwortet, wenn ...
▶ nicht jede richtige Antwort angekreuzt ist ▶ oder eine/mehrere falsche Antwort(en) angekreuzt ist/sind ▶ oder eine falsche/keine Zahl angegeben ist

Sie haben die Prüfung nicht bestanden, wenn ...
▶ die zul. Fehlerpunkte überschritten wurden (d.h. mehr als 10 Punkte bei Klasse B)
▶ oder wenn 2 oder mehr Fragen mit je 5 Fehlerpunkten falsch beantwortet wurden

1

Mit welchen Gefahren müssen Sie rechnen?

- [ ] Die Kinder verlassen die Fahrbahn nicht rechtzeitig
- [ ] Alle Kinder warten auf dem Gehweg
- [ ] Einzelne Kinder kehren wieder um

1.1.02-041-M — 5

2

VIDEO 130 ▶

Womit müssen Sie rechnen?

Dass der Lkw vor mir …

- [ ] … plötzlich stehen bleibt
- [ ] … im rechten Fahrstreifen bleibt
- [ ] … weiter ausschwenkt

1.1.07-146 — 5

3

Wie sollten Sie sich bei diesen Sichtverhältnissen verhalten?

- [ ] Ich reduziere meine Geschwindigkeit
- [ ] Ich schalte das Fernlicht ein
- [ ] Ich orientiere mich am rechten Fahrbahnrand

1.1.04-111 — 3

Fehlerpunkte

4 1.2.19-110

Vor einem Bahnübergang steht vor einer von rechts einmündenden Straße ein rot leuchtendes Lichtzeichen ohne Andreaskreuz. Wo müssen Sie warten?

- [ ] An der Haltlinie
- [ ] Ich kann nach Beobachten des Verkehrs bis zum Bahnübergang vorfahren
- [ ] Wenn keine Haltlinie vorhanden ist, vor dem Lichtzeichen

3

5 1.1.09-031

Welche Auswirkung kann der Konsum von Cannabisprodukten auf den Fahrer haben?

- [ ] Die Aufmerksamkeit für das Verkehrsgeschehen nimmt ab
- [ ] Die Konzentration auf das Fahren nimmt ab
- [ ] Die Blendempfindlichkeit nimmt ab

4

6 1.2.12-122

Wann dürfen Sie nicht auf dem rechten Fahrstreifen parken?

- [ ] Wenn rechts von dem Fahrstreifen ein ausreichend befestigter Seitenstreifen vorhanden ist
- [ ] Wenn auf dem Fahrstreifen Schienen verlegt sind
- [ ] Wenn rechts von dem Fahrstreifen ein geeigneter Parkstreifen vorhanden ist

3

7 1.2.26-111

In welchen Fällen müssen Sie an einen Fußgängerüberweg besonders vorsichtig heranfahren?

- [ ] Wenn Fußgänger die Fahrbahn überqueren wollen
- [ ] Wenn die Sicht auf den Fußgängerüberweg eingeschränkt ist
- [ ] Wenn ein anderes Fahrzeug bereits vor dem Fußgängerüberweg wartet

5

8 1.1.07-122

Wodurch kann die Aufmerksamkeit bei einer Tunneldurchfahrt beeinträchtigt werden?

- [ ] Beleuchtungsreflexionen durch den Gegenverkehr
- [ ] Tunnellänge
- [ ] Gute Fahrbahnmarkierung

4

9

1.3.01-059-M

Wer darf zuerst fahren?

- [ ] Der rote Pkw
- [ ] Ich
- [ ] Der grüne Traktor

5

10 1.1.02-052

Warum müssen Sie damit rechnen, dass Kinder sich im Straßenverkehr unvorhersehbar verhalten? Weil Kinder …

- [ ] … leicht ablenkbar sind
- [ ] … die Verkehrssituation häufig nur unvollständig überblicken können
- [ ] … oft nicht zuordnen können, aus welcher Richtung ein Geräusch kommt

4

11 1.1.05-001

Wo führt schnelles Fahren häufig zu Unfällen?

- [ ] An Straßenkreuzungen und -einmündungen
- [ ] An Fußgängerüberwegen
- [ ] In Kurven

4

12 1.2.05-119

Woran können Sie erkennen, dass eine Pferdekutsche die Fahrtrichtung ändern möchte?

- [ ] Am Ausstrecken des Armes des Kutschers
- [ ] An der ausgestellten Winkerkelle
- [ ] Am eingeschalteten Blinker

3

13 1.2.16-102

Zu welchem Zweck darf die Hupe innerorts benutzt werden?

- [ ] Als Warnsignal
- [ ] Als Überholsignal
- [ ] Als Rufzeichen

2

Fehlerpunkte

Fehlerpunkte

14 1.2.26-117

Ein Radfahrer möchte - ohne abzusteigen - auf einem Fußgängerüberweg die Fahrbahn überqueren. Wie verhalten Sie sich?

- Ich bremse erst kurz vor dem Fußgängerüberweg ab
- Ich hupe und fahre vor dem Radfahrer weiter
- Ich lasse den Radfahrer die Fahrbahn passieren

4

15 1.5.01-010

Wo können Altöle, Schmierstoffe und Fahrzeugbatterien einer fachgerechten Entsorgung zugeführt werden?

- Auf Wertstoffhöfen
- Im Hausmüll
- In Kfz-Werkstätten

3

16

1.3.01-113

Welches Verhalten ist richtig?

- Der Radfahrer muss warten
- Ich muss warten

5

17

1.3.01-040-M

Welches Verhalten ist hier richtig?

- Der grüne Pkw darf vor dem roten Pkw fahren
- Ich darf vor dem roten Pkw fahren
- Ich darf vor dem grünen Pkw fahren

5

18

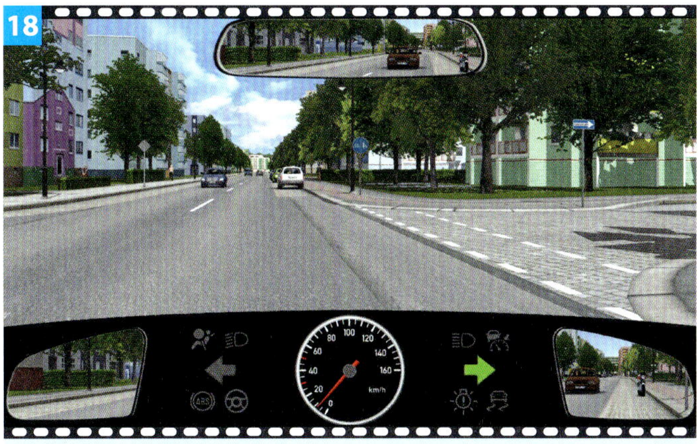

VIDEO 131 **Worauf müssen Sie hier beim Rechtsabbiegen achten?** 1.1.07-164-M

- Auf den Gegenverkehr
- Auf das Motorrad
- Auf den Radfahrer

5

19 1.4.42-110

Dürfen Sie hier parken?

- Ja, als Schwerbehinderter mit amtlichem Parkausweis
- Ja, für kurzfristige Einkäufe
- Ja, als Begleitperson von Blinden mit amtlichem Parkausweis

2

20 1.4.40-013

1 2 3

Sie fahren auf einer Straße mit einem Fahrstreifen für jede Richtung. Bei welchem Verkehrszeichen müssen Sie dem Gegenverkehr grundsätzlich Vorrang gewähren?

- Verkehrszeichen 1
- Verkehrszeichen 2
- Verkehrszeichen 3

3

ZUSATZFRAGEN – KLASSE B

21

2.1.03-119

Sie benutzen auf Ihrer Fahrt die Adaptive Geschwindigkeitsregelanlage (AGR) Ihres Fahrzeugs. Womit müssen Sie bei dieser Witterung rechnen?

- [ ] Die AGR kann in ihrer Funktion beeinträchtigt sein
- [ ] Ich muss die Geschwindigkeit und den Abstand selbst regulieren
- [ ] Die AGR hält das Fahrzeug an

3

22

2.1.07-029

Was müssen Sie beim Befahren von schmalen Alleen beachten? Auf schmalen Alleen …

- [ ] … bin ich vor Eisglätte geschützt
- [ ] … kann ich Kurven häufig schlecht einsehen
- [ ] … muss ich besonders defensiv fahren

4

23

2.2.15-111

Ihr Pkw hat einen Defekt und ist nicht mehr fahrbereit. Was ist beim Abschleppen zu beachten? Während des Abschleppens ist …

- [ ] … zusätzlich die Nebelschlussleuchte zur Signalisierung des Abschleppvorgangs anzuschalten
- [ ] … bei Ausfall des Motors die aufzubringende Kraft am Bremspedal erheblich höher
- [ ] … nach Möglichkeit eine Abschleppstange zu benutzen

3

24

2.1.04-103

Welche Gefahren können entstehen, wenn Sie mit eingeschaltetem Fernlicht fahren?

- [ ] Entgegenkommende werden geblendet
- [ ] Liegen gebliebene Fahrzeuge auf meiner Fahrbahnseite werden zu spät erkannt
- [ ] Wild auf der Fahrbahn wird geblendet und bleibt im Lichtkegel stehen

4

25

2.2.22-111

Bis zu welcher Höhe darf die Ladung nicht nach vorn über das Fahrzeug hinausragen?

Antwort: ____ m

3

26

VIDEO 132

2.1.07-023-M

Warum sollten Sie jetzt die Geschwindigkeit verringern?

- [ ] Wegen des roten Pkws
- [ ] Wegen des Tieres
- [ ] Wegen der Geschwindigkeitsbeschränkung

4

27

2.1.07-106

Bei schneller Autobahnfahrt platzt ein Reifen an Ihrem Pkw. Wie verhalten Sie sich?

- [ ] Möglichst auf dem Seitenstreifen anhalten, Warnblinklicht einschalten und Warndreieck aufstellen
- [ ] Gas wegnehmen, wenn nötig gegenlenken und vorsichtig abbremsen
- [ ] Sofort Vollbremsung durchführen, anschließend auf den Seitenstreifen wechseln

4

28

2.7.01-108

Sie fahren einen Pkw mit voll beladenem Anhänger ohne eigene Bremse. Was ist richtig?

- [ ] Der Bremsweg wird länger
- [ ] Der Reaktionsweg wird länger
- [ ] Der Anhalteweg wird kürzer

3

29

2.6.01-106

Sie haben Ihren zugelassenen Wohnanhänger während des Winterhalbjahres auf einem Campingplatz abgestellt. Was gilt hinsichtlich der Hauptuntersuchung?

- [ ] Der auf der Prüfplakette angegebene Termin verschiebt sich um die Standzeit
- [ ] Der auf der Prüfplakette angegebene Termin ist einzuhalten

2

30

2.2.21-125

Was schränkt die Funktion eines Dreipunkt-Sicherheitsgurts ein?

- [ ] Das Tragen einer dicken Winterjacke
- [ ] Das Durchführen des Gurts unter beide Arme
- [ ] Das unvollständige Einrasten des Gurts im Gurtschloss

3

Fehlerpunkte

Fehlerpunkte

Amtliche Prüfungsfragen für Führerscheinbewerber

Grundlagen für alle Klassen und Zusatzfragen Klasse B

44

Hinweise zu Videofragen:

In jeder Theorie-Prüfung sind 2 zufällige Videofragen vorhanden. Die Videofragen sind auf den Prüfungsbögen gekennzeichnet (Video-Abspielsymbol inklusive der Fragennummer). Die beiliegende DVD enthält alle diese Videos.

Legen Sie die DVD in Ihr CD-/DVD-Laufwerk ein und öffnen Sie die DVD durch Doppelklick auf das entsprechende Laufwerk in Ihrem Explorer. Wählen Sie das Video mit der im Bogen angegebenen Videonummer durch Doppelklick aus.

Während der Prüfung dürfen Sie ein Video maximal 5-mal anschauen, ohne dass Ihnen die Frage bekannt ist. Erst wenn Sie bereit sind, können Sie sich die Frage zum Video anzeigen lassen. Danach müssen Sie die Frage beantworten und können das Video nicht noch mal anschauen.

Wichtig: Daher zuerst das Video max. 5-mal anschauen. Erst danach die zugehörige Frage lesen und bearbeiten.

Bezugsfahrzeug

Bitte beachten Sie das zugrunde liegende Bezugsfahrzeug:

Sie fahren ein ...

▶ Grundstoff:
Kraftfahrzeug mit Verbrennungsmotor

▶ Klasse B:
Zweispuriges Kraftfahrzeug mit Verbrennungsmotor, mit manuellem Schaltgetriebe und mit automatischem Blockierverhinderer (ABV)

Wenn in den Prüfungsaufgaben keine besonderen Fahrzeugeigenschaften benannt sind, gelten die folgenden allgemeinen Eigenschaften „Ihres Fahrzeugs" (Bezugsfahrzeug).

▶ Bitte beachten Sie:
Wenn in der Prüfungsaufgabe besondere Fahrzeugeigenschaften ausdrücklich benannt sind, müssen diese bei der Aufgabenbearbeitung berücksichtigt werden!

	Fehlerpunkte / 5-Punkte-Regel
Klasse	B
zulässige Fehlerpunkte	10
Grundstoff	
Zusatzstoff	
Summe	
5-Punkte-Regel *)	
bestanden	
nicht bestanden	
Bemerkungen	
*) 2 oder mehr Fragen mit je 5 Fehlerpunkten falsch	

Beantworten Sie die Fragen durch Ankreuzen von Antworten oder durch die Angabe von Zahlen.
Sie haben die Frage falsch beantwortet, wenn ...
▶ nicht jede richtige Antwort angekreuzt ist ▶ oder eine/mehrere falsche Antwort(en) angekreuzt ist/sind ▶ oder eine falsche/keine Zahl angegeben ist

Sie haben die Prüfung nicht bestanden, wenn ...
▶ die zul. Fehlerpunkte überschritten wurden (d.h. mehr als 10 Punkte bei Klasse B)
▶ oder wenn 2 oder mehr Fragen mit je 5 Fehlerpunkten falsch beantwortet wurden

1 VIDEO 133 ▶

Wie verhalten Sie sich in dieser Situation richtig?

- [ ] Ich fahre rechts an der Straßenbahn vorbei
- [ ] Ich bleibe hinter der Straßenbahn
- [ ] Ich überhole die Straßenbahn links

1.2.20-107-M — 3

2

Warum dürfen Sie jetzt nicht überholen?

- [ ] Weil die Radfahrerin nach links abbiegen könnte
- [ ] Weil der Straßenbelag auf der linken Fahrbahnhälfte sehr schlecht ist
- [ ] Weil ich möglichen Gegenverkehr nicht rechtzeitig sehen kann

1.1.06-005-M — 5

3

Wie verhalten Sie sich in dieser Situation?

- [ ] Bremsbereit sein
- [ ] Geschwindigkeit vermindern
- [ ] Unverändert weiterfahren

1.1.07-015-M — 4

Fehlerpunkte

4

VIDEO 134

Worauf sollten Sie sich in dieser Situation einstellen? 1.1.07-157-M

- Der Bus schwenkt beim Anfahren kurz auf meinen Fahrstreifen aus
- Das Quad fährt plötzlich an
- Personen betreten hinter dem Bus die Fahrbahn

4

5

Was führt häufig zu schweren Unfällen? 1.1.01-113

- Eine mangelhafte Beobachtung des Verkehrs
- Ein Fahren mit zu geringem Abstand
- Eine unangepasste Geschwindigkeit

4

6

Sie fahren ein Kraftfahrzeug mit manuellem Schaltgetriebe. Wodurch kann beim Fahren eine vermeidbare Lärmbelästigung entstehen? 1.5.01-130

- Durch unnötig starkes Beschleunigen
- Durch schadhafte Schalldämpfer
- Durch schnelles Fahren in niedrigen Gängen

3

7

Warum sind Sie besonders gefährdet, wenn Sie ein Zweirad fahren? 1.1.07-141

- Weil ich leicht zu übersehen bin
- Weil meine Geschwindigkeit unterschätzt werden kann
- Weil ich bei Unfällen ein höheres Verletzungsrisiko habe

4

8

Eine Person im Rollstuhl schafft es nach dem Überqueren der Straße nicht, mit dem Rollstuhl den Bordstein zu überwinden, um den Gehweg zu erreichen. Wie verhalten Sie sich? 1.1.02-029

- Ich steige aus und helfe der Person im Rollstuhl
- Ich halte und schalte die Warnblinkanlage ein
- Ich hupe und fahre um die Person herum

4

Fehlerpunkte

9

Sie möchten nach links abbiegen. Welche Fahrlinie müssen Sie einhalten? 1.2.09-019-M

- Die linke Fahrlinie
- Die rechte Fahrlinie
- Beide Fahrlinien sind möglich

4

10

Welche Auswirkung kann der Konsum von Cannabisprodukten auf den Fahrer haben? 1.1.09-031

- Die Konzentration auf das Fahren nimmt ab
- Die Blendempfindlichkeit nimmt ab
- Die Aufmerksamkeit für das Verkehrsgeschehen nimmt ab

4

11

Sie fahren mit 30 km/h. Dabei beträgt der Bremsweg bei einer normalen Bremsung 9 Meter nach der Faustformel. Wie lang ist der Bremsweg unter gleichen Bedingungen bei 60 km/h? 1.2.03-106

- 27 m
- 18 m
- 36 m

4

12

An welchen Stellen ohne vorfahrtregelnde Verkehrszeichen gilt die Regel „rechts vor links"? 1.3.01-001

- An Grundstücksausfahrten
- Am Ende eines verkehrsberuhigten Bereiches
- An Straßenkreuzungen und -einmündungen

5

13

In welcher Situation ist das Überholen unzulässig? Wenn ich den … 1.1.06-128

- … nötigen Seitenabstand nicht einhalten kann
- … Überholvorgang nicht vor dem Beginn eines Überholverbots beenden kann
- … Überholvorgang nicht vor einer Kuppe beenden kann

4

Fehlerpunkte

14 1.2.11-108

In welchen Fällen dürfen Sie nicht in eine Kreuzung einfahren, obwohl die Ampel „Grün" zeigt?

- Wenn an der Kreuzung das Verkehrszeichen „Halt. Vorfahrt gewähren." steht
- Wenn ich auf der Kreuzung warten muss, weil der Verkehr stockt
- Wenn ein Polizeibeamter „Halt" gebietet

4

15 1.2.16-104

Beim Befahren eines Tunnels nähern Sie sich einem Stauende. Wie verhalten Sie sich?

- Warnblinklicht einschalten
- Am Stauende Motor abstellen und das Fahrzeug verlassen
- Wenden und den Tunnel verlassen

4

16

1.3.01-056-M

Wie verhalten Sie sich richtig?

- Ich fahre nach den beiden Pkws
- Ich fahre vor den beiden Pkws
- Ich fahre nach dem blauen Pkw

5

17

1.3.01-038-M

Welches Verhalten ist richtig?

- Ich darf vor dem blauen Pkw fahren
- Ich muss den blauen Pkw durchfahren lassen
- Ich muss das Motorrad durchfahren lassen

5

18 1.4.40-143

Womit müssen Sie bei diesem Verkehrszeichen rechnen?

- Es folgt eine scharfe Rechtskurve
- Entgegenkommende Fahrzeuge könnten die Kurve schneiden
- Fahrzeuge vor mir könnten stark bremsen

3

19 1.4.41-145

Worauf weist dieses Verkehrszeichen hin?

- Auf ein Verbot für Radfahrer
- Auf Radfahrer, die die Fahrbahn kreuzen
- Auf einen benutzungspflichtigen Radweg

2

20 1.4.41-023

Dieses Verkehrszeichen ist am rechten Fahrbahnrand aufgestellt. Welche Bedeutung hat es? Ich darf …

- … davor parken
- … davor nicht halten
- … dahinter nicht halten

2

ZUSATZFRAGEN – KLASSE B

21

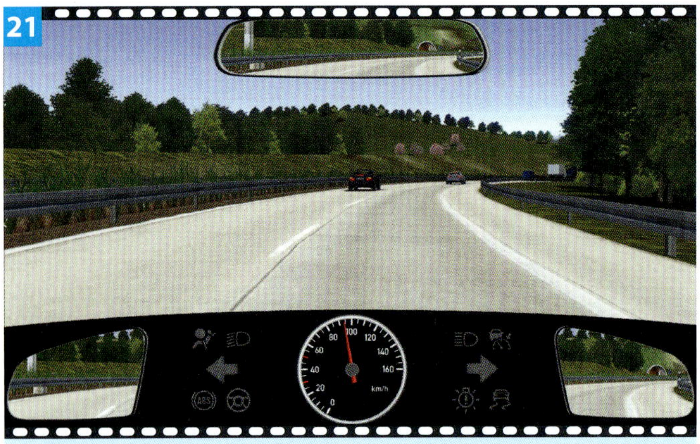

VIDEO 135 ▶ 2.1.08-016

Wie sollten Sie sich jetzt verhalten?

- ☐ Ich schalte das Warnblinklicht ein
- ☐ Ich bremse mein Fahrzeug ab
- ☐ Ich fahre in die freie Gasse

4

22 2.1.04-106

Was erhöht die Unfallgefahr? Das Fahren …

- ☐ … bei tief stehender Sonne von vorn
- ☐ … mit einer beschlagenen Frontscheibe
- ☐ … mit vereisten Seitenscheiben

3

23 2.1.03-120

Sie befahren eine schmale Allee.
Was müssen Sie beachten? Ich muss …

- ☐ … innerhalb der halben von mir übersehbaren Strecke anhalten können
- ☐ … bei Gegenverkehr gegebenenfalls anhalten
- ☐ … mit Unebenheiten am Fahrbahnrand durch Baumwurzeln rechnen

4

24 2.7.01-112

Sie mussten nach einer Reifenpanne das Notrad montieren. Was ist bei der Weiterfahrt verboten?

- ☐ Schneller als 80 km/h zu fahren
- ☐ Mit dem Notrad länger als unbedingt erforderlich zu fahren
- ☐ Personen mitzunehmen

3

25 2.7.06-114

Welchen Vorteil bringt die Nutzung einer Geschwindigkeitsregelanlage (Tempomat) für den Fahrer eines Kraftfahrzeugs? Der Tempomat …

- ☐ … entlastet den Fahrer bei der Fahrzeugbedienung
- ☐ … passt die Geschwindigkeit an die Verkehrsdichte an
- ☐ … hält eine eingestellte Fahrgeschwindigkeit auf ebener Fahrbahn konstant

3

Fehlerpunkte ☐

26

VIDEO 136 ▶ 2.1.06-021-M

Sie möchten überholen.
Wie verhalten Sie sich jetzt richtig?

- ☐ Ich folge dem Motorrad, da der Lkw durch Blinken eine Überholmöglichkeit signalisiert
- ☐ Ich verringere den Abstand zum Lkw, damit ich schneller überholen kann
- ☐ Ich überhole den Lkw nicht, da ich die dafür erforderliche Strecke nicht einsehen kann

4

27 2.2.21-112

Ein Pkw ist mit zwei Frontairbags ausgerüstet. Auf welchen Sitzplätzen müssen Sicherheitsgurte angelegt werden?

- ☐ Auf allen Sitzen
- ☐ Nur auf den Vordersitzen
- ☐ Nicht auf den Vordersitzen

4

28 2.2.22-125

Was sind Ladungssicherungsmittel zur Verwendung im Pkw?

- ☐ Zurrgurte
- ☐ Unterlegkeile
- ☐ Sicherungsnetze

3

29 2.7.02-133

Wann müssen Sie Ihren Pkw in einer Werkstatt überprüfen lassen? Beim Erkennen von Mängeln …

- ☐ … am Fahrwerk
- ☐ … an der Lackierung
- ☐ … an der Lenkanlage

2

30 2.2.17-102

Wann dürfen Sie Nebelschlussleuchten einschalten?

- ☐ Wenn durch Nebel die Sichtweite weniger als 50 m beträgt
- ☐ Wenn durch starken Regen die Sicht behindert wird
- ☐ Wenn durch Nebel die Sichtweite 100 m beträgt

3

Fehlerpunkte ☐

Amtliche Prüfungsfragen für Führerscheinbewerber

Grundlagen für alle Klassen und Zusatzfragen Klasse B

45

Hinweise zu Videofragen:

In jeder Theorie-Prüfung sind 2 zufällige Videofragen vorhanden. Die Videofragen sind auf den Prüfungsbögen gekennzeichnet (Video-Abspielsymbol inklusive der Fragennummer). Die beiliegende DVD enthält alle diese Videos.

Legen Sie die DVD in Ihr CD-/DVD-Laufwerk ein und öffnen Sie die DVD durch Doppelklick auf das entsprechende Laufwerk in Ihrem Explorer. Wählen Sie das Video mit der im Bogen angegebenen Videonummer durch Doppelklick aus.

Während der Prüfung dürfen Sie ein Video maximal 5-mal anschauen, ohne dass Ihnen die Frage bekannt ist. Erst wenn Sie bereit sind, können Sie sich die Frage zum Video anzeigen lassen. Danach müssen Sie die Frage beantworten und können das Video nicht noch mal anschauen.

Wichtig: Daher zuerst das Video max. 5-mal anschauen. Erst danach die zugehörige Frage lesen und bearbeiten.

Bezugsfahrzeug

Bitte beachten Sie das zugrunde liegende Bezugsfahrzeug:

Sie fahren ein ...

▶ Grundstoff:
Kraftfahrzeug mit Verbrennungsmotor

▶ Klasse B:
Zweispuriges Kraftfahrzeug mit Verbrennungsmotor, mit manuellem Schaltgetriebe und mit automatischem Blockierverhinderer (ABV)

Wenn in den Prüfungsaufgaben keine besonderen Fahrzeugeigenschaften benannt sind, gelten die folgenden allgemeinen Eigenschaften „Ihres Fahrzeugs" (Bezugsfahrzeug).

▶ Bitte beachten Sie:
Wenn in der Prüfungsaufgabe besondere Fahrzeugeigenschaften ausdrücklich benannt sind, müssen diese bei der Aufgabenbearbeitung berücksichtigt werden!

	Fehlerpunkte / 5-Punkte-Regel
Klasse	B
zulässige Fehlerpunkte	10
Grundstoff	
Zusatzstoff	
Summe	
5-Punkte-Regel *)	
bestanden	
nicht bestanden	
Bemerkungen	
*) 2 oder mehr Fragen mit je 5 Fehlerpunkten falsch	

Beantworten Sie die Fragen durch Ankreuzen von Antworten oder durch die Angabe von Zahlen. Sie haben die Frage falsch beantwortet, wenn...
▶ nicht jede richtige Antwort angekreuzt ist ▶ oder eine/mehrere falsche Antwort(en) angekreuzt ist/sind ▶ oder eine falsche/keine Zahl angegeben ist

Sie haben die Prüfung nicht bestanden, wenn...
▶ die zul. Fehlerpunkte überschritten wurden (d.h. mehr als 10 Punkte bei Klasse B)
▶ oder wenn 2 oder mehr Fragen mit je 5 Fehlerpunkten falsch beantwortet wurden

1

Wie sollten Sie sich verhalten?

- ☐ Auf Schrittgeschwindigkeit abbremsen
- ☐ Unvermindert weiterfahren
- ☐ Bremsbereit bleiben

1.1.02-042-M

5

2

VIDEO 137

Wie verhalten Sie sich in dieser Situation richtig?

- ☐ Ich fahre bremsbereit weiter
- ☐ Ich führe eine Gefahrbremsung durch
- ☐ Ich beschleunige

1.1.07-172-M

4

3

Womit müssen Sie hinter dieser Straßenkuppe rechnen?

- ☐ Dort kann ein Fahrzeug liegen geblieben sein
- ☐ Es kann ein Fahrzeug entgegenkommen, das meinen Fahrstreifen mitbenutzt
- ☐ Auf meinem Fahrstreifen kann sich ein langsam fahrendes Fahrzeug befinden

1.1.07-103-M

3

Fehlerpunkte

4

VIDEO 138

1.2.26-007

Wie verhalten Sie sich richtig?

- [ ] Ich fahre langsam weiter, weil kein Fußgänger erkennbar den Fußgängerüberweg benutzen möchte
- [ ] Ich halte an, weil ein Mann den Fußgängerüberweg überqueren möchte
- [ ] Ich halte an, weil ein Kind hinter dem Transporter auf die Fahrbahn treten wird

4

5

1.5.01-124

Sie fahren zur Hauptverkehrszeit im Stadtverkehr. Welche Auswirkung hat das Fahren im Stop-and-go-Verkehr? Mein Fahrzeug …

- [ ] … verbraucht mehr Kraftstoff
- [ ] … verursacht mehr Abgase
- [ ] … verursacht mehr Belästigungen für andere

3

6

1.1.06-105

In welchen Fällen muss das Überholen abgebrochen werden?

- [ ] Wenn der Eingeholte plötzlich beschleunigt
- [ ] Wenn durch unerwarteten Gegenverkehr Gefahr entsteht
- [ ] Wenn der Eingeholte seine Geschwindigkeit stark verringert

5

7

1.1.06-104

Wann wird ein Überholender gefährdet? Wenn der Eingeholte …

- [ ] … zum Überholen ausschert
- [ ] … plötzlich beschleunigt
- [ ] … seine Geschwindigkeit stark verringert

5

8

1.3.01-003

Sie kommen an eine Kreuzung, an der Sie die Vorfahrtlage nicht gleich überblicken. Wie verhalten Sie sich?

- [ ] Warten, beobachten und sich gegebenenfalls mit anderen verständigen
- [ ] Nach der Regel „rechts vor links" fahren
- [ ] Als Geradeausfahrer immer durchfahren

5

Fehlerpunkte

9

1.2.09-133-M

Wer muss in dieser Situation blinken?

- [ ] Ich selbst
- [ ] Der rote Pkw
- [ ] Der blaue Pkw

3

10

1.2.34-109

Sie bemerken im Tunnel einen Unfall. Was ist zu tun?

- [ ] Warnblinklicht einschalten
- [ ] Notdienste über Notrufstation informieren
- [ ] Fahrzeug nicht verlassen

4

11

1.1.03-121

Während der Fahrt regnet es plötzlich stark. Wie sollten Sie sich verhalten?

- [ ] Ich verringere meine Geschwindigkeit
- [ ] Ich vermeide starkes Beschleunigen
- [ ] Ich verringere den Sicherheitsabstand zum Vorausfahrenden

4

12

1.1.03-105

Wie können Sie beim Fahren gefahrlos feststellen, ob die Fahrbahn vereist ist?

- [ ] Bei ganz langsamer Fahrt bremsen
- [ ] Lenkung ruckartig hin- und herbewegen
- [ ] Kräftig Gas geben

4

13

1.2.09-109

Sie befinden sich im Kreisverkehr. Was ist zu beachten?

- [ ] Eine Mittelinsel darf nur überfahren werden, wenn dies aufgrund der Fahrzeuggröße unvermeidbar ist
- [ ] Im Kreisverkehr ist das Halten auf der Fahrbahn verboten
- [ ] Das Verlassen des Kreises muss durch Blinken angezeigt werden

3

Fehlerpunkte

14 1.2.05-110

In welchen Fällen müssen Sie blinken?

- Vor dem Wiedereinordnen nach dem Überholen
- Beim Verlassen einer abknickenden Vorfahrtstraße in gerader Richtung
- Vor dem Ausscheren zum Überholen oder zum Vorbeifahren

3

15 1.2.20-004

Welchen Fahrzeugen müssen Sie das Abfahren von gekennzeichneten Haltestellen ermöglichen?

- Schulbussen
- Linienbussen
- Taxen

3

16

1.3.01-021-M

Welches Verhalten ist richtig? Ich darf …

- … erst nach dem Motorrad abbiegen
- … vor dem gelben Pkw abbiegen
- … als Erster abbiegen

5

17

Welches Verhalten ist richtig?

1.3.01-118-M

- Die Radfahrerin muss mich vorbeilassen
- Ich muss die Radfahrerin durchfahren lassen
- Ich darf vor dem Motorrad fahren

5

18 1.1.09-018

Was kann Haschischkonsum bewirken?

- Rausch mit Verwirrtheitszuständen und Depressionen
- Verbesserte Zeiteinschätzung
- Rausch mit gefährlichen Sinnestäuschungen und Herabsetzung des Reaktionsvermögens

4

19 1.4.42-135

Worauf weist dieses Verkehrszeichen hin?

- Auf die U-Bahn Linie 3
- Auf eine nummerierte Umleitung
- Auf eine nummerierte Tiefgarage

2

20 1.4.42-001

Worauf weist dieses Verkehrszeichen hin?

- Auf Vorfahrt an allen Kreuzungen und Einmündungen dieser Straße
- Auf Vorfahrt bis zum Ortsende
- Auf Vorfahrt nur an der nächsten Kreuzung oder Einmündung

3

Fehlerpunkte

Fehlerpunkte

ZUSATZFRAGEN – KLASSE B

21 2.4.42-102

Wie darf hier mit Fahrzeugen bis 2,8 t zulässiger Gesamtmasse geparkt werden?

- Kleine Pkw auch quer zur Fahrtrichtung
- Pkw entsprechend der Abbildung
- Wohnwagen entsprechend der Abbildung

2

22 2.1.05-101

Was ist für die Wahl der Geschwindigkeit beim Befahren von Alleen mit geringer Fahrbahnbreite von besonderer Bedeutung?

- Die schnell wechselnden Lichtverhältnisse erleichtern das Abschätzen der seitlichen Abstände
- Das gleichzeitige Abschätzen des Seitenabstands zu den Bäumen und zum Gegenverkehr
- Dass bei einem entgegenkommenden breiten Fahrzeug unter Umständen in der halben übersehbaren Strecke angehalten werden muss

4

23 2.2.34-101

Sie hatten einen Wildunfall.
Wie verhalten Sie sich jetzt richtig?

- Ich sichere die Unfallstelle ab
- Ich nehme das Wild mit
- Ich verständige die Polizei

3

24 2.2.34-102

Warum sollten Sie während der Fahrt stets den Europäischen Unfallbericht mitführen? Weil der Europäische Unfallbericht im Falle eines Unfalls …

- … die Haftungsfrage am Unfallort eindeutig beantwortet
- … die Unfallaufnahme mit fremdsprachigen Unfallbeteiligten erleichtert
- … eine selbstständige Unfallaufnahme durch die Beteiligten ermöglicht

3

25 2.1.08-103

Wie können Sie die Gefahr verringern, eine Autobahn entgegen der vorgeschriebenen Fahrtrichtung zu befahren?

- Ich folge bei Baustellen ausschließlich den Angaben des Navigationssystems
- Ich suche bei Autobahnauffahrten gezielt nach Verkehrszeichen für die richtige Fahrtrichtung
- Ich achte bei geänderter Verkehrsführung genau auf die Beschilderung

3

26

VIDEO 139 2.1.07-115

Wie verhalten Sie sich in dieser Situation richtig?

- Ich behalte die Geschwindigkeit bei und fahre unverändert weiter
- Ich beschleunige, um einen ausreichenden Sicherheitsabstand herzustellen
- Ich bremse kurz, damit der nachfolgende Fahrer seine Geschwindigkeit reduziert

5

27 2.2.37-002

Sie fahren mit ungefähr 40 km/h. Etwa 10 m vor Ihnen wechselt die Ampel von „Grün" auf „Gelb".

Wie verhalten Sie sich?

- Weiterfahren
- Anhalten

4

28 2.6.06-102

Was bezeichnet man als zulässige Nutzlast?

- Die maximal zulässige Zuladung
- Die zulässige Gesamtmasse
- Die Differenz aus zulässiger Gesamtmasse und Leermasse

3

29 2.7.02-020

In welchen Fällen ist eine Bremsprobe unerlässlich?

- Bei Übernahme eines anderen Fahrzeugs
- Nach längerer Standzeit eines Fahrzeugs
- Nach jedem Motorölwechsel

3

30 2.2.15-105

Ein Pkw mit Servolenkung ist mit Motorschaden liegen geblieben und soll abgeschleppt werden. Was ist richtig?

- Die Lenkung am liegen gebliebenen Pkw geht wesentlich schwerer
- Die Lenkung am liegen gebliebenen Pkw ist blockiert
- Die Lenkung am liegen gebliebenen Pkw ist nicht beeinträchtigt

3

Fehlerpunkte

Fehlerpunkte

Amtliche Prüfungsfragen für Führerscheinbewerber

Grundlagen für alle Klassen und Zusatzfragen Klasse B

46

Hinweise zu Videofragen:

In jeder Theorie-Prüfung sind 2 zufällige Videofragen vorhanden. Die Videofragen sind auf den Prüfungsbögen gekennzeichnet (Video-Abspielsymbol inklusive der Fragennummer). Die beiliegende DVD enthält alle diese Videos.

Legen Sie die DVD in Ihr CD-/DVD-Laufwerk ein und öffnen Sie die DVD durch Doppelklick auf das entsprechende Laufwerk in Ihrem Explorer. Wählen Sie das Video mit der im Bogen angegebenen Videonummer durch Doppelklick aus.

Während der Prüfung dürfen Sie ein Video maximal 5-mal anschauen, ohne dass Ihnen die Frage bekannt ist. Erst wenn Sie bereit sind, können Sie sich die Frage zum Video anzeigen lassen. Danach müssen Sie die Frage beantworten und können das Video nicht noch mal anschauen.

Wichtig: Daher zuerst das Video max. 5-mal anschauen. Erst danach die zugehörige Frage lesen und bearbeiten.

Bezugsfahrzeug

Bitte beachten Sie das zugrunde liegende Bezugsfahrzeug:

Sie fahren ein ...

▶ Grundstoff:
Kraftfahrzeug mit Verbrennungsmotor

▶ Klasse B:
Zweispuriges Kraftfahrzeug mit Verbrennungsmotor, mit manuellem Schaltgetriebe und mit automatischem Blockierverhinderer (ABV)

Wenn in den Prüfungsaufgaben keine besonderen Fahrzeugeigenschaften benannt sind, gelten die folgenden allgemeinen Eigenschaften „Ihres Fahrzeugs" (Bezugsfahrzeug).

▶ Bitte beachten Sie:
Wenn in der Prüfungsaufgabe besondere Fahrzeugeigenschaften ausdrücklich benannt sind, müssen diese bei der Aufgabenbearbeitung berücksichtigt werden!

	Fehlerpunkte / 5-Punkte-Regel
Klasse	B
zulässige Fehlerpunkte	10
Grundstoff	
Zusatzstoff	
Summe	
5-Punkte-Regel *)	
bestanden	
nicht bestanden	
Bemerkungen	
*) 2 oder mehr Fragen mit je 5 Fehlerpunkten falsch	

Beantworten Sie die Fragen durch Ankreuzen von Antworten oder durch die Angabe von Zahlen.
Sie haben die Frage falsch beantwortet, wenn ...
▶ nicht jede richtige Antwort angekreuzt ist ▶ oder eine/mehrere falsche Antwort(en) angekreuzt ist/sind ▶ oder eine falsche/keine Zahl angegeben ist

Sie haben die Prüfung nicht bestanden, wenn ...
▶ die zul. Fehlerpunkte überschritten wurden (d.h. mehr als 10 Punkte bei Klasse B)
▶ oder wenn 2 oder mehr Fragen mit je 5 Fehlerpunkten falsch beantwortet wurden

1

Wie müssen Sie sich verhalten?

Sofort auf Schrittgeschwindigkeit abbremsen

Mit unverminderter Geschwindigkeit vorbeifahren

Bremsbereit bleiben

1.1.02-043-M

5

2

VIDEO 140

Hinter Ihnen fährt ein Rettungswagen mit blauem Blinklicht und Einsatzhorn.

Wie verhalten Sie sich?

Ich fordere den Fahrer im Fahrzeug neben mir auf, sofort freie Bahn zu schaffen

Ich schaffe, ohne Andere zu gefährden, sofort freie Bahn

Nach dem Umschalten der Ampel auf „Grün" schaffe ich sofort freie Bahn

1.2.38-104

4

3

Warum müssen Sie hier besonders vorsichtig fahren?

Weil die Fahrbahn durch den falsch parkenden Pkw verengt ist

Weil die Fahrbahn glatt ist

Weil die Sicht durch die Kurve behindert ist

1.1.03-108-B

3

Fehlerpunkte

4

1.1.04-103-B

Was müssen Sie hier tun, wenn Sie geblendet werden?

- [ ] Zum rechten Fahrbahnrand schauen
- [ ] Geschwindigkeit notfalls vermindern
- [ ] Beschleunigen, um schneller aus dem Lichtkegel herauszukommen

4

5

1.1.03-104

Die Straße ist auf einem kurzen Stück vereist. Was sollen Sie hier möglichst vermeiden?

- [ ] Beschleunigen
- [ ] Bremsen
- [ ] Lenkbewegungen

4

6

1.1.01-109

Was ist zu tun, wenn Sie während der Fahrt Anzeichen von Müdigkeit spüren?

- [ ] Anregende Musik hören
- [ ] Unverzüglich eine Pause einlegen
- [ ] Sich an frischer Luft bewegen

4

7

1.1.02-005

Mit welchem Verhalten von Kindern müssen Sie an Zebrastreifen rechnen?

- [ ] Sie schätzen Geschwindigkeit und Entfernung herannahender Fahrzeuge immer richtig ein und warten am Fahrbahnrand
- [ ] Sie kehren ohne erkennbaren Grund auf dem Zebrastreifen um und laufen zurück
- [ ] Sie laufen auf den Zebrastreifen, ohne auf den Verkehr zu achten

5

8

1.2.20-103

Sie möchten an einem Linienbus vorbeifahren, der an einer Haltestelle angehalten hat. Was müssen Sie beachten? Ich muss …

- [ ] … mit ausreichendem Seitenabstand vorbeifahren
- [ ] … vorsichtig vorbeifahren
- [ ] … den Gegenverkehr beachten

4

Fehlerpunkte

9

1.2.02-104-M

Sie haben sich irrtümlich links eingeordnet, möchten aber nach rechts abbiegen. Wie verhalten Sie sich richtig?

- [ ] Ich wechsle vorsichtig in den rechten Fahrstreifen
- [ ] Ich fahre geradeaus weiter oder biege links ab
- [ ] Ich fahre geradeaus weiter und biege im Kreuzungsbereich rechts ab

4

10

1.1.06-002

Ist es leichtsinnig, noch kurz vor einer Kreuzung einen Lastzug zu überholen?

- [ ] Ja, weil der Lastzug die Sicht auf wichtige Verkehrszeichen verdecken kann
- [ ] Nein, weil Lastzüge meist langsam fahren
- [ ] Ja, weil der Lastzug die Sicht auf den Querverkehr verdeckt

5

11

1.2.05-108

In welchen Fällen dürfen Sie eine Straßenbahn links überholen?

- [ ] In Einbahnstraßen
- [ ] Wenn die Fahrbahn (keine Einbahnstraße) rechts neben der Straßenbahn durch andere Fahrzeuge versperrt ist
- [ ] Wenn die Schienen zu weit rechts liegen

3

12

1.5.01-122

Welche Kraftfahrzeuge sind vom Verkehrsverbot für „Umweltzonen" grundsätzlich ausgenommen?

- [ ] Land- und forstwirtschaftliche Zugmaschinen
- [ ] Krankenwagen im Einsatz
- [ ] Alle Kraftfahrzeuge der Umweltzonenbewohner

3

13

1.2.12-105

Wo ist das Parken verboten?

- [ ] Vor Bordsteinabsenkungen
- [ ] Am Fahrbahnrand, wenn hierdurch die Benutzung gekennzeichneter Parkflächen verhindert wird
- [ ] Unmittelbar hinter Fußgängerüberwegen

3

Fehlerpunkte

14 1.2.04-104

Wozu kann ein ausreichender Abstand zum vorausfahrenden Fahrzeug beitragen?

Zum vorausschauenden Fahren

Zur Einschränkung der Sicht

Zur Verringerung des Unfallrisikos

3

15 1.1.07-173

Während der Fahrt überquert vor Ihrem Fahrzeug ein Reh die Fahrbahn. Was sollten Sie beachten?

Dem Reh können weitere Tiere folgen

Das Reh kann mitten auf der Fahrbahn stehen bleiben

Das Reh kann durch Einschalten des Fernlichts verscheucht werden

3

16

1.3.01-041-M

Welches Verhalten ist hier richtig?

Ich darf vor dem roten Pkw fahren

Der gelbe Pkw darf vor dem roten Pkw fahren

Ich darf vor dem gelben Pkw fahren

5

17

1.3.01-114-M

Welches Verhalten ist richtig?

Der blaue Pkw muss mich abbiegen lassen

Ich muss den blauen Pkw durchfahren lassen

Ich muss den Radfahrer abbiegen lassen

5

18

1.3.01-058-M

Was gilt in dieser Situation?

Ich muss das Motorrad zuerst fahren lassen

Das Motorrad muss warten

Ich muss links blinken

5

19 1.4.41-126

Worauf weist dieses Verkehrszeichen hin? Auf das Ende einer Zone mit einer …

… vorgeschriebenen Mindestgeschwindigkeit von 30 km/h

… zulässigen Höchstgeschwindigkeit von 30 km/h

… Richtgeschwindigkeit von 30 km/h

2

20 1.4.41-029

Worauf weist dieses Verkehrszeichen hin? Fahrzeuge aller Art dürfen diese Straße …

… mit Schrittgeschwindigkeit befahren

… als Anlieger befahren

… nicht befahren

3

ZUSATZFRAGEN – KLASSE B

21

VIDEO 141 ▶ 2.1.07-114-M

Womit sollten Sie in dieser Situation rechnen? Dass der …

- … Motorradfahrer abbremst
- … Traktor weiterfährt
- … Traktor wartet

5

22 2.1.03-025

Wozu kann eine plötzliche Verschlechterung des Fahrbahnzustandes führen?

- Zu Schleuder- und Rutschgefahr
- Zu veränderten Reifengeräuschen
- Zu längerem Reaktionsweg

3

23 2.2.22-130

Worauf sollten Sie sich einstellen, wenn Sie auf dem Dach Ihres Pkws Ladung befördern? Der Pkw kann …

- … sich in Kurven stärker zur Seite neigen
- … empfindlicher gegenüber Seitenwind reagieren
- … einen erhöhten Kraftstoffverbrauch haben

3

24 2.2.17-117

In welcher Situation kann der Fernlichtassistent Ihres Kraftfahrzeugs bei Gegenverkehr möglicherweise nicht rechtzeitig abblenden?

- Beim Überqueren einer Kuppe
- Beim Durchfahren einer Kurve
- Bei Blendung durch ein entgegenkommendes Fahrzeug

3

25 2.7.01-137

Was unterscheidet reine Elektrofahrzeuge von Fahrzeugen mit Verbrennungsmotor? Reine Elektrofahrzeuge haben …

- … ein geringeres Motorgeräusch
- … einen geringeren Luftwiderstand
- … keinen direkten Schadstoffausstoß

3

26

2.1.06-035-M

Die Fahrzeuge vor Ihnen fahren mit etwa 30 km/h. Warum dürfen Sie vor der Kurve nicht überholen?

- Weil der rote Pkw zum Überholen ausscheren könnte
- Weil ich die Leitlinie nicht überfahren darf
- Weil mein Überholweg zu lang ist

4

27 2.5.01-208

Wie durchfahren Sie sicher eine Gefällestrecke? Ich nehme das Gaspedal vollständig zurück und schalte …

- … in den Leerlauf
- … in einen Gang, in dem ich wenig bremsen muss
- … die Zündung aus

3

28 2.2.03-024

Sie fahren bei Dunkelheit auf einer gut ausgebauten Landstraße und nutzen das Abblendlicht. Innerhalb welcher Strecke müssen Sie anhalten können?Innerhalb der Reichweite des …

- … Fernlichts
- … Standlichts
- … Abblendlichts

4

29 2.2.17-111

In welchen Fällen müssen Sie bei Dämmerung oder Dunkelheit nur die Begrenzungsleuchten (Standlicht) einschalten?

- Beim Fahren auf Straßen mit durchgehender, ausreichender Beleuchtung
- Wenn das Fahrzeug außerhalb geschlossener Ortschaften auf dem Seitenstreifen geparkt wird

3

30 2.2.13-001

Wo müssen Sie zum Parken eine Parkscheibe benutzen?

- An einer defekten Parkuhr
- Wo es durch Verkehrszeichen angeordnet ist
- Im eingeschränkten Haltverbot

2

 Fehlerpunkte ☐ Fehlerpunkte ☐

Amtliche Prüfungsfragen für Führerscheinbewerber

Grundlagen für alle Klassen und Zusatzfragen Klasse B

47

Hinweise zu Videofragen:

In jeder Theorie-Prüfung sind 2 zufällige Videofragen vorhanden. Die Videofragen sind auf den Prüfungsbögen gekennzeichnet (Video-Abspielsymbol inklusive der Fragennummer). Die beiliegende DVD enthält alle diese Videos.

Legen Sie die DVD in Ihr CD-/DVD-Laufwerk ein und öffnen Sie die DVD durch Doppelklick auf das entsprechende Laufwerk in Ihrem Explorer. Wählen Sie das Video mit der im Bogen angegebenen Videonummer durch Doppelklick aus.

Während der Prüfung dürfen Sie ein Video maximal 5-mal anschauen, ohne dass Ihnen die Frage bekannt ist. Erst wenn Sie bereit sind, können Sie sich die Frage zum Video anzeigen lassen. Danach müssen Sie die Frage beantworten und können das Video nicht noch mal anschauen.

Wichtig: Daher zuerst das Video max. 5-mal anschauen. Erst danach die zugehörige Frage lesen und bearbeiten.

Bezugsfahrzeug

Bitte beachten Sie das zugrunde liegende Bezugsfahrzeug:

Sie fahren ein ...

▶ Grundstoff:
Kraftfahrzeug mit Verbrennungsmotor

▶ Klasse B:
Zweispuriges Kraftfahrzeug mit Verbrennungsmotor, mit manuellem Schaltgetriebe und mit automatischem Blockierverhinderer (ABV)

Wenn in den Prüfungsaufgaben keine besonderen Fahrzeugeigenschaften benannt sind, gelten die folgenden allgemeinen Eigenschaften „Ihres Fahrzeugs" (Bezugsfahrzeug).

▶ Bitte beachten Sie:
Wenn in der Prüfungsaufgabe besondere Fahrzeugeigenschaften ausdrücklich benannt sind, müssen diese bei der Aufgabenbearbeitung berücksichtigt werden!

	Fehlerpunkte / 5-Punkte-Regel
Klasse	B
zulässige Fehlerpunkte	10
Grundstoff	
Zusatzstoff	
Summe	
5-Punkte-Regel *)	
bestanden	
nicht bestanden	
Bemerkungen	
*) 2 oder mehr Fragen mit je 5 Fehlerpunkten falsch	

Beantworten Sie die Fragen durch Ankreuzen von Antworten oder durch die Angabe von Zahlen.
Sie haben die Frage falsch beantwortet, wenn ...
▶ nicht jede richtige Antwort angekreuzt ist ▶ oder eine/mehrere falsche Antwort(en) angekreuzt ist/sind ▶ oder eine falsche/keine Zahl angegeben ist

Sie haben die Prüfung nicht bestanden, wenn ...
▶ die zul. Fehlerpunkte überschritten wurden (d.h. mehr als 10 Punkte bei Klasse B)
▶ oder wenn 2 oder mehr Fragen mit je 5 Fehlerpunkten falsch beantwortet wurden

1

Warnblinklicht an

Was müssen Sie in dieser Situation beachten?

Sie dürfen ...

- ... nur mit Schrittgeschwindigkeit vorbeifahren
- ... in keinem Fall vorbeifahren
- ... nur vorbeifahren, wenn eine Gefährdung von Fahrgästen ausgeschlossen ist

1.1.02-108-B **4**

2

Worauf müssen Sie sich hier einstellen?

- Auf ein von rechts kommendes Fahrzeug
- Auf einen verlängerten Bremsweg
- Auf eine verengte Fahrbahn

1.1.03-006-M **3**

3

Warum kann das Befahren dieser Straße gefährlich werden?

- Weil schlecht beleuchtete Fahrzeuge schwer zu erkennen sind
- Weil entgegenkommende Kraftfahrzeuge erst spät erkannt werden
- Weil Personen auf der Fahrbahn leicht übersehen werden

1.1.04-108 **4**

4

1.1.03-120

Wie verhalten Sie sich in dieser Situation richtig?

- [ ] Ich verringere die Geschwindigkeit
- [ ] Ich vermeide ruckartige Lenkbewegungen
- [ ] Ich bremse in der Kurve stark ab

3

5

1.2.05-101

Wo ist das Überholen verboten?

- [ ] Wo der Gegenverkehr behindert werden könnte
- [ ] Wo die Verkehrslage unklar ist
- [ ] In allen Einbahnstraßen

4

6

1.1.09-033

Bei welcher Substanz kann der Konsum vor oder während der Fahrt zu Fahruntüchtigkeit führen?

- [ ] Kokain
- [ ] Alkohol
- [ ] Haschisch

4

7

1.5.01-128

Wie können Sie den Lärm verringern, der durch Ihr Kraftfahrzeug verursacht wird?

- [ ] Durch das Fahren mit niedriger Motordrehzahl
- [ ] Durch die Verwendung von Reifen mit geringem Rollgeräusch
- [ ] Durch das Entfernen des Luftfiltereinsatzes

3

8

1.2.12-001

Wo ist das Halten verboten?

- [ ] Unmittelbar hinter Fußgängerüberwegen
- [ ] An engen und an unübersichtlichen Straßenstellen
- [ ] Auf Bahnübergängen

3

9

1.2.10-108

Sie möchten aus dem Grundstück ausfahren. Was ist richtig?

- [ ] Ich hupe kurz, damit mich die Fußgänger ausfahren lassen
- [ ] Ich darf fahren, falls die Fußgänger auf ihren Vorrang verzichten
- [ ] Ich muss warten, bis die Fußgänger die Ausfahrt überquert haben

4

10

1.2.26-116

Sie fahren auf einer Straße mit zwei Fahrstreifen in einer Richtung auf dem linken Fahrstreifen. Vor einem ca. 30 m entfernten Fußgängerüberweg hält auf dem rechten Fahrstreifen ein Lkw an. Wie verhalten Sie sich?

- [ ] Ich gebe Warnzeichen und fahre am Lkw vorbei
- [ ] Ich fahre zügig weiter
- [ ] Ich fahre mit mäßiger Geschwindigkeit heran

5

11

1.1.01-107

Welche Anzeichen warnen während der Fahrt vor aufkommender Müdigkeit?

- [ ] Schwere Augenlider
- [ ] Verkürzte Reaktionszeit
- [ ] Häufiges Gähnen

4

12

1.2.19-004

Ein Bahnbediensteter schwenkt an einem Bahnübergang eine rote Leuchte. Was bedeutet dies?

- [ ] Sie dürfen die Gleise vorsichtig überqueren
- [ ] Sie müssen vor dem Bahnübergang warten
- [ ] Die rote Leuchte hat für Sie keine Bedeutung

3

13

1.1.06-124

Sie möchten in einer schmalen Straße Radfahrer überholen. Wegen der Straßenbreite ist ein Seitenabstand zu ihnen von höchstens 50 cm möglich. Wie verhalten Sie sich?

- [ ] Ich gebe vor dem Überholen ein kurzes Warnzeichen
- [ ] Ich überhole mit mäßiger Geschwindigkeit
- [ ] Ich überhole nicht

5

Fehlerpunkte

Fehlerpunkte

14 1.1.07-101

Sie wollen eine landwirtschaftliche Zugmaschine mit nach hinten herausragendem Anbaugerät überholen. Was ist zu beachten?

- [ ] Zugmaschinen können wegen ihrer niedrigen Geschwindigkeit immer gefahrlos überholt werden
- [ ] Beim Abbiegen kann das Anbaugerät ausschwenken
- [ ] Die hintere Beleuchtung kann stark verschmutzt oder verdeckt sein, so dass eingeschaltete Blinkleuchten schlecht oder gar nicht zu sehen sind

4

15 1.3.01-002

An welchen Stellen ohne vorfahrtregelnde Verkehrszeichen gilt die Regel „rechts vor links"?

- [ ] An Einmündungen mit abgesenktem Bordstein
- [ ] Wo Feld- oder Waldwege in eine andere Straße münden
- [ ] An Straßenkreuzungen und -einmündungen

5

16

VIDEO142 ▶ 1.2.09-202-M

Warum müssen Sie in dieser Situation mit dem Rechtsabbiegen warten?

- [ ] Wegen der Radfahrerin
- [ ] Wegen des blauen Pkws
- [ ] Wegen der Fußgängerin

5

17

1.3.01-120-M

Welches Verhalten ist richtig?

- [ ] Ich muss das blaue Fahrzeug vorbeilassen
- [ ] Ich darf vor dem grünen Fahrzeug abbiegen
- [ ] Ich muss das grüne Fahrzeug durchfahren lassen

5

18

1.3.01-103-M

Welches Verhalten ist richtig?

- [ ] Das Motorrad muss warten
- [ ] Ich muss warten

5

19 1.4.41-136

Was endet hier?

- [ ] Eine Zone mit absolutem Haltverbot
- [ ] Eine Zone mit eingeschränktem Haltverbot
- [ ] Vorausgegangene Streckenverbote

2

20 1.4.40-132

Worauf weist diese Verkehrszeichenkombination hin? Auf einen Bahnübergang ...

- [ ] ... in etwa 240 m Entfernung
- [ ] ... in etwa 80 m Entfernung
- [ ] ... in etwa 160 m Entfernung

2

Fehlerpunkte

Fehlerpunkte

ZUSATZFRAGEN – KLASSE B

21

VIDEO 143 ▶ 2.2.05-103-M

Wodurch kann diese Situation gefährlich werden?

- [ ] Durch Gegenverkehr
- [ ] Durch den roten Pkw
- [ ] Durch den Traktor

4

22 2.7.01-107

Was müssen Sie bei einem Pkw mit Wohnanhänger vor Fahrtbeginn prüfen?

- [ ] Ob die Mitfahrer im Wohnanhänger die Sicherheitsgurte angelegt haben
- [ ] Ob die Sicht nach hinten durch die Rückspiegel ausreicht
- [ ] Ob die Beleuchtungseinrichtung des Anhängers funktioniert

3

23 2.7.01-155

Sie nutzen in Ihrem Kraftfahrzeug während der Fahrt den Spurhalte-Assistenten. Das System reagiert beim Verlassen des Fahrstreifens nicht. Was kann die Ursache dafür sein?

- [ ] Eine unzureichende Fahrbahnausleuchtung
- [ ] Starker Niederschlag
- [ ] Fehlende Fahrstreifenmarkierungen

3

24 2.2.15-115

Sie haben außerorts eine Panne. Ihr Kraftfahrzeug steht hinter einer Kurve auf der Fahrbahn. Was ist in dieser Situation richtig?

- [ ] Ich muss das Warnblinklicht einschalten
- [ ] Ich muss etwa 100 m hinter dem Fahrzeug mindestens ein auffällig warnendes Zeichen aufstellen
- [ ] Ich sollte eine Warnweste tragen

4

25 2.2.03-012

Sie fahren auf einer sehr schmalen Straße und haben 50 m Sichtweite.

Wie lang darf Ihr Anhalteweg höchstens sein?

Antwort: ____ m

4

26

VIDEO144 ▶ 2.1.08-011

Wie müssen Sie sich verhalten?

- [ ] Auf den linken Fahrstreifen wechseln
- [ ] Geschwindigkeit und Fahrstreifen beibehalten
- [ ] Verzögern und Fahrstreifen beibehalten

4

27 2.8.01-001

Wie lange dauert normalerweise die Probezeit?

- [ ] 2 Jahre
- [ ] 1 Jahr
- [ ] 3 Jahre

2

28 2.7.02-044

Wie können Sie einen defekten Blinker erkennen?

- [ ] Die Kontrollleuchte für den Blinker blinkt schneller als üblich
- [ ] Die Kontrollleuchte für den Blinker leuchtet dauerhaft rot
- [ ] Durch eine Funktionsprüfung vor Fahrtantritt

2

29 2.1.11-017

Auf einer Straße außerorts fährt vor Ihnen ein Pkw deutlich langsamer, als es erlaubt ist und für ihn möglich wäre. Wie verhalten Sie sich richtig?

- [ ] Ich passe meine Geschwindigkeit der des Pkws an
- [ ] Ich betätige die Lichthupe, bis der Pkw schneller fährt
- [ ] Ich überhole an geeigneter Stelle

4

30 2.5.01-007

Warum ist scharfes Anfahren zu vermeiden?

- [ ] Weil der entstehende Lärm andere belästigt
- [ ] Weil stärkerer Reifenverschleiß entsteht
- [ ] Weil dadurch die Hinterradbremse stark belastet wird

3

Fehlerpunkte

Fehlerpunkte

Amtliche Prüfungsfragen für Führerscheinbewerber

Grundlagen für alle Klassen und Zusatzfragen Klasse B

48

Hinweise zu Videofragen:

In jeder Theorie-Prüfung sind 2 zufällige Videofragen vorhanden. Die Videofragen sind auf den Prüfungsbögen gekennzeichnet (Video-Abspielsymbol inklusive der Fragennummer). Die beiliegende DVD enthält alle diese Videos.

Legen Sie die DVD in Ihr CD-/DVD-Laufwerk ein und öffnen Sie die DVD durch Doppelklick auf das entsprechende Laufwerk in Ihrem Explorer. Wählen Sie das Video mit der im Bogen angegebenen Videonummer durch Doppelklick aus.

Während der Prüfung dürfen Sie ein Video maximal 5-mal anschauen, ohne dass Ihnen die Frage bekannt ist. Erst wenn Sie bereit sind, können Sie sich die Frage zum Video anzeigen lassen. Danach müssen Sie die Frage beantworten und können das Video nicht noch mal anschauen.

Wichtig: Daher zuerst das Video max. 5-mal anschauen. Erst danach die zugehörige Frage lesen und bearbeiten.

Bezugsfahrzeug

Bitte beachten Sie das zugrunde liegende Bezugsfahrzeug:

Sie fahren ein ...

▶ Grundstoff:
Kraftfahrzeug mit Verbrennungsmotor

▶ Klasse B:
Zweispuriges Kraftfahrzeug mit Verbrennungsmotor, mit manuellem Schaltgetriebe und mit automatischem Blockierverhinderer (ABV)

Wenn in den Prüfungsaufgaben keine besonderen Fahrzeugeigenschaften benannt sind, gelten die folgenden allgemeinen Eigenschaften „Ihres Fahrzeugs" (Bezugsfahrzeug).

▶ Bitte beachten Sie:
Wenn in der Prüfungsaufgabe besondere Fahrzeugeigenschaften ausdrücklich benannt sind, müssen diese bei der Aufgabenbearbeitung berücksichtigt werden!

	Fehlerpunkte / 5-Punkte-Regel
Klasse	B
zulässige Fehlerpunkte	10
Grundstoff	
Zusatzstoff	
Summe	
5-Punkte-Regel *)	
bestanden	
nicht bestanden	
Bemerkungen	
*) 2 oder mehr Fragen mit je 5 Fehlerpunkten falsch	

Beantworten Sie die Fragen durch Ankreuzen von Antworten oder durch die Angabe von Zahlen.
Sie haben die Frage falsch beantwortet, wenn ...
▶ nicht jede richtige Antwort angekreuzt ist ▶ oder eine/mehrere falsche Antwort(en) angekreuzt ist/sind ▶ oder eine falsche/keine Zahl angegeben ist

Sie haben die Prüfung nicht bestanden, wenn ...
▶ die zul. Fehlerpunkte überschritten wurden (d.h. mehr als 10 Punkte bei Klasse B)
▶ oder wenn 2 oder mehr Fragen mit je 5 Fehlerpunkten falsch beantwortet wurden

1

VIDEO 145

Wie verhalten Sie sich jetzt richtig?

- ☐ Ich reduziere meine Geschwindigkeit
- ☐ Ich fahre gleichmäßig weiter
- ☐ Ich stelle mich auf eine Gefahrbremsung ein

1.1.02-138-M

4

2

VIDEO 146

Wie verhalten Sie sich in dieser Situation richtig?

- ☐ Ich fahre bremsbereit weiter
- ☐ Ich führe eine Gefahrbremsung durch
- ☐ Ich weiche nach rechts aus

1.1.07-207-M

4

3

VIDEO 147

Womit müssen Sie in dieser Situation rechnen?

- ☐ Der rote Bus fährt sofort an
- ☐ Der blaue Pkw fährt geradeaus
- ☐ Der Fußgänger wird warten

1.2.09-136-M

5

Fehlerpunkte

4

VIDEO 148

1.2.20-107-M

Wie verhalten Sie sich in dieser Situation richtig?

- [ ] Ich fahre rechts an der Straßenbahn vorbei
- [ ] Ich bleibe hinter der Straßenbahn
- [ ] Ich überhole die Straßenbahn links

3

5

1.2.12-113

An Haltestellen darf nur gehalten werden, wenn Busse nicht behindert werden.

Wie lange dürfen Sie dort höchstens halten?

Antwort: ____ Minuten

2

6

1.1.09-026

Warum ist bereits der einmalige Konsum von Drogen für die Teilnahme am Straßenverkehr gefährlich? Weil er …

- [ ] … zur Fahruntüchtigkeit führen kann
- [ ] … einen mehrstündigen Rausch verursachen kann
- [ ] … Wahrnehmungsstörungen verursachen kann

4

7

1.1.07-122

Wodurch kann die Aufmerksamkeit bei einer Tunneldurchfahrt beeinträchtigt werden?

- [ ] Tunnellänge
- [ ] Beleuchtungsreflexionen durch den Gegenverkehr
- [ ] Gute Fahrbahnmarkierung

4

8

1.1.09-006

Wie lange dauert es im Allgemeinen, bis 1,0 Promille Alkohol im Blut abgebaut ist?

- [ ] 10 Stunden
- [ ] 5 Stunden
- [ ] 1 Stunde

4

9

1.2.09-104-B

Nach dem Linksabbiegen wollen Sie sofort rechts abbiegen. Wie ordnen Sie sich ein? Wie der …

- [ ] … grüne Pkw
- [ ] … rote Pkw
- [ ] … blaue Pkw

3

10

1.2.05-124

Welchen Seitenabstand müssen Sie beim Überholen von Fußgängern und Radfahrern einhalten? Ich muss ...

- [ ] … innerorts mindestens 1,5 m Seitenabstand einhalten
- [ ] … innerorts mindestens 1,0 m Seitenabstand einhalten
- [ ] … außerorts mindestens 2,0 m Seitenabstand einhalten

4

11

1.1.01-108

Welche Folgen kann die Missachtung von Müdigkeitsanzeichen nach sich ziehen?

- [ ] Sekundenschlaf
- [ ] Konzentrationsmangel
- [ ] Fahrfehler

4

12

1.2.01-003

Gegenüber welchen Verkehrsteilnehmern müssen Sie sich besonders vorsichtig verhalten?

- [ ] Gegenüber Personen mit erkennbaren Behinderungen
- [ ] Gegenüber Kindern
- [ ] Gegenüber Taxifahrern

4

13

1.5.01-121

Wie können Sie den Reifenverschleiß gering halten?

- [ ] Ich verzichte möglichst auf starkes Beschleunigen
- [ ] Ich kontrolliere regelmäßig den Reifenfülldruck
- [ ] Ich verwende ganzjährig Winterreifen

3

Fehlerpunkte ____

Fehlerpunkte ____

14 1.3.01-119

Sie möchten eine Vorfahrtstraße überqueren. Die Sicht nach beiden Seiten ist durch parkende Fahrzeuge stark eingeschränkt. Wie verhalten Sie sich?

- Ich überquere die Kreuzung zügig
- Ich taste mich vorsichtig in die Kreuzung hinein
- Ich warne den kreuzenden Verkehr durch Hupen

5

15 1.1.06-111

Warum kann Überholen auch auf übersichtlichen und geraden Fahrbahnen gefährlich sein? Weil der ...

- ... Gegenverkehr schneller fährt als angenommen
- ... Gegenverkehr langsamer fährt als angenommen
- ... Überholweg länger ist als angenommen

5

16

1.3.01-013-M

Welches Verhalten ist richtig?

- Ich darf als Erster die Kreuzung überqueren
- Ich muss den roten Lkw abbiegen lassen
- Ich muss den Radfahrer abbiegen lassen

5

17

1.3.01-117-M

Welches Verhalten ist richtig? Ich muss ...

- ... den Radfahrer durchfahren lassen
- ... den Bus durchfahren lassen
- ... an der Haltlinie anhalten

5

18

1.1.07-020-M

Wann kann es hier zu einer gefährlichen Situation kommen?

- Wenn der Radfahrer auf meine Fahrbahn wechselt
- Wenn der Radfahrer am Ende des Radweges anhält
- Wenn ich unvermindert weiterfahre

4

19 1.4.41-004

Wie verhalten Sie sich bei diesem Verkehrszeichen?

- Sie müssen die Fahrtrichtungsänderung nach rechts anzeigen
- Sie dürfen nur nach rechts weiterfahren
- Sie dürfen nicht nach rechts abbiegen

2

20 1.4.40-153

Was haben Sie bei diesem Verkehrszeichen zu beachten?

- Halten und Parken ist zu vermeiden
- Steine könnten auf der Fahrbahn liegen
- Vorausfahrende Fahrzeuge könnten plötzlich abbremsen

3

Fehlerpunkte

Fehlerpunkte

ZUSATZFRAGEN – KLASSE B

21

VIDEO 149 ▶ 2.1.06-008-M

Sie möchten überholen. Was sollten Sie beachten? Ich überhole …

- … nur, wenn ich die dafür erforderliche Strecke übersehen kann
- … erst dann, wenn kein Fahrzeug entgegenkommt
- … gleichzeitig mit dem blauen Pkw

4

22 2.7.01-134

Worüber sollten Sie sich vor einer Fahrt mit einem reinen Elektrofahrzeug informieren?

- An welchen Orten ich das Fahrzeug aufladen kann
- Wie ich mich nach einem Unfall verhalten muss
- Über Einflussfaktoren auf die Reichweite

3

23 2.7.06-103

Welche Vorteile bietet ein Antiblockiersystem (ABS)?

- Kurven können wesentlich schneller durchfahren werden
- Selbst bei starkem Bremsen bleibt die Lenkfähigkeit erhalten
- Beim Bremsen wird das Blockieren der Räder verhindert

4

24 2.2.29-001

Was kann die Teilnahme an illegalen Straßenrennen zur Folge haben?

- Das Entstehen schwerer Verkehrsunfälle
- Den Entzug der Fahrerlaubnis für den Fahrzeugführer
- Die Anordnung einer Freiheitsstrafe für den Fahrzeugführer

4

25 2.2.13-004

Sie wollen auf einem Platz mit Parkscheinautomat parken. Was haben Sie zu beachten?

- Ein Parkschein ist immer überflüssig, wenn Sie eine Parkscheibe benutzen
- Die auf dem Parkschein angegebene Parkzeit nicht überschreiten
- Gültigen Parkschein am Fahrzeug so anbringen, dass er von außen gut lesbar ist

2

26

VIDEO 150 ▶ 2.1.03-117

Sie fahren auf der Autobahn. Was ist in dieser Situation richtig? Ich darf …

- … höchstens 80 km/h fahren
- … die Nebelschlussleuchte einschalten
- … höchstens 50 km/h fahren

5

27 2.7.05-108

Welche gesetzlich vorgeschriebene Mindestprofiltiefe müssen alle Reifen Ihres Pkws am Hauptprofil aufweisen?

Antwort:
Die Mindestprofiltiefe beträgt ____ mm

3

28 2.7.05-104

Was müssen Sie beim Fahren mit Winterreifen besonders beachten? Ich darf …

- … nicht schneller als 80 km/h fahren
- … die zulässige Höchstgeschwindigkeit für diese Reifen nicht überschreiten
- … höchstens so schnell fahren wie bei der Nutzung von Schneeketten

3

29 2.6.03-113

Sie möchten an Ihren Pkw einen Anhänger ankuppeln. Wo können Sie die Angabe über die zulässige Stützlast Ihres Pkws finden? In der …

- … Zulassungsbescheinigung Teil I
- … Zulassungsbescheinigung Teil II
- … Betriebsanleitung

2

30 2.5.01-125

Der Luftwiderstand wirkt sich auf den Kraftstoffverbrauch eines Fahrzeugs aus. Was beeinflusst den Luftwiderstand am stärksten?

- Die gefahrene Geschwindigkeit
- Die Anzahl der Mitfahrer
- Die Profiltiefe der Reifen

3

Fehlerpunkte

Fehlerpunkte

Amtliche Prüfungsfragen für Führerscheinbewerber **49**

Grundlagen für alle Klassen und Zusatzfragen Klasse B

Hinweise zu Videofragen:

In jeder Theorie-Prüfung sind 2 zufällige Videofragen vorhanden. Die Videofragen sind auf den Prüfungsbögen gekennzeichnet (Video-Abspielsymbol inklusive der Fragennummer). Die beiliegende DVD enthält alle diese Videos.

Legen Sie die DVD in Ihr CD-/DVD-Laufwerk ein und öffnen Sie die DVD durch Doppelklick auf das entsprechende Laufwerk in Ihrem Explorer. Wählen Sie das Video mit der im Bogen angegebenen Videonummer durch Doppelklick aus.

Während der Prüfung dürfen Sie ein Video maximal 5-mal anschauen, ohne dass Ihnen die Frage bekannt ist. Erst wenn Sie bereit sind, können Sie sich die Frage zum Video anzeigen lassen. Danach müssen Sie die Frage beantworten und können das Video nicht noch mal anschauen.

Wichtig: Daher zuerst das Video max. 5-mal anschauen. Erst danach die zugehörige Frage lesen und bearbeiten.

Bezugsfahrzeug

Bitte beachten Sie das zugrunde liegende Bezugsfahrzeug:

Sie fahren ein ...

▶ Grundstoff:
Kraftfahrzeug mit Verbrennungsmotor

▶ Klasse B:
Zweispuriges Kraftfahrzeug mit Verbrennungsmotor, mit manuellem Schaltgetriebe und mit automatischem Blockierverhinderer (ABV)

Wenn in den Prüfungsaufgaben keine besonderen Fahrzeugeigenschaften benannt sind, gelten die folgenden allgemeinen Eigenschaften „Ihres Fahrzeugs" (Bezugsfahrzeug).

▶ Bitte beachten Sie:
Wenn in der Prüfungsaufgabe besondere Fahrzeugeigenschaften ausdrücklich benannt sind, müssen diese bei der Aufgabenbearbeitung berücksichtigt werden!

	Fehlerpunkte / 5-Punkte-Regel
Klasse	B
zulässige Fehlerpunkte	10
Grundstoff	
Zusatzstoff	
Summe	
5-Punkte-Regel *)	
bestanden	
nicht bestanden	
Bemerkungen	
*) 2 oder mehr Fragen mit je 5 Fehlerpunkten falsch	

Beantworten Sie die Fragen durch Ankreuzen von Antworten oder durch die Angabe von Zahlen. Sie haben die Frage falsch beantwortet, wenn ...
▶ nicht jede richtige Antwort angekreuzt ist ▶ oder eine/mehrere falsche Antwort(en) angekreuzt ist/sind ▶ oder eine falsche/keine Zahl angegeben ist

Sie haben die Prüfung nicht bestanden, wenn ...
▶ die zul. Fehlerpunkte überschritten wurden (d.h. mehr als 10 Punkte bei Klasse B)
▶ oder wenn 2 oder mehr Fragen mit je 5 Fehlerpunkten falsch beantwortet wurden

1 VIDEO 151 ▶

Warum dürfen Sie jetzt nicht abbiegen? Wegen des ...

- ☐ ... roten Fahrzeugs
- ☐ ... grünen Pkws
- ☐ ... gelben Pkws

1.2.09-135-M **5**

2

Warum ist das Vorbeifahren an dieser Unfallsituation gefährlich?

- ☐ Weil Folgeunfälle möglich sind
- ☐ Weil Fußgänger übersehen werden können
- ☐ Weil die Verkehrslage unklar ist

1.1.07-163 **3**

3

Sie möchten außerorts Radfahrer oder Fußgänger überholen. Welchen seitlichen Mindestabstand müssen Sie dabei einhalten?

Antwort: ☐ m

1.2.05-003 **4**

Fehlerpunkte ☐

4

VIDEO 152

1.2.09-119

Warum müssen Sie jetzt warten? Wegen des …

- [ ] … grünen Fahrzeuges
- [ ] … roten Fahrzeuges
- [ ] … Radfahrers

4

5

1.1.09-028

Warum ist man nach dem Konsum der Droge „Crystal Meth" fahruntauglich?

- [ ] Weil Wahnvorstellungen auftreten können
- [ ] Weil die eigene Leistungsfähigkeit überschätzt werden kann
- [ ] Weil plötzliche Erschöpfung eintreten kann

4

6

1.1.02-028

Trotz vorhandenen Gehweges auf der rechten Straßenseite fährt eine Person im Rollstuhl auf der Straße. Wie verhalten Sie sich?

- [ ] Ich fahre so lange hinterher, bis ich überholen kann
- [ ] Ich überhole mit großem Seitenabstand, weil ich mit Ausweichbewegungen rechnen muss
- [ ] Ich mache die Person durch Hupen darauf aufmerksam, dass sie sich falsch verhält

4

7

1.2.10-105

Sie wollen aus einem verkehrsberuhigten Bereich in eine Straße einfahren. Von links kommen Radfahrer. Wer muss warten?

- [ ] Ich muss warten
- [ ] Alle müssen anhalten und sich dann verständigen
- [ ] Die Radfahrer müssen warten

4

8

1.1.09-008

Wozu können bereits geringe Mengen Alkohol führen?

- [ ] Zu verzögerter Reaktion
- [ ] Zu riskanter Fahrweise
- [ ] Zu einem Nachlassen der Hör- und Sehleistung

4

9

1.1.07-162-M

Sie möchten ausparken. Wie beurteilen Sie die Situation richtig? Von hinten kommende …

- [ ] … Fahrzeugführer sehen mich erst spät
- [ ] … Fahrzeugführer lassen mir beim Ausparken meinen Vorrang
- [ ] … Fahrzeuge sehe ich erst spät

3

10

1.5.01-125

Was ist eine Voraussetzung für umweltschonendes und energiesparendes Fahren?

- [ ] Regelmäßige Kontrolle des Reifenfülldrucks
- [ ] Regelmäßige Motorwäsche
- [ ] Regelmäßige Fahrzeugwartung

3

11

1.4.43-101

Worauf können rot-weiße Warntafeln an Fahrzeugen hinweisen?

- [ ] Auf einen Anhänger, der innerhalb einer geschlossenen Ortschaft auf der Fahrbahn abgestellt ist
- [ ] Auf ein Fahrzeug mit Überbreite
- [ ] Auf ein Gefahrgutfahrzeug

3

12

1.2.36-001

Ein Polizeibeamter regelt auf einer Kreuzung den Verkehr, obwohl die Ampeln in Betrieb sind. Was gilt?

- [ ] Die Zeichen des Polizeibeamten
- [ ] Die Lichtzeichen der Ampeln
- [ ] Die vorfahrtregelnden Verkehrszeichen

4

13

1.1.01-004

Sie sollen ein Ihnen unbekanntes Kraftfahrzeug fahren. Warum müssen Sie dabei zunächst besonders vorsichtig sein? Ich weiß möglicherweise zu wenig über die Besonderheiten …

- [ ] … im Bremsverhalten
- [ ] … in der Anordnung und der Funktion der Bedienelemente
- [ ] … im Lenkverhalten

3

Fehlerpunkte

Fehlerpunkte

14 1.2.12-104

Wo ist das Halten verboten?

- Auf Fußgängerüberwegen sowie bis zu 5 m davor
- Unmittelbar hinter Fußgängerüberwegen
- Über Schachtdeckeln

3

15 1.1.09-015

Wie wird der berauschende Wirkstoff von Haschisch im Körper abgebaut?

- Gleichmäßig, 0,1 Promille je Stunde
- Ungleichmäßig, zeitlich nicht abschätzbar
- Gleichmäßig, 0,1 Gramm je Stunde

4

16

1.3.01-048-M

Welches Verhalten ist richtig?

- Ich fahre als Erster
- Ich lasse das Motorrad vor mir abbiegen
- Ich lasse den blauen Pkw abbiegen

5

17

Welches Verhalten ist richtig? 1.3.01-016-M

- Ich muss den blauen Lkw durchfahren lassen
- Ich muss den Traktor abbiegen lassen
- Der blaue Lkw muss mich durchfahren lassen

5

18

VIDEO 153 **Wie verhalten Sie sich jetzt richtig?** 1.1.07-165-M

- Ich führe eine Gefahrbremsung durch
- Ich überquere die Kreuzung zügig
- Ich bremse leicht ab

5

19

1.3.01-051-M

Welches Verhalten ist richtig?

- Ich lasse den Traktor abbiegen
- Ich lasse die Straßenbahn durchfahren
- Ich fahre als Erster

5

20 1.4.40-132

Worauf weist diese Verkehrszeichenkombination hin? Auf einen Bahnübergang …

- … in etwa 160 m Entfernung
- … in etwa 80 m Entfernung
- … in etwa 240 m Entfernung

2

ZUSATZFRAGEN – KLASSE B

21

2.1.03-038

Wann sind Sie hier beim Überholvorgang besonders gefährdet?

- [ ] Beim Herausfahren aus dem Windschatten des Lkws
- [ ] Beim Fahrstreifenwechsel nach dem Überholen
- [ ] Beim Einfahren in den Windschatten des Lkws

4

22

2.6.03-114

Sie möchten einen Anhänger mitführen. Was müssen Sie beachten? Die maximal zulässige ...

- [ ] ... Anhängelast des Zugfahrzeugs
- [ ] ... Stützlast an der Anhängekupplung
- [ ] ... Zuladung des Anhängers

3

23

2.1.03-025

Wozu kann eine plötzliche Verschlechterung des Fahrbahnzustandes führen?

- [ ] Zu längerem Reaktionsweg
- [ ] Zu Schleuder- und Rutschgefahr
- [ ] Zu veränderten Reifengeräuschen

3

24

2.2.22-123

Sie möchten Urlaubsgepäck auf dem Dach Ihres voll besetzten Pkws mitnehmen. Was müssen Sie beachten?

- [ ] Die Angabe zur Dachlast in der Zulassungsbescheinigung Teil I
- [ ] Die Angabe des Fahrzeugherstellers zur Dachlast in der Betriebsanleitung
- [ ] Die zulässige Gesamtmasse meines Pkws

3

25

2.2.04-004

Welchen Sicherheitsabstand sollten Sie bei einer Geschwindigkeit von 100 km/h zum vorausfahrenden Fahrzeug mindestens einhalten?

Antwort: ____ m

3

26

VIDEO 154

2.1.03-033

Wie verhalten Sie sich jetzt richtig?

- [ ] Ich reduziere meine Geschwindigkeit
- [ ] Ich lenke stark nach rechts
- [ ] Ich vermeide ruckartige Lenkbewegungen

4

27

2.2.14-109

Wie sichern Sie Ihren Pkw beim Verlassen gegen unbefugte Benutzung?

- [ ] Ich verschließe die Türen
- [ ] Ich aktiviere die Kindersicherung
- [ ] Ich schließe die Fenster

3

28

2.7.02-034

Wie müssen Sie sich verhalten, wenn nach dem Motorstart die Öldruckkontrollleuchte nicht erlischt?

- [ ] Ich fahre bis zum nächsten Ölwechsel weiter
- [ ] Ich stelle den Motor umgehend ab
- [ ] Ich kontrolliere den Motorölstand

2

29

2.1.11-120

Während Sie in einem Verkehrsstau stehen, sehen Sie im Rückspiegel, wie sich ein Motorradfahrer an der wartenden Fahrzeugschlange „vorbeischlängelt". Wie verhalten Sie sich?

- [ ] Ich sorge dafür, dass auch er anhalten muss
- [ ] Ich lasse ihn vorbeifahren
- [ ] Ich hupe und notiere sein Kennzeichen

4

30

2.2.03-024

Sie fahren bei Dunkelheit auf einer gut ausgebauten Landstraße und nutzen das Abblendlicht. Innerhalb welcher Strecke müssen Sie anhalten können? Innerhalb der Reichweite des ...

- [ ] ... Abblendlichts
- [ ] ... Fernlichts
- [ ] ... Standlichts

4

Fehlerpunkte ____

Fehlerpunkte ____

Amtliche Prüfungsfragen für Führerscheinbewerber

Grundlagen für alle Klassen und Zusatzfragen Klasse B

50

Hinweise zu Videofragen:

In jeder Theorie-Prüfung sind 2 zufällige Videofragen vorhanden. Die Videofragen sind auf den Prüfungsbögen gekennzeichnet (Video-Abspielsymbol inklusive der Fragennummer). Die beiliegende DVD enthält alle diese Videos.

Legen Sie die DVD in Ihr CD-/DVD-Laufwerk ein und öffnen Sie die DVD durch Doppelklick auf das entsprechende Laufwerk in Ihrem Explorer. Wählen Sie das Video mit der im Bogen angegebenen Videonummer durch Doppelklick aus.

Während der Prüfung dürfen Sie ein Video maximal 5-mal anschauen, ohne dass Ihnen die Frage bekannt ist. Erst wenn Sie bereit sind, können Sie sich die Frage zum Video anzeigen lassen. Danach müssen Sie die Frage beantworten und können das Video nicht noch mal anschauen.

Wichtig: Daher zuerst das Video max. 5-mal anschauen. Erst danach die zugehörige Frage lesen und bearbeiten.

Bezugsfahrzeug

Bitte beachten Sie das zugrunde liegende Bezugsfahrzeug:

Sie fahren ein ...

▶ Grundstoff:
Kraftfahrzeug mit Verbrennungsmotor

▶ Klasse B:
Zweispuriges Kraftfahrzeug mit Verbrennungsmotor, mit manuellem Schaltgetriebe und mit automatischem Blockierverhinderer (ABV)

Wenn in den Prüfungsaufgaben keine besonderen Fahrzeugeigenschaften benannt sind, gelten die folgenden allgemeinen Eigenschaften „Ihres Fahrzeugs" (Bezugsfahrzeug).

▶ Bitte beachten Sie:
Wenn in der Prüfungsaufgabe besondere Fahrzeugeigenschaften ausdrücklich benannt sind, müssen diese bei der Aufgabenbearbeitung berücksichtigt werden!

	Fehlerpunkte / 5-Punkte-Regel
Klasse	B
zulässige Fehlerpunkte	10
Grundstoff	
Zusatzstoff	
Summe	
5-Punkte-Regel *)	
bestanden	
nicht bestanden	
Bemerkungen	
*) 2 oder mehr Fragen mit je 5 Fehlerpunkten falsch	

Beantworten Sie die Fragen durch Ankreuzen von Antworten oder durch die Angabe von Zahlen. Sie haben die Frage falsch beantwortet, wenn ...
▶ nicht jede richtige Antwort angekreuzt ist ▶ oder eine/mehrere falsche Antwort(en) angekreuzt ist/sind ▶ oder eine falsche/keine Zahl angegeben ist

Sie haben die Prüfung nicht bestanden, wenn ...
▶ die zul. Fehlerpunkte überschritten wurden (d.h. mehr als 10 Punkte bei Klasse B)
▶ oder wenn 2 oder mehr Fragen mit je 5 Fehlerpunkten falsch beantwortet wurden

1

Was ist in dieser Situation richtig?

An der nächsten Kreuzung ...

... habe ich Vorfahrt

... gilt die Vorfahrtregel „rechts vor links"

... endet ein verkehrsberuhigter Bereich

1.2.02-109

2

2

Wie müssen Sie sich verhalten?

Weiterfahren, weil sich Personen nur am linken Fahrbahnrand befinden

Weiterfahren, weil ausreichend Zeit ist, bis die Personen meine Fahrbahnseite erreicht haben

Anhalten, um den Personen das Überqueren der Fahrbahn zu ermöglichen

1.1.02-121-M

4

3

VIDEO 155

Worauf müssen Sie beim Umschalten der Ampel auf „Grün" achten?

Auf das Motorrad

Auf den Gegenverkehr

Auf den Fußgänger

1.1.07-152-M

5

4

VIDEO 156

1.2.09-129

Was müssen Sie hier beachten?

- [ ] Ich muss weiter abbremsen
- [ ] Ich muss bei Einfahrt in den Kreisverkehr blinken
- [ ] Ich muss dem Pkw die Vorfahrt gewähren

3

5

1.2.03-102

Sie verdoppeln Ihre Geschwindigkeit. Wie verändert sich der Bremsweg?

Antwort:

Er wird [ ] mal so lang

4

6

1.1.02-129

Ein Fußgänger mit einem weißen Stock möchte vor Ihnen die Fahrbahn überqueren. Wie müssen Sie sich verhalten? Ich muss …

- [ ] … die Geschwindigkeit vermindern und nötigenfalls anhalten
- [ ] … Warnzeichen geben
- [ ] … mit gleichbleibender Geschwindigkeit weiterfahren

4

7

1.2.26-118

Vor Ihnen befindet sich ein Fußgängerüberweg, hinter dem der Verkehr auf Ihrem Fahrstreifen stockt. Wie verhalten Sie sich?

- [ ] Auf dem Fußgängerüberweg warten, wenn keine Personen zu sehen sind
- [ ] Auf dem Fußgängerüberweg warten, um den Fahrzeugrückstau zu verkürzen
- [ ] Vor dem Fußgängerüberweg warten, um Personen das Überqueren zu ermöglichen

4

8

1.5.01-124

Sie fahren zur Hauptverkehrszeit im Stadtverkehr. Welche Auswirkung hat das Fahren im Stop-and-go-Verkehr? Mein Fahrzeug …

- [ ] … verbraucht mehr Kraftstoff
- [ ] … verursacht mehr Abgase
- [ ] … verursacht mehr Belästigungen für andere

3

9

VIDEO 157

1.2.09-137-M

Warum müssen Sie jetzt anhalten?

- [ ] Wegen der Straßenbahn
- [ ] Wegen des Elektrorollers
- [ ] Wegen der Fußgänger

5

10

1.1.03-110

Was müssen Sie tun, wenn vor Ihnen ein Nebelfeld die Sicht stark behindert?

- [ ] Geschwindigkeit rechtzeitig den Sichtverhältnissen anpassen
- [ ] Dicht aufschließen, um sich an den Schlussleuchten des vorausfahrenden Fahrzeugs zu orientieren
- [ ] Abstand zum vorausfahrenden Fahrzeug vergrößern

4

11

1.1.01-003

Welches Verhalten ist beispielhaft für „Vorausschauendes Fahren"?

- [ ] Ich reagiere möglichst frühzeitig auf wahrscheinliche Veränderungen der Verkehrssituation
- [ ] Ich versuche, die Absichten anderer Verkehrsteilnehmer möglichst frühzeitig zu erkennen
- [ ] Ich beschränke die Verkehrsbeobachtung möglichst auf das direkt vor mir fahrende Fahrzeug

2

12

1.1.05-003

Wie durchfahren Sie enge Kurven?

- [ ] Vor der Kurve Geschwindigkeit vermindern
- [ ] Erst beim Übergang in die Gerade wieder beschleunigen
- [ ] Erst im Scheitelpunkt der Kurve Geschwindigkeit vermindern

4

13

1.3.01-119

Sie möchten eine Vorfahrtstraße überqueren. Die Sicht nach beiden Seiten ist durch parkende Fahrzeuge stark eingeschränkt. Wie verhalten Sie sich?

- [ ] Ich taste mich vorsichtig in die Kreuzung hinein
- [ ] Ich überquere die Kreuzung zügig
- [ ] Ich warne den kreuzenden Verkehr durch Hupen

5

Fehlerpunkte [ ]

Fehlerpunkte [ ]

14 1.2.10-005

Sie kommen aus einer Straße mit abgesenktem Bordstein und wollen in eine andere Straße einbiegen. Von links kommt ein Pkw. Was gilt hier?

- Die Regel „rechts vor links"
- Wer über einen abgesenkten Bordstein in eine Straße einfährt, ist wartepflichtig
- Der abgesenkte Bordstein ist für die Wartepflicht ohne Bedeutung

4

15 1.1.07-170

Sie befahren einen Straßenabschnitt, für den ein Stau gemeldet wurde. Wie verhalten Sie sich richtig?

- Ich verfolge weiterhin die Verkehrsmeldungen
- Ich nutze den Notbremsassistenten zum sicheren Anhalten vor dem Stauende
- Ich fahre in Kurven und vor Kuppen besonders aufmerksam

4

16

1.3.01-046-M

Welches Verhalten ist richtig?

- Ich darf durchfahren
- Ich muss den blauen Pkw durchfahren lassen

5

17 1.4.40-150

Wie sollten Sie sich bei einer so gekennzeichneten Gefahrstelle verhalten? Ich sollte …

- … starkes Beschleunigen vermeiden
- … plötzliche Lenkbewegungen vermeiden
- … einen möglichst großen Abstand zum vorausfahrenden Fahrzeug einhalten

3

18

VIDEO 158 ▶ **Warum müssen Sie hier bremsen? Wegen des …** 1.1.02-137-M

- … Radfahrers
- … Kindes
- … grünen Fahrzeugs

5

19 1.4.41-169

Wer darf in eine so gekennzeichnete Straße einfahren?

- Alle Besucher von Anwohnern
- Alle Mofafahrer
- Alle Radfahrer

2

20

1.3.01-050-M

Welches Verhalten ist richtig?

- Ich muss dem blauen Pkw Vorfahrt gewähren
- Ich muss dem grünen Pkw Vorfahrt gewähren
- Ich darf durchfahren

5

Fehlerpunkte

Fehlerpunkte

ZUSATZFRAGEN – KLASSE B

21

2.1.08-021

Sie fahren mindestens 20 km/h schneller als der grüne Lkw. Wie sollten Sie sich verhalten?

- [ ] Ich bremse ab und fahre hinter dem grünen Lkw auf die Autobahn
- [ ] Ich fahre vor dem grünen Lkw auf die Autobahn
- [ ] Ich halte am Ende des Einfädelungsstreifens an und fahre nach dem blauen Lkw auf die Autobahn

4

22

2.1.03-107

Wie können Sie ausreichende Sicht durch die Frontscheibe erhalten?

- [ ] Bei Schneematsch die Scheibenwischer schon einschalten, bevor Ihnen andere Fahrzeuge Matsch auf die Scheibe schleudern
- [ ] Bei innen beschlagener Scheibe Lüftung ausschalten und Fenster geschlossen halten
- [ ] Bei Nebel den Scheibenwischer von Zeit zu Zeit einschalten

3

23

2.1.11-126

Vor Fahrtantritt haben Sie sich geärgert. Welche Folgen sollten Sie beim Fahren vermeiden?

- [ ] Ablenkung
- [ ] Aggressivität
- [ ] Vorsicht

4

24

2.2.32-102

Was müssen Sie tun, um eine Gefährdung anderer durch von Ihrem Fahrzeug gefallene Ausrüstungs- oder Ladungsteile zu verhindern? Je nach Situation …

- [ ] … die Teile selbst beseitigen
- [ ] … die Gefahrstelle absichern und umgehend Straßendienst oder Polizei verständigen
- [ ] … weiterfahren und das nächste Ordnungsamt informieren

3

25

2.7.05-106

Was ist nach dem Anbau von Winterreifen an Ihrem Pkw zu beachten?

- [ ] Der Reifenfülldruck ist entsprechend den Herstellervorgaben zu überprüfen
- [ ] Die zulässige Höchstgeschwindigkeit der Reifen ist zu berücksichtigen
- [ ] Der Luftdruck sollte 0,5 bar niedriger sein als die Herstellervorgabe für Sommerreifen

3

Fehlerpunkte

26

VIDEO 159

2.1.07-009-M

Warum müssen Sie jetzt bremsen? Wegen des …

- [ ] … grünen Fahrzeugs
- [ ] … Motorrads
- [ ] … gelben Pkws

4

27

2.1.07-208

Sie erhöhen Ihre Geschwindigkeit von 50 km/h auf 100 km/h. Wie verändert sich der Reaktionsweg entsprechend der Faustformel?

- [ ] Er vervierfacht sich von 25 m auf 100 m
- [ ] Er verdoppelt sich von 15 m auf 30 m
- [ ] Er halbiert sich von 50 m auf 25 m

3

28

2.2.03-016

Sie fahren 40 km/h. Bei einer Gefahrbremsung beträgt der Bremsweg ca. 8 Meter. Wie lang ist der Bremsweg unter sonst gleichen Bedingungen bei 50 km/h?

- [ ] 9,5 m
- [ ] 12,5 m
- [ ] 11,0 m

4

29

2.7.02-132

Während der Fahrt zieht Ihr Fahrzeug nach rechts. Wie verhalten Sie sich richtig?

- [ ] Ich überprüfe den Reifenfülldruck und fahre bei Bedarf in eine Werkstatt
- [ ] Ich beobachte nur das Lenkverhalten bei weiteren Fahrten
- [ ] Ich versuche, das Fahrverhalten durch kräftiges Bremsen zu verbessern

2

30

2.7.01-153

Ihr Kraftfahrzeug ist mit einem Spurhalte-Assistenten ausgerüstet. In welcher Situation kann Sie dieses System unterstützen? Das System warnt mich beim …

- [ ] … zu schnellen Durchfahren von Spurrillen
- [ ] … Überschreiten der zulässigen Höchstgeschwindigkeit
- [ ] … unbeabsichtigten Verlassen der Fahrspur

3

Fehlerpunkte

Amtliche Prüfungsfragen für Führerscheinbewerber

Grundlagen für alle Klassen und Zusatzfragen Klasse B

51

Hinweise zu Videofragen:

In jeder Theorie-Prüfung sind 2 zufällige Videofragen vorhanden. Die Videofragen sind auf den Prüfungsbögen gekennzeichnet (Video-Abspielsymbol inklusive der Fragennummer). Die beiliegende DVD enthält alle diese Videos.

Legen Sie die DVD in Ihr CD-/DVD-Laufwerk ein und öffnen Sie die DVD durch Doppelklick auf das entsprechende Laufwerk in Ihrem Explorer. Wählen Sie das Video mit der im Bogen angegebenen Videonummer durch Doppelklick aus.

Während der Prüfung dürfen Sie ein Video maximal 5-mal anschauen, ohne dass Ihnen die Frage bekannt ist. Erst wenn Sie bereit sind, können Sie sich die Frage zum Video anzeigen lassen. Danach müssen Sie die Frage beantworten und können das Video nicht noch mal anschauen.

Wichtig: Daher zuerst das Video max. 5-mal anschauen. Erst danach die zugehörige Frage lesen und bearbeiten.

Bezugsfahrzeug

Bitte beachten Sie das zugrunde liegende Bezugsfahrzeug:

Sie fahren ein ...

▶ Grundstoff:
Kraftfahrzeug mit Verbrennungsmotor

▶ Klasse B:
Zweispuriges Kraftfahrzeug mit Verbrennungsmotor, mit manuellem Schaltgetriebe und mit automatischem Blockierverhinderer (ABV)

Wenn in den Prüfungsaufgaben keine besonderen Fahrzeugeigenschaften benannt sind, gelten die folgenden allgemeinen Eigenschaften „Ihres Fahrzeugs" (Bezugsfahrzeug).

▶ Bitte beachten Sie:
Wenn in der Prüfungsaufgabe besondere Fahrzeugeigenschaften ausdrücklich benannt sind, müssen diese bei der Aufgabenbearbeitung berücksichtigt werden!

	Fehlerpunkte / 5-Punkte-Regel
Klasse	B
zulässige Fehlerpunkte	10
Grundstoff	
Zusatzstoff	
Summe	
5-Punkte-Regel *)	
bestanden	
nicht bestanden	
Bemerkungen	
*) 2 oder mehr Fragen mit je 5 Fehlerpunkten falsch	

Beantworten Sie die Fragen durch Ankreuzen von Antworten oder durch die Angabe von Zahlen.
Sie haben die Frage falsch beantwortet, wenn ...
▶ nicht jede richtige Antwort angekreuzt ist ▶ oder eine/mehrere falsche Antwort(en) angekreuzt ist/sind ▶ oder eine falsche/keine Zahl angegeben ist

Sie haben die Prüfung nicht bestanden, wenn ...
▶ die zul. Fehlerpunkte überschritten wurden (d.h. mehr als 10 Punkte bei Klasse B)
▶ oder wenn 2 oder mehr Fragen mit je 5 Fehlerpunkten falsch beantwortet wurden

1

Wie verhalten Sie sich?

- Kinder beobachten
- Mit unveränderter Geschwindigkeit weiterfahren
- Bremsbereit sein

1.1.02-039-M — 4

2

**Was ist in dieser Situation richtig?
An der nächsten Kreuzung ...**

- ... habe ich Vorfahrt
- ... gilt die Vorfahrtregel „rechts vor links"
- ... endet ein verkehrsberuhigter Bereich

1.2.02-109 — 2

3

**Auf der Fahrbahn befindet sich Öl.
Wie sollten Sie sich jetzt verhalten?**

- Ich informiere die Feuerwehr
- Ich vermeide starkes Bremsen und ruckartiges Lenken
- Ich weiche auf die linke Fahrbahnhälfte aus

1.1.03-005 — 4

Fehlerpunkte

4

VIDEO 160

1.2.04-102

Wie verhalten Sie sich richtig?

- [ ] Ich bremse ab
- [ ] Ich vergrößere den Abstand zum Einscherenden
- [ ] Ich behalte meine Geschwindigkeit bei

5

5

1.1.09-004

Wodurch kann die Fahrtüchtigkeit herabgesetzt werden?

- [ ] Durch Übermüdung
- [ ] Durch Alkohol und andere berauschende Mittel
- [ ] Durch bestimmte Medikamente

4

6

1.1.07-143

Auf meiner Fahrtroute befindet sich ein Tunnel. Was sollte ich wissen?

- [ ] Ich kann darauf vertrauen, dass im Notfall immer rechtzeitig Hilfskräfte zur Stelle sind
- [ ] Ich sollte wissen, wie ich mein Fahrzeug abstelle und verlasse, wenn ich nicht mehr weiterfahren kann
- [ ] Ich sollte wissen, wie Fluchtwege in Tunneln ausgewiesen sind

4

7

1.1.02-133

Eine Person am Straßenrand trägt eine gelbe Armbinde mit drei schwarzen Punkten. Worauf weist diese Armbinde hin?

- [ ] Auf die Zugehörigkeit zu einer Berufsgruppe
- [ ] Auf eine besondere Verhaltenspflicht gegenüber dieser Person
- [ ] Auf eine behinderte Person

4

8

1.1.01-002

Was kann zu Auffahrunfällen führen?

- [ ] Unerwartet starkes Bremsen
- [ ] Unaufmerksamkeit
- [ ] Zu dichtes Auffahren

4

Fehlerpunkte

9

1.3.01-018-M

Welches Verhalten ist richtig?

- [ ] Ich muss das Motorrad durchfahren lassen
- [ ] Ich fahre vor dem Bus
- [ ] Ich muss den Bus durchfahren lassen

5

10

1.2.04-101

Wovon hängt der einzuhaltende Abstand zum vorausfahrenden Fahrzeug ab?

- [ ] Von den Sichtverhältnissen
- [ ] Von der Geschwindigkeit
- [ ] Von der Fahrbahnbeschaffenheit

5

11

1.2.09-123

Sie möchten nach links abbiegen. Wem müssen Sie Vorrang gewähren?

- [ ] Fußgängern, welche die Straße überqueren wollen, in die ich einbiege
- [ ] Entgegenkommenden Radfahrern
- [ ] Entgegenkommenden Kraftfahrzeugen

4

12

1.2.26-113

Eine Person will die Fahrbahn auf dem Fußgängerüberweg überqueren. Wie verhalten Sie sich?

- [ ] Ich überhole wartende Fahrzeuge mit besonderer Vorsicht
- [ ] Ich bereite mich auf das Anhalten vor
- [ ] Ich überhole nicht

5

13

1.2.10-109

Sie möchten mit Ihrem Fahrzeug aus einer Parklücke in den fließenden Verkehr einfahren. Wie müssen Sie sich verhalten?

- [ ] Ich darf den fließenden Verkehr nicht gefährden
- [ ] Ich muss vor dem Anfahren blinken
- [ ] Ich muss den rückwärtigen Verkehr beobachten

2

Fehlerpunkte

14 1.1.06-106

Wann ist das Überholen verboten?

- Wenn Sie nicht wesentlich schneller fahren können als der zu Überholende
- Wenn Sie nicht die gesamte Überholstrecke überblicken
- Wenn die Verkehrslage unklar ist

4

15 1.5.01-132

Sie fahren ein Kraftfahrzeug mit manuellem Schaltgetriebe. Welches Verhalten belastet die Umwelt?

- Ein Fahren bergab in hohem Gang
- Ein häufiges Gasgeben beim Warten an der Ampel
- Eine ungleichmäßige Fahrweise

3

16

1.3.01-126-M

Welches Verhalten ist richtig?

- Ich muss den gelben Pkw durchfahren lassen
- Ich fahre zuerst

5

17

1.3.01-043-M

Welches Verhalten ist hier richtig?

- Das Motorrad darf vor dem gelben Pkw fahren
- Ich darf vor dem gelben Pkw fahren
- Ich darf vor dem Motorrad fahren

5

18

VIDEO 161 1.2.09-020-M

Welchem Verkehrsteilnehmer müssen Sie hier Vorrang gewähren?

- Der Fußgängerin
- Dem Bus
- Dem Radfahrer

5

19 1.4.41-146

Was wird durch diese Verkehrszeichenkombination angekündigt? Nach 100 m folgt das Verkehrszeichen:

- „Halt. Vorfahrt gewähren."
- „Vorfahrt gewähren."
- „Vorrang des Gegenverkehrs."

3

20 1.4.42-142

Was müssen Sie bei diesem Verkehrszeichen beachten?

- Kinder dürfen auf der gesamten Straße spielen
- Kraftfahrzeuge müssen mit Schrittgeschwindigkeit fahren
- Fußgänger dürfen die ganze Straßenbreite nutzen

2

ZUSATZFRAGEN – KLASSE B

21 2.7.05-001

Welche Bedeutung hat das auf dem Reifen angegebene Herstellungsdatum „1217"? Der Reifen wurde ...

- ☐ ... im 12. Monat (Dezember) des Jahres 2017 hergestellt
- ☐ ... am 1.2.2017 hergestellt
- ☐ ... in der 12. Kalenderwoche des Jahres 2017 hergestellt

2

22 2.2.21-105

Wie dürfen Sie in Ihrem Pkw ein fünfjähriges Kind mitnehmen?

- ☐ Auf einem hinteren Sitz mit serienmäßigem Dreipunktgurt
- ☐ In einem für das Kind geeigneten Kindersitz mit Prüfzeichen
- ☐ Auf der hinteren Sitzbank mit angelegtem Beckengurt

4

23 2.7.01-108

Sie fahren einen Pkw mit voll beladenem Anhänger ohne eigene Bremse. Was ist richtig?

- ☐ Der Bremsweg wird länger
- ☐ Der Reaktionsweg wird länger
- ☐ Der Anhalteweg wird kürzer

3

24 2.1.11-130

Ihr Beifahrer möchte mit Ihnen während der Fahrt diskutieren. Wie sollten Sie sich verhalten? Ich konzentriere mich auf ...

- ☐ ... meine Fahrtätigkeit
- ☐ ... die Diskussion

4

25 2.2.26-102

Sie kommen unerwartet auf einem Fußgängerüberweg zum Stehen. Wie verhalten Sie sich?

- ☐ Halbseitig auf den Gehweg fahren, um damit den Überweg frei zu machen
- ☐ Keinesfalls rückwärts fahren, auch wenn hinten frei ist
- ☐ Etwas vorwärts oder rückwärts fahren, um den Überweg so weit wie möglich frei zu machen

4

26

VIDEO 162 2.1.08-026-M

Worauf sollten Sie sich jetzt einstellen?

- ☐ Das Motorrad verlässt die Autobahn
- ☐ Der gelbe Pkw verlässt die Autobahn
- ☐ Der blaue Bus vor mir bremst wegen eines Staus

3

27 2.7.01-104

Sie fahren mit Ihrem Pkw und Anhänger auf einer Straße mit Gegenverkehr und wollen nach links abbiegen. Was ist beim Wiederanfahren besonders wichtig?

- ☐ Das geringere Beschleunigungsvermögen berücksichtigen
- ☐ Den Gegenverkehr mit der Lichthupe warnen
- ☐ An die eigene Zuglänge denken

4

28 2.2.16-101

Wann müssen Sie an Ihrem Kraftfahrzeug das Warnblinklicht einschalten? Wenn mein Kraftfahrzeug ...

- ☐ ... an einer unübersichtlichen Stelle eine Panne hat
- ☐ ... abgeschleppt wird
- ☐ ... von mir kurz in zweiter Reihe geparkt wird

4

29 2.1.08-031

Warum sollten Sie auf Autobahnen die Richtgeschwindigkeit von 130 km/h einhalten? Weil dadurch ...

- ☐ ... Unfälle vermieden werden können
- ☐ ... die Schwere möglicher Unfälle verringert werden kann
- ☐ ... ein gleichmäßiger Verkehrsfluss erreicht werden kann

3

30 2.7.05-101

Was ist beim Radwechsel mit einem Wagenheber zu beachten?

- ☐ Der Wagenheber darf nur an den vom Fahrzeughersteller festgelegten Aufnahmepunkten angesetzt werden
- ☐ Der Untergrund sollte immer stabil und rutschfest sein
- ☐ Der Wagenheber ist immer mittig an der Längsseite des Fahrzeugs anzubringen

2

Fehlerpunkte ☐

Fehlerpunkte ☐

Amtliche Prüfungsfragen für Führerscheinbewerber

Grundlagen für alle Klassen und Zusatzfragen Klasse B

52

Hinweise zu Videofragen:

In jeder Theorie-Prüfung sind 2 zufällige Videofragen vorhanden. Die Videofragen sind auf den Prüfungsbögen gekennzeichnet (Video-Abspielsymbol inklusive der Fragennummer). Die beiliegende DVD enthält alle diese Videos.

Legen Sie die DVD in Ihr CD-/DVD-Laufwerk ein und öffnen Sie die DVD durch Doppelklick auf das entsprechende Laufwerk in Ihrem Explorer. Wählen Sie das Video mit der im Bogen angegebenen Videonummer durch Doppelklick aus.

Während der Prüfung dürfen Sie ein Video maximal 5-mal anschauen, ohne dass Ihnen die Frage bekannt ist. Erst wenn Sie bereit sind, können Sie sich die Frage zum Video anzeigen lassen. Danach müssen Sie die Frage beantworten und können das Video nicht noch mal anschauen.

Wichtig: Daher zuerst das Video max. 5-mal anschauen. Erst danach die zugehörige Frage lesen und bearbeiten.

Bezugsfahrzeug

Bitte beachten Sie das zugrunde liegende Bezugsfahrzeug:

Sie fahren ein ...

▶ Grundstoff:
Kraftfahrzeug mit Verbrennungsmotor

▶ Klasse B:
Zweispuriges Kraftfahrzeug mit Verbrennungsmotor, mit manuellem Schaltgetriebe und mit automatischem Blockierverhinderer (ABV)

Wenn in den Prüfungsaufgaben keine besonderen Fahrzeugeigenschaften benannt sind, gelten die folgenden allgemeinen Eigenschaften „Ihres Fahrzeugs" (Bezugsfahrzeug).

▶ Bitte beachten Sie:
Wenn in der Prüfungsaufgabe besondere Fahrzeugeigenschaften ausdrücklich benannt sind, müssen diese bei der Aufgabenbearbeitung berücksichtigt werden!

	Fehlerpunkte / 5-Punkte-Regel
Klasse	B
zulässige Fehlerpunkte	10
Grundstoff	
Zusatzstoff	
Summe	
5-Punkte-Regel *)	
bestanden	
nicht bestanden	
Bemerkungen	
*) 2 oder mehr Fragen mit je 5 Fehlerpunkten falsch	

Beantworten Sie die Fragen durch Ankreuzen von Antworten oder durch die Angabe von Zahlen. Sie haben die Frage falsch beantwortet, wenn ...
▶ nicht jede richtige Antwort angekreuzt ist ▶ oder eine/mehrere falsche Antwort(en) angekreuzt ist/sind ▶ oder eine falsche/keine Zahl angegeben ist

Sie haben die Prüfung nicht bestanden, wenn ...
▶ die zul. Fehlerpunkte überschritten wurden (d. h. mehr als 10 Punkte bei Klasse B)
▶ oder wenn 2 oder mehr Fragen mit je 5 Fehlerpunkten falsch beantwortet wurden

1

VIDEO 163 ▶

Wie verhalten Sie sich jetzt richtig?

- [ ] Ich weiche nach links aus
- [ ] Ich bremse ab
- [ ] Ich fahre gleichmäßig weiter

1.1.07-176-M

4

2

Sie wollen nach rechts abbiegen.
Wie sollten Sie sich verhalten?

- [ ] Den Radfahrer durchfahren lassen
- [ ] Vor dem Radfahrer abbiegen
- [ ] „Schulterblick" durchführen

1.1.07-137

4

3

Welches Verhalten ist richtig?

- [ ] Ich darf erst abbiegen, wenn die Ampel „Grün" zeigt
- [ ] Ich darf unter Beachtung der Verkehrszeichen abbiegen
- [ ] Der grüne Pkw muss warten

1.2.37-002-B

4

Fehlerpunkte

4

1.2.09-131-M

Der Radfahrer möchte geradeaus fahren. Wie verhalten Sie sich hier richtig?

- [ ] Ich bleibe hinter dem Radfahrer
- [ ] Ich überhole den Radfahrer

4

5

1.1.09-022

Dürfen Kraftfahrer beim Führen von Kraftfahrzeugen während der Probezeit unter der Wirkung alkoholischer Getränke stehen?

- [ ] Ja, bis 0,5 Promille ohne alkoholbedingte Fahrauffälligkeit
- [ ] Nein, in keinem Fall
- [ ] Ja, bis 0,3 Promille ohne alkoholbedingte Fahrauffälligkeit

4

6

1.2.10-106

Sie wollen aus einem Grundstück nach rechts in eine Straße einbiegen. Von links kommen Radfahrer. Wer muss warten?

- [ ] Die Radfahrer müssen warten
- [ ] Alle müssen anhalten und sich dann verständigen
- [ ] Ich muss warten

4

7

1.1.09-029

Wodurch lässt sich die Fahrtüchtigkeit nach übermäßigem Alkoholkonsum kurzfristig wiederherstellen?

- [ ] Durch 15 Minuten Sport
- [ ] Durch das Trinken von 2 Tassen Kaffee
- [ ] Durch gar nichts

4

8

1.2.10-107

Sie wollen aus einem Grundstück über den Gehweg auf die Fahrbahn einbiegen. Worauf müssen Sie achten?

- [ ] Verkehrsteilnehmer auf dem Gehweg dürfen nicht gefährdet werden
- [ ] Gegebenenfalls ist ein Einweisen erforderlich
- [ ] Immer zuerst auf den fließenden Verkehr auf der Fahrbahn achten

4

Fehlerpunkte

9

1.1.02-125-M

Womit sollten Sie rechnen?

- [ ] Dass Erwachsene auf die Fahrbahn treten können
- [ ] Dass starkes Bremsen erforderlich werden kann
- [ ] Dass Kinder zwischen den Fahrzeugen auftauchen können

4

10

1.2.07-001

Was müssen Sie tun, wenn Sie den Fahrstreifen wechseln wollen?

- [ ] Vor dem Fahrstreifenwechsel immer stark abbremsen
- [ ] Auf den nachfolgenden Verkehr achten
- [ ] Fahrstreifenwechsel rechtzeitig ankündigen

4

11

1.2.03-001

Was verlängert den Bremsweg?

- [ ] Mitführen eines ungebremsten Anhängers
- [ ] Nasse oder glatte Fahrbahnen
- [ ] Fahren auf Gefällstrecken

4

12

1.1.03-003

Wo müssen Sie besonders mit Fahrbahnvereisung rechnen?

- [ ] Auf Strecken, die durch Wald führen
- [ ] Auf stark befahrenen Strecken
- [ ] Auf Brücken

4

13

1.1.07-173

Während der Fahrt überquert vor Ihrem Fahrzeug ein Reh die Fahrbahn. Was sollten Sie beachten?

- [ ] Das Reh kann durch Einschalten des Fernlichts verscheucht werden
- [ ] Dem Reh können weitere Tiere folgen
- [ ] Das Reh kann mitten auf der Fahrbahn stehen bleiben

3

Fehlerpunkte

14 1.1.07-002

Worauf müssen Sie innerorts an Kreuzungen und Einmündungen besonders achten?

- Die breitere Straße ist immer bevorrechtigt
- Kreuzende oder einmündende Straßen können bevorrechtigt sein, obwohl sie schmal und weniger gut ausgebaut sind
- An allen Kreuzungen und Einmündungen gilt ausnahmslos die Regel „rechts vor links“

3

15 1.5.01-128

Wie können Sie den Lärm verringern, der durch Ihr Kraftfahrzeug verursacht wird?

- Durch das Fahren mit niedriger Motordrehzahl
- Durch das Entfernen des Luftfiltereinsatzes
- Durch die Verwendung von Reifen mit geringem Rollgeräusch

3

16

1.3.01-112

Sie wollen nach links abbiegen. Wer muss warten?

- Ich muss warten
- Das blaue Fahrzeug muss warten

5

17

1.3.01-016-M

Welches Verhalten ist richtig?

- Ich muss den blauen Lkw durchfahren lassen
- Ich muss den Traktor abbiegen lassen
- Der blaue Lkw muss mich durchfahren lassen

5

18

1.3.01-056-M

Wie verhalten Sie sich richtig? Ich fahre …

- … nach den beiden Pkws
- … nach dem blauen Pkw
- … vor den beiden Pkws

5

19 1.4.42-116

Wie hoch muss die durch die Bauart bestimmte Höchstgeschwindigkeit eines Kraftfahrzeugs mindestens sein, wenn man diese Straße benutzen will?

- 81 km/h
- 61 km/h
- 51 km/h

3

20 1.4.41-163

Was gilt bei diesem Verkehrszeichen?

- Ich muss mit an- und abfahrenden Taxis rechnen
- Ich darf halten
- Ich darf parken

2

ZUSATZFRAGEN – KLASSE B

21

VIDEO 164 ▶ 2.2.05-011

Wie verhalten Sie sich in dieser Situation richtig?

- [ ] Ich beschleunige und setze den Überholvorgang fort
- [ ] Ich breche den Überholvorgang ab und ordne mich rechts ein
- [ ] Ich setze den Überholvorgang mit gleichbleibender Geschwindigkeit fort

5

22 2.2.34-104

In welcher Situation ist eine manuelle Auslösung des eCall-Systems vorgesehen?

- [ ] Wenn eine mitfahrende Person einen medizinischen Notfall erleidet
- [ ] Wenn mein Fahrzeug eine Reifenpanne hat
- [ ] Wenn ich Zeuge eines schweren Unfalls werde

2

23 2.7.05-217

Welche Folgen kann es haben, wenn die Radbefestigungen nach einem Radwechsel nicht nachgezogen werden?

- [ ] Das Rad kann beschädigt werden
- [ ] Das Rad kann sich vom Fahrzeug lösen
- [ ] Der Reifen kann sich von der Felge lösen

3

24 2.1.11-129

Was sind Anzeichen dafür, dass Sie Ihre Fahrt unterbrechen sollten?

- [ ] Vermehrtes Gähnen
- [ ] Drohendes Zufallen der Augen
- [ ] Schwierigkeiten beim Spurhalten

4

25 2.5.01-016

Welche Auswirkungen hat das Fahren mit hoher Geschwindigkeit bei Kraftfahrzeugen mit Verbrennungsmotor?

- [ ] Der Kraftstoffverbrauch erhöht sich
- [ ] Der Schadstoffausstoß erhöht sich
- [ ] Der Lärmpegel verringert sich

3

26

VIDEO 165 ▶ 2.1.06-013

**Sie möchten überholen.
Wie verhalten Sie sich jetzt richtig?**

- [ ] Ich beschleunige und setze den Überholvorgang zügig fort
- [ ] Ich breche den Überholvorgang ab und bleibe hinter dem Lkw
- [ ] Ich behalte die Geschwindigkeit bei und setze den Überholvorgang fort

5

27 2.7.03-101

Welche Folge kann eine zu geringe Menge Kühlflüssigkeit im Motor haben? Eine zu geringe Menge Kühlflüssigkeit kann …

- [ ] … zum Motorschaden führen
- [ ] … zur Erhöhung des Kraftstoffverbrauchs führen
- [ ] … zur Überhitzung des Motors führen

2

28 2.2.22-117

Was ist bei der Beladung von Fahrzeugen zu beachten?

- [ ] Ladung, die mehr als 1 m über die Rückstrahler nach hinten hinausragt, muss gekennzeichnet werden
- [ ] Ladung darf oberhalb einer Höhe von 2,50 m maximal 50 cm nach vorn hinausragen
- [ ] Ladung mit hohem Gewicht muss nicht gesichert werden

3

29 2.6.03-001

Was ist beim Rückwärtsfahren mit einer Fahrzeugkombination richtig, wenn die Sicht nach hinten beeinträchtigt ist?

- [ ] Wenn die Sichtverbindung zur einweisenden Person abreißt, muss angehalten werden
- [ ] Auf einem Betriebsgelände kann auf Einweisung verzichtet werden
- [ ] Nur beim Einfahren in eine Vorfahrtstraße ist Einweisung erforderlich

4

30 2.6.03-116

Wie viele Anhänger dürfen hinter einem Pkw mitgeführt werden?

Antwort: [ ]

2

Fehlerpunkte [ ] Fehlerpunkte [ ]

Amtliche Prüfungsfragen für Führerscheinbewerber 53

Grundlagen für alle Klassen und Zusatzfragen Klasse B

Hinweise zu Videofragen:

In jeder Theorie-Prüfung sind 2 zufällige Videofragen vorhanden. Die Videofragen sind auf den Prüfungsbögen gekennzeichnet (Video-Abspielsymbol inklusive der Fragennummer). Die beiliegende DVD enthält alle diese Videos.

Legen Sie die DVD in Ihr CD-/DVD-Laufwerk ein und öffnen Sie die DVD durch Doppelklick auf das entsprechende Laufwerk in Ihrem Explorer. Wählen Sie das Video mit der im Bogen angegebenen Videonummer durch Doppelklick aus.

Während der Prüfung dürfen Sie ein Video maximal 5-mal anschauen, ohne dass Ihnen die Frage bekannt ist. Erst wenn Sie bereit sind, können Sie sich die Frage zum Video anzeigen lassen. Danach müssen Sie die Frage beantworten und können das Video nicht noch mal anschauen.

Wichtig: Daher zuerst das Video max. 5-mal anschauen. Erst danach die zugehörige Frage lesen und bearbeiten.

Bezugsfahrzeug

Bitte beachten Sie das zugrunde liegende Bezugsfahrzeug:

Sie fahren ein ...

▶ Grundstoff:
Kraftfahrzeug mit Verbrennungsmotor

▶ Klasse B:
Zweispuriges Kraftfahrzeug mit Verbrennungsmotor, mit manuellem Schaltgetriebe und mit automatischem Blockierverhinderer (ABV)

Wenn in den Prüfungsaufgaben keine besonderen Fahrzeugeigenschaften benannt sind, gelten die folgenden allgemeinen Eigenschaften „Ihres Fahrzeugs" (Bezugsfahrzeug).

▶ Bitte beachten Sie:
Wenn in der Prüfungsaufgabe besondere Fahrzeugeigenschaften ausdrücklich benannt sind, müssen diese bei der Aufgabenbearbeitung berücksichtigt werden!

	Fehlerpunkte / 5-Punkte-Regel
Klasse	B
zulässige Fehlerpunkte	10
Grundstoff	
Zusatzstoff	
Summe	
5-Punkte-Regel *)	
bestanden	
nicht bestanden	
Bemerkungen	
*) 2 oder mehr Fragen mit je 5 Fehlerpunkten falsch	

Beantworten Sie die Fragen durch Ankreuzen von Antworten oder durch die Angabe von Zahlen.
Sie haben die Frage falsch beantwortet, wenn...
▶ nicht jede richtige Antwort angekreuzt ist ▶ oder eine/mehrere falsche Antwort(en) angekreuzt ist/sind ▶ oder eine falsche/keine Zahl angegeben ist

Sie haben die Prüfung nicht bestanden, wenn...
▶ die zul. Fehlerpunkte überschritten wurden (d.h. mehr als 10 Punkte bei Klasse B)
▶ oder wenn 2 oder mehr Fragen mit je 5 Fehlerpunkten falsch beantwortet wurden

1

Warum müssen Sie hier besonders vorsichtig sein?

- Weil beim Bremsen erhöhte Rutschgefahr besteht
- Weil das von links kommende Auto Vorfahrt hat
- Weil ein Fahrzeug von rechts kommen könnte

1.1.07-006-B — 3

2

**Sie wollen rechts abbiegen.
Worauf müssen Sie sich einstellen?**

- Der Lkw wird anhalten
- Der Fußgänger könnte den Lkw vorbeilassen und dann vor mir die Fahrbahn überqueren
- Nach dem Abbiegen des Lkws könnten Fußgänger von der gegenüberliegenden Straßenseite kommen

1.1.02-123-M — 4

3

Worauf müssen Sie sich einstellen?

- Auf querende Personen
- Auf Sichtbehinderungen
- Auf sich öffnende Fahrzeugtüren

1.1.02-124-M — 4

4

Was gilt hier? 1.2.37-012-M

- [ ] Geradeausfahrer dürfen fahren
- [ ] Rechtsabbieger dürfen fahren
- [ ] Linksabbieger dürfen fahren

4

5

Sie wollen eine landwirtschaftliche Zugmaschine mit nach hinten herausragendem Anbaugerät überholen. Was ist zu beachten? 1.1.07-101

- [ ] Die hintere Beleuchtung kann stark verschmutzt oder verdeckt sein, so dass eingeschaltete Blinkleuchten schlecht oder gar nicht zu sehen sind
- [ ] Zugmaschinen können wegen ihrer niedrigen Geschwindigkeit immer gefahrlos überholt werden
- [ ] Beim Abbiegen kann das Anbaugerät ausschwenken

4

6

1.5.01-127

Sie fahren ein Kraftfahrzeug mit manuellem Schaltgetriebe. Wodurch können Sie den Kraftstoffverbrauch Ihres Fahrzeugs reduzieren?

- [ ] Durch vorausschauendes Fahren, um häufige Geschwindigkeitswechsel zu vermeiden
- [ ] Durch Fahren mit hoher Motordrehzahl
- [ ] Durch frühes Schalten in nächsthöhere Gänge

3

7

1.1.06-105

In welchen Fällen muss das Überholen abgebrochen werden?

- [ ] Wenn der Eingeholte plötzlich beschleunigt
- [ ] Wenn durch unerwarteten Gegenverkehr Gefahr entsteht
- [ ] Wenn der Eingeholte seine Geschwindigkeit stark verringert

5

8

Auf einer Fahrbahn mit mehreren Fahrstreifen für eine Richtung endet ein Fahrstreifen. Wie haben Sie sich auf dem durchgehenden Fahrstreifen zu verhalten? Ich muss … 1.2.07-113

- [ ] … den am Weiterfahren gehinderten Fahrzeugen den Übergang nach dem Reißverschlussverfahren ermöglichen
- [ ] … an den am Weiterfahren gehinderten Fahrzeugen vorbeifahren
- [ ] … Blickkontakt aufnehmen und dann je nach Situation entscheiden

3

Fehlerpunkte

9

Welches Verhalten ist richtig? 1.2.09-121

- [ ] Ich muss an der Haltlinie anhalten
- [ ] Ich muss den Radfahrer durchfahren lassen
- [ ] Ich darf vor dem Radfahrer abbiegen

5

10

1.1.01-003

Welches Verhalten ist beispielhaft für „Vorausschauendes Fahren“?

- [ ] Ich versuche, die Absichten anderer Verkehrsteilnehmer möglichst frühzeitig zu erkennen
- [ ] Ich reagiere möglichst frühzeitig auf wahrscheinliche Veränderungen der Verkehrssituation
- [ ] Ich beschränke die Verkehrsbeobachtung möglichst auf das direkt vor mir fahrende Fahrzeug

2

11

Worauf müssen Sie achten, wenn Sie in eine Tiefgarage fahren? 1.1.04-110

- [ ] Meine Augen müssen sich erst an die veränderten Lichtverhältnisse gewöhnen
- [ ] Fußgänger laufen oft auf Fahrwegen
- [ ] Meine Reifen können an engen Aus- und Einfahrten beschädigt werden

4

12

1.2.05-109

Welche Fahrzeuge dürfen nur mit besonders großem Seitenabstand überholt werden?

- [ ] Fahrräder
- [ ] Motorräder
- [ ] Straßenbahnen

4

13

1.1.07-011

Vor Ihnen will ein großer Mähdrescher nach rechts abbiegen. Was ist richtig? Der Mähdrescher …

- [ ] … kann wegen der Hinterradlenkung nicht ausschwenken
- [ ] … wird vor dem Abbiegen sehr langsam werden
- [ ] … wird beim Abbiegen weit nach links ausschwenken

4

Fehlerpunkte

14 1.2.26-108

Die Ampel zeigt „Grün“. Sie wollen rechts abbiegen. Wie verhalten Sie sich gegenüber Personen, welche die Straße überqueren, in die Sie einbiegen möchten?

- Den Personen das Überqueren der Straße ermöglichen
- Zügig vor den Personen abbiegen
- Die Personen durch Hupen warnen

4

15 1.2.03-106

Sie fahren mit 30 km/h. Dabei beträgt der Bremsweg bei einer normalen Bremsung 9 Meter nach der Faustformel. Wie lang ist der Bremsweg unter gleichen Bedingungen bei 60 km/h?

- 27 m
- 36 m
- 18 m

4

16

1.3.01-129-M

Wie verhalten Sie sich hier richtig?

- Ich warte, bis der Radfahrer abgebogen ist
- Ich fahre vor dem Radfahrer
- Ich warne den Radfahrer durch Hupen

5

17

1.3.01-007-M

Welches Verhalten ist richtig?

- Ich muss den Radfahrer durchfahren lassen
- Ich muss den Motorradfahrer durchfahren lassen
- Ich darf vor dem Radfahrer abbiegen

5

18

1.3.01-052

Welches Verhalten ist richtig?

- Ich muss die Radfahrerin durchfahren lassen
- Ich darf vor der Radfahrerin links abbiegen
- Ich verzichte auf meine Vorfahrt, um die Kreuzung nicht zu verstopfen

5

19 1.4.42-139

Worauf müssen Sie sich hier einstellen?

- Dass Kinder häufiger als sonst über die Fahrbahn laufen
- Dass der fließende Verkehr anhält
- Dass Kinder unter Anleitung auf der Fahrbahn spielen

3

20 1.4.41-154

Worauf weist dieses Verkehrszeichen hin?

- Auf einen Reitweg, den Reiter benutzen müssen
- Auf einen Reitweg, dessen Benutzung für andere Verkehrsteilnehmer verboten ist
- Auf einen Weg, dessen Benutzung für Reiter verboten ist

2

ZUSATZFRAGEN – KLASSE B

21

VIDEO 166

2.1.06-014

Wie verhalten Sie sich richtig?

- [ ] Ich breche den Überholvorgang ab und schere wieder nach rechts ein
- [ ] Ich setze den Überholvorgang zügig fort
- [ ] Ich bremse, setze den Überholvorgang aber fort

5

22

2.7.06-112

Was sollten Sie bei der Benutzung einer adaptiven Geschwindigkeitsregelanlage beachten?

- [ ] Auch bei längerer Nutzung des Systems muss ich stets aufmerksam bleiben
- [ ] Durch die Benutzung von Gas- oder Bremspedal kann das System jederzeit übersteuert werden
- [ ] Durch starken Regen oder Schneefall kann das System beeinträchtigt werden

3

23

2.6.01-003

Woran können Sie erkennen, wann Sie Ihr Fahrzeug zur nächsten Hauptuntersuchung vorführen müssen?

- [ ] An der Prüfplakette auf dem hinteren amtlichen Kennzeichen
- [ ] An der Eintragung in der Zulassungsbescheinigung Teil I
- [ ] An der Eintragung in der Bedienungsanleitung meines Fahrzeugs

2

24

2.1.11-133

Welche Ursache führt bei jungen Fahrern häufig zu sogenannten Disco-Unfällen?

- [ ] Eine geringe Fahrerfahrung bei Dunkelheit
- [ ] Wenig Erfahrung mit voll besetzten Fahrzeugen
- [ ] Eine Ablenkung durch Mitfahrer

4

25

2.2.12-105

Wo dürfen Sie innerorts einen Anhänger mit einer zulässigen Gesamtmasse von mehr als 2 t an Sonn- und Feiertagen sowie zwischen 22.00 und 6.00 Uhr regelmäßig parken?

- [ ] In Gewerbegebieten
- [ ] In reinen Wohngebieten auf entsprechend gekennzeichneten Parkplätzen
- [ ] In Sondergebieten, die der Erholung dienen, auf ausreichend breiten Straßen

3

26

VIDEO 167

2.2.09-002-M

Warum müssen Sie vor dem Linksabbiegen warten? Wegen des …

- [ ] … Pkws
- [ ] … Fahrrads
- [ ] … Motorrads

5

27

2.2.02-006

Sie fahren außerorts auf einer Straße mit drei markierten Fahrstreifen in jeder Fahrtrichtung. Auf dem rechten Fahrstreifen fahren in größeren Abständen einzelne, langsamere Fahrzeuge. Welchen Fahrstreifen dürfen Sie durchgängig befahren?

- [ ] Den mittleren
- [ ] Den linken

3

28

2.7.02-038

Die Schlussleuchte Ihres Fahrzeugs funktioniert nicht. Was kann die Ursache dafür sein?

- [ ] Das Leuchtmittel ist defekt
- [ ] Der Fernlichtschalter ist defekt
- [ ] Die entsprechende Sicherung ist defekt

2

29

2.1.03-103

Worauf müssen Sie sich einstellen, wenn es nach längerer Trockenheit anfängt zu regnen?

- [ ] Auf eine gefährliche Schmierschicht auf der Fahrbahn
- [ ] Auf schlechtere Sicht gleich nach Einschalten der Scheibenwischer
- [ ] Auf einen kürzeren Bremsweg

4

30

2.7.02-131

Sie stellen fest, dass die Reifen an der Vorderachse Ihres Fahrzeugs ungleichmäßig abgenutzt sind. Was sollte überprüft werden?

- [ ] Die Fahrwerkseinstellungen
- [ ] Der Reifenfülldruck
- [ ] Die Stoßdämpfer

2

Fehlerpunkte

Fehlerpunkte

Amtliche Prüfungsfragen für Führerscheinbewerber

Grundlagen für alle Klassen und Zusatzfragen Klasse B

54

Hinweise zu Videofragen:

In jeder Theorie-Prüfung sind 2 zufällige Videofragen vorhanden. Die Videofragen sind auf den Prüfungsbögen gekennzeichnet (Video-Abspielsymbol inklusive der Fragennummer). Die beiliegende DVD enthält alle diese Videos.

Legen Sie die DVD in Ihr CD-/DVD-Laufwerk ein und öffnen Sie die DVD durch Doppelklick auf das entsprechende Laufwerk in Ihrem Explorer. Wählen Sie das Video mit der im Bogen angegebenen Videonummer durch Doppelklick aus.

Während der Prüfung dürfen Sie ein Video maximal 5-mal anschauen, ohne dass Ihnen die Frage bekannt ist. Erst wenn Sie bereit sind, können Sie sich die Frage zum Video anzeigen lassen. Danach müssen Sie die Frage beantworten und können das Video nicht noch mal anschauen.

Wichtig: Daher zuerst das Video max. 5-mal anschauen. Erst danach die zugehörige Frage lesen und bearbeiten.

Bezugsfahrzeug

Bitte beachten Sie das zugrunde liegende Bezugsfahrzeug:

Sie fahren ein ...

▶ Grundstoff:
Kraftfahrzeug mit Verbrennungsmotor

▶ Klasse B:
Zweispuriges Kraftfahrzeug mit Verbrennungsmotor, mit manuellem Schaltgetriebe und mit automatischem Blockierverhinderer (ABV)

Wenn in den Prüfungsaufgaben keine besonderen Fahrzeugeigenschaften benannt sind, gelten die folgenden allgemeinen Eigenschaften „Ihres Fahrzeugs" (Bezugsfahrzeug).

▶ Bitte beachten Sie:
Wenn in der Prüfungsaufgabe besondere Fahrzeugeigenschaften ausdrücklich benannt sind, müssen diese bei der Aufgabenbearbeitung berücksichtigt werden!

	Fehlerpunkte / 5-Punkte-Regel
Klasse	B
zulässige Fehlerpunkte	10
Grundstoff	
Zusatzstoff	
Summe	
5-Punkte-Regel *)	
bestanden	
nicht bestanden	
Bemerkungen	
*) 2 oder mehr Fragen mit je 5 Fehlerpunkten falsch	

Beantworten Sie die Fragen durch Ankreuzen von Antworten oder durch die Angabe von Zahlen. Sie haben die Frage falsch beantwortet, wenn ...
▶ nicht jede richtige Antwort angekreuzt ist ▶ oder eine/mehrere falsche Antwort(en) angekreuzt ist/sind ▶ oder eine falsche/keine Zahl angegeben ist

Sie haben die Prüfung nicht bestanden, wenn ...
▶ die zul. Fehlerpunkte überschritten wurden (d.h. mehr als 10 Punkte bei Klasse B)
▶ oder wenn 2 oder mehr Fragen mit je 5 Fehlerpunkten falsch beantwortet wurden

1

Womit müssen Sie rechnen?

- Das Motorrad könnte nach links ausscheren
- Die Person neben dem Transporter könnte weiter auf die Fahrbahn treten
- Fußgänger könnten vor dem Transporter die Fahrbahn überqueren

1.1.07-138 **4**

2

VIDEO 168

Warum müssen Sie hier bremsen? Wegen des ...

- ... Radfahrers
- ... Kindes
- ... grünen Fahrzeugs

1.1.02-137-M **5**

3

Wozu darf der rechte Seitenstreifen benutzt werden?

- Zum Halten und Parken
- Zum Überholen
- Zum Befahren mit langsamen Fahrzeugen

1.2.02-101-B **3**

Fehlerpunkte

4

1.2.12-128-M

Wo dürfen Sie hier parken?

In meiner Fahrtrichtung …

- … nur auf dem rechten Seitenstreifen
- … auf dem linken und rechten Seitenstreifen
- … nur auf dem linken Seitenstreifen

3

5

1.2.16-103

Wie verhalten Sie sich bei einer Panne in einem Tunnel?

- Fahrzeug möglichst in einer Pannenbucht abstellen
- Warnblinklicht einschalten
- Motor vorsorglich laufen lassen

4

6

1.1.01-112

Was kann zum Abkommen von der Fahrbahn führen?

- Ablenkung
- Unaufmerksamkeit
- Müdigkeit

4

7

1.5.01-122

Welche Kraftfahrzeuge sind vom Verkehrsverbot für „Umweltzonen" grundsätzlich ausgenommen?

- Land- und forstwirtschaftliche Zugmaschinen
- Krankenwagen im Einsatz
- Alle Kraftfahrzeuge der Umweltzonenbewohner

3

8

1.2.09-117

In welchen Fällen müssen Sie eine Änderung der Fahrtrichtung anzeigen?

- Wenn ich dem Verlauf einer abknickenden Vorfahrtstraße folgen will
- Vor dem Abbiegen in eine Einmündung oder in ein Grundstück
- Wenn ich eine abknickende Vorfahrtstraße in gerader Richtung verlassen will

4

9

1.3.01-035-M

Welches Verhalten ist richtig?

- Ich biege vor dem grünen Pkw links ab
- Ich lasse den grünen Pkw durchfahren
- Ich muss den roten Pkw vorbeilassen

5

10

1.2.05-103

Was ist Voraussetzung für das Ausscheren zum Überholen?

- Dass eine Gefährdung des nachfolgenden Verkehrs ausgeschlossen ist
- Dass der Gegenverkehr nicht gefährdet wird
- Dass der Vorausfahrende rechts blinkt

4

11

1.1.03-109

Wo müssen Sie besonders mit plötzlich auftretendem Nebel rechnen?

- An Flussläufen
- In Moorgebieten
- An Seen

3

12

1.1.07-001

Womit müssen Sie rechnen, wenn vor Ihnen ein Lastzug in eine enge Straße nach rechts abbiegen will? Er wird …

- … vor dem Abbiegen nach links ausscheren
- … seine Geschwindigkeit stark vermindern
- … sich besonders weit rechts einordnen

3

13

1.1.09-030

Was kann die Fahrtüchtigkeit ähnlich beeinträchtigen wie Alkohol?

- Medikamente
- Drogen
- Erfrischungsgetränke

4

Fehlerpunkte

Fehlerpunkte

14 1.2.26-113

Eine Person will die Fahrbahn auf dem Fußgängerüberweg überqueren. Wie verhalten Sie sich?

- Ich überhole nicht
- Ich bereite mich auf das Anhalten vor
- Ich überhole wartende Fahrzeuge mit besonderer Vorsicht

5

15 1.1.05-002

Wo ist zu schnelles Fahren besonders gefährlich?

- In unübersichtlichen Kurven
- An Fahrbahnverengungen
- An Bahnübergängen

4

16

1.3.01-117-M

Welches Verhalten ist richtig? Ich muss …

- … den Radfahrer durchfahren lassen
- … den Bus durchfahren lassen
- … an der Haltlinie anhalten

5

17

1.3.01-103-M

Welches Verhalten ist richtig?

- Das Motorrad muss warten
- Ich muss warten

5

18 1.2.37-009

Wo ist bei dieser Ampel mit Grünpfeilschild vor dem Abbiegen nach rechts anzuhalten?

- Es muss nicht angehalten werden
- Wenn keine Haltlinie vorhanden ist, vor der Kreuzung oder Einmündung
- An der Haltlinie

4

19 1.4.41-115

Welche Fahrzeuge dürfen den so gekennzeichneten Sonderfahrstreifen benutzen?

- Lkw
- Linienbusse
- Pkw

2

20 1.4.41-124

Worauf weist dieses Verkehrszeichen hin? Hier beginnt eine Zone mit einer …

- … vorgeschriebenen Mindestgeschwindigkeit von 30 km/h
- … Richtgeschwindigkeit von 30 km/h
- … zulässigen Höchstgeschwindigkeit von 30 km/h

3

ZUSATZFRAGEN – KLASSE B

21

VIDEO 169

2.1.03-121

Die Anzeige für die Fahrdynamikregelung (ESC) hat mehrfach geleuchtet. Wie verhalten Sie sich in dieser Situation richtig?

- [ ] Ich behalte meine Geschwindigkeit bei, da das ESC-System eine sichere Weiterfahrt ermöglicht
- [ ] Ich verringere meine Geschwindigkeit, da sie zu hoch ist
- [ ] Ich suche eine Werkstatt auf, da die ESC-Anzeige auf einen Defekt hinweist

3

22

2.2.17-403

Sie fahren bei Dunkelheit mit Fernlicht. Wann müssen Sie abblenden?

- [ ] Wenn ich vor einem Bahnübergang warten muss und andere blende
- [ ] Wenn ich eine Straße mit durchgehender, ausreichender Beleuchtung befahre
- [ ] Wenn Fußgänger in gleicher Richtung vorausgehen

3

23

2.1.08-014

Sie fahren mit Richtgeschwindigkeit auf der Autobahn und möchten diese an der nächsten Ausfahrt verlassen. Wie müssen Sie sich verhalten?

- [ ] Ich beende Überholvorgänge rechtzeitig
- [ ] Ich setze die Geschwindigkeit auf dem Ausfädelungsstreifen deutlich herab
- [ ] Ich setze die Geschwindigkeit bereits auf dem rechten Fahrstreifen der Autobahn deutlich herab

4

24

2.7.01-111

Worauf ist beim Luftdruck der Reifen zu achten?

- [ ] Luftdruck regelmäßig kontrollieren, einschließlich Reserverad
- [ ] Luftdruck bei starker Beladung nach Betriebsanleitung erhöhen
- [ ] Luftdruck vor längeren Fahrten verringern

3

25

2.7.01-159

Sie möchten überholen und haben über den Aktiven Spurwechsel-Assistenten einen Spurwechsel eingeleitet. Was ist richtig?

- [ ] Das System führt den Spurwechsel selbstständig durch
- [ ] Ich muss den Spurwechsel überwachen
- [ ] Das System hält immer alle Sicherheitsabstände selbstständig ein

3

26

VIDEO 170

2.1.06-015

Wie verhalten Sie sich richtig?

- [ ] Ich wechsle sofort auf den Fahrstreifen nach rechts
- [ ] Ich fordere den Nachfolgenden durch leichtes Bremsen auf, mehr Abstand herzustellen
- [ ] Ich überhole den Transporter und wechsle dann auf den mittleren Fahrstreifen

5

27

2.5.01-111

Wie kann Lärm vermindert werden?

- [ ] Durch Fahren mit hoher Motordrehzahl
- [ ] Durch Fahren im 4. oder 5. Gang in Ortschaften
- [ ] Durch Fahren mit hoher Geschwindigkeit

3

28

2.7.05-105

Ihr Pkw ist mit Winterreifen ausgerüstet. Welche Bedeutung hat der Geschwindigkeits-Aufkleber „max. 190 km/h“ am Armaturenbrett? Die Geschwindigkeit von maximal 190 km/h …

- [ ] … gilt nur bei winterlichen Straßenverhältnissen
- [ ] … darf nicht überschritten werden
- [ ] … gilt nicht bei trockenen Straßenverhältnissen

3

29

2.7.06-117

Welche Funktion übernimmt eine Adaptive Geschwindigkeitsregelanlage (AGR) bei Kraftfahrzeugen? Das System …

- [ ] … bremst selbstständig, wenn es ein vorausfahrendes Fahrzeug mit geringerer Geschwindigkeit erkannt hat
- [ ] … hält immer den vorgeschriebenen Sicherheitsabstand zum vorausfahrenden Fahrzeug ein
- [ ] … beschleunigt selbstständig bis zu einer vorher eingestellten Geschwindigkeit

3

30

2.2.04-107

Ab welcher Länge einer Fahrzeugkombination müssen Sie außerorts ständig einen so großen Abstand zum vorausfahrenden Fahrzeug halten, dass ein überholendes Kraftfahrzeug einscheren kann?

Antwort: Ab einer Länge von mehr als ____ m

3

Fehlerpunkte

Fehlerpunkte

Amtliche Prüfungsfragen für Führerscheinbewerber

Grundlagen für alle Klassen und Zusatzfragen Klasse B

55

Hinweise zu Videofragen:

In jeder Theorie-Prüfung sind 2 zufällige Videofragen vorhanden. Die Videofragen sind auf den Prüfungsbögen gekennzeichnet (Video-Abspielsymbol inklusive der Fragennummer). Die beiliegende DVD enthält alle diese Videos.

Legen Sie die DVD in Ihr CD-/DVD-Laufwerk ein und öffnen Sie die DVD durch Doppelklick auf das entsprechende Laufwerk in Ihrem Explorer. Wählen Sie das Video mit der im Bogen angegebenen Videonummer durch Doppelklick aus.

Während der Prüfung dürfen Sie ein Video maximal 5-mal anschauen, ohne dass Ihnen die Frage bekannt ist. Erst wenn Sie bereit sind, können Sie sich die Frage zum Video anzeigen lassen. Danach müssen Sie die Frage beantworten und können das Video nicht noch mal anschauen.

Wichtig: Daher zuerst das Video max. 5-mal anschauen. Erst danach die zugehörige Frage lesen und bearbeiten.

Bezugsfahrzeug

Bitte beachten Sie das zugrunde liegende Bezugsfahrzeug:

Sie fahren ein ...

▶ Grundstoff:
Kraftfahrzeug mit Verbrennungsmotor

▶ Klasse B:
Zweispuriges Kraftfahrzeug mit Verbrennungsmotor, mit manuellem Schaltgetriebe und mit automatischem Blockierverhinderer (ABV)

Wenn in den Prüfungsaufgaben keine besonderen Fahrzeugeigenschaften benannt sind, gelten die folgenden allgemeinen Eigenschaften „Ihres Fahrzeugs" (Bezugsfahrzeug).

▶ Bitte beachten Sie:
Wenn in der Prüfungsaufgabe besondere Fahrzeugeigenschaften ausdrücklich benannt sind, müssen diese bei der Aufgabenbearbeitung berücksichtigt werden!

	Fehlerpunkte / 5-Punkte-Regel
Klasse	B
zulässige Fehlerpunkte	10
Grundstoff	
Zusatzstoff	
Summe	
5-Punkte-Regel *)	
bestanden	
nicht bestanden	
Bemerkungen	
*) 2 oder mehr Fragen mit je 5 Fehlerpunkten falsch	

Beantworten Sie die Fragen durch Ankreuzen von Antworten oder durch die Angabe von Zahlen.
Sie haben die Frage falsch beantwortet, wenn ...
▶ nicht jede richtige Antwort angekreuzt ist ▶ oder eine/mehrere falsche Antwort(en) angekreuzt ist/sind ▶ oder eine falsche/keine Zahl angegeben ist

Sie haben die Prüfung nicht bestanden, wenn ...
▶ die zul. Fehlerpunkte überschritten wurden (d.h. mehr als 10 Punkte bei Klasse B)
▶ oder wenn 2 oder mehr Fragen mit je 5 Fehlerpunkten falsch beantwortet wurden

1

Warum kann hier das Rechtsabbiegen gefährlich werden?

- Weil ich möglicherweise nicht rechtzeitig anhalten kann, wenn Fußgänger die Seitenstraße überqueren
- Weil Fahrzeuge, die aus der Seitenstraße kommen, beim Abbremsen ins Schleudern geraten können
- Weil mein Fahrzeug bei zu schnellem Abbiegen ins Schleudern geraten kann

1.1.03-116 **4**

2

Sie möchten an der Kreuzung nach rechts abbiegen. Was ist richtig?

- Ich wechsle den Fahrstreifen möglichst frühzeitig
- Ich darf den Schutzstreifen für Radfahrer nur mit Schrittgeschwindigkeit überqueren
- Ich darf Radfahrer auf dem Schutzstreifen nicht behindern

1.1.07-019-M **4**

3 VIDEO 171

Wie verhalten Sie sich richtig?

- Ich lenke jetzt nach links
- Ich bremse weiter ab
- Ich bleibe zunächst auf meinem Fahrstreifen

1.1.07-174-M **3**

4

1.2.12-121-M

Wer parkt falsch?

- Keiner der beiden Pkws
- Der weiße Pkw
- Der dunkle Pkw

2

5 1.1.02-005

Mit welchem Verhalten von Kindern müssen Sie an Zebrastreifen rechnen?

- Sie laufen auf den Zebrastreifen, ohne auf den Verkehr zu achten
- Sie kehren ohne erkennbaren Grund auf dem Zebrastreifen um und laufen zurück
- Sie schätzen Geschwindigkeit und Entfernung herannahender Fahrzeuge immer richtig ein und warten am Fahrbahnrand

5

6 1.1.06-128

In welcher Situation ist das Überholen unzulässig? Wenn ich den …

- … Überholvorgang nicht vor dem Beginn eines Überholverbots beenden kann
- … Überholvorgang nicht vor einer Kuppe beenden kann
- … nötigen Seitenabstand nicht einhalten kann

4

7 1.2.26-111

In welchen Fällen müssen Sie an einen Fußgängerüberweg besonders vorsichtig heranfahren?

- Wenn Fußgänger die Fahrbahn überqueren wollen
- Wenn die Sicht auf den Fußgängerüberweg eingeschränkt ist
- Wenn ein anderes Fahrzeug bereits vor dem Fußgängerüberweg wartet

5

8 1.2.26-113

Eine Person will die Fahrbahn auf dem Fußgängerüberweg überqueren. Wie verhalten Sie sich?

- Ich bereite mich auf das Anhalten vor
- Ich überhole nicht
- Ich überhole wartende Fahrzeuge mit besonderer Vorsicht

5

9

VIDEO 172 1.2.37-022-M

Die Ampel zeigt schon längere Zeit „Grün" für Ihre Richtung. Wie verhalten Sie sich jetzt richtig?

- Ich beschleunige, um die Kreuzung noch sicher bei „Grün" überqueren zu können
- Ich fahre bremsbereit weiter, da die Ampel auf „Gelb" umschalten kann
- Ich beobachte die Ampel aufmerksam

3

10 1.2.04-101

Wovon hängt der einzuhaltende Abstand zum vorausfahrenden Fahrzeug ab?

- Von den Sichtverhältnissen
- Von der Geschwindigkeit
- Von der Fahrbahnbeschaffenheit

5

11 1.5.01-129

Was sollten Sie tun, um die Umwelt zu schonen? Ich sollte …

- … bei übermäßiger Rauchentwicklung aus der Auspuffanlage das Kraftfahrzeug überprüfen lassen
- … bei längerem Warten den Motor abstellen
- … auf unnützes Hin- und Herfahren verzichten

3

12 1.1.01-003

Welches Verhalten ist beispielhaft für „Vorausschauendes Fahren"?

- Ich beschränke die Verkehrsbeobachtung möglichst auf das direkt vor mir fahrende Fahrzeug
- Ich versuche, die Absichten anderer Verkehrsteilnehmer möglichst frühzeitig zu erkennen
- Ich reagiere möglichst frühzeitig auf wahrscheinliche Veränderungen der Verkehrssituation

2

13 1.1.09-027

Wie lange sind Cannabis und dessen Abbauprodukte im Urin nachweisbar?

- Höchstens mehrere Tage
- Noch nach Wochen
- Nur mehrere Stunden

4

 Fehlerpunkte

Fehlerpunkte

14 1.1.09-029

Wodurch lässt sich die Fahrtüchtigkeit nach übermäßigem Alkoholkonsum kurzfristig wiederherstellen?

Durch das Trinken von 2 Tassen Kaffee

Durch 15 Minuten Sport

Durch gar nichts

4

15 1.1.09-022

Dürfen Kraftfahrer beim Führen von Kraftfahrzeugen während der Probezeit unter der Wirkung alkoholischer Getränke stehen?

Nein, in keinem Fall

Ja, bis 0,5 Promille ohne alkoholbedingte Fahrauffälligkeit

Ja, bis 0,3 Promille ohne alkoholbedingte Fahrauffälligkeit

4

16

1.3.01-049-M

Welches Verhalten ist richtig?

Ich muss den roten Pkw vorlassen

Ich darf als Erster fahren

Ich muss die Straßenbahn vorlassen

5

17

Welches Verhalten ist richtig? 1.3.01-116

Ich darf vor dem Radfahrer abbiegen

Der blaue Lkw darf zuerst fahren

Ich muss den Radfahrer durchfahren lassen

5

18

1.3.01-126-M

Welches Verhalten ist richtig?

Ich fahre zuerst

Ich muss den gelben Pkw durchfahren lassen

5

19 1.4.40-116

Womit müssen Sie bei diesem Verkehrszeichen rechnen?

Mit Verkehr von Baustellenfahrzeugen

Mit Arbeitern auf der Fahrbahn

Mit Baumaterial auf der Fahrbahn

2

20 1.4.40-105

Wie verhalten Sie sich bei diesem Verkehrszeichen?

Gleich nach der Rechtskurve kräftig beschleunigen

Möglichst weit rechts fahren

Geschwindigkeit vermindern

3

Fehlerpunkte

Fehlerpunkte

ZUSATZFRAGEN – KLASSE B

21

2.2.37-008

Was bedeuten diese Dauerlichtzeichen? Fahrzeuge auf Fahrstreifen …

- … 2 müssen auf den Fahrstreifen nach rechts wechseln
- … 1 dürfen diesen weiter befahren
- … 3 und 4 müssen anhalten

4

22

2.2.23-035

Was ist vorgeschrieben, wenn die Haftpflichtversicherung Ihres Fahrzeugs erloschen ist? Das Fahrzeug …

- … darf im Straßenverkehr nicht mehr benutzt werden
- … muss bei der Zulassungsstelle abgemeldet werden
- … muss bei der Zulassungsstelle vorgeführt werden

3

23

2.7.08-001

Warum müssen Sie die Bremsflüssigkeit regelmäßig nach Vorgaben des Fahrzeugherstellers austauschen lassen?

- Damit die Bremsanlage auch bei hoher Belastung funktionstüchtig bleibt
- Damit der Wasseranteil in der Bremsflüssigkeit nicht unzulässig hoch wird
- Damit die Bauteile der Bremsanlage nicht beschädigt werden

3

24

2.7.01-072

Wodurch erhöht sich in Kurven mit schlechtem Straßenzustand das Risiko, ins Schleudern zu geraten?

- Durch ein beschädigtes Fahrwerk
- Durch einen falschen Reifenfülldruck
- Durch eine falsche Beladung

3

25

2.7.01-138

Sie fahren ein reines Elektrofahrzeug in einem Wohngebiet. Worauf sollten Sie sich aufgrund Ihrer geringen Fahrgeräusche einstellen?

- Fußgänger nehmen mich nicht oder verspätet wahr
- Nachfolgende Fahrzeuge fahren zu dicht auf
- Vorausfahrende Radfahrer biegen nach links ab, ohne nach hinten zu schauen

3

26

VIDEO 173

2.2.05-012

Worauf müssen Sie sich jetzt einstellen? Dass der …

- … Überholvorgang des grünen Lkw länger dauert
- … blaue Pkw zum Überholen ansetzt
- … weiße Lkw beschleunigt

5

27

2.7.01-166

Ihr Fahrzeug ist mit einer Berganfahrhilfe ausgerüstet. Welchen Vorteil bietet Ihnen dieses Assistenzsystem? Beim Anfahren am Berg kann das Assistenzsystem …

- … alle Räder gleichzeitig antreiben
- … ein ungewolltes Zurückrollen meines Fahrzeugs verhindern
- … das Lösen der Bremse übernehmen

3

28

2.2.37-003

Sie fahren mit ungefähr 40 km/h. Etwa 40 m vor Ihnen wechselt die Ampel von „Grün“ auf „Gelb“. Wie verhalten Sie sich?

- Weiterfahren
- Anhalten

4

29

2.1.11-012

Was müssen Sie beachten, wenn Sie nach einem langen Arbeitstag noch ein Fahrzeug führen?

- Ich fahre weniger konzentriert
- Ich mache weniger Fahrfehler
- Ich werde schneller müde

3

30

2.8.01-010

Was soll mit der Teilnahme an einem Aufbauseminar innerhalb der Probezeit erreicht werden?

- Ein Abbau der Punkte im Fahreignungsregister
- Eine Verbesserung der Gefahrenerkennung
- Eine rücksichtsvollere und risikobewusstere Einstellung zum Straßenverkehr

2

Fehlerpunkte

Fehlerpunkte

Amtliche Prüfungsfragen für Führerscheinbewerber

Grundlagen für alle Klassen und Zusatzfragen Klasse B

56

Hinweise zu Videofragen:

In jeder Theorie-Prüfung sind 2 zufällige Videofragen vorhanden. Die Videofragen sind auf den Prüfungsbögen gekennzeichnet (Video-Abspielsymbol inklusive der Fragennummer). Die beiliegende DVD enthält alle diese Videos.

Legen Sie die DVD in Ihr CD-/DVD-Laufwerk ein und öffnen Sie die DVD durch Doppelklick auf das entsprechende Laufwerk in Ihrem Explorer. Wählen Sie das Video mit der im Bogen angegebenen Videonummer durch Doppelklick aus.

Während der Prüfung dürfen Sie ein Video maximal 5-mal anschauen, ohne dass Ihnen die Frage bekannt ist. Erst wenn Sie bereit sind, können Sie sich die Frage zum Video anzeigen lassen. Danach müssen Sie die Frage beantworten und können das Video nicht noch mal anschauen.

Wichtig: Daher zuerst das Video max. 5-mal anschauen. Erst danach die zugehörige Frage lesen und bearbeiten.

Bezugsfahrzeug

Bitte beachten Sie das zugrunde liegende Bezugsfahrzeug:

Sie fahren ein ...

▶ Grundstoff:
Kraftfahrzeug mit Verbrennungsmotor

▶ Klasse B:
Zweispuriges Kraftfahrzeug mit Verbrennungsmotor, mit manuellem Schaltgetriebe und mit automatischem Blockierverhinderer (ABV)

Wenn in den Prüfungsaufgaben keine besonderen Fahrzeugeigenschaften benannt sind, gelten die folgenden allgemeinen Eigenschaften „Ihres Fahrzeugs" (Bezugsfahrzeug).

▶ Bitte beachten Sie:
Wenn in der Prüfungsaufgabe besondere Fahrzeugeigenschaften ausdrücklich benannt sind, müssen diese bei der Aufgabenbearbeitung berücksichtigt werden!

	Fehlerpunkte / 5-Punkte-Regel
Klasse	B
zulässige Fehlerpunkte	10
Grundstoff	
Zusatzstoff	
Summe	
5-Punkte-Regel *)	
bestanden	
nicht bestanden	
Bemerkungen	
*) 2 oder mehr Fragen mit je 5 Fehlerpunkten falsch	

Beantworten Sie die Fragen durch Ankreuzen von Antworten oder durch die Angabe von Zahlen.
Sie haben die Frage falsch beantwortet, wenn ...
▶ nicht jede richtige Antwort angekreuzt ist ▶ oder eine/mehrere falsche Antwort(en) angekreuzt ist/sind ▶ oder eine falsche/keine Zahl angegeben ist

Sie haben die Prüfung nicht bestanden, wenn ...
▶ die zul. Fehlerpunkte überschritten wurden (d.h. mehr als 10 Punkte bei Klasse B)
▶ oder wenn 2 oder mehr Fragen mit je 5 Fehlerpunkten falsch beantwortet wurden

1

Wie sollten Sie sich verhalten?

- Bremsbereit bleiben
- Unverändert weiterfahren
- Auf Schrittgeschwindigkeit abbremsen

1.1.02-119 — 5

2 VIDEO 174 ▶

Warum müssen Sie hier bremsen? Wegen des ...

- ... Radfahrers
- ... Kindes
- ... grünen Fahrzeugs

1.1.02-137-M — 5

3

Wann kann es hier zu einer gefährlichen Situation kommen?

- Wenn ich unvermindert weiterfahre
- Wenn der Radfahrer am Ende des Radweges anhält
- Wenn der Radfahrer auf meine Fahrbahn wechselt

1.1.07-020-M — 4

Fehlerpunkte

4

1.3.01-126-M

Welches Verhalten ist richtig?

- [ ] Ich muss den gelben Pkw durchfahren lassen
- [ ] Ich fahre zuerst

5

5

1.1.02-029

Eine Person im Rollstuhl schafft es nach dem Überqueren der Straße nicht, mit dem Rollstuhl den Bordstein zu überwinden, um den Gehweg zu erreichen. Wie verhalten Sie sich?

- [ ] Ich steige aus und helfe der Person im Rollstuhl
- [ ] Ich hupe und fahre um die Person herum
- [ ] Ich halte und schalte die Warnblinkanlage ein

4

6

1.2.03-001

Was verlängert den Bremsweg?

- [ ] Mitführen eines ungebremsten Anhängers
- [ ] Nasse oder glatte Fahrbahnen
- [ ] Fahren auf Gefällstrecken

4

7

1.5.01-017

In welcher Situation sollten Sie den Motor abstellen, um Kraftstoff zu sparen und die Umweltbelastung zu verringern? Wenn ich …

- [ ] … im Stau absehbar länger warten muss
- [ ] … an einem beschrankten Bahnübergang warten muss
- [ ] … an einem „Stop"-Schild anhalten muss

3

8

1.2.19-112

Wer muss an einem Andreaskreuz mit rotem Blinklicht in Form eines Pfeiles nach rechts warten?

- [ ] Rechtsabbieger
- [ ] Geradeausfahrer
- [ ] Linksabbieger

3

Fehlerpunkte

9

1.2.09-112-M

Wer muss blinken?

- [ ] Ich selbst
- [ ] Der rote Pkw
- [ ] Der blaue Lkw

3

10

1.1.03-001

Wo müssen Sie besonders mit starker Fahrbahnverschmutzung und Rutschgefahr rechnen?

- [ ] An Baustellen
- [ ] An innerstädtischen Kreuzungen
- [ ] An Einmündungen von Feldwegen

3

11

1.1.06-106

Wann ist das Überholen verboten?

- [ ] Wenn die Verkehrslage unklar ist
- [ ] Wenn Sie nicht wesentlich schneller fahren können als der zu Überholende
- [ ] Wenn Sie nicht die gesamte Überholstrecke überblicken

4

12

1.1.02-133

Eine Person am Straßenrand trägt eine gelbe Armbinde mit drei schwarzen Punkten. Worauf weist diese Armbinde hin?

- [ ] Auf eine behinderte Person
- [ ] Auf eine besondere Verhaltenspflicht gegenüber dieser Person
- [ ] Auf die Zugehörigkeit zu einer Berufsgruppe

4

13

1.2.34-112

Woran erkennen Sie den kürzesten Weg zur nächsten Notrufsäule auf Bundesautobahnen? An den …

- [ ] … schwarzen Pfeilen auf den Leitpfosten
- [ ] … Richtungsmarkierungen auf den Leitplanken
- [ ] … Bodenmarkierungen auf dem Standstreifen

3

Fehlerpunkte

14 1.2.12-103

Wo ist das Halten verboten?

- Auf der Fahrbahn, wenn rechts ein geeigneter Seitenstreifen vorhanden ist
- Auf markierten Fahrstreifen mit Richtungspfeilen
- An Taxenständen

3

15 1.1.06-104

Wann wird ein Überholender gefährdet? Wenn der Eingeholte …

- … seine Geschwindigkeit stark verringert
- … plötzlich beschleunigt
- … zum Überholen ausschert

5

16

1.4.41-140-B

Wann müssen Sie blinken?

- Beim Einfahren in den Kreisverkehr
- Beim Verlassen des Kreisverkehrs

3

17

1.2.36-004-B

Welches Verhalten ist richtig?

- Der gelbe Pkw muss die Kreuzung räumen
- Ich muss mich auf die Weiterfahrt vorbereiten
- Ich darf schon jetzt abbiegen

4

18

1.3.01-044-M

Welches Verhalten ist hier richtig?

- Ich muss den roten Pkw abbiegen lassen
- Ich muss den Radfahrer durchfahren lassen
- Ich darf als Erster fahren

5

19

1.3.01-034-M

Wie verhalten Sie sich hier richtig?

- Ich biege vor dem gelben Fahrzeug ab
- Ich lasse das gelbe Fahrzeug durchfahren
- Ich biege vor dem roten Pkw ab

5

20 1.4.42-125

Was ist bei diesem Verkehrszeichen zu beachten?

- Fahrzeuge dürfen hier ohne Beleuchtung die ganze Nacht geparkt werden
- Fahrzeuge dürfen hier nicht geparkt werden
- Die Straßenbeleuchtung brennt nicht die ganze Nacht

2

ZUSATZFRAGEN – KLASSE B

21

2.1.06-029-M

Warum dürfen Sie hier nicht überholen?

- [ ] Weil der Seitenabstand zu den Radfahrern zu gering wird
- [ ] Weil eine Gefährdung des Gegenverkehrs möglich ist
- [ ] Weil die Leitlinie nicht überfahren werden darf

4

22 2.7.01-163

Was kann der Grund dafür sein, dass ein Abbiegeassistent einen Radfahrer nicht zuverlässig erkennt?

- [ ] Eine Verschmutzung des Sensors
- [ ] Eine Verdeckung des Radfahrers durch parkende Fahrzeuge
- [ ] Eine Beschädigung des Sensors

3

23 2.1.11-128

Welche Gefühle können das Fahrverhalten beeinflussen?

- [ ] Freude und Ausgelassenheit
- [ ] Angst und Trauer
- [ ] Ärger und Wut

4

24 2.7.05-106

Was ist nach dem Anbau von Winterreifen an Ihrem Pkw zu beachten?

- [ ] Der Reifenfülldruck ist entsprechend den Herstellervorgaben zu überprüfen
- [ ] Der Luftdruck sollte 0,5 bar niedriger sein als die Herstellervorgabe für Sommerreifen
- [ ] Die zulässige Höchstgeschwindigkeit der Reifen ist zu berücksichtigen

3

25 2.2.17-102

Wann dürfen Sie Nebelschlussleuchten einschalten?

- [ ] Wenn durch Nebel die Sichtweite 100 m beträgt
- [ ] Wenn durch starken Regen die Sicht behindert wird
- [ ] Wenn durch Nebel die Sichtweite weniger als 50 m beträgt

3

26

VIDEO 175 ▶ 2.2.05-013

Auf wen müssen Sie in dieser Situation besonders achten? Auf den …

- [ ] … weißen Lkw
- [ ] … roten Pkw
- [ ] … Radfahrer

5

27 2.6.02-036

Wegen einer technischen Änderung an Ihrem Fahrzeug ist eine Begutachtung erfolgt. Wozu sind Sie verpflichtet? Ich muss das Gutachten oder die Bestätigung …

- [ ] … mitführen und gegebenenfalls die Zulassungsbescheinigung Teil I berichtigen lassen
- [ ] … dem Fahrzeughersteller übersenden
- [ ] … an der dafür vorgesehenen Stelle in der Zulassungsbescheinigung Teil II einkleben

3

28 2.1.04-002

Wie müssen Sie sich verhalten, wenn im Fernlicht plötzlich Wild auftaucht?

- [ ] Sofort abblenden
- [ ] Mit Fernlicht unverändert weiterfahren
- [ ] Hupen und bremsen

3

29 2.7.06-110

Was kann aus einem zu späten Ausschalten der Geschwindigkeitsregelanlage (Tempomat) folgen?

- [ ] Ein zu dichtes Auffahren
- [ ] Eine zu hohe Kurvengeschwindigkeit
- [ ] Eine Überschreitung der zulässigen Höchstgeschwindigkeit

2

30 2.5.01-127

Was erhöht die Reichweite eines Elektrofahrzeugs?

- [ ] Nutzung einer hohen Stufe der Energierückgewinnung (Rekuperation)
- [ ] Reduzierung der Heiztemperatur
- [ ] Kurzes starkes Beschleunigen

3

Fehlerpunkte

Fehlerpunkte

Amtliche Prüfungsfragen für Führerscheinbewerber

Grundlagen für alle Klassen und Zusatzfragen Klasse B

57

Hinweise zu Videofragen:

In jeder Theorie-Prüfung sind 2 zufällige Videofragen vorhanden. Die Videofragen sind auf den Prüfungsbögen gekennzeichnet (Video-Abspielsymbol inklusive der Fragennummer). Die beiliegende DVD enthält alle diese Videos.

Legen Sie die DVD in Ihr CD-/DVD-Laufwerk ein und öffnen Sie die DVD durch Doppelklick auf das entsprechende Laufwerk in Ihrem Explorer. Wählen Sie das Video mit der im Bogen angegebenen Videonummer durch Doppelklick aus.

Während der Prüfung dürfen Sie ein Video maximal 5-mal anschauen, ohne dass Ihnen die Frage bekannt ist. Erst wenn Sie bereit sind, können Sie sich die Frage zum Video anzeigen lassen. Danach müssen Sie die Frage beantworten und können das Video nicht noch mal anschauen.

Wichtig: Daher zuerst das Video max. 5-mal anschauen. Erst danach die zugehörige Frage lesen und bearbeiten.

Bezugsfahrzeug

Bitte beachten Sie das zugrunde liegende Bezugsfahrzeug:

Sie fahren ein ...

▶ Grundstoff:
Kraftfahrzeug mit Verbrennungsmotor

▶ Klasse B:
Zweispuriges Kraftfahrzeug mit Verbrennungsmotor, mit manuellem Schaltgetriebe und mit automatischem Blockierverhinderer (ABV)

Wenn in den Prüfungsaufgaben keine besonderen Fahrzeugeigenschaften benannt sind, gelten die folgenden allgemeinen Eigenschaften „Ihres Fahrzeugs" (Bezugsfahrzeug).

▶ Bitte beachten Sie:
Wenn in der Prüfungsaufgabe besondere Fahrzeugeigenschaften ausdrücklich benannt sind, müssen diese bei der Aufgabenbearbeitung berücksichtigt werden!

	Fehlerpunkte / 5-Punkte-Regel
Klasse	B
zulässige Fehlerpunkte	10
Grundstoff	
Zusatzstoff	
Summe	
5-Punkte-Regel *)	
bestanden	
nicht bestanden	
Bemerkungen	
*) 2 oder mehr Fragen mit je 5 Fehlerpunkten falsch	

Beantworten Sie die Fragen durch Ankreuzen von Antworten oder durch die Angabe von Zahlen.
Sie haben die Frage falsch beantwortet, wenn ...
▶ nicht jede richtige Antwort angekreuzt ist ▶ oder eine/mehrere falsche Antwort(en) angekreuzt ist/sind ▶ oder eine falsche/keine Zahl angegeben ist

Sie haben die Prüfung nicht bestanden, wenn ...
▶ die zul. Fehlerpunkte überschritten wurden (d.h. mehr als 10 Punkte bei Klasse B)
▶ oder wenn 2 oder mehr Fragen mit je 5 Fehlerpunkten falsch beantwortet wurden

1

Warum müssen Sie hier besonders aufmerksam sein?

☐ Weil der Straßenverlauf unübersichtlich ist

☐ Weil die Fahrbahnoberfläche ungleichmäßig ist

☐ Weil der Gegenverkehr die Kurve schneiden könnte

1.1.03-114-M **4**

2

Wie verhalten Sie sich in dieser Situation richtig?

☐ Ich warte, bis der Entgegenkommende vorbeigefahren ist

☐ Ich fahre vor dem Entgegenkommenden

☐ Ich verständige mich mit dem Entgegenkommenden, wer zuerst fährt

1.2.06-101-M **5**

3

Wie müssen Sie sich verhalten?

☐ Anhalten, um den Personen das Überqueren der Fahrbahn zu ermöglichen

☐ Weiterfahren, weil ausreichend Zeit ist, bis die Personen meine Fahrbahnseite erreicht haben

☐ Weiterfahren, weil sich Personen nur am linken Fahrbahnrand befinden

1.1.02-121-M **4**

Fehlerpunkte

4

VIDEO 176

1.1.07-172-M

Wie verhalten Sie sich in dieser Situation richtig?

- Ich fahre bremsbereit weiter
- Ich führe eine Gefahrbremsung durch
- Ich beschleunige

4

5

1.2.09-016

Sie möchten nach links abbiegen. Wann müssen Sie auf den nachfolgenden Verkehr achten?

- Vor dem Einordnen
- Nach dem Abbiegen
- Vor dem Abbiegen

4

6

1.2.19-116

Wo müssen Sie mit technisch ungesicherten Bahnübergängen rechnen?

- Auf wenig befahrenen Straßen
- In Industrie- und Hafengebieten
- Auf Feld- und Waldwegen

3

7

1.1.09-027

Wie lange sind Cannabis und dessen Abbauprodukte im Urin nachweisbar?

- Noch nach Wochen
- Höchstens mehrere Tage
- Nur mehrere Stunden

4

8

1.1.06-124

Sie möchten in einer schmalen Straße Radfahrer überholen. Wegen der Straßenbreite ist ein Seitenabstand zu ihnen von höchstens 50 cm möglich. Wie verhalten Sie sich?

- Ich überhole nicht
- Ich gebe vor dem Überholen ein kurzes Warnzeichen
- Ich überhole mit mäßiger Geschwindigkeit

5

9

VIDEO 177

1.2.11-202-M

Sie möchten geradeaus fahren. Wo sollten Sie sich in dieser Situation positionieren?

- Links hinter dem Lkw
- Rechts hinter dem Lkw
- Direkt hinter dem Motorrad

4

10

1.1.07-154

Wie verhalten Sie sich bei einer Tunneldurchfahrt richtig?

- In einem Tunnel mit Gegenverkehr orientiere ich mich am rechten Fahrbahnrand
- Ich fahre mit verringertem Abstand, damit ich mich an den Schlussleuchten des vorausfahrenden Fahrzeugs orientieren kann
- Ich präge mir Sicherheitseinrichtungen wie Notausgänge und Notruftelefone ein

4

11

1.1.07-023

Was sollten Sie bei Elektrofahrrädern (E-Bikes) im Straßenverkehr beachten? E-Bikes können …

- … in der Geschwindigkeit leicht unterschätzt werden
- … im Aussehen schwer von herkömmlichen Fahrrädern unterschieden werden
- … leicht am Motorgeräusch erkannt werden

3

12

1.2.19-102

Wie verhalten Sie sich an einem Bahnübergang, dessen Schranken geschlossen sind?

- Bei Dunkelheit möglichst auf Standlicht schalten
- Vor dem Andreaskreuz warten, Straßeneinmündungen freilassen
- Verkehrsraum ausnutzen, dicht vor der Schranke warten

3

13

1.2.09-018

Zwei Fahrzeuge kommen sich auf einer Kreuzung entgegen. Beide Fahrzeuge möchten jeweils nach links abbiegen. Wie müssen sich die beiden Fahrer im Regelfall verhalten? Sie müssen …

- … voreinander abbiegen
- … hintereinander abbiegen
- … sich über die Art des Abbiegens verständigen

3

Fehlerpunkte

Fehlerpunkte

14 1.1.09-032

Was kann der Konsum von Drogen bewirken?

- Eine Beeinträchtigung der Konzentration
- Eine Erhöhung der Risikobereitschaft
- Eine Fehleinschätzung von Geschwindigkeiten

4

15 1.5.01-014

Welche Maßnahmen tragen zur Umweltschonung bei? Die Verwendung von …

- … Klimaanlagen
- … Leichtlaufölen
- … Leichtlaufreifen

3

16

1.3.01-021-M

Welches Verhalten ist richtig? Ich darf …

- … als Erster abbiegen
- … vor dem gelben Pkw abbiegen
- … erst nach dem Motorrad abbiegen

5

17

1.3.01-113

Welches Verhalten ist richtig?

- Ich muss warten
- Der Radfahrer muss warten

5

18

Welches Verhalten ist richtig? 1.3.01-050-M

- Ich muss dem blauen Pkw Vorfahrt gewähren
- Ich muss dem grünen Pkw Vorfahrt gewähren
- Ich darf durchfahren

5

19 1.4.42-128

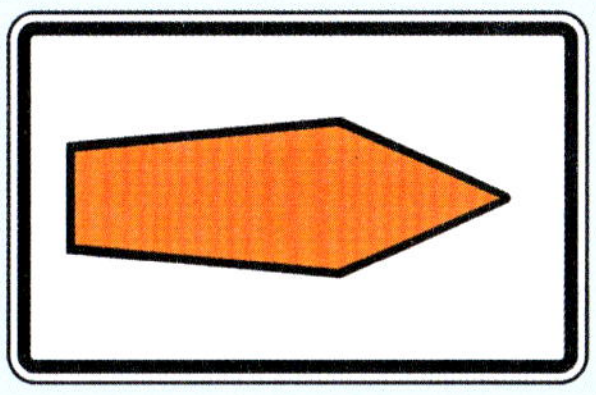

Worauf weist dieses Verkehrszeichen hin?

- Auf eine Stelle, an der man die Autobahn verlassen muss
- Auf eine in der Regel weniger befahrene Autobahnstrecke
- Auf eine vorgeschriebene Umleitung für Fahrzeuge mit gefährlichen Gütern

2

20 1.4.41-129

Welche Fahrzeuge dürfen Sie bei diesem Verkehrszeichen überholen?

- Motorrad ohne Beiwagen
- Motorrad mit Beiwagen
- Pkw

3

ZUSATZFRAGEN – KLASSE B

21

VIDEO 178 ▶ **Warum müssen Sie jetzt verzögern? Wegen des …** 2.2.05-014-M

- … Geländewagens
- … Traktors
- … Motorrads

4

22

Sie fahren nachts auf unbeleuchteter Straße. Ein Fahrzeug fährt in geringem Abstand voraus. Welches Licht müssen Sie dabei eingeschaltet haben? 2.2.17-008

- Abblendlicht
- Standlicht allein
- Fernlicht

4

23

Das Bremslicht Ihres Fahrzeugs funktioniert nicht. Was kann die Ursache sein? 2.7.02-033

- Die entsprechende Sicherung ist defekt
- Der Füllstand der Bremsflüssigkeit ist zu gering
- Das Leuchtmittel ist defekt

2

24

Womit müssen Sie bei Steigungen auf Autobahnen rechnen? 2.1.08-010

- Mit langsam fahrenden Lkws auf dem rechten Fahrstreifen
- Mit plötzlichen Überholmanövern anderer Verkehrsteilnehmer
- Mit großen Geschwindigkeitsunterschieden zwischen Fahrzeugen

4

25

Sie fahren 40 km/h. Bei einer Gefahrbremsung beträgt der Bremsweg ca. 8 Meter. Wie lang ist der Bremsweg unter sonst gleichen Bedingungen bei 50 km/h? 2.2.03-016

- 12,5 m
- 11,0 m
- 9,5 m

4

26

VIDEO 179 ▶ **Wodurch könnte eine gefährliche Situation entstehen? Durch einen Fahrstreifenwechsel des …** 2.2.07-005

- … grünen Lkws
- … vorausfahrenden Pkws
- … gelben Lkws

5

27

Sie möchten einen gebremsten Anhänger mitführen. Wo finden Sie Angaben bzw. Hinweise zur zulässigen Anhängelast Ihres Pkws? 2.6.03-112

- In der Zulassungsbescheinigung Teil I meines Anhängers
- In der Zulassungsbescheinigung Teil I meines Pkws
- Im Versicherungsschein

2

28

Das Bremslicht an Ihrem Fahrzeug ist ohne Funktion. Wie verhalten Sie sich richtig? 2.7.02-040

- Ich lasse das Fahrzeug in einer Werkstatt reparieren
- Ich lasse die Bremsflüssigkeit austauschen
- Ich versuche, die Ursache zu erkennen, und behebe den Fehler selbst

2

29

Was gilt beim Betrieb von Fahrzeugen hinsichtlich der Fahrzeughöhe einschließlich der Höhe der Ladung? Ich muss … 2.6.06-104

- … mich in der Zulassungsbescheinigung Teil I über die Fahrzeughöhe informieren
- … bei nach oben über den Fahrzeugumriss hinausragender Ladung die tatsächliche Höhe ermitteln
- … die gesetzlich zulässige Höhe von maximal 4,5 m einhalten

3

30

Ihr Kraftfahrzeug ist mit einem Spurwechsel-Assistenten ohne Lenkeingriff ausgerüstet. Im Bereich des linken Außenspiegels leuchtet während der Fahrt die Warnleuchte auf. Worauf weist Sie diese Warnleuchte hin? 2.7.01-156

- Im Überwachungsbereich befindet sich ein anderes Fahrzeug
- Ein Fahrstreifenwechsel nach links darf jetzt nicht vorgenommen werden
- Ein Fahrstreifenwechsel nach links ist jetzt gefahrlos möglich

3

Fehlerpunkte

Fehlerpunkte

Amtliche Prüfungsfragen für Führerscheinbewerber

Grundlagen für alle Klassen und Zusatzfragen Klasse B

58

Hinweise zu Videofragen:

In jeder Theorie-Prüfung sind 2 zufällige Videofragen vorhanden. Die Videofragen sind auf den Prüfungsbögen gekennzeichnet (Video-Abspielsymbol inklusive der Fragennummer). Die beiliegende DVD enthält alle diese Videos.

Legen Sie die DVD in Ihr CD-/DVD-Laufwerk ein und öffnen Sie die DVD durch Doppelklick auf das entsprechende Laufwerk in Ihrem Explorer. Wählen Sie das Video mit der im Bogen angegebenen Videonummer durch Doppelklick aus.

Während der Prüfung dürfen Sie ein Video maximal 5-mal anschauen, ohne dass Ihnen die Frage bekannt ist. Erst wenn Sie bereit sind, können Sie sich die Frage zum Video anzeigen lassen. Danach müssen Sie die Frage beantworten und können das Video nicht noch mal anschauen.

Wichtig: Daher zuerst das Video max. 5-mal anschauen. Erst danach die zugehörige Frage lesen und bearbeiten.

Bezugsfahrzeug

Bitte beachten Sie das zugrunde liegende Bezugsfahrzeug:

Sie fahren ein ...

▶ Grundstoff:
Kraftfahrzeug mit Verbrennungsmotor

▶ Klasse B:
Zweispuriges Kraftfahrzeug mit Verbrennungsmotor, mit manuellem Schaltgetriebe und mit automatischem Blockierverhinderer (ABV)

Wenn in den Prüfungsaufgaben keine besonderen Fahrzeugeigenschaften benannt sind, gelten die folgenden allgemeinen Eigenschaften „Ihres Fahrzeugs" (Bezugsfahrzeug).

▶ Bitte beachten Sie:
Wenn in der Prüfungsaufgabe besondere Fahrzeugeigenschaften ausdrücklich benannt sind, müssen diese bei der Aufgabenbearbeitung berücksichtigt werden!

	Fehlerpunkte / 5-Punkte-Regel
Klasse	B
zulässige Fehlerpunkte	10
Grundstoff	
Zusatzstoff	
Summe	
5-Punkte-Regel *)	
bestanden	
nicht bestanden	
Bemerkungen	
*) 2 oder mehr Fragen mit je 5 Fehlerpunkten falsch	

Beantworten Sie die Fragen durch Ankreuzen von Antworten oder durch die Angabe von Zahlen. Sie haben die Frage falsch beantwortet, wenn ...
▶ nicht jede richtige Antwort angekreuzt ist ▶ oder eine/mehrere falsche Antwort(en) angekreuzt ist/sind ▶ oder eine falsche/keine Zahl angegeben ist

Sie haben die Prüfung nicht bestanden, wenn ...
▶ die zul. Fehlerpunkte überschritten wurden (d.h. mehr als 10 Punkte bei Klasse B)
▶ oder wenn 2 oder mehr Fragen mit je 5 Fehlerpunkten falsch beantwortet wurden

1

Womit sollten Sie rechnen?

- Dass Erwachsene auf die Fahrbahn treten können
- Dass Kinder zwischen den Fahrzeugen auftauchen können
- Dass starkes Bremsen erforderlich werden kann

1.1.02-125-M **4**

2

Wie sollten Sie sich verhalten?

- Auf Schrittgeschwindigkeit abbremsen
- Bremsbereit bleiben
- Unverändert weiterfahren

1.1.02-119 **5**

3

VIDEO 180 ▶

Was ist in dieser Situation richtig?

- Der blaue Pkw muss anhalten
- Ich darf höchstens mit Schrittgeschwindigkeit an dem Bus vorbeifahren
- Ich darf mit unveränderter Geschwindigkeit weiterfahren

1.2.20-110-M **4**

4

1.2.26-008-M

**Was gilt in dieser Situation?
Ich darf den Radfahrer hier …**

- [ ] … nur mit mäßiger Geschwindigkeit überholen
- [ ] … überholen, da kein Gegenverkehr erkennbar ist
- [ ] … nicht überholen

4

5

1.2.16-002

Wie sollten Sie sich verhalten, wenn Sie ein Fahrzeug mit Warnblinklicht erkennen?

- [ ] Ich stelle mich auf plötzlich auftretende Gefahren ein
- [ ] Ich fahre unvermindert weiter
- [ ] Ich reduziere meine Geschwindigkeit

4

6

1.2.03-102

**Sie verdoppeln Ihre Geschwindigkeit.
Wie verändert sich der Bremsweg?**

Antwort: Er wird ☐ mal so lang

4

7

1.1.09-006

Wie lange dauert es im Allgemeinen, bis 1,0 Promille Alkohol im Blut abgebaut ist?

- [ ] 1 Stunde
- [ ] 5 Stunden
- [ ] 10 Stunden

4

8

1.1.07-023

Was sollten Sie bei Elektrofahrrädern (E-Bikes) im Straßenverkehr beachten? E-Bikes können …

- [ ] … leicht am Motorgeräusch erkannt werden
- [ ] … in der Geschwindigkeit leicht unterschätzt werden
- [ ] … im Aussehen schwer von herkömmlichen Fahrrädern unterschieden werden

3

Fehlerpunkte ☐

9

VIDEO 181

1.1.02-138-M

Wie verhalten Sie sich jetzt richtig?

- [ ] Ich reduziere meine Geschwindigkeit
- [ ] Ich stelle mich auf eine Gefahrbremsung ein
- [ ] Ich fahre gleichmäßig weiter

4

10

1.1.01-103

Warum darf man nicht unnötig langsam fahren?

- [ ] Weil die Gefahr von Auffahrunfällen erhöht wird
- [ ] Weil Nachfolgende zu gefährlichem Überholen verleitet werden
- [ ] Weil der Verkehrsfluss behindert wird

3

11

1.5.01-130

Sie fahren ein Kraftfahrzeug mit manuellem Schaltgetriebe. Wodurch kann beim Fahren eine vermeidbare Lärmbelästigung entstehen?

- [ ] Durch unnötig starkes Beschleunigen
- [ ] Durch schadhafte Schalldämpfer
- [ ] Durch schnelles Fahren in niedrigen Gängen

3

12

1.1.07-143

Auf meiner Fahrtroute befindet sich ein Tunnel. Was sollte ich wissen?

- [ ] Ich kann darauf vertrauen, dass im Notfall immer rechtzeitig Hilfskräfte zur Stelle sind
- [ ] Ich sollte wissen, wie Fluchtwege in Tunneln ausgewiesen sind
- [ ] Ich sollte wissen, wie ich mein Fahrzeug abstelle und verlasse, wenn ich nicht mehr weiterfahren kann

4

13

1.1.06-130

Weshalb kann Überholen auch auf übersichtlichen und geraden Fahrbahnen gefährlich sein? Weil ich …

- [ ] … die Entfernung eines entgegenkommenden Fahrzeugs als zu groß einschätze
- [ ] … die Geschwindigkeit eines entgegenkommenden Fahrzeugs als zu gering einschätze
- [ ] … meinen Überholweg kürzer einschätze, als er ist

5

Fehlerpunkte ☐

14 1.2.09-124

Sie wollen links abbiegen. Welche Schwierigkeiten können dabei auftreten?

Missverständnisse mit entgegenkommenden Linksabbiegern

Sichteinschränkungen durch Entgegenkommende

Linksabbieger können sich gefährlich nahekommen

3

15 1.2.12-002

Wo ist das Parken verboten?

Auf Vorfahrtstraßen innerhalb geschlossener Ortschaften

Am Fahrbahnrand, wenn hierdurch die Benutzung gekennzeichneter Parkflächen verhindert wird

Auf Vorfahrtstraßen außerhalb geschlossener Ortschaften

3

16

1.3.01-007-M

Welches Verhalten ist richtig?

Ich muss den Radfahrer durchfahren lassen

Ich darf vor dem Radfahrer abbiegen

Ich muss den Motorradfahrer durchfahren lassen

5

17

1.3.01-112

Sie wollen nach links abbiegen. Wer muss warten?

Ich muss warten

Das blaue Fahrzeug muss warten

5

18

1.3.01-056-M

Wie verhalten Sie sich richtig? Ich fahre …

… nach den beiden Pkws

… nach dem blauen Pkw

… vor den beiden Pkws

5

19

1.4.41-026-M

Was ist in dieser Situation richtig? Ich darf die Engstelle …

… vor dem entgegenkommenden Pkw durchfahren

… nach dem entgegenkommenden Pkw durchfahren

… nur mit Schrittgeschwindigkeit durchfahren

3

20 1.4.42-109

Was ist bei diesen Verkehrszeichen erlaubt?

Bewohner mit entsprechend nummeriertem Parkausweis dürfen hier parken

Alle Bewohner dürfen jeden dieser Parkplätze benutzen

Solange noch andere Parkplätze frei sind, darf jeder diesen Parkplatz benutzen

2

Fehlerpunkte

Fehlerpunkte

ZUSATZFRAGEN – KLASSE B

21 2.4.41-105

Worauf weist dieses Verkehrszeichen hin?

- [ ] Auf eine Fahrbahn von 2 m Breite
- [ ] Auf einen vorgeschriebenen Seitenabstand von mindestens 2 m zu anderen Fahrzeugen
- [ ] Auf ein Verbot für Fahrzeuge, deren Breite einschließlich Ladung 2 m überschreitet

2

22 2.6.03-115

Sie fahren mit einem Anhänger auf einer Straße mit Schlaglöchern. Ihre Fahrzeugkombination schaukelt sich auf. Wie müssen Sie sich jetzt verhalten? Ich muss …

- [ ] … die Geschwindigkeit verringern, um ein Schleudern zu verhindern
- [ ] … beschleunigen, um die Fahrzeugkombination gestreckt zu halten
- [ ] … schnell gegenlenken, um ein Schleudern zu verhindern

3

23 2.1.11-127

Was zeichnet einen verantwortungsvollen Fahrzeugführer aus?

- [ ] Er rechnet mit Fehlern von anderen Verkehrsteilnehmern
- [ ] Er kann sich im Straßenverkehr durchsetzen
- [ ] Er vermeidet es, bei Müdigkeit zu fahren

3

24 2.5.01-014

Was erhöht den Kraftstoffverbrauch Ihres Fahrzeugs deutlich? Die Benutzung …

- [ ] … der Sitzheizung
- [ ] … der Klimaanlage
- [ ] … des Navigationsgerätes

3

25 2.7.02-109

Das Bremspedal lässt sich bis zum Fahrzeugboden durchtreten. Erst bei mehrmaliger Betätigung wird der Pedalweg kürzer. Was müssen Sie tun?

- [ ] Bremse reparieren lassen
- [ ] Fahrzeug sofort abstellen
- [ ] Bremsflüssigkeit nachfüllen genügt

5

26

VIDEO 182 2.1.06-107-M

Warum sollten Sie den Mofafahrer in dieser Situation nicht überholen?

- [ ] Weil der Mofafahrer dann stürzen könnte
- [ ] Weil ich nicht wesentlich schneller als der Mofafahrer fahren darf
- [ ] Weil ich den erforderlichen Seitenabstand nicht einhalten kann

4

27 2.2.18-215

Warum sollte bei Autobahnfahrten der Verkehrsfunk eingeschaltet sein? Weil der Verkehrsfunk …

- [ ] … bei Autobahnfahrten vorgeschrieben ist
- [ ] … vor Geisterfahrern warnt
- [ ] … über Staus informiert

3

28 2.2.12-003

Wo ist das Parken verboten?

- [ ] Auf schmalen Fahrbahnen gegenüber Ein- und Ausfahrten von Grundstücken
- [ ] Unmittelbar hinter Fußgängerüberwegen
- [ ] An Taxenständen

3

29 2.7.01-124

Welche gefährlichen Mängel können an einem auflaufgebremsten Anhänger nach längerer Standzeit vorhanden sein?

- [ ] Kabelverbindungen können beschädigt sein
- [ ] Der Reifendruck kann sich durch Sonneneinstrahlung stark erhöht haben
- [ ] Die Bremse kann wegen Rost wirkungslos sein

4

30 2.1.07-206

Sie fahren auf einer Landstraße. Vor Ihnen hat sich eine langsam fahrende Fahrzeugschlange von ca. 15 Fahrzeugen gebildet. Wie verhalten Sie sich?

- [ ] Ich überhole die Fahrzeugschlange schnellstmöglich
- [ ] Ich fordere Vorausfahrende durch Lichthupe und Blinken zum Überholen auf
- [ ] Ich bleibe zunächst hinter der Fahrzeugschlange

3

Amtliche Prüfungsfragen für Führerscheinbewerber

Grundlagen für alle Klassen und Zusatzfragen Klasse B

59

Hinweise zu Videofragen:

In jeder Theorie-Prüfung sind 2 zufällige Videofragen vorhanden. Die Videofragen sind auf den Prüfungsbögen gekennzeichnet (Video-Abspielsymbol inklusive der Fragennummer). Die beiliegende DVD enthält alle diese Videos.

Legen Sie die DVD in Ihr CD-/DVD-Laufwerk ein und öffnen Sie die DVD durch Doppelklick auf das entsprechende Laufwerk in Ihrem Explorer. Wählen Sie das Video mit der im Bogen angegebenen Videonummer durch Doppelklick aus.

Während der Prüfung dürfen Sie ein Video maximal 5-mal anschauen, ohne dass Ihnen die Frage bekannt ist. Erst wenn Sie bereit sind, können Sie sich die Frage zum Video anzeigen lassen. Danach müssen Sie die Frage beantworten und können das Video nicht noch mal anschauen.

Wichtig: Daher zuerst das Video max. 5-mal anschauen. Erst danach die zugehörige Frage lesen und bearbeiten.

Bezugsfahrzeug

Bitte beachten Sie das zugrunde liegende Bezugsfahrzeug:

Sie fahren ein ...

▶ Grundstoff:
Kraftfahrzeug mit Verbrennungsmotor

▶ Klasse B:
Zweispuriges Kraftfahrzeug mit Verbrennungsmotor, mit manuellem Schaltgetriebe und mit automatischem Blockierverhinderer (ABV)

Wenn in den Prüfungsaufgaben keine besonderen Fahrzeugeigenschaften benannt sind, gelten die folgenden allgemeinen Eigenschaften „Ihres Fahrzeugs" (Bezugsfahrzeug).

▶ Bitte beachten Sie:
Wenn in der Prüfungsaufgabe besondere Fahrzeugeigenschaften ausdrücklich benannt sind, müssen diese bei der Aufgabenbearbeitung berücksichtigt werden!

	Fehlerpunkte / 5-Punkte-Regel
Klasse	B
zulässige Fehlerpunkte	10
Grundstoff	
Zusatzstoff	
Summe	
5-Punkte-Regel *)	
bestanden	
nicht bestanden	
Bemerkungen	
*) 2 oder mehr Fragen mit je 5 Fehlerpunkten falsch	

Beantworten Sie die Fragen durch Ankreuzen von Antworten oder durch die Angabe von Zahlen.
Sie haben die Frage falsch beantwortet, wenn ...
▶ nicht jede richtige Antwort angekreuzt ist ▶ oder eine/mehrere falsche Antwort(en) angekreuzt ist/sind ▶ oder eine falsche/keine Zahl angegeben ist

Sie haben die Prüfung nicht bestanden, wenn ...
▶ die zul. Fehlerpunkte überschritten wurden (d.h. mehr als 10 Punkte bei Klasse B)
▶ oder wenn 2 oder mehr Fragen mit je 5 Fehlerpunkten falsch beantwortet wurden

1 VIDEO 183

Warum müssen Sie jetzt bremsen?

- Wegen des roten Fahrzeugs
- Wegen des Radfahrers
- Wegen der Haltestelle

1.1.07-202-M — 4

2

Was gilt hier?

- Vor dem Einfahren in die Kreuzung muss auf weitere Zeichen des Polizeibeamten gewartet werden
- Abbiegen ist nicht zulässig
- Die Kreuzung darf überquert werden

1.2.36-101-B — 4

3

Wie schätzen Sie die Situation ein?

- Die Fußgängerin kann unachtsam die Fahrbahn betreten
- Ich kann unvermindert weiterfahren
- Der Fußgänger mit dem Mofa kann plötzlich die Richtung ändern

1.1.02-132 — 4

Fehlerpunkte

4

1.1.07-015-M

Wie verhalten Sie sich in dieser Situation?

- Geschwindigkeit vermindern
- Unverändert weiterfahren
- Bremsbereit sein

4

5

1.2.05-123

Sie möchten eine Pferdekutsche auf einer Landstraße überholen. Wie verhalten Sie sich richtig?

- Ich achte auf Handzeichen zum Abbiegen des Kutschers
- Ich halte einen ausreichenden Abstand beim Wiedereinscheren ein
- Ich halte einen möglichst geringen Seitenabstand ein

4

6

1.1.01-110

Wie wirkt sich Müdigkeit beim Fahren aus?

- Nachlassende Aufmerksamkeit
- Eingeschränkte Wahrnehmung
- Verzögerte Reaktionen

4

7

1.1.09-017

Welche Folgen kann es haben, wenn man unter Einwirkung von Drogen (wie z. B. Haschisch, Heroin, Kokain) ein Kraftfahrzeug führt?

- Entzug der Fahrerlaubnis oder Fahrverbot
- Geld- und/oder Freiheitsstrafe
- Anordnung einer medizinisch-psychologischen Untersuchung

4

8

1.5.01-133

Sie fahren ein Kraftfahrzeug mit manuellem Schaltgetriebe. Wodurch erreichen Sie einen sparsamen Kraftstoffverbrauch?

- Durch den richtigen Reifenfülldruck
- Durch eine gleichmäßige Fahrweise mit niedriger Motordrehzahl
- Durch ein spätes Hochschalten beim Beschleunigen

3

Fehlerpunkte

9

VIDEO 184

1.2.37-104

Wie verhalten Sie sich jetzt richtig? Ich fahre …

- … erst los, wenn der Lkw weiterfährt
- … erst los, wenn meine Ampel „Grün“ zeigt
- … jetzt los

4

10

1.2.10-107

Sie wollen aus einem Grundstück über den Gehweg auf die Fahrbahn einbiegen. Worauf müssen Sie achten?

- Gegebenenfalls ist ein Einweisen erforderlich
- Immer zuerst auf den fließenden Verkehr auf der Fahrbahn achten
- Verkehrsteilnehmer auf dem Gehweg dürfen nicht gefährdet werden

4

11

1.1.02-129

Ein Fußgänger mit einem weißen Stock möchte vor Ihnen die Fahrbahn überqueren. Wie müssen Sie sich verhalten? Ich muss …

- … Warnzeichen geben
- … die Geschwindigkeit vermindern und nötigenfalls anhalten
- … mit gleichbleibender Geschwindigkeit weiterfahren

4

12

1.1.03-105

Wie können Sie beim Fahren gefahrlos feststellen, ob die Fahrbahn vereist ist?

- Kräftig Gas geben
- Lenkung ruckartig hin- und herbewegen
- Bei ganz langsamer Fahrt bremsen

4

13

1.1.06-111

Warum kann Überholen auch auf übersichtlichen und geraden Fahrbahnen gefährlich sein? Weil der …

- … Gegenverkehr langsamer fährt als angenommen
- … Gegenverkehr schneller fährt als angenommen
- … Überholweg länger ist als angenommen

5

Fehlerpunkte

14 1.2.36-011

Ein Polizeifahrzeug überholt Sie und schert unmittelbar vor Ihnen ein. Auf dem Dach erscheint in roter Leuchtschrift „BITTE FOLGEN". Wie müssen Sie sich verhalten?

Ich muss nach dem Anhalten den Motor laufen lassen

Ich muss anhalten, wenn das Polizeifahrzeug anhält

Ich muss dem Polizeifahrzeug folgen

3

15 1.2.37-019

Unter welchen Umständen dürfen Sie an einer Kreuzung eine rote Ampel überfahren?

Wenn ein Polizist den Verkehr auf der Kreuzung regelt

Unter keinen Umständen

Um einem Einsatzfahrzeug mit blauem Blinklicht und Einsatzhorn vorsichtig Platz zu schaffen

2

16

Welches Verhalten ist richtig? 1.3.01-035-M

Ich biege vor dem grünen Pkw links ab

Ich lasse den grünen Pkw durchfahren

Ich muss den roten Pkw vorbeilassen

5

17

Wer darf zuerst fahren? 1.3.01-059-M

Der rote Pkw

Der grüne Traktor

Ich

5

18

1.3.01-117-M

Welches Verhalten ist richtig? Ich muss …

… den Radfahrer durchfahren lassen

… den Bus durchfahren lassen

… an der Haltlinie anhalten

5

19 1.4.41-006

In welche Richtungen dürfen Sie weiterfahren?

Nach links

Nach rechts

Geradeaus

2

20 1.4.42-104

Was ist außerorts auf Vorfahrtstraßen erlaubt?

Parken auf der Fahrbahn

Parken auf dem Seitenstreifen

Halten am rechten Fahrbahnrand

3

Fehlerpunkte

Fehlerpunkte

ZUSATZFRAGEN – KLASSE B

21

VIDEO 185 ▶ **Sie möchten am rechten Fahrbahnrand parken. Wer hat in dieser Situation Vorrang?** 2.2.12-108-M

- [ ] Ich habe Vorrang
- [ ] Keiner hat Vorrang, wir müssen uns verständigen
- [ ] Der blaue Pkw hat Vorrang

3

22

Was ist die Hauptfunktion der Kopfstütze im Pkw? Die Kopfstütze … 2.2.23-124

- [ ] … verbessert die Sitzposition
- [ ] … erhöht die Sicherheit für die Insassen
- [ ] … ersetzt den Sicherheitsgurt auf der Rücksitzbank

2

23

2.7.01-127

Warum soll ein längeres, starkes Gefälle nicht mit getretener Kupplung durchfahren werden?

- [ ] Weil die Motorbremswirkung nicht zum Tragen kommen kann
- [ ] Weil dann der Bremskraftverstärker nicht mehr wirken kann
- [ ] Weil dadurch unnötiger Verschleiß an den Bremsen eintritt

3

24

2.2.03-009

Sie fahren 50 km/h, haben 1 Sekunde Reaktionszeit und führen eine normale Bremsung durch.
Wie lang ist der Anhalteweg nach der Faustformel?

Antwort: ______ m

3

25

Sie transportieren mit einem Kleintransporter Möbel. Während einer Pause stellen Sie fest, dass ein Zurrgurt stark beschädigt ist. Unter welcher Bedingung dürfen Sie weiterfahren? Wenn ich … 2.2.22-131

- [ ] … mit maximal 50 km/h weiterfahre
- [ ] … andere geeignete Ladungssicherungsmittel nutze
- [ ] … den Zurrgurt ausgetauscht habe

3

26

VIDEO 186 ▶ **Wie verhalten Sie sich in dieser Situation richtig?** 2.2.34-001-M

- [ ] Ich bremse sofort stark ab
- [ ] Ich fahre unverändert weiter
- [ ] Ich fotografiere die Unfallstelle

4

27

2.5.01-117

Wo ist die Feinstaub-Plakette zur Kennzeichnung schadstoffarmer Fahrzeuge anzubringen?

- [ ] Deutlich sichtbar auf der Außenseite der Windschutzscheibe
- [ ] Deutlich sichtbar auf der Innenseite der Windschutzscheibe
- [ ] Deutlich sichtbar auf der Innenseite der Heckscheibe

4

28

Auf einer Autobahn mit 3 Fahrstreifen hat sich ein Stau gebildet. Wo ist die Gasse für Rettungsfahrzeuge zu bilden? 2.2.18-011

- [ ] Zwischen dem linken und dem mittleren Fahrstreifen
- [ ] Zwischen dem mittleren und dem rechten Fahrstreifen
- [ ] Auf dem Seitenstreifen

4

29

Sie fahren aus unbefestigtem Gelände (z. B. Acker, Baustelle) auf eine öffentliche Straße und verschmutzen diese erheblich. Wer ist für die Beseitigung dieses Verkehrshindernisses verantwortlich? 2.2.32-101

- [ ] Das zuständige Straßenbauamt
- [ ] Die Anlieger dieses Straßenabschnitts
- [ ] Sie als Verursacher

3

30

Welche Ursache führt bei jungen Fahrern häufig zu sogenannten Disco-Unfällen? Die Fahrer merken nicht, dass sie … 2.1.10-005

- [ ] … übermüdet sind
- [ ] … körperlich erschöpft sind
- [ ] … fahruntauglich sind

4

Fehlerpunkte ______

Fehlerpunkte ______

Amtliche Prüfungsfragen für Führerscheinbewerber **60**

Grundlagen für alle Klassen und Zusatzfragen Klasse B

Hinweise zu Videofragen:

In jeder Theorie-Prüfung sind 2 zufällige Videofragen vorhanden. Die Videofragen sind auf den Prüfungsbögen gekennzeichnet (Video-Abspielsymbol inklusive der Fragennummer). Die beiliegende DVD enthält alle diese Videos.

Legen Sie die DVD in Ihr CD-/DVD-Laufwerk ein und öffnen Sie die DVD durch Doppelklick auf das entsprechende Laufwerk in Ihrem Explorer. Wählen Sie das Video mit der im Bogen angegebenen Videonummer durch Doppelklick aus.

Während der Prüfung dürfen Sie ein Video maximal 5-mal anschauen, ohne dass Ihnen die Frage bekannt ist. Erst wenn Sie bereit sind, können Sie sich die Frage zum Video anzeigen lassen. Danach müssen Sie die Frage beantworten und können das Video nicht noch mal anschauen.

Wichtig: Daher zuerst das Video max. 5-mal anschauen. Erst danach die zugehörige Frage lesen und bearbeiten.

Bezugsfahrzeug

Bitte beachten Sie das zugrunde liegende Bezugsfahrzeug:

Sie fahren ein ...

▶ Grundstoff:
Kraftfahrzeug mit Verbrennungsmotor

▶ Klasse B:
Zweispuriges Kraftfahrzeug mit Verbrennungsmotor, mit manuellem Schaltgetriebe und mit automatischem Blockierverhinderer (ABV)

Wenn in den Prüfungsaufgaben keine besonderen Fahrzeugeigenschaften benannt sind, gelten die folgenden allgemeinen Eigenschaften „Ihres Fahrzeugs" (Bezugsfahrzeug).

▶ Bitte beachten Sie:
Wenn in der Prüfungsaufgabe besondere Fahrzeugeigenschaften ausdrücklich benannt sind, müssen diese bei der Aufgabenbearbeitung berücksichtigt werden!

	Fehlerpunkte / 5-Punkte-Regel
Klasse	B
zulässige Fehlerpunkte	10
Grundstoff	
Zusatzstoff	
Summe	
5-Punkte-Regel *)	
bestanden	
nicht bestanden	
Bemerkungen	
*) 2 oder mehr Fragen mit je 5 Fehlerpunkten falsch	

Beantworten Sie die Fragen durch Ankreuzen von Antworten oder durch die Angabe von Zahlen.
Sie haben die Frage falsch beantwortet, wenn ...
▶ nicht jede richtige Antwort angekreuzt ist ▶ oder eine/mehrere falsche Antwort(en) angekreuzt ist/sind ▶ oder eine falsche/keine Zahl angegeben ist

Sie haben die Prüfung nicht bestanden, wenn ...
▶ die zul. Fehlerpunkte überschritten wurden (d.h. mehr als 10 Punkte bei Klasse B)
▶ oder wenn 2 oder mehr Fragen mit je 5 Fehlerpunkten falsch beantwortet wurden

1 VIDEO 187

Womit müssen Sie in dieser Situation rechnen?

- Der rote Bus fährt sofort an
- Der blaue Pkw fährt geradeaus
- Der Fußgänger wird warten

1.2.09-136-M — 5

2

Womit müssen Sie hier rechnen?

- Dass Ihr Fahrzeug von anderen nicht rechtzeitig gesehen wird
- Dass Sie entgegenkommende Fahrzeuge erst spät erkennen
- Dass sich Ampeln von den bunten Lichtreklamen kaum abheben

1.1.04-107 — 4

3

Worauf müssen Sie sich einstellen?

- Auf einen durch Polizei geregelten Verkehrsablauf
- Auf eine unebene und verschmutzte Fahrbahn
- Auf Arbeiter und Baugeräte auf der Fahrbahn

1.1.07-107-B — 3

Fehlerpunkte

4

1.3.01-044-M

Welches Verhalten ist hier richtig?

- [ ] Ich muss den roten Pkw abbiegen lassen
- [ ] Ich darf als Erster fahren
- [ ] Ich muss den Radfahrer durchfahren lassen

5

5

1.2.10-104

Sie möchten aus einem verkehrsberuhigten Bereich in eine Straße einfahren. Wie müssen Sie sich verhalten? Ich muss ...

- [ ] ... Fußgänger auf dem Gehweg vorbeigehen lassen
- [ ] ... die Regel „rechts vor links" beachten
- [ ] ... vor dem Abbiegen die Fahrtrichtung anzeigen

4

6

1.1.07-122

Wodurch kann die Aufmerksamkeit bei einer Tunneldurchfahrt beeinträchtigt werden?

- [ ] Beleuchtungsreflexionen durch den Gegenverkehr
- [ ] Tunnellänge
- [ ] Gute Fahrbahnmarkierung

4

7

1.1.07-009

Sie nähern sich einer Schule. Kinder verlassen das Schulgelände. Womit müssen Sie rechnen? Dass Kinder ...

- [ ] ... ausgelassen auf die Fahrbahn stürmen
- [ ] ... mit ihren Fahrrädern unvorsichtig auf die Fahrbahn fahren
- [ ] ... sich immer verkehrsgerecht verhalten

5

8

1.2.07-001

Was müssen Sie tun, wenn Sie den Fahrstreifen wechseln wollen?

- [ ] Fahrstreifenwechsel rechtzeitig ankündigen
- [ ] Auf den nachfolgenden Verkehr achten
- [ ] Vor dem Fahrstreifenwechsel immer stark abbremsen

4

9

1.3.01-129-M

Wie verhalten Sie sich hier richtig?

- [ ] Ich fahre vor dem Radfahrer
- [ ] Ich warte, bis der Radfahrer abgebogen ist
- [ ] Ich warne den Radfahrer durch Hupen

5

10

1.1.03-110

Was müssen Sie tun, wenn vor Ihnen ein Nebelfeld die Sicht stark behindert?

- [ ] Abstand zum vorausfahrenden Fahrzeug vergrößern
- [ ] Geschwindigkeit rechtzeitig den Sichtverhältnissen anpassen
- [ ] Dicht aufschließen, um sich an den Schlussleuchten des vorausfahrenden Fahrzeugs zu orientieren

4

11

1.5.01-115

Was können Sie tun, um die Umwelt zu schonen? Ich vermeide ...

- [ ] ... Kurzstreckenfahrten
- [ ] ... Fahrten mit Vollgas
- [ ] ... Fahrten in überfüllte Innenstädte

3

12

1.1.09-031

Welche Auswirkung kann der Konsum von Cannabisprodukten auf den Fahrer haben?

- [ ] Die Aufmerksamkeit für das Verkehrsgeschehen nimmt ab
- [ ] Die Konzentration auf das Fahren nimmt ab
- [ ] Die Blendempfindlichkeit nimmt ab

4

13

1.1.06-111

Warum kann Überholen auch auf übersichtlichen und geraden Fahrbahnen gefährlich sein? Weil der ...

- [ ] ... Gegenverkehr schneller fährt als angenommen
- [ ] ... Überholweg länger ist als angenommen
- [ ] ... Gegenverkehr langsamer fährt als angenommen

5

Fehlerpunkte

Fehlerpunkte

14 1.2.22-101

Wie weit darf eine Ladung über die Rückstrahler nach hinten höchstens hinausragen, ohne dass eine Kennzeichnung erforderlich ist?

Antwort: m

2

15 1.2.12-113

An Haltestellen darf nur gehalten werden, wenn Busse nicht behindert werden. Wie lange dürfen Sie dort höchstens halten?

Antwort: Minuten

2

16

1.2.37-011-M

Wo müssen Sie warten?

An der Haltlinie

An der Sichtlinie

In Höhe der Ampel

4

17

1.1.02-123-M

Sie wollen rechts abbiegen. Worauf müssen Sie sich einstellen?

Der Lkw wird anhalten

Der Fußgänger könnte den Lkw vorbeilassen und dann vor mir die Fahrbahn überqueren

Nach dem Abbiegen des Lkws könnten Fußgänger von der gegenüberliegenden Straßenseite kommen

4

18

1.3.01-040-M

Welches Verhalten ist hier richtig?

Ich darf vor dem roten Pkw fahren

Der grüne Pkw darf vor dem roten Pkw fahren

Ich darf vor dem grünen Pkw fahren

5

19 1.4.42-133

Worauf weist dieses Verkehrszeichen hin? Auf das Ende …

… eines Spielplatzes

… eines Fußgängerbereichs

… eines verkehrsberuhigten Bereichs

3

20 1.4.42-005

Worauf weist dieses Verkehrszeichen hin?

Auf den Anfang einer Autobahn

Auf das Ende der Autobahn

Auf den Anfang einer Kraftfahrstraße

2

Fehlerpunkte

Fehlerpunkte

ZUSATZFRAGEN – KLASSE B

21

VIDEO 188

Wie verhalten Sie sich jetzt richtig? 2.1.07-026-M

- [ ] Ich verringere meine Geschwindigkeit weiter
- [ ] Ich wechsle auf den linken Fahrstreifen
- [ ] Ich ermögliche dem Traktor das Einscheren

3

22

Sie besitzen eine Fahrerlaubnis der Klasse B. Welchen Anhänger dürfen Sie mitführen? Einen Anhänger mit einer zulässigen Gesamtmasse … 2.6.03-120

- [ ] … bis 750 kg
- [ ] … über 750 kg, wenn die zulässige Gesamtmasse der Fahrzeugkombination 3.500 kg nicht überschreitet
- [ ] … von 3.500 kg

3

23

Sie fahren einen Pkw mit einem voll beladenen auflaufgebremsten Anhänger. Welche Besonderheit ist zu beachten? 2.6.03-118

- [ ] Bei längeren Bergabfahrten kann es zur Überhitzung der Anhängerbremse kommen
- [ ] Vor dem Trennen der Fahrzeugkombination muss die Feststellbremse des Anhängers angezogen werden
- [ ] Die Auflaufbremse ist bei einer bergauf stehenden Fahrzeugkombination unwirksam

3

24

Welche Vorteile bietet ein Antiblockiersystem (ABS)? 2.7.06-103

- [ ] Kurven können wesentlich schneller durchfahren werden
- [ ] Selbst bei starkem Bremsen bleibt die Lenkfähigkeit erhalten
- [ ] Beim Bremsen wird das Blockieren der Räder verhindert

4

25

Sie fahren außerorts auf einer Straße mit drei markierten Fahrstreifen in jeder Fahrtrichtung. Auf dem rechten Fahrstreifen fahren in größeren Abständen einzelne, langsamere Fahrzeuge. Welchen Fahrstreifen dürfen Sie durchgängig befahren? 2.2.02-006

- [ ] Den mittleren
- [ ] Den linken

3

26

VIDEO 189

2.2.07-014-M

Wie verhalten Sie sich jetzt richtig?

- [ ] Ich beschleunige
- [ ] Ich verringere meine Geschwindigkeit
- [ ] Ich lasse den blauen Pkw vor mir einscheren

4

27

Ihr Pkw hat einen Defekt und ist nicht mehr fahrbereit. Was ist beim Abschleppen zu beachten? Während des Abschleppens … 2.2.15-112

- [ ] … ist an beiden Fahrzeugen Warnblinklicht einzuschalten
- [ ] … darf die Autobahn nur als Abkürzung zur nächsten Werkstatt benutzt werden
- [ ] … ist das Abschleppseil möglichst straff zu halten

3

28

2.1.04-102

Bei Dunkelheit und Regen kommen Ihnen auf einer Landstraße Fahrzeuge mit Abblendlicht entgegen. Was müssen Sie berücksichtigen?

- [ ] Durch Schlieren auf der Windschutzscheibe verschlechtert sich die Sicht
- [ ] Durch Einschalten von Fernlicht können Sie eine Blendung vermeiden
- [ ] Durch Spiegelung auf der nassen Fahrbahn können Sie geblendet werden

4

29

Sie möchten Ihr Fahrzeug waschen. Wo sollten Sie dies im Interesse des Umweltschutzes tun? 2.5.01-013

- [ ] Auf einer öffentlichen Straße
- [ ] Auf einem Parkplatz
- [ ] In einer Autowaschanlage

3

30

2.7.01-109

Sie wollen an Ihren Pkw einen einachsigen Wohnwagen anhängen. Was müssen Sie prüfen?

- [ ] Ob der Wohnwagen für die Beförderung von Personen zugelassen ist
- [ ] Ob wegen der Breite des Wohnwagens zusätzliche Rückspiegel angebracht werden müssen
- [ ] Ob die zulässige Anhängelast oder die zulässige Stützlast des Pkw überschritten wird

3

Fehlerpunkte

Fehlerpunkte

Amtliche Prüfungsfragen für Führerscheinbewerber

Grundlagen für alle Klassen und Zusatzfragen Klasse B

61

Hinweise zu Videofragen:

In jeder Theorie-Prüfung sind 2 zufällige Videofragen vorhanden. Die Videofragen sind auf den Prüfungsbögen gekennzeichnet (Video-Abspielsymbol inklusive der Fragennummer). Die beiliegende DVD enthält alle diese Videos.

Legen Sie die DVD in Ihr CD-/DVD-Laufwerk ein und öffnen Sie die DVD durch Doppelklick auf das entsprechende Laufwerk in Ihrem Explorer. Wählen Sie das Video mit der im Bogen angegebenen Videonummer durch Doppelklick aus.

Während der Prüfung dürfen Sie ein Video maximal 5-mal anschauen, ohne dass Ihnen die Frage bekannt ist. Erst wenn Sie bereit sind, können Sie sich die Frage zum Video anzeigen lassen. Danach müssen Sie die Frage beantworten und können das Video nicht noch mal anschauen.

Wichtig: Daher zuerst das Video max. 5-mal anschauen. Erst danach die zugehörige Frage lesen und bearbeiten.

Bezugsfahrzeug

Bitte beachten Sie das zugrunde liegende Bezugsfahrzeug:

Sie fahren ein ...

▶ Grundstoff:
Kraftfahrzeug mit Verbrennungsmotor

▶ Klasse B:
Zweispuriges Kraftfahrzeug mit Verbrennungsmotor, mit manuellem Schaltgetriebe und mit automatischem Blockierverhinderer (ABV)

Wenn in den Prüfungsaufgaben keine besonderen Fahrzeugeigenschaften benannt sind, gelten die folgenden allgemeinen Eigenschaften „Ihres Fahrzeugs" (Bezugsfahrzeug).

▶ Bitte beachten Sie:
Wenn in der Prüfungsaufgabe besondere Fahrzeugeigenschaften ausdrücklich benannt sind, müssen diese bei der Aufgabenbearbeitung berücksichtigt werden!

	Fehlerpunkte / 5-Punkte-Regel
Klasse	B
zulässige Fehlerpunkte	10
Grundstoff	
Zusatzstoff	
Summe	
5-Punkte-Regel *)	
bestanden	
nicht bestanden	
Bemerkungen	
*) 2 oder mehr Fragen mit je 5 Fehlerpunkten falsch	

Beantworten Sie die Fragen durch Ankreuzen von Antworten oder durch die Angabe von Zahlen. Sie haben die Frage falsch beantwortet, wenn ...
▶ nicht jede richtige Antwort angekreuzt ist ▶ oder eine/mehrere falsche Antwort(en) angekreuzt ist/sind ▶ oder eine falsche/keine Zahl angegeben ist

Sie haben die Prüfung nicht bestanden, wenn ...
▶ die zul. Fehlerpunkte überschritten wurden (d.h. mehr als 10 Punkte bei Klasse B)
▶ oder wenn 2 oder mehr Fragen mit je 5 Fehlerpunkten falsch beantwortet wurden

1

VIDEO 190

Weshalb müssen Sie hier warten?

- Wegen der Radfahrerin
- Wegen des Fußgängers
- Wegen des roten Pkws

1.1.07-149 — 5

2

Womit müssen Sie rechnen?

- Dass Fußgänger plötzlich auf die Fahrbahn treten
- Dass Fahrzeugtüren geöffnet werden
- Dass Fahrzeuge anfahren

1.1.02-131 — 3

3

VIDEO 191

Wie verhalten Sie sich richtig?
Ich überhole den Radfahrer ...

- ... nach der Kurve
- ... vor Erreichen des Lkws
- ... zwischen Lkw und Kurve

1.1.06-127-M — 4

4

1.3.01-038-M

Welches Verhalten ist richtig?

- [ ] Ich muss den blauen Pkw durchfahren lassen
- [ ] Ich darf vor dem blauen Pkw fahren
- [ ] Ich muss das Motorrad durchfahren lassen

5

5

1.1.06-105

In welchen Fällen muss das Überholen abgebrochen werden?

- [ ] Wenn der Eingeholte plötzlich beschleunigt
- [ ] Wenn durch unerwarteten Gegenverkehr Gefahr entsteht
- [ ] Wenn der Eingeholte seine Geschwindigkeit stark verringert

5

6

1.1.05-001

Wo führt schnelles Fahren häufig zu Unfällen?

- [ ] An Straßenkreuzungen und -einmündungen
- [ ] An Fußgängerüberwegen
- [ ] In Kurven

4

7

1.1.07-158

Mit welchem Verhalten von Radfahrern müssen Sie rechnen? Radfahrer benutzen …

- [ ] … Einbahnstraßen in beide Richtungen
- [ ] … Radwege auf der falschen Seite
- [ ] … keine Beleuchtung bei Dunkelheit

4

8

1.1.09-021

Für wen besteht ein Alkoholverbot beim Führen von Kraftfahrzeugen?

- [ ] Für alle Kraftfahrer in der Probezeit
- [ ] Für alle Kraftfahrer unter 21 Jahren
- [ ] Für alle Kraftfahrer

4

9

VIDEO 192

1.2.09-138-M

Wie verhalten Sie sich jetzt richtig?

- [ ] Ich führe den Schulterblick nach rechts durch
- [ ] Ich biege vor dem Elektroroller ab
- [ ] Ich lasse den Radfahrer durchfahren

4

10

1.1.06-002

Ist es leichtsinnig, noch kurz vor einer Kreuzung einen Lastzug zu überholen?

- [ ] Ja, weil der Lastzug die Sicht auf wichtige Verkehrszeichen verdecken kann
- [ ] Nein, weil Lastzüge meist langsam fahren
- [ ] Ja, weil der Lastzug die Sicht auf den Querverkehr verdeckt

5

11

1.3.01-002

An welchen Stellen ohne vorfahrtregelnde Verkehrszeichen gilt die Regel „rechts vor links"?

- [ ] An Einmündungen mit abgesenktem Bordstein
- [ ] Wo Feld- oder Waldwege in eine andere Straße münden
- [ ] An Straßenkreuzungen und -einmündungen

5

12

1.5.01-118

Warum ist die Nutzung von Leichtlaufölen vorteilhaft? Weil diese Öle …

- [ ] … im Hausmüll entsorgt werden können
- [ ] … weniger Reibung im Motor erzeugen
- [ ] … den Kraftstoffverbrauch verringern

3

13

1.2.19-104

Wann dürfen Sie einen unbeschrankten Bahnübergang mit Blinklichtanlage überqueren, nachdem ein Zug durchgefahren ist?

- [ ] Wenn das rote Blinklicht erloschen ist
- [ ] Sofort nach Durchfahrt des Zuges, auch wenn das rote Blinklicht noch leuchtet
- [ ] Sobald der Gegenverkehr anfährt, auch wenn das rote Blinklicht noch leuchtet

3

Fehlerpunkte

Fehlerpunkte

14 1.2.36-012

Ein Polizeifahrzeug überholt Sie und schert unmittelbar vor Ihnen ein. Auf dem Dach erscheint in roter Leuchtschrift „BITTE FOLGEN". Für wen gilt dies?

Für alle Fahrzeuge auf meinem Fahrstreifen

Für nachfolgende Polizei- und Rettungsfahrzeuge

Für mich

3

15 1.2.26-118

Vor Ihnen befindet sich ein Fußgängerüberweg, hinter dem der Verkehr auf Ihrem Fahrstreifen stockt. Wie verhalten Sie sich?

Auf dem Fußgängerüberweg warten, wenn keine Personen zu sehen sind

Vor dem Fußgängerüberweg warten, um Personen das Überqueren zu ermöglichen

Auf dem Fußgängerüberweg warten, um den Fahrzeugrückstau zu verkürzen

4

16

1.3.01-016-M

Welches Verhalten ist richtig?

Ich muss den blauen Lkw durchfahren lassen

Der blaue Lkw muss mich durchfahren lassen

Ich muss den Traktor abbiegen lassen

5

17

1.2.26-119-M

Wie verhalten Sie sich richtig?

Ich fahre weiter, weil beide Fußgänger warten müssen

Ich biege vor dem entgegenkommenden Fußgänger ab, weil nur dieser warten muss

Ich warte, weil beide Fußgänger Vorrang haben

4

18 1.4.41-012

Womit darf man hier nicht fahren?

Mit Kleinkrafträdern

Mit Mofas

Mit Leichtkrafträdern

2

19 1.4.41-021

Welche Fahrzeuge dürfen in eine so gekennzeichnete Zone einfahren?

Fahrräder

Fahrzeuge, die von Anwohnern gefahren werden

Elektrokleinstfahrzeuge

2

20 1.4.42-102

1 2 3

Welches Verkehrszeichen gibt Vorfahrt?

Verkehrszeichen 2

Verkehrszeichen 1

Verkehrszeichen 3

3

ZUSATZFRAGEN – KLASSE B

21

2.1.02-005-M

Womit müssen Sie in dieser Situation rechnen?

- [ ] Kinder laufen auf die Fahrbahn
- [ ] Es folgt ein Fußgängerüberweg
- [ ] Personen steigen zur Fahrbahnseite aus

4

22

2.2.07-002

Für welche Kraftfahrzeuge gilt innerorts die freie Fahrstreifenwahl?

Antwort: Für alle Kraftfahrzeuge bis

[ ] t zulässiger Gesamtmasse

3

23

2.1.07-101

Wann kann ein schnell fahrender Pkw auf trockener, gerader Straße seitwärts ausbrechen?

- [ ] Wenn er plötzlich von starkem Seitenwind erfasst wird
- [ ] Wenn ein Reifen platzt
- [ ] Wenn plötzlich Gegenwind auftritt

3

24

2.5.01-212

Wodurch entsteht vermeidbarer Lärm?

- [ ] Durch Hupen zur Begrüßung
- [ ] Durch heftiges Zuschlagen von Türen
- [ ] Durch Fahren mit einem Dachgepäckträger

3

25

2.2.15-110

Ihr Pkw hat auf der Autobahn eine Reifenpanne. Wie müssen Sie sich verhalten? Ich muss …

- [ ] … bis zur nächsten Ausfahrt weiterfahren
- [ ] … das Warnblinklicht einschalten und möglichst weit rechts anhalten
- [ ] … das Warndreieck in etwa 100 m Entfernung aufstellen

4

26

2.4.41-101

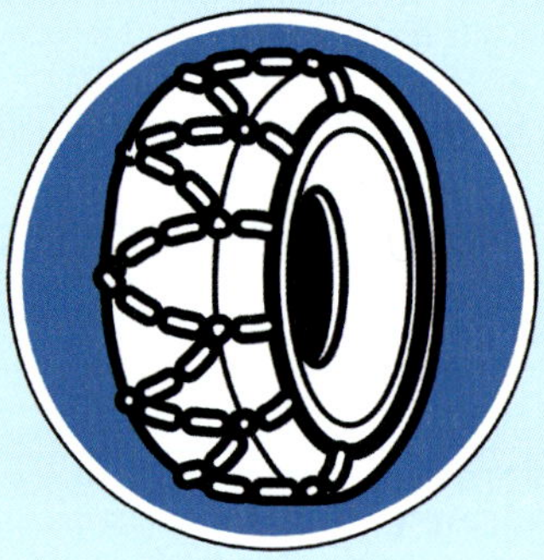

Was müssen Sie bei diesem Verkehrszeichen beachten?

- [ ] Schneeketten benutzen
- [ ] Kettenfahrzeuge haben Vorfahrt
- [ ] Zulässige Höchstgeschwindigkeit 50 km/h

2

27

2.2.22-117

Was ist bei der Beladung von Fahrzeugen zu beachten?

- [ ] Ladung, die mehr als 1 m über die Rückstrahler nach hinten hinausragt, muss gekennzeichnet werden
- [ ] Ladung mit hohem Gewicht muss nicht gesichert werden
- [ ] Ladung darf oberhalb einer Höhe von 2,50 m maximal 50 cm nach vorn hinausragen

3

28

2.2.23-113

Ein auflaufgebremster Wohnanhänger mit einer Achse wird im Gefälle abgestellt. Wie ist er gegen Wegrollen zu sichern?

- [ ] Feststellbremse anziehen
- [ ] Unterlegkeile vor die Räder legen
- [ ] Je einen Unterlegkeil vor und hinter ein Rad legen

3

29

2.1.11-120

Während Sie in einem Verkehrsstau stehen, sehen Sie im Rückspiegel, wie sich ein Motorradfahrer an der wartenden Fahrzeugschlange „vorbeischlängelt". Wie verhalten Sie sich?

- [ ] Ich lasse ihn vorbeifahren
- [ ] Ich hupe und notiere sein Kennzeichen
- [ ] Ich sorge dafür, dass auch er anhalten muss

4

30

2.7.06-101

Was bewirkt ein Antiblockiersystem (ABS)?

- [ ] Aquaplaning wird verhindert
- [ ] Beim Bremsen bleibt die Lenkfähigkeit weitgehend erhalten
- [ ] Auch bei glatter Fahrbahn wird das Fahrzeug bestmöglich gebremst

4

Fehlerpunkte [ ]

Fehlerpunkte [ ]

Amtliche Prüfungsfragen für Führerscheinbewerber

Grundlagen für alle Klassen und Zusatzfragen Klasse B

62

Hinweise zu Videofragen:

In jeder Theorie-Prüfung sind 2 zufällige Videofragen vorhanden. Die Videofragen sind auf den Prüfungsbögen gekennzeichnet (Video-Abspielsymbol inklusive der Fragennummer). Die beiliegende DVD enthält alle diese Videos.

Legen Sie die DVD in Ihr CD-/DVD-Laufwerk ein und öffnen Sie die DVD durch Doppelklick auf das entsprechende Laufwerk in Ihrem Explorer. Wählen Sie das Video mit der im Bogen angegebenen Videonummer durch Doppelklick aus.

Während der Prüfung dürfen Sie ein Video maximal 5-mal anschauen, ohne dass Ihnen die Frage bekannt ist. Erst wenn Sie bereit sind, können Sie sich die Frage zum Video anzeigen lassen. Danach müssen Sie die Frage beantworten und können das Video nicht noch mal anschauen.

Wichtig: Daher zuerst das Video max. 5-mal anschauen. Erst danach die zugehörige Frage lesen und bearbeiten.

Bezugsfahrzeug

Bitte beachten Sie das zugrunde liegende Bezugsfahrzeug:

Sie fahren ein ...

▶ Grundstoff:
Kraftfahrzeug mit Verbrennungsmotor

▶ Klasse B:
Zweispuriges Kraftfahrzeug mit Verbrennungsmotor, mit manuellem Schaltgetriebe und mit automatischem Blockierverhinderer (ABV)

Wenn in den Prüfungsaufgaben keine besonderen Fahrzeugeigenschaften benannt sind, gelten die folgenden allgemeinen Eigenschaften „Ihres Fahrzeugs" (Bezugsfahrzeug).

▶ Bitte beachten Sie:
Wenn in der Prüfungsaufgabe besondere Fahrzeugeigenschaften ausdrücklich benannt sind, müssen diese bei der Aufgabenbearbeitung berücksichtigt werden!

	Fehlerpunkte / 5-Punkte-Regel
Klasse	B
zulässige Fehlerpunkte	10
Grundstoff	
Zusatzstoff	
Summe	
5-Punkte-Regel *)	
bestanden	
nicht bestanden	
Bemerkungen	
*) 2 oder mehr Fragen mit je 5 Fehlerpunkten falsch	

Beantworten Sie die Fragen durch Ankreuzen von Antworten oder durch die Angabe von Zahlen. Sie haben die Frage falsch beantwortet, wenn ...
▶ nicht jede richtige Antwort angekreuzt ist ▶ oder eine/mehrere falsche Antwort(en) angekreuzt ist/sind ▶ oder eine falsche/keine Zahl angegeben ist

Sie haben die Prüfung nicht bestanden, wenn ...
▶ die zul. Fehlerpunkte überschritten wurden (d.h. mehr als 10 Punkte bei Klasse B)
▶ oder wenn 2 oder mehr Fragen mit je 5 Fehlerpunkten falsch beantwortet wurden

1

VIDEO 193

Wie verhalten Sie sich jetzt richtig?

- ☐ Ich weiche nach links aus
- ☐ Ich bremse ab
- ☐ Ich fahre gleichmäßig weiter

1.1.07-176-M

4

2

VIDEO 194

Wie verhalten Sie sich?

- ☐ Ich führe den Überholvorgang zügig durch
- ☐ Ich breche den Überholvorgang ab
- ☐ Ich führe den Überholvorgang vorsichtig durch

1.1.06-114

5

3

Worauf müssen Sie sich hier einstellen?

- ☐ Auf ein von rechts kommendes Fahrzeug
- ☐ Auf einen verlängerten Bremsweg
- ☐ Auf eine verengte Fahrbahn

1.1.03-006-M

3

Fehlerpunkte

4

1.3.01-114-M

Welches Verhalten ist richtig?

- Ich muss den Radfahrer abbiegen lassen
- Ich muss den blauen Pkw durchfahren lassen
- Der blaue Pkw muss mich abbiegen lassen

5

5

1.2.11-003

Bei stockendem Verkehr müssen bestimmte Bereiche freigehalten werden. Welche sind dies?

- Kreuzungen
- Bahnübergänge
- Grundstückseinfahrten

4

6

1.1.04-110

Worauf müssen Sie achten, wenn Sie in eine Tiefgarage fahren?

- Meine Augen müssen sich erst an die veränderten Lichtverhältnisse gewöhnen
- Fußgänger laufen oft auf Fahrwegen
- Meine Reifen können an engen Aus- und Einfahrten beschädigt werden

4

7

1.5.01-122

Welche Kraftfahrzeuge sind vom Verkehrsverbot für „Umweltzonen“ grundsätzlich ausgenommen?

- Land- und forstwirtschaftliche Zugmaschinen
- Krankenwagen im Einsatz
- Alle Kraftfahrzeuge der Umweltzonenbewohner

3

8

1.1.07-113

Sie fahren auf einer neu angelegten Straße durch bewaldetes Gebiet. Womit müssen Sie rechnen?

- Auf neu angelegten Straßen sind Wildunfälle nicht zu erwarten
- Wild überquert unerwartet die Fahrbahn
- Mit einem Hindernis durch einen Wildunfall

3

9

VIDEO 195

1.2.02-107

Wie sollten Sie sich in dieser Situation verhalten? Ich fahre …

- … weiter, weil der Entgegenkommende zurückfahren muss
- … in die Lücke, um den Entgegenkommenden vorbeizulassen
- … zurück, denn der Entgegenkommende darf fahren

3

10

1.1.02-126

Warum sind ältere Fußgänger im Verkehr mehr gefährdet als jüngere?

- Sie sehen und hören oft schlechter
- Sie reagieren oft langsamer und sind weniger beweglich
- Sie schätzen die Geschwindigkeit von Fahrzeugen oft falsch ein

4

11

1.2.05-120

Sie möchten eine Pferdekutsche auf einer Landstraße überholen. Wie verhalten Sie sich? Ich überhole mit möglichst …

- … wenig Lärm
- … großem Seitenabstand
- … hoher Motordrehzahl

4

12

1.2.16-103

Wie verhalten Sie sich bei einer Panne in einem Tunnel?

- Fahrzeug möglichst in einer Pannenbucht abstellen
- Warnblinklicht einschalten
- Motor vorsorglich laufen lassen

4

13

1.1.09-030

Was kann die Fahrtüchtigkeit ähnlich beeinträchtigen wie Alkohol?

- Medikamente
- Drogen
- Erfrischungsgetränke

4

Fehlerpunkte

Fehlerpunkte

14 1.2.16-002

Wie sollten Sie sich verhalten, wenn Sie ein Fahrzeug mit Warnblinklicht erkennen?

Ich fahre unvermindert weiter

Ich reduziere meine Geschwindigkeit

Ich stelle mich auf plötzlich auftretende Gefahren ein

4

15 1.1.06-111

Warum kann Überholen auch auf übersichtlichen und geraden Fahrbahnen gefährlich sein? Weil der ...

... Gegenverkehr schneller fährt als angenommen

... Gegenverkehr langsamer fährt als angenommen

... Überholweg länger ist als angenommen

5

16

1.3.01-128-M

Wer darf in dieser Situation zuerst fahren?

Der rote Pkw

Ich selbst

Der blaue Traktor

5

17

1.3.01-052

Welches Verhalten ist richtig?

Ich darf vor der Radfahrerin links abbiegen

Ich verzichte auf meine Vorfahrt, um die Kreuzung nicht zu verstopfen

Ich muss die Radfahrerin durchfahren lassen

5

18 1.4.40-103

Worauf müssen Sie sich bei diesen Verkehrszeichen einstellen? Darauf, dass ...

... auf der Fahrbahn Schnee- oder Eisglätte herrscht

... Wintersport nur auf den Gehwegen stattfindet

... auf der Fahrbahn Wintersport betrieben wird

3

19 1.4.41-025

Was müssen Sie bei diesem Verkehrszeichen beachten? Ich darf im Bereich nach diesem Verkehrszeichen ...

... nicht halten

... zum kurzzeitigen Beladen halten

... halten, um Mitfahrer aussteigen zu lassen

2

20 1.2.19-109

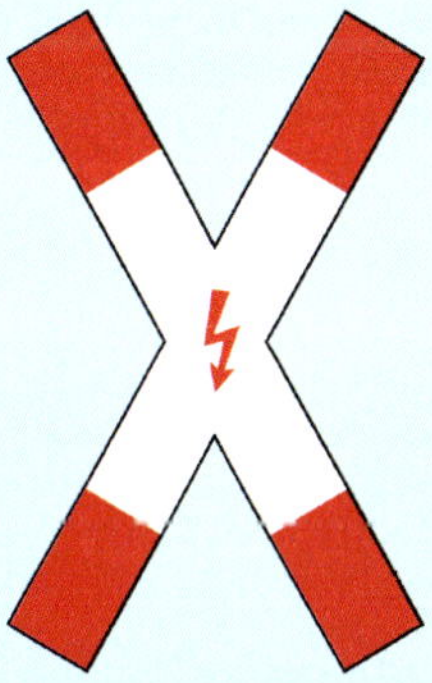

Was bedeutet dieses Verkehrszeichen?

Hinweis auf vorhandene elektrische Oberleitungen

Der Schienenverkehr hat immer Vorrang

Es ist immer zu warten, wenn sich ein Schienenfahrzeug nähert

3

ZUSATZFRAGEN – KLASSE B

21

2.1.03-037

Worauf sollten Sie sich hier einstellen?

- Auf einen verlängerten Bremsweg
- Auf eine schlechte Sichtbarkeit meines Fahrzeugs
- Auf eine erhöhte Bodenhaftung der Reifen

4

22

2.6.02-030

Durch eine technische Änderung an Ihrem Fahrzeug ist die Betriebserlaubnis erloschen. Mit welchen Folgen müssen Sie rechnen, wenn Sie das Fahrzeug dennoch auf öffentlichen Straßen benutzen?

- Mit einem Bußgeld
- Mit einem Eintrag im Fahreignungsregister
- Mit dem Verlust meines Versicherungsschutzes

3

23

2.1.07-207

Sie halten mit Ihrem Fahrzeug an, um Mitfahrende rechts aussteigen zu lassen. Dort verläuft ein Radweg. Was sollten Sie tun?

- Ich sollte nur den Verkehr im Innenspiegel beobachten
- Ich sollte die Aussteigenden auf den Radweg hinweisen
- Ich sollte mich vergewissern, dass keine Radfahrer kommen

3

24

2.2.30-103

Für welche Kraftfahrzeuge gilt bei einer geschäftsmäßigen oder entgeltlichen Beförderung von Gütern das Fahrverbot an Sonn- und Feiertagen?

- Für Pkws mit einem Anhänger
- Für Lkws mit einer zulässigen Gesamtmasse über 7,5 t
- Für Lkws mit einem Anhänger

3

25

2.2.22-108

Wie ist eine Ladung bei Dunkelheit oder schlechter Sicht kenntlich zu machen, wenn sie seitlich mehr als 40 cm über die Begrenzungsleuchten des Fahrzeugs hinausragt?

- Durch Einschalten der Warnblinkanlage
- Nach vorn durch weißes Licht
- Nach hinten durch rotes Licht

3

26

2.5.01-012

Welche Kraftfahrzeuge dürfen in die so gekennzeichnete Umweltzone einfahren?

- Kraftfahrzeuge, die die Anforderungen an eine grüne Feinstaub-Plakette erfüllen, auch wenn keine solche Plakette angebracht ist
- Kraftfahrzeuge mit einer grünen Feinstaub-Plakette
- Krafträder

3

27

2.1.11-016

Warum kann das Fahren unter Zeitdruck gefährlich sein?
Weil bei Fahrten unter Zeitdruck häufig …

- … Gefahren unterschätzt werden
- … defensiv gefahren wird
- … zu schnell gefahren wird

4

28

2.7.01-115

Wozu neigt ein Pkw mit Hinterradantrieb, wenn man in der Kurve zu viel Gas gibt?

- Er neigt dazu, vorne auszubrechen
- Er neigt dazu, hinten auszubrechen
- Er neigt zum Untersteuern

3

29

2.5.01-111

Wie kann Lärm vermindert werden?

- Durch Fahren mit hoher Motordrehzahl
- Durch Fahren mit hoher Geschwindigkeit
- Durch Fahren im 4. oder 5. Gang in Ortschaften

3

30

2.2.18-009

Was gilt auf Kraftfahrstraßen?

- Bei Dunkelheit darf schneller gefahren werden, als es die Reichweite des Abblendlichts zulässt
- Einfahren nur an Kreuzungen und Einmündungen
- Wenden verboten

4

Fehlerpunkte

Fehlerpunkte

Amtliche Prüfungsfragen für Führerscheinbewerber

Grundlagen für alle Klassen und Zusatzfragen Klasse B

63

Hinweise zu Videofragen:

In jeder Theorie-Prüfung sind 2 zufällige Videofragen vorhanden. Die Videofragen sind auf den Prüfungsbögen gekennzeichnet (Video-Abspielsymbol inklusive der Fragennummer). Die beiliegende DVD enthält alle diese Videos.

Legen Sie die DVD in Ihr CD-/DVD-Laufwerk ein und öffnen Sie die DVD durch Doppelklick auf das entsprechende Laufwerk in Ihrem Explorer. Wählen Sie das Video mit der im Bogen angegebenen Videonummer durch Doppelklick aus.

Während der Prüfung dürfen Sie ein Video maximal 5-mal anschauen, ohne dass Ihnen die Frage bekannt ist. Erst wenn Sie bereit sind, können Sie sich die Frage zum Video anzeigen lassen. Danach müssen Sie die Frage beantworten und können das Video nicht noch mal anschauen.

Wichtig: Daher zuerst das Video max. 5-mal anschauen. Erst danach die zugehörige Frage lesen und bearbeiten.

Bezugsfahrzeug

Bitte beachten Sie das zugrunde liegende Bezugsfahrzeug:

Sie fahren ein ...

▶ Grundstoff:
Kraftfahrzeug mit Verbrennungsmotor

▶ Klasse B:
Zweispuriges Kraftfahrzeug mit Verbrennungsmotor, mit manuellem Schaltgetriebe und mit automatischem Blockierverhinderer (ABV)

Wenn in den Prüfungsaufgaben keine besonderen Fahrzeugeigenschaften benannt sind, gelten die folgenden allgemeinen Eigenschaften „Ihres Fahrzeugs" (Bezugsfahrzeug).

▶ Bitte beachten Sie:
Wenn in der Prüfungsaufgabe besondere Fahrzeugeigenschaften ausdrücklich benannt sind, müssen diese bei der Aufgabenbearbeitung berücksichtigt werden!

	Fehlerpunkte / 5-Punkte-Regel
Klasse	B
zulässige Fehlerpunkte	10
Grundstoff	
Zusatzstoff	
Summe	
5-Punkte-Regel *)	
bestanden	
nicht bestanden	
Bemerkungen	
*) 2 oder mehr Fragen mit je 5 Fehlerpunkten falsch	

Beantworten Sie die Fragen durch Ankreuzen von Antworten oder durch die Angabe von Zahlen. Sie haben die Frage falsch beantwortet, wenn ...
▶ nicht jede richtige Antwort angekreuzt ist ▶ oder eine/mehrere falsche Antwort(en) angekreuzt ist/sind ▶ oder eine falsche/keine Zahl angegeben ist

Sie haben die Prüfung nicht bestanden, wenn ...
▶ die zul. Fehlerpunkte überschritten wurden (d. h. mehr als 10 Punkte bei Klasse B)
▶ oder wenn 2 oder mehr Fragen mit je 5 Fehlerpunkten falsch beantwortet wurden

1

Sie fahren nach Starkregen. Was sollten Sie in dieser Situation beachten?

- Ich sollte einen großen Sicherheitsabstand zum vorausfahrenden Fahrzeug halten
- Ich kann Unebenheiten auf der Fahrbahn schlecht erkennen
- Spritzwasser kann meine Sicht beeinträchtigen

1.1.03-007-M

4

2

VIDEO 196

Womit müssen Sie jetzt rechnen?

- Der Fahrer des gelben Fahrzeugs öffnet die Fahrertür
- Der blaue Lkw schert nach links aus
- Der Radfahrer schert nach links aus

1.1.07-169-M

4

3

Warum müssen Sie hier besonders vorsichtig sein?

- Weil beim Bremsen erhöhte Rutschgefahr besteht
- Weil das von links kommende Auto Vorfahrt hat
- Weil ein Fahrzeug von rechts kommen könnte

1.1.07-006-B

3

Fehlerpunkte

4

1.2.11-201-M

Sie möchten geradeaus fahren. Wie sollten Sie sich verhalten, wenn der rote Lkw bei „Grün“ sofort losfährt?

- Ich fahre auch sofort los
- Ich warte und lasse den Lkw losfahren
- Ich gebe gegebenenfalls Warnzeichen

4

5

1.1.07-002

Worauf müssen Sie innerorts an Kreuzungen und Einmündungen besonders achten?

- An allen Kreuzungen und Einmündungen gilt ausnahmslos die Regel „rechts vor links“
- Die breitere Straße ist immer bevorrechtigt
- Kreuzende oder einmündende Straßen können bevorrechtigt sein, obwohl sie schmal und weniger gut ausgebaut sind

3

6

1.1.09-006

Wie lange dauert es im Allgemeinen, bis 1,0 Promille Alkohol im Blut abgebaut ist?

- 1 Stunde
- 5 Stunden
- 10 Stunden

4

7

1.1.10-001

Bei hohen Außentemperaturen lässt die Konzentration bei langen Fahrten nach und die Unfallzahlen steigen. Welche Maßnahme ist empfehlenswert, damit Sie auch im Hochsommer aufmerksam und sicher fahren?

- Ich nehme ausreichend Flüssigkeit zu mir
- Ich lege meine Fahrten bevorzugt in die Mittagszeit
- Ich plane regelmäßige Pausen ein

3

8

1.2.37-101

Sie wollen bei „Grün“ nach links abbiegen; links neben Ihnen will eine Straßenbahn geradeaus weiterfahren. Was ist richtig?

- Gegenseitige Verständigung, weil keine Regel besteht
- Die Straßenbahn muss warten
- Sie müssen warten

4

9

VIDEO 197

1.2.11-104

Wie verhalten Sie sich?

- Flüssig abbiegen, um die Nachfolgenden nicht zu behindern
- Zunächst im Bereich der Mittelinsel warten, wo der andere Pkw steht
- Vor dem Linksabbiegen warten und den Bereich der Mittelinsel frei halten

5

10

1.2.03-107

Sie fahren auf einer gut ausgebauten Straße, auf der Gegenverkehr ungehindert an Ihnen vorbeifahren kann. Innerhalb welcher Strecke müssen Sie in jedem Fall anhalten können? Innerhalb der …

- … von mir übersehbaren Strecke
- … halben von mir übersehbaren Strecke
- … doppelten von mir übersehbaren Strecke

4

11

1.5.01-004

Wie wirkt sich eine wesentliche Unterschreitung des empfohlenen Reifendrucks aus?

- Der Reifenabrieb nimmt zu
- Der Schadstoffausstoß nimmt ab
- Der Kraftstoffverbrauch nimmt zu

3

12

1.2.26-111

In welchen Fällen müssen Sie an einen Fußgängerüberweg besonders vorsichtig heranfahren?

- Wenn Fußgänger die Fahrbahn überqueren wollen
- Wenn die Sicht auf den Fußgängerüberweg eingeschränkt ist
- Wenn ein anderes Fahrzeug bereits vor dem Fußgängerüberweg wartet

5

13

1.1.06-002

Ist es leichtsinnig, noch kurz vor einer Kreuzung einen Lastzug zu überholen?

- Ja, weil der Lastzug die Sicht auf wichtige Verkehrszeichen verdecken kann
- Ja, weil der Lastzug die Sicht auf den Querverkehr verdeckt
- Nein, weil Lastzüge meist langsam fahren

5

Fehlerpunkte

Fehlerpunkte

14 1.1.07-173

Während der Fahrt überquert vor Ihrem Fahrzeug ein Reh die Fahrbahn. Was sollten Sie beachten?

Das Reh kann durch Einschalten des Fernlichts verscheucht werden

Das Reh kann mitten auf der Fahrbahn stehen bleiben

Dem Reh können weitere Tiere folgen

3

15 1.2.02-106

Welche Kraftfahrzeuge müssen auf einer Landstraße möglichst den befestigten Seitenstreifen benutzen?

Mofas

Kleinkrafträder

Langsam fahrende landwirtschaftliche Zug- und Arbeitsmaschinen

3

16

1.3.01-114-M

Welches Verhalten ist richtig?

Ich muss den Radfahrer abbiegen lassen

Der blaue Pkw muss mich abbiegen lassen

Ich muss den blauen Pkw durchfahren lassen

5

17

1.3.01-047-M

Welches Verhalten ist hier richtig? Ich muss …

… den roten Pkw durchfahren lassen

… den blauen Pkw durchfahren lassen

… an der Haltlinie anhalten

5

18

1.3.01-127-M

In welcher Reihenfolge müssen die Fahrzeuge hier weiterfahren?

Der Radfahrer, der gelbe Pkw, ich

Ich, der Radfahrer, der gelbe Pkw

Der Radfahrer, ich, der gelbe Pkw

5

19 1.4.40-010

Womit müssen Sie bei diesem Verkehrszeichen rechnen?

Mit einem Fußgängerüberweg, der schwer zu erkennen ist

Mit Fußgängern, die die Fahrbahn nur von rechts überqueren dürfen

Mit Fußgängern, die möglicherweise die Fahrbahn überqueren

3

20 1.4.41-164

Worauf weist diese Verkehrszeichenkombination hin? Die so beschilderte Straße darf …

… im Winter nicht befahren werden

… von Wintersportlern benutzt werden

… nur mit Schneeketten benutzt werden

2

Fehlerpunkte

Fehlerpunkte

ZUSATZFRAGEN – KLASSE B

21

VIDEO 198

2.2.18-022

Sie möchten die Autobahn an der nächsten Ausfahrt verlassen. Wie verhalten Sie sich in dieser Situation richtig?

- Ich beginne jetzt, rechts zu blinken
- Ich bremse ab jetzt gleichmäßig auf 60 km/h ab
- Ich beobachte den nachfolgenden Verkehr

4

22

2.5.01-016

Welche Auswirkungen hat das Fahren mit hoher Geschwindigkeit bei Kraftfahrzeugen mit Verbrennungsmotor?

- Der Schadstoffausstoß erhöht sich
- Der Kraftstoffverbrauch erhöht sich
- Der Lärmpegel verringert sich

3

23

2.2.21-123

Sie möchten auf dem Beifahrersitz ein Baby mitnehmen. Was müssen Sie bei der Verwendung einer Baby-Trageschale beachten?

- Die Baby-Trageschale muss entgegen der Fahrtrichtung angebracht sein
- Ein vorhandener Beifahrer-Airbag muss deaktiviert sein
- Das Baby muss in der Baby-Trageschale angeschnallt sein

4

24

2.7.01-112

Sie mussten nach einer Reifenpanne das Notrad montieren. Was ist bei der Weiterfahrt verboten?

- Personen mitzunehmen
- Schneller als 80 km/h zu fahren
- Mit dem Notrad länger als unbedingt erforderlich zu fahren

3

25

2.7.06-405

Sie möchten mit einem Fahrzeug mit auflaufgebremstem Anhänger fahren. Was müssen Sie vor Fahrtantritt überprüfen? Ich prüfe die …

- … Verriegelung der Verbindungseinrichtung
- … Funktion der Beleuchtungsanlage
- … Anbringung des Abreiß-Bremsseils

3

Fehlerpunkte

26

2.2.18-015-M

Wie müssen Sie sich verhalten, wenn sich auf dieser Straße ein Stau bildet? Ich fahre innerhalb meines Fahrstreifens …

- … möglichst weit rechts
- … weiterhin in der Mitte
- … möglichst weit links

4

27

2.8.01-013

Ein Fahranfänger hat innerhalb der Probezeit mehrere Verstöße begangen. Die Behörde hat die Teilnahme an einem Aufbauseminar angeordnet. Der Fahranfänger kommt dieser Anordnung nicht nach. Womit muss er jetzt rechnen?

- Mit einem Entzug der Fahrerlaubnis
- Mit einer Anordnung für ein Fahreignungsseminar
- Mit einer Verlängerung der Probezeit um weitere 3 Jahre

2

28

2.7.02-138

Sie fahren bei Dunkelheit innerorts. Entgegenkommende Fahrzeugführer warnen Sie mit der Lichthupe. Was kann das in dieser Situation bedeuten?

- Ich habe vergessen, das Abblendlicht einzuschalten
- Ich sollte das Fernlicht einschalten
- Mein Fahrzeug blendet entgegenkommende Fahrzeuge

3

29

2.5.01-211

Warum sind Kurzstreckenfahrten mit kaltem Motor besonders umweltschädlich? Weil bei Fahrten mit kaltem Motor …

- … mehr Kraftstoff verbraucht wird
- … der Materialverschleiß größer ist
- … die Fahrzeugbatterie überladen wird

3

30

2.2.15-107

Wie müssen Sie nachts ein Fahrzeug sichern, das an einer Stelle liegen geblieben ist, an der es eine Gefahr für den übrigen Verkehr bildet?

- Warndreieck in ausreichender Entfernung aufstellen
- Sofort Warnblinklicht einschalten
- Rückfahrscheinwerfer einschalten

4

Fehlerpunkte

Amtliche Prüfungsfragen für Führerscheinbewerber

Grundlagen für alle Klassen und Zusatzfragen Klasse B

64

Hinweise zu Videofragen:

In jeder Theorie-Prüfung sind 2 zufällige Videofragen vorhanden. Die Videofragen sind auf den Prüfungsbögen gekennzeichnet (Video-Abspielsymbol inklusive der Fragennummer). Die beiliegende DVD enthält alle diese Videos.

Legen Sie die DVD in Ihr CD-/DVD-Laufwerk ein und öffnen Sie die DVD durch Doppelklick auf das entsprechende Laufwerk in Ihrem Explorer. Wählen Sie das Video mit der im Bogen angegebenen Videonummer durch Doppelklick aus.

Während der Prüfung dürfen Sie ein Video maximal 5-mal anschauen, ohne dass Ihnen die Frage bekannt ist. Erst wenn Sie bereit sind, können Sie sich die Frage zum Video anzeigen lassen. Danach müssen Sie die Frage beantworten und können das Video nicht noch mal anschauen.

Wichtig: Daher zuerst das Video max. 5-mal anschauen. Erst danach die zugehörige Frage lesen und bearbeiten.

Bezugsfahrzeug

Bitte beachten Sie das zugrunde liegende Bezugsfahrzeug:

Sie fahren ein ...

▶ Grundstoff:
Kraftfahrzeug mit Verbrennungsmotor

▶ Klasse B:
Zweispuriges Kraftfahrzeug mit Verbrennungsmotor, mit manuellem Schaltgetriebe und mit automatischem Blockierverhinderer (ABV)

Wenn in den Prüfungsaufgaben keine besonderen Fahrzeugeigenschaften benannt sind, gelten die folgenden allgemeinen Eigenschaften „Ihres Fahrzeugs" (Bezugsfahrzeug).

▶ Bitte beachten Sie:
Wenn in der Prüfungsaufgabe besondere Fahrzeugeigenschaften ausdrücklich benannt sind, müssen diese bei der Aufgabenbearbeitung berücksichtigt werden!

	Fehlerpunkte / 5-Punkte-Regel
Klasse	B
zulässige Fehlerpunkte	10
Grundstoff	
Zusatzstoff	
Summe	
5-Punkte-Regel *)	
bestanden	
nicht bestanden	
Bemerkungen	
*) 2 oder mehr Fragen mit je 5 Fehlerpunkten falsch	

Beantworten Sie die Fragen durch Ankreuzen von Antworten oder durch die Angabe von Zahlen.
Sie haben die Frage falsch beantwortet, wenn ...
▶ nicht jede richtige Antwort angekreuzt ist ▶ oder eine/mehrere falsche Antwort(en) angekreuzt ist/sind ▶ oder eine/falsche/keine Zahl angegeben ist

Sie haben die Prüfung nicht bestanden, wenn ...
▶ die zul. Fehlerpunkte überschritten wurden (d.h. mehr als 10 Punkte bei Klasse B)
▶ oder wenn 2 oder mehr Fragen mit je 5 Fehlerpunkten falsch beantwortet wurden

1

Wann kann es hier zu einer gefährlichen Situation kommen?

- Wenn der Radfahrer auf meine Fahrbahn wechselt
- Wenn der Radfahrer am Ende des Radweges anhält
- Wenn ich unvermindert weiterfahre

1.1.07-020-M

4

2

Warnblinklicht an

Was müssen Sie in dieser Situation beachten? Sie dürfen ...

- ... nur vorbeifahren, wenn eine Gefährdung von Fahrgästen ausgeschlossen ist
- ... in keinem Fall vorbeifahren
- ... nur mit Schrittgeschwindigkeit vorbeifahren

1.1.02-108-B

4

3

VIDEO 199

Sie fahren außerorts. Wie verhalten Sie sich in dieser Situation richtig?

- Ich muss mich nicht erst überzeugen, dass die Straße frei ist, da die Radfahrerin fährt
- Ich fahre erst weiter, nachdem ich mich überzeugt habe, dass die Straße frei ist
- Ich darf den Radweg nicht weiter benutzen

1.1.07-205-M

5

Fehlerpunkte

4 1.2.19-113

Worauf weist diese Verkehrszeichenkombination hin? Auf einen Bahnübergang, …

- [ ] … an den ich ab hier mit maximal 10 km/h heranfahren darf
- [ ] … den Schienenfahrzeuge nur mit 10 km/h befahren dürfen
- [ ] …den ich mit maximal 10 km/h überqueren darf

4

5 1.1.02-028

Trotz vorhandenen Gehweges auf der rechten Straßenseite fährt eine Person im Rollstuhl auf der Straße. Wie verhalten Sie sich?

- [ ] Ich fahre so lange hinterher, bis ich überholen kann
- [ ] Ich überhole mit großem Seitenabstand, weil ich mit Ausweichbewegungen rechnen muss
- [ ] Ich mache die Person durch Hupen darauf aufmerksam, dass sie sich falsch verhält

4

6 1.2.10-101

Wie verhalten Sie sich beim Anfahren vom Fahrbahnrand?

- [ ] Blinken
- [ ] Rückwärtigen Verkehr beobachten
- [ ] Blick in den Rückspiegel genügt

4

7 1.1.01-112

Was kann zum Abkommen von der Fahrbahn führen?

- [ ] Ablenkung
- [ ] Unaufmerksamkeit
- [ ] Müdigkeit

4

8 1.1.07-009

Sie nähern sich einer Schule. Kinder verlassen das Schulgelände. Womit müssen Sie rechnen? Dass Kinder …

- [ ] … ausgelassen auf die Fahrbahn stürmen
- [ ] … mit ihren Fahrrädern unvorsichtig auf die Fahrbahn fahren
- [ ] … sich immer verkehrsgerecht verhalten

5

9

1.2.19-111

Wie müssen Sie sich in dieser Situation verhalten? Ich muss …

- [ ] … rechts am Sicherungsposten vorbeifahren
- [ ] … vor dem Andreaskreuz halten
- [ ] … links am Sicherungsposten vorbeifahren

3

10 1.2.26-115

Warum ist eine defensive Fahrweise beim Annähern an Fußgängerüberwege besonders wichtig?

- [ ] Damit Fußgänger nicht verunsichert werden
- [ ] Damit nachfolgende Fahrzeuge leichter überholen können
- [ ] Damit Auffahrunfälle vermieden werden

4

11 1.2.22-102

Womit ist bei Dunkelheit eine Ladung zu kennzeichnen, die mehr als 1 m über die Rückstrahler des Fahrzeugs hinausragt?

- [ ] Mit roter Leuchte und rotem Rückstrahler
- [ ] Mit orangefarbener Warntafel
- [ ] Durch Einschalten der Nebelschlussleuchte

3

12 1.1.09-015

Wie wird der berauschende Wirkstoff von Haschisch im Körper abgebaut?

- [ ] Gleichmäßig, 0,1 Gramm je Stunde
- [ ] Gleichmäßig, 0,1 Promille je Stunde
- [ ] Ungleichmäßig, zeitlich nicht abschätzbar

4

13 1.1.01-103

Warum darf man nicht unnötig langsam fahren?

- [ ] Weil der Verkehrsfluss behindert wird
- [ ] Weil die Gefahr von Auffahrunfällen erhöht wird
- [ ] Weil Nachfolgende zu gefährlichem Überholen verleitet werden

3

Fehlerpunkte

Fehlerpunkte

14 1.2.37-101

Sie wollen bei „Grün" nach links abbiegen; links neben Ihnen will eine Straßenbahn geradeaus weiterfahren. Was ist richtig?

Sie müssen warten

Gegenseitige Verständigung, weil keine Regel besteht

Die Straßenbahn muss warten

4

15 1.5.01-131

Sie fahren ein Kraftfahrzeug mit manuellem Schaltgetriebe auf ebener Fahrbahn. Wie sollten Sie schalten, um besonders umweltbewusst und sparsam zu fahren?

So früh wie möglich hochschalten

Gänge bis in den oberen Drehzahlbereich ausfahren und dann schalten

So spät wie möglich zurückschalten

3

16

1.3.01-051-M

Welches Verhalten ist richtig?

Ich lasse die Straßenbahn durchfahren

Ich lasse den Traktor abbiegen

Ich fahre als Erster

5

17

1.3.01-017-M

Welches Verhalten ist richtig?

Ich muss das Motorrad durchfahren lassen

Ich fahre vor dem Bus

Ich muss den Bus durchfahren lassen

5

18

1.3.01-103-M

Welches Verhalten ist richtig?

Ich muss warten

Das Motorrad muss warten

5

19 1.4.40-131

Worauf weist dieses Verkehrszeichen hin?

Auf einen Bahnübergang in etwa 160 m Entfernung

Auf einen Bahnübergang in etwa 80 m Entfernung

Auf einen Bahnübergang in etwa 240 m Entfernung

2

20 1.4.42-119

Worauf weist dieses Verkehrszeichen hin?

Auf eine für den Fahrzeugverkehr gesperrte Straße

Auf eine Unterführung

Auf eine Sackgasse

2

Fehlerpunkte

Fehlerpunkte

ZUSATZFRAGEN – KLASSE B

21

2.1.03-036

Wie verhalten Sie sich in dieser Situation richtig?

- [ ] Ich bremse stark ab
- [ ] Ich verringere die Geschwindigkeit
- [ ] Ich vermeide ruckartiges Lenken

3

22

2.2.03-104

Wie schnell dürfen Sie mit einem Pkw außerhalb geschlossener Ortschaften auf Straßen mit einem Fahrstreifen für jede Richtung höchstens fahren?

Antwort: ☐ km/h

3

23

2.1.03-034

Was kann Aquaplaning (Wasserglätte) zur Folge haben?

- [ ] Eine eingeschränkte Lenkfähigkeit des Fahrzeugs
- [ ] Eine vergrößerte Haftreibung der Reifen
- [ ] Eine verringerte Bremsfähigkeit des Fahrzeugs

4

24

2.5.01-119

Wo können Sie Ihr Gepäck unterbringen, um den Kraftstoffverbrauch nicht unnötig zu erhöhen?

- [ ] Im Kofferraum
- [ ] Auf dem Dachgepäckträger
- [ ] Hinter den Vordersitzen

3

25

2.7.01-110

Sie wollen mit einem Automatik-Pkw (hydraulischer Wandler) losfahren. Was müssen Sie wissen?

- [ ] Beim Einlegen einer Fahrstufe muss der Pkw in der Regel mit der Betriebsbremse festgehalten werden
- [ ] Der Wählhebel darf nur bei stehendem Motor betätigt werden
- [ ] Die Drehzahl muss wesentlich erhöht werden, damit der Motor nicht abgewürgt wird

3

26

VIDEO 200

2.2.34-003-M

Wie verhalten Sie sich jetzt richtig?

- [ ] Ich verringere meine Geschwindigkeit weiter
- [ ] Ich fahre unverändert weiter
- [ ] Ich fahre so weit wie möglich links

4

27

2.8.01-014

Ein Fahrerlaubnisbewerber übt das praktische Fahren ohne Fahrlehrer im öffentlichen Verkehrsraum. Womit muss er rechnen, wenn er von der Polizei kontrolliert wird?

- [ ] Mit einem Strafverfahren
- [ ] Mit keinen Auswirkungen, wenn ein Inhaber einer Fahrerlaubnis im Fahrzeug mitfährt
- [ ] Mit einer Überprüfung der Eignung zum Führen von Kraftfahrzeugen

3

28

2.2.17-012

Welche Beleuchtungseinrichtung müssen Sie bei einer Fahrt in Dunkelheit an Ihrem Kraftfahrzeug grundsätzlich einschalten?

- [ ] Nur das Standlicht
- [ ] Das Fernlicht
- [ ] Das Abblendlicht

3

29

2.2.17-402

Sie fahren bei Dunkelheit mit Fernlicht. Wann müssen Sie abblenden?

- [ ] Wenn Personen in gleicher Richtung vorausgehen
- [ ] Wenn ein Fahrzeug mit geringem Abstand vorausfährt
- [ ] Wenn ein Fahrzeug entgegenkommt

4

30

2.7.02-020

In welchen Fällen ist eine Bremsprobe unerlässlich?

- [ ] Bei Übernahme eines anderen Fahrzeugs
- [ ] Nach längerer Standzeit eines Fahrzeugs
- [ ] Nach jedem Motorölwechsel

3

Fehlerpunkte ☐

Fehlerpunkte ☐

Amtliche Prüfungsfragen für Führerscheinbewerber

Grundlagen für alle Klassen und Zusatzfragen Klasse B

65

Hinweise zu Videofragen:

In jeder Theorie-Prüfung sind 2 zufällige Videofragen vorhanden. Die Videofragen sind auf den Prüfungsbögen gekennzeichnet (Video-Abspielsymbol inklusive der Fragennummer). Die beiliegende DVD enthält alle diese Videos.

Legen Sie die DVD in Ihr CD-/DVD-Laufwerk ein und öffnen Sie die DVD durch Doppelklick auf das entsprechende Laufwerk in Ihrem Explorer. Wählen Sie das Video mit der im Bogen angegebenen Videonummer durch Doppelklick aus.

Während der Prüfung dürfen Sie ein Video maximal 5-mal anschauen, ohne dass Ihnen die Frage bekannt ist. Erst wenn Sie bereit sind, können Sie sich die Frage zum Video anzeigen lassen. Danach müssen Sie die Frage beantworten und können das Video nicht noch mal anschauen.

Wichtig: Daher zuerst das Video max. 5-mal anschauen. Erst danach die zugehörige Frage lesen und bearbeiten.

Bezugsfahrzeug

Bitte beachten Sie das zugrunde liegende Bezugsfahrzeug:

Sie fahren ein ...

▶ Grundstoff:
Kraftfahrzeug mit Verbrennungsmotor

▶ Klasse B:
Zweispuriges Kraftfahrzeug mit Verbrennungsmotor, mit manuellem Schaltgetriebe und mit automatischem Blockierverhinderer (ABV)

Wenn in den Prüfungsaufgaben keine besonderen Fahrzeugeigenschaften benannt sind, gelten die folgenden allgemeinen Eigenschaften „Ihres Fahrzeugs" (Bezugsfahrzeug).

▶ Bitte beachten Sie:
Wenn in der Prüfungsaufgabe besondere Fahrzeugeigenschaften ausdrücklich benannt sind, müssen diese bei der Aufgabenbearbeitung berücksichtigt werden!

	Fehlerpunkte / 5-Punkte-Regel
Klasse	B
zulässige Fehlerpunkte	10
Grundstoff	
Zusatzstoff	
Summe	
5-Punkte-Regel *)	
bestanden	
nicht bestanden	
Bemerkungen	
*) 2 oder mehr Fragen mit je 5 Fehlerpunkten falsch	

Beantworten Sie die Fragen durch Ankreuzen von Antworten oder durch die Angabe von Zahlen.
Sie haben die Frage falsch beantwortet, wenn ...
▶ nicht jede richtige Antwort angekreuzt ist ▶ oder eine/mehrere falsche Antwort(en) angekreuzt ist/sind ▶ oder eine/falsche/keine Zahl angegeben ist

Sie haben die Prüfung nicht bestanden, wenn ...
▶ die zul. Fehlerpunkte überschritten wurden (d.h. mehr als 10 Punkte bei Klasse B)
▶ oder wenn 2 oder mehr Fragen mit je 5 Fehlerpunkten falsch beantwortet wurden

1 VIDEO 201

Warum müssen Sie jetzt langsam und bremsbereit fahren?

- [ ] Weil der Bus anfährt
- [ ] Wegen des Fußgängers
- [ ] Wegen der Radfahrerin

1.1.02-136-M 5

2

Worauf müssen Sie sich hier einstellen?

- [ ] Personen betreten die Fahrbahn
- [ ] Entgegenkommende Fahrzeuge biegen nach links ab
- [ ] Fahrzeuge biegen auf die Fahrbahn ein

1.1.07-159-M 4

3

Warum ist das Vorbeifahren an dieser Unfallsituation gefährlich?

- [ ] Weil Folgeunfälle möglich sind
- [ ] Weil Fußgänger übersehen werden können
- [ ] Weil die Verkehrslage unklar ist

1.1.07-163 3

Fehlerpunkte

4

VIDEO 202

1.2.11-112

**Sie möchten geradeaus fahren.
Wie sollten Sie sich verhalten? Ich halte …**

- [ ] … zwischen dem gelben und dem blauen Fahrzeug
- [ ] … an der Haltlinie
- [ ] … unmittelbar hinter dem gelben Fahrzeug

4

5

1.1.07-013

Sie fahren hinter einem landwirtschaftlichen Fahrzeug mit hoch beladenem Anhänger. Womit müssen Sie rechnen?

- [ ] Vor allem beim Bremsen oder beim Abbiegen können Teile der Ladung herunterfallen
- [ ] Der Zug hat wegen der Beladung einen besonders kurzen Bremsweg
- [ ] Die Blinker können verdeckt sein, so dass schlecht zu erkennen ist, wenn der Zug abbiegen will

4

6

1.1.02-135

Womit müssen Sie rechnen, wenn Fußgänger die Fahrbahn überqueren? Fußgänger können …

- [ ] … unachtsam sein
- [ ] … plötzlich stehen bleiben
- [ ] … auf halbem Wege umkehren

4

7

1.5.01-126

Sie fahren ein Kraftfahrzeug mit manuellem Schaltgetriebe. Welche Fahrweise führt innerorts zu einem hohen Kraftstoffverbrauch?

- [ ] Starkes Beschleunigen
- [ ] Fahren mit hoher Motordrehzahl
- [ ] Fahren in hohem Gang

3

8

1.1.09-022

Dürfen Kraftfahrer beim Führen von Kraftfahrzeugen während der Probezeit unter der Wirkung alkoholischer Getränke stehen?

- [ ] Nein, in keinem Fall
- [ ] Ja, bis 0,5 Promille ohne alkoholbedingte Fahrauffälligkeit
- [ ] Ja, bis 0,3 Promille ohne alkoholbedingte Fahrauffälligkeit

4

9

1.2.09-121

Welches Verhalten ist richtig?

- [ ] Ich muss an der Haltlinie anhalten
- [ ] Ich darf vor dem Radfahrer abbiegen
- [ ] Ich muss den Radfahrer durchfahren lassen

5

10

1.2.09-017

Zwei Fahrzeuge kommen sich auf einer Kreuzung entgegen. Beide Fahrzeuge möchten jeweils nach links abbiegen. In welchem Ausnahmefall müssen sie hintereinander abbiegen?

- [ ] Wenn die Verkehrslage es erfordert
- [ ] Wenn die Gestaltung der Kreuzung es erfordert
- [ ] Wenn eine gleichrangige Kreuzung befahren wird

3

11

1.1.07-117

Zu welcher Tageszeit ist mit verstärktem Wildwechsel zu rechnen?

- [ ] In der Mittagszeit
- [ ] Während der Abenddämmerung
- [ ] Im Morgengrauen

3

12

1.2.05-106

Wie müssen Sie sich verhalten, wenn Sie überholt werden?

- [ ] Geschwindigkeit erhöhen
- [ ] Geschwindigkeit nicht erhöhen
- [ ] Möglichst weit rechts fahren

4

13

1.2.34-007

Sie kommen als Erster an eine Unfallstelle mit Verletzten. Sie sichern die Unfallstelle ab und haben sich einen Überblick verschafft. Was müssen Sie noch tun? Ich muss den …

- [ ] … Verletzten Erste Hilfe leisten
- [ ] … Rettungsdienst alarmieren
- [ ] … Unfall dokumentieren

4

Fehlerpunkte

Fehlerpunkte

14 1.2.20-103

Sie möchten an einem Linienbus vorbeifahren, der an einer Haltestelle angehalten hat. Was müssen Sie beachten? Ich muss …

- … mit ausreichendem Seitenabstand vorbeifahren
- … vorsichtig vorbeifahren
- … den Gegenverkehr beachten

4

15 1.1.07-170

Sie befahren einen Straßenabschnitt, für den ein Stau gemeldet wurde. Wie verhalten Sie sich richtig?

- Ich nutze den Notbremsassistenten zum sicheren Anhalten vor dem Stauende
- Ich verfolge weiterhin die Verkehrsmeldungen
- Ich fahre in Kurven und vor Kuppen besonders aufmerksam

4

16

1.3.01-042-M

Welches Verhalten ist richtig?

- Ich muss die Straßenbahn durchfahren lassen
- Die Straßenbahn muss mich vorher abbiegen lassen
- Ich muss das Motorrad durchfahren lassen

5

17

1.3.01-125-M

Welches Verhalten ist richtig?

- Ich muss dem roten Pkw Vorfahrt gewähren
- Ich habe Vorfahrt vor dem blauen Pkw
- Ich muss dem blauen Pkw Vorfahrt gewähren

5

18

1.3.01-043-M

Welches Verhalten ist hier richtig?

- Das Motorrad darf vor dem gelben Pkw fahren
- Ich darf vor dem gelben Pkw fahren
- Ich darf vor dem Motorrad fahren

5

19 1.4.40-109

Welche Gefahren können sich durch Nichtbeachten dieses Verkehrszeichens ergeben?

- Das Fahrzeug könnte schleudern und den Gegenverkehr gefährden
- Das Fahrzeug könnte einen Achs- oder Federbruch erleiden
- Die Ladung könnte beschädigt werden

2

20 1.4.40-152

Was haben Sie bei diesem Verkehrszeichen zu beachten?

- Die Ein- und Ausfahrstelle für schwimmfähige Fahrzeuge ist frei zu halten
- Die Straße führt auf ein Ufer zu
- Wasserflächen sind bei Dunkelheit oder schlechter Sicht schwer von der Fahrbahn zu unterscheiden

2

Fehlerpunkte

Fehlerpunkte

ZUSATZFRAGEN – KLASSE B

21

2.1.03-124

Warum ist das Überholen auf dieser verschneiten Fahrbahn gefährlich?

- [ ] Weil mein Fahrzeug ins Schleudern geraten kann
- [ ] Weil die Fahrbahn stellenweise vereist sein kann
- [ ] Weil meine Sicht noch stärker beeinträchtigt werden kann

4

22

2.2.12-105

Wo dürfen Sie innerorts einen Anhänger mit einer zulässigen Gesamtmasse von mehr als 2 t an Sonn- und Feiertagen sowie zwischen 22.00 und 6.00 Uhr regelmäßig parken?

- [ ] In Sondergebieten, die der Erholung dienen, auf ausreichend breiten Straßen
- [ ] In reinen Wohngebieten auf entsprechend gekennzeichneten Parkplätzen
- [ ] In Gewerbegebieten

3

23

2.7.01-165

Sie fahren ein Elektrofahrzeug. In welchem Fall kann die Bremswirkung durch Rekuperation eingeschränkt sein? Beim Fahren …

- [ ] … unterhalb der Betriebstemperatur der Batterie
- [ ] … im Eco-Modus
- [ ] … mit vollgeladener Batterie

3

24

2.7.01-058

Sie fahren bei Nässe mit einem Pkw und Anhänger auf einer schmalen Landstraße und nähern sich einer übersichtlichen, aber engen Linkskurve. Wie verhalten Sie sich?

- [ ] Ich bleibe in der Mitte des Fahrstreifens und beschleunige erst wieder beim Übergang in die Gerade
- [ ] Ich bremse erst im Scheitelpunkt der Kurve
- [ ] Ich verringere die Geschwindigkeit vor der Kurve

4

25

2.5.01-126

Sie müssen wegen geschlossener Bahnschranken warten. Wie können Sie dabei die Umwelt schonen?

- [ ] Durch Einlegen des ersten Gangs
- [ ] Durch Betätigen der Handbremse
- [ ] Durch Nutzung der Start-Stopp-Automatik

3

26

VIDEO203 2.1.08-024-M

Wie sollten Sie sich jetzt verhalten? Ich wechsle …

- [ ] … in den mittleren Fahrstreifen, da mein Überholvorgang abgeschlossen ist
- [ ] … den Fahrstreifen nicht, da der rote Pkw bereits wechselt
- [ ] … den Fahrstreifen, damit ich den gelben Pkw nicht behindere

3

27

2.7.06-105

Wann tritt bei einem Anhänger mit Auflaufbremse die Bremswirkung ein?

- [ ] Beim Auflaufen des Anhängers auf das Zugfahrzeug
- [ ] Vor Eintreten der Bremswirkung beim Zugfahrzeug, damit der Zug gestreckt bleibt
- [ ] Zeitgleich mit der Betätigung des Bremspedals im Zugfahrzeug

3

28

2.6.03-406

Ein einachsiger Anhänger hat eine tatsächliche Gesamtmasse von 600 kg. Wie groß muss die Stützlast mindestens sein?

- [ ] 24 kg (= 4 %)
- [ ] 60 kg (= 10 %)
- [ ] 90 kg (= 15 %)

3

29

2.1.03-105

Sie fahren außerorts bei dichtem Nebel auf einer Bundesstraße. Dürfen Sie auf der Fahrbahnmitte ständig über der Leitlinie fahren?

- [ ] Ja, wenn Nebelscheinwerfer und Nebelschlussleuchte eingeschaltet sind
- [ ] Ja, weil man weniger in Gefahr gerät, von der Fahrbahn abzukommen
- [ ] Nein, weil der Gegenverkehr gefährdet werden kann

4

30

2.2.18-105

Was ist bei der Benutzung von Autobahnen verboten?

- [ ] Das Halten auf dem Seitenstreifen
- [ ] Das Rückwärtsfahren
- [ ] Das Wenden

3

Fehlerpunkte

Fehlerpunkte

Amtliche Prüfungsfragen für Führerscheinbewerber

Grundlagen für alle Klassen und Zusatzfragen Klasse B

66

Hinweise zu Videofragen:

In jeder Theorie-Prüfung sind 2 zufällige Videofragen vorhanden. Die Videofragen sind auf den Prüfungsbögen gekennzeichnet (Video-Abspielsymbol inklusive der Fragennummer). Die beiliegende DVD enthält alle diese Videos.

Legen Sie die DVD in Ihr CD-/DVD-Laufwerk ein und öffnen Sie die DVD durch Doppelklick auf das entsprechende Laufwerk in Ihrem Explorer. Wählen Sie das Video mit der im Bogen angegebenen Videonummer durch Doppelklick aus.

Während der Prüfung dürfen Sie ein Video maximal 5-mal anschauen, ohne dass Ihnen die Frage bekannt ist. Erst wenn Sie bereit sind, können Sie sich die Frage zum Video anzeigen lassen. Danach müssen Sie die Frage beantworten und können das Video nicht noch mal anschauen.

Wichtig: Daher zuerst das Video max. 5-mal anschauen. Erst danach die zugehörige Frage lesen und bearbeiten.

Bezugsfahrzeug

Bitte beachten Sie das zugrunde liegende Bezugsfahrzeug:

Sie fahren ein ...

▶ Grundstoff:
Kraftfahrzeug mit Verbrennungsmotor

▶ Klasse B:
Zweispuriges Kraftfahrzeug mit Verbrennungsmotor, mit manuellem Schaltgetriebe und mit automatischem Blockierverhinderer (ABV)

Wenn in den Prüfungsaufgaben keine besonderen Fahrzeugeigenschaften benannt sind, gelten die folgenden allgemeinen Eigenschaften „Ihres Fahrzeugs" (Bezugsfahrzeug).

▶ Bitte beachten Sie:
Wenn in der Prüfungsaufgabe besondere Fahrzeugeigenschaften ausdrücklich benannt sind, müssen diese bei der Aufgabenbearbeitung berücksichtigt werden!

	Fehlerpunkte / 5-Punkte-Regel
Klasse	B
zulässige Fehlerpunkte	10
Grundstoff	
Zusatzstoff	
Summe	
5-Punkte-Regel *)	
bestanden	
nicht bestanden	
Bemerkungen	
*) 2 oder mehr Fragen mit je 5 Fehlerpunkten falsch	

Beantworten Sie die Fragen durch Ankreuzen von Antworten oder durch die Angabe von Zahlen. Sie haben die Frage falsch beantwortet, wenn...
▶ nicht jede richtige Antwort angekreuzt ist ▶ oder eine/mehrere falsche Antwort(en) angekreuzt ist/sind ▶ oder eine falsche/keine Zahl angegeben ist

Sie haben die Prüfung nicht bestanden, wenn...
▶ die zul. Fehlerpunkte überschritten wurden (d.h. mehr als 10 Punkte bei Klasse B)
▶ oder wenn 2 oder mehr Fragen mit je 5 Fehlerpunkten falsch beantwortet wurden

1

Sie wollen nach rechts abbiegen. Wie sollten Sie sich verhalten?

- [ ] Den Radfahrer durchfahren lassen
- [ ] Vor dem Radfahrer abbiegen
- [ ] „Schulterblick" durchführen

1.1.07-137 — 4

2

Wie verhalten Sie sich in dieser Situation richtig?

- [ ] Ich fahre mit ausreichendem Abstand links an der Person vorbei
- [ ] Ich signalisiere der Person durch Betätigung der Lichthupe, dass ich warte
- [ ] Ich halte an und lasse die Person die Straße überqueren

1.1.02-051-M — 4

3

Warum müssen Sie auf dieser Straße besonders aufmerksam fahren?

- [ ] Weil eine Straßenbahn entgegenkommen könnte
- [ ] Weil das Fahren auf den Schienen gefährlich ist
- [ ] Weil die Fahrbahnoberfläche uneben und unterschiedlich griffig ist

1.1.03-102-B — 4

Fehlerpunkte

4

VIDEO204 ▶ **Wie verhalten Sie sich jetzt richtig?** 1.2.37-018

- ☐ Ich überquere die Kreuzung zügig, da „Gelb" angezeigt wird
- ☐ Ich gewähre möglichem Querverkehr die Vorfahrt
- ☐ Ich warte an der Haltlinie auf die nächste Grünphase

4

5 1.1.03-003

Wo müssen Sie besonders mit Fahrbahnvereisung rechnen?

- ☐ Auf Strecken, die durch Wald führen
- ☐ Auf stark befahrenen Strecken
- ☐ Auf Brücken

4

6 1.2.26-111

In welchen Fällen müssen Sie an einen Fußgängerüberweg besonders vorsichtig heranfahren?

- ☐ Wenn Fußgänger die Fahrbahn überqueren wollen
- ☐ Wenn die Sicht auf den Fußgängerüberweg eingeschränkt ist
- ☐ Wenn ein anderes Fahrzeug bereits vor dem Fußgängerüberweg wartet

5

7 1.2.09-120

Sie möchten links abbiegen. In welcher Reihenfolge bereiten Sie das Abbiegen vor?

- ☐ Nachfolgenden Verkehr beobachten, Fahrtrichtung anzeigen, einordnen
- ☐ Fahrtrichtung anzeigen, einordnen, nachfolgenden Verkehr beobachten
- ☐ Einordnen, Fahrtrichtung anzeigen, nachfolgenden Verkehr beobachten

4

8 1.2.19-107

An einem Bahnübergang – innerorts – ist die Schranke geschlossen. Wo müssen Sie warten?

- ☐ Vor dem Andreaskreuz
- ☐ Vor der letzten Bake
- ☐ Vor der ersten Bake

3

9

1.1.03-112-M

Wie verhalten Sie sich hier richtig?

- ☐ Ich bremse vorsichtig
- ☐ Ich fahre vorsichtig weiter, da keine Markierung auf der Fahrbahn zu erkennen ist
- ☐ Ich ermögliche der Fußgängerin auf der rechten Seite das Überqueren der Fahrbahn

4

10 1.2.05-101

Wo ist das Überholen verboten?

- ☐ Wo der Gegenverkehr behindert werden könnte
- ☐ In allen Einbahnstraßen
- ☐ Wo die Verkehrslage unklar ist

4

11 1.1.07-142

Auf einer stark befahrenen Straße mit mehreren Fahrstreifen haben Sie sich zum Linksabbiegen eingeordnet. Sie möchten nun stattdessen nach rechts abbiegen. Wie verhalten Sie sich?

- ☐ Ich biege nach links ab
- ☐ Ich fahre mit eingeschaltetem Warnblinklicht rückwärts
- ☐ Ich biege im großen Bogen nach rechts ab

3

12 1.5.01-006

Ihr Kraftfahrzeug verliert etwas Öl. Wie viel Trinkwasser kann bereits durch einen Tropfen Öl ungenießbar werden? Bis zu …

- ☐ … 600 Liter
- ☐ … 50 Liter
- ☐ … 1 Liter

4

13 1.1.01-110

Wie wirkt sich Müdigkeit beim Fahren aus?

- ☐ Nachlassende Aufmerksamkeit
- ☐ Eingeschränkte Wahrnehmung
- ☐ Verzögerte Reaktionen

4

Fehlerpunkte ☐

Fehlerpunkte ☐

14 1.1.02-128

Mit welchem Verhalten muss bei Personen am Fußgängerüberweg gerechnet werden?

- Sie blicken weder nach links noch nach rechts
- Sie betreten unerwartet die Fahrbahn
- Sie kehren manchmal auf halbem Wege um

4

15 1.1.07-002

Worauf müssen Sie innerorts an Kreuzungen und Einmündungen besonders achten?

- Die breitere Straße ist immer bevorrechtigt
- An allen Kreuzungen und Einmündungen gilt ausnahmslos die Regel „rechts vor links"
- Kreuzende oder einmündende Straßen können bevorrechtigt sein, obwohl sie schmal und weniger gut ausgebaut sind

3

16

1.3.01-120-M

Welches Verhalten ist richtig?

- Ich muss das blaue Fahrzeug vorbeilassen
- Ich muss das grüne Fahrzeug durchfahren lassen
- Ich darf vor dem grünen Fahrzeug abbiegen

5

17

1.3.01-057-M

Wie verhalten Sie sich richtig?

- Ich muss den roten Pkw durchfahren lassen
- Ich darf vor dem blauen Lkw fahren
- Ich darf erst nach dem blauen Lkw fahren

5

18

1.3.01-048-M

Welches Verhalten ist richtig?

- Ich lasse das Motorrad vor mir abbiegen
- Ich lasse den blauen Pkw abbiegen
- Ich fahre als Erster

5

19 1.4.40-127

Worauf weisen diese Verkehrszeichen hin?

- Auf einen Bahnübergang in der nach rechts führenden Straße
- Auf die Richtung, aus der ein Zug kommen kann
- Auf eine Umleitung, die den Bahnübergang umgeht

2

20 1.4.41-118

Welche Fahrzeuge dürfen eine so beschilderte Straße nicht befahren?

- Pkw
- Lkw
- Motorräder

2

Fehlerpunkte

Fehlerpunkte

ZUSATZFRAGEN – KLASSE B

21

2.1.04-005

Was müssen Sie in dieser Situation beachten? Aufgrund des ständigen Wechsels von Licht und Schatten …

- … muss ich mit besonderer Aufmerksamkeit fahren
- … kann ich für andere Verkehrsteilnehmer schlecht erkennbar sein
- … kann ich Entfernungen leichter einschätzen

4

22

2.1.11-015

Welche Ursache führt bei jungen Fahrern häufig zu sogenannten Disco-Unfällen?

- Eine defensive Fahrweise
- Eine mangelnde Verkehrswahrnehmung
- Eine hohe Risikobereitschaft

4

23

2.2.17-109

Wann müssen Sie auch am Tage mit Abblendlicht fahren? Bei erheblicher Sichtbehinderung durch …

- … Nebel oder Schneefall
- … beschlagene Windschutzscheibe
- … Regen

4

24

2.2.03-006

Sie fahren 100 km/h, haben 1 Sekunde Reaktionszeit und führen eine normale Bremsung durch.

Wie lang ist der Anhalteweg nach der Faustformel?

Antwort: ______ m

3

25

2.7.01-154

Sie nutzen in Ihrem Kraftfahrzeug den Spurhalte-Assistenten. Er warnt Sie während der Fahrt mit einem Signal. Was kann die Ursache dafür sein?

- Ich unterschreite den Mindestabstand zum vorausfahrenden Fahrzeug
- Ich habe beim Fahrstreifenwechsel vergessen, den Blinker zu betätigen
- Ich verlasse unbeabsichtigt meinen Fahrstreifen

3

Fehlerpunkte

26

VIDEO205

2.2.05-017

Wie verhalten Sie sich jetzt richtig? Ich überhole die Straßenbahn …

- … nicht
- … rechts
- … links

3

27

2.7.01-047

Wodurch wird die auf ein Fahrzeug wirkende Fliehkraft bei Kurvenfahrt vergrößert?

- Durch höhere Geschwindigkeit
- Durch höheren Reifenluftdruck
- Durch kleineren Kurvenradius

3

28

2.2.14-110

Sie möchten ein Kind aus Ihrem Pkw aussteigen lassen. Was sollten Sie dabei beachten? Das Kind sollte …

- … auf der Gehwegseite aussteigen
- … vor möglichen Gefahren beim Aussteigen gewarnt werden
- … die Fahrbahn nicht mehr überqueren müssen

4

29

2.2.12-106

Worauf müssen Sie achten, wenn Sie einen Anhänger ohne Zugfahrzeug parken? Der Anhänger darf auf …

- … öffentlichen Straßen nicht länger als 2 Wochen geparkt werden
- … entsprechend gekennzeichneten Parkplätzen länger als 2 Wochen geparkt werden
- … ausreichend befestigten Seitenstreifen zeitlich unbegrenzt geparkt werden

3

30

2.6.03-112

Sie möchten einen gebremsten Anhänger mitführen. Wo finden Sie Angaben bzw. Hinweise zur zulässigen Anhängelast Ihres Pkws?

- In der Zulassungsbescheinigung Teil I meines Pkws
- Im Versicherungsschein
- In der Zulassungsbescheinigung Teil I meines Anhängers

2

Fehlerpunkte

Amtliche Prüfungsfragen für Führerscheinbewerber

Grundlagen für alle Klassen und Zusatzfragen Klasse B

67

Hinweise zu Videofragen:

In jeder Theorie-Prüfung sind 2 zufällige Videofragen vorhanden. Die Videofragen sind auf den Prüfungsbögen gekennzeichnet (Video-Abspielsymbol inklusive der Fragennummer). Die beiliegende DVD enthält alle diese Videos.

Legen Sie die DVD in Ihr CD-/DVD-Laufwerk ein und öffnen Sie die DVD durch Doppelklick auf das entsprechende Laufwerk in Ihrem Explorer. Wählen Sie das Video mit der im Bogen angegebenen Videonummer durch Doppelklick aus.

Während der Prüfung dürfen Sie ein Video maximal 5-mal anschauen, ohne dass Ihnen die Frage bekannt ist. Erst wenn Sie bereit sind, können Sie sich die Frage zum Video anzeigen lassen. Danach müssen Sie die Frage beantworten und können das Video nicht noch mal anschauen.

Wichtig: Daher zuerst das Video max. 5-mal anschauen. Erst danach die zugehörige Frage lesen und bearbeiten.

Bezugsfahrzeug

Bitte beachten Sie das zugrunde liegende Bezugsfahrzeug:

Sie fahren ein ...

▶ Grundstoff:
Kraftfahrzeug mit Verbrennungsmotor

▶ Klasse B:
Zweispuriges Kraftfahrzeug mit Verbrennungsmotor, mit manuellem Schaltgetriebe und mit automatischem Blockierverhinderer (ABV)

Wenn in den Prüfungsaufgaben keine besonderen Fahrzeugeigenschaften benannt sind, gelten die folgenden allgemeinen Eigenschaften „Ihres Fahrzeugs" (Bezugsfahrzeug).

▶ Bitte beachten Sie:
Wenn in der Prüfungsaufgabe besondere Fahrzeugeigenschaften ausdrücklich benannt sind, müssen diese bei der Aufgabenbearbeitung berücksichtigt werden!

	Fehlerpunkte / 5-Punkte-Regel
Klasse	B
zulässige Fehlerpunkte	10
Grundstoff	
Zusatzstoff	
Summe	
5-Punkte-Regel *)	
bestanden	
nicht bestanden	
Bemerkungen	
*) 2 oder mehr Fragen mit je 5 Fehlerpunkten falsch	

Beantworten Sie die Fragen durch Ankreuzen von Antworten oder durch die Angabe von Zahlen.
Sie haben die Frage falsch beantwortet, wenn ...
▶ nicht jede richtige Antwort angekreuzt ist ▶ oder eine/mehrere falsche Antwort(en) angekreuzt ist/sind ▶ oder eine falsche/keine Zahl angegeben ist

Sie haben die Prüfung nicht bestanden, wenn ...
▶ die zul. Fehlerpunkte überschritten wurden (d.h. mehr als 10 Punkte bei Klasse B)
▶ oder wenn 2 oder mehr Fragen mit je 5 Fehlerpunkten falsch beantwortet wurden

1 VIDEO 206

Worauf müssen Sie jetzt achten?

- ☐ Auf den Radfahrer links
- ☐ Auf die Radfahrerin rechts
- ☐ Auf den blauen Pkw

1.1.07-203-M **4**

2

Wie verhalten Sie sich in dieser Situation?

- ☐ Bremsbereit sein
- ☐ Geschwindigkeit vermindern
- ☐ Unverändert weiterfahren

1.1.07-015-M **4**

3

Wie schätzen Sie die Situation ein?

- ☐ Die Fußgängerin kann unachtsam die Fahrbahn betreten
- ☐ Ich kann unvermindert weiterfahren
- ☐ Der Fußgänger mit dem Mofa kann plötzlich die Richtung ändern

1.1.02-132 **4**

Fehlerpunkte

4

1.2.26-114

Wie verhalten Sie sich in dieser Situation?

- [ ] Ich warte vor dem Fußgängerüberweg, bis das blaue Fahrzeug abgebogen ist
- [ ] Ich schließe unmittelbar zum blauen Fahrzeug auf
- [ ] Ich lasse den Fußgänger die Fahrbahn überqueren

5

5

1.5.01-126

Sie fahren ein Kraftfahrzeug mit manuellem Schaltgetriebe. Welche Fahrweise führt innerorts zu einem hohen Kraftstoffverbrauch?

- [ ] Starkes Beschleunigen
- [ ] Fahren mit hoher Motordrehzahl
- [ ] Fahren in hohem Gang

3

6

1.1.06-002

Ist es leichtsinnig, noch kurz vor einer Kreuzung einen Lastzug zu überholen?

- [ ] Ja, weil der Lastzug die Sicht auf wichtige Verkehrszeichen verdecken kann
- [ ] Ja, weil der Lastzug die Sicht auf den Querverkehr verdeckt
- [ ] Nein, weil Lastzüge meist langsam fahren

5

7

1.2.12-106

Wo dürfen Sie in Fahrtrichtung links parken?

- [ ] In Einbahnstraßen
- [ ] Wo Schienen auf der rechten Seite verlegt sind
- [ ] Wo rechts das Parken verboten ist

3

8

1.2.09-117

In welchen Fällen müssen Sie eine Änderung der Fahrtrichtung anzeigen?

- [ ] Wenn ich dem Verlauf einer abknickenden Vorfahrtstraße folgen will
- [ ] Vor dem Abbiegen in eine Einmündung oder in ein Grundstück
- [ ] Wenn ich eine abknickende Vorfahrtstraße in gerader Richtung verlassen will

4

9

1.1.05-107-M

Womit müssen Sie hier rechnen?

- [ ] Dass zu schnell gefahren wird
- [ ] Dass Einmündungen übersehen werden
- [ ] Dass Kinder auf die Straße laufen

4

10

1.2.04-101

Wovon hängt der einzuhaltende Abstand zum vorausfahrenden Fahrzeug ab?

- [ ] Von den Sichtverhältnissen
- [ ] Von der Geschwindigkeit
- [ ] Von der Fahrbahnbeschaffenheit

5

11

1.1.07-117

Zu welcher Tageszeit ist mit verstärktem Wildwechsel zu rechnen?

- [ ] In der Mittagszeit
- [ ] Während der Abenddämmerung
- [ ] Im Morgengrauen

3

12

1.1.09-019

Welche Auswirkungen kann Haschischkonsum haben?

- [ ] Das Gefahrenbewusstsein kann abnehmen
- [ ] Fehler bei der Verarbeitung von Informationen können zunehmen
- [ ] Fehleinschätzungen von Geschwindigkeit und Entfernung können eintreten

4

13

1.1.01-003

Welches Verhalten ist beispielhaft für „Vorausschauendes Fahren"?

- [ ] Ich reagiere möglichst frühzeitig auf wahrscheinliche Veränderungen der Verkehrssituation
- [ ] Ich beschränke die Verkehrsbeobachtung möglichst auf das direkt vor mir fahrende Fahrzeug
- [ ] Ich versuche, die Absichten anderer Verkehrsteilnehmer möglichst frühzeitig zu erkennen

2

Fehlerpunkte

Fehlerpunkte

14 1.2.05-124

Welchen Seitenabstand müssen Sie beim Überholen von Fußgängern und Radfahrern einhalten? Ich muss …

- … innerorts mindestens 1,5 m Seitenabstand einhalten
- … innerorts mindestens 1,0 m Seitenabstand einhalten
- … außerorts mindestens 2,0 m Seitenabstand einhalten

4

15 1.3.01-003

Sie kommen an eine Kreuzung, an der Sie die Vorfahrtlage nicht gleich überblicken. Wie verhalten Sie sich?

- Nach der Regel „rechts vor links" fahren
- Warten, beobachten und sich gegebenenfalls mit anderen verständigen
- Als Geradeausfahrer immer durchfahren

5

16

1.3.01-049-M

Welches Verhalten ist richtig?

- Ich muss den roten Pkw vorlassen
- Ich muss die Straßenbahn vorlassen
- Ich darf als Erster fahren

5

17

1.3.01-129-M

Wie verhalten Sie sich hier richtig?

- Ich warte, bis der Radfahrer abgebogen ist
- Ich fahre vor dem Radfahrer
- Ich warne den Radfahrer durch Hupen

5

18

1.2.37-012-M

Was gilt hier?

- Geradeausfahrer dürfen fahren
- Rechtsabbieger dürfen fahren
- Linksabbieger dürfen fahren

4

19 1.4.41-173

Wie müssen Sie sich bei diesem Verkehrszeichen verhalten? Ich muss …

- … vor dem Verkehrszeichen nach links abbiegen
- … hinter dem Verkehrszeichen nach links abbiegen
- … links blinken

2

20 1.4.41-120

Welche Fahrzeuge dürfen eine so beschilderte Straße nicht befahren?

- Motorräder
- Lkw
- Pkw

2

Fehlerpunkte

Fehlerpunkte

ZUSATZFRAGEN – KLASSE B

21

VIDEO 207 ▶ 2.1.11-014-M

Der rote Pkw vor Ihnen fährt schon längere Zeit langsam. Wie verhalten Sie sich in dieser Situation richtig?

- Ich überhole, da die Straße frei ist
- Ich verringere den Abstand und hupe
- Ich behalte meine Geschwindigkeit bei

4

22 2.6.03-116

Wie viele Anhänger dürfen hinter einem Pkw mitgeführt werden?

Antwort: ___ Anhänger

2

23 2.7.01-102

Was ändert sich durch das Mitführen eines Wohnanhängers?

- Der Überholweg wird wesentlich länger
- Der Bremsweg wird wesentlich kürzer
- Hastige Lenkbewegungen erhöhen die Schleudergefahr

4

24 2.5.01-122

Wodurch können Sie Kraftstoff sparen, wenn Sie einen Pkw mit Automatikgetriebe fahren?

- Beim Anfahren auf den „Kick-down" verzichten
- Beim Befahren eines Gefälles den Motor ausschalten
- Beim Fahren den Eco-Modus nutzen

3

25 2.2.32-102

Was müssen Sie tun, um eine Gefährdung anderer durch von Ihrem Fahrzeug gefallene Ausrüstungs- oder Ladungsteile zu verhindern? Je nach Situation …

- … die Teile selbst beseitigen
- … die Gefahrstelle absichern und umgehend Straßendienst oder Polizei verständigen
- … weiterfahren und das nächste Ordnungsamt informieren

3

26

VIDEO 208 ▶ 2.1.06-011

Warum müssen Sie jetzt stark bremsen?

- Wegen des Lkws
- Wegen des Pkws
- Wegen des Traktors

4

27 2.2.23-122

Während der Fahrt bekommen Sie einen Anruf. Was müssen Sie beachten? Ich darf telefonieren, wenn …

- … das Telefon hierzu nicht gehalten wird
- … das Telefon hierzu nicht länger als 7 Sekunden bedient wird
- … die Nutzung des Telefons höchstens eine kurze Blickzuwendung erfordert

3

28 2.7.01-143

Der Spurhalte-Assistent warnt Sie durch akustische, haptische oder optische Signale. Was kann die Ursache dafür sein?

- Mein Fahrzeug nähert sich der seitlichen Fahrbahnmarkierung an
- Mein Fahrzeug unterschreitet den Sicherheitsabstand zum vorausfahrenden Fahrzeug
- Ein anderes Fahrzeug überholt mich mit zu geringem Seitenabstand

3

29 2.7.06-104

Welche Vorteile bietet ein Antiblockiersystem (ABS)?

- Starkes Bremsen und gleichzeitiges Ausweichen ist möglich
- Das Durchdrehen der Räder beim Anfahren wird verhindert
- Beim Bremsen in Kurven wird die Kippgefahr vermindert

4

30 2.2.23-120

Wann sollten Sie trotz vorhandener Freisprecheinrichtung auf das Telefonieren verzichten?

- Bei schwierigen Gesprächen
- In komplizierten Verkehrssituationen
- Wenn ich dadurch abgelenkt werde

3

Fehlerpunkte

Fehlerpunkte

Amtliche Prüfungsfragen für Führerscheinbewerber 68

Grundlagen für alle Klassen und Zusatzfragen Klasse B

Hinweise zu Videofragen:

In jeder Theorie-Prüfung sind 2 zufällige Videofragen vorhanden. Die Videofragen sind auf den Prüfungsbögen gekennzeichnet (Video-Abspielsymbol inklusive der Fragennummer). Die beiliegende DVD enthält alle diese Videos.

Legen Sie die DVD in Ihr CD-/DVD-Laufwerk ein und öffnen Sie die DVD durch Doppelklick auf das entsprechende Laufwerk in Ihrem Explorer. Wählen Sie das Video mit der im Bogen angegebenen Videonummer durch Doppelklick aus.

Während der Prüfung dürfen Sie ein Video maximal 5-mal anschauen, ohne dass Ihnen die Frage bekannt ist. Erst wenn Sie bereit sind, können Sie sich die Frage zum Video anzeigen lassen. Danach müssen Sie die Frage beantworten und können das Video nicht noch mal anschauen.

Wichtig: Daher zuerst das Video max. 5-mal anschauen. Erst danach die zugehörige Frage lesen und bearbeiten.

Bezugsfahrzeug

Bitte beachten Sie das zugrunde liegende Bezugsfahrzeug:

Sie fahren ein ...

▶ Grundstoff:
Kraftfahrzeug mit Verbrennungsmotor

▶ Klasse B:
Zweispuriges Kraftfahrzeug mit Verbrennungsmotor, mit manuellem Schaltgetriebe und mit automatischem Blockierverhinderer (ABV)

Wenn in den Prüfungsaufgaben keine besonderen Fahrzeugeigenschaften benannt sind, gelten die folgenden allgemeinen Eigenschaften „Ihres Fahrzeugs" (Bezugsfahrzeug).

▶ Bitte beachten Sie:
Wenn in der Prüfungsaufgabe besondere Fahrzeugeigenschaften ausdrücklich benannt sind, müssen diese bei der Aufgabenbearbeitung berücksichtigt werden!

	Fehlerpunkte / 5-Punkte-Regel
Klasse	B
zulässige Fehlerpunkte	10
Grundstoff	
Zusatzstoff	
Summe	
5-Punkte-Regel *)	
bestanden	
nicht bestanden	
Bemerkungen	
*) 2 oder mehr Fragen mit je 5 Fehlerpunkten falsch	

Beantworten Sie die Fragen durch Ankreuzen von Antworten oder durch die Angabe von Zahlen. Sie haben die Frage falsch beantwortet, wenn ...
▶ nicht jede richtige Antwort angekreuzt ist ▶ oder eine/mehrere falsche Antwort(en) angekreuzt ist/sind ▶ oder eine falsche/keine Zahl angegeben ist

Sie haben die Prüfung nicht bestanden, wenn ...
▶ die zul. Fehlerpunkte überschritten wurden (d.h. mehr als 10 Punkte bei Klasse B)
▶ oder wenn 2 oder mehr Fragen mit je 5 Fehlerpunkten falsch beantwortet wurden

1 VIDEO 209

Wie verhalten Sie sich richtig?
Ich überhole den Radfahrer ...

- ... nach der Kurve
- ... vor Erreichen des Lkws
- ... zwischen Lkw und Kurve

1.1.06-127-M — 4

2

Mit welchen Gefahren müssen Sie rechnen?

- Die Kinder verlassen die Fahrbahn nicht rechtzeitig
- Alle Kinder warten auf dem Gehweg
- Einzelne Kinder kehren wieder um

1.1.02-041-M — 5

3

Womit müssen Sie rechnen, wenn Sie überholen wollen?

- Mit unsicherer Fahrweise des Radfahrers
- Mit verlängertem Anhalteweg
- Mit Rutschgefahr

1.1.06-122 — 4

Fehlerpunkte

4

VIDEO 210 ▶

1.2.19-114

Wie verhalten Sie sich jetzt richtig?

- ☐ Ich überquere vorsichtig die Schienen
- ☐ Ich warte vor dem Andreaskreuz
- ☐ Ich warte an den Schienen

4

5

1.3.01-053

Sie möchten nach rechts in eine Vorfahrtstraße einbiegen. Worauf müssen Sie achten?

- ☐ Auf von links und von rechts kommende Fahrzeuge
- ☐ Auf Radfahrer und Fußgänger, die rechts neben oder noch hinter Ihnen sind
- ☐ Nur auf die von links kommenden Fahrzeuge

5

6

1.1.05-003

Wie durchfahren Sie enge Kurven?

- ☐ Erst beim Übergang in die Gerade wieder beschleunigen
- ☐ Vor der Kurve Geschwindigkeit vermindern
- ☐ Erst im Scheitelpunkt der Kurve Geschwindigkeit vermindern

4

7

1.1.09-004

Wodurch kann die Fahrtüchtigkeit herabgesetzt werden?

- ☐ Durch Übermüdung
- ☐ Durch Alkohol und andere berauschende Mittel
- ☐ Durch bestimmte Medikamente

4

8

1.5.01-118

Warum ist die Nutzung von Leichtlaufölen vorteilhaft? Weil diese Öle …

- ☐ … weniger Reibung im Motor erzeugen
- ☐ … den Kraftstoffverbrauch verringern
- ☐ … im Hausmüll entsorgt werden können

3

9

1.2.36-014-M

Wie verhalten Sie sich jetzt richtig?

- ☐ Ich warte vor der Kreuzung auf weitere Weisungen des Polizeibeamten
- ☐ Ich überquere die Kreuzung vorsichtig
- ☐ Ich lasse das blaue Fahrzeug zuerst fahren

4

10

1.1.07-001

Womit müssen Sie rechnen, wenn vor Ihnen ein Lastzug in eine enge Straße nach rechts abbiegen will? Er wird …

- ☐ … vor dem Abbiegen nach links ausscheren
- ☐ … seine Geschwindigkeit stark vermindern
- ☐ … sich besonders weit rechts einordnen

3

11

1.1.07-011

Vor Ihnen will ein großer Mähdrescher nach rechts abbiegen. Was ist richtig? Der Mähdrescher …

- ☐ … wird vor dem Abbiegen sehr langsam werden
- ☐ … wird beim Abbiegen weit nach links ausschwenken
- ☐ … kann wegen der Hinterradlenkung nicht ausschwenken

4

12

1.2.03-103

Was müssen Sie bei der Wahl Ihrer Geschwindigkeit berücksichtigen?

- ☐ Sicht- und Wetterverhältnisse
- ☐ Fahrbahnzustand und Verkehrsverhältnisse
- ☐ Persönliche Fähigkeiten

4

13

1.1.07-113

Sie fahren auf einer neu angelegten Straße durch bewaldetes Gebiet. Womit müssen Sie rechnen?

- ☐ Wild überquert unerwartet die Fahrbahn
- ☐ Mit einem Hindernis durch einen Wildunfall
- ☐ Auf neu angelegten Straßen sind Wildunfälle nicht zu erwarten

3

Fehlerpunkte ☐

Fehlerpunkte ☐

14 1.2.05-105

Was ist über die Geschwindigkeit beim Überholvorgang vorgeschrieben?

- Die Geschwindigkeit des Überholenden muss wesentlich höher sein
- Die zulässige Höchstgeschwindigkeit darf nicht überschritten werden
- Wer überholt wird, darf seine Geschwindigkeit nicht erhöhen

4

15 1.2.36-003

Welche Bedeutung haben Weisungen von Polizeibeamten?

- Ihnen ist nur Folge zu leisten, wenn sie mit den aufgestellten Verkehrszeichen übereinstimmen
- Sie entbinden von der eigenen Sorgfaltspflicht
- Ihnen ist Folge zu leisten

4

16

1.3.01-007-M

Welches Verhalten ist richtig?

- Ich muss den Motorradfahrer durchfahren lassen
- Ich darf vor dem Radfahrer abbiegen
- Ich muss den Radfahrer durchfahren lassen

5

17

1.3.01-041-M

Welches Verhalten ist hier richtig?

- Ich darf vor dem roten Pkw fahren
- Der gelbe Pkw darf vor dem roten Pkw fahren
- Ich darf vor dem gelben Pkw fahren

5

18 1.2.11-006

Welche Bereiche im Straßenverkehrsraum müssen bei stockendem Verkehr frei gehalten werden?

- Einmündungen
- Bushaltestellen
- Fußgängerüberwege

4

19 1.4.42-144

Was gilt hier? An dieser Stelle …

- … endet eine Umleitung
- … beginnt eine geschlossene Ortschaft
- … endet eine geschlossene Ortschaft

2

20 1.4.40-106

Was kommt nach diesen Verkehrszeichen?

- Ein Gefälle von 800 m Länge
- Eine Steigung in 800 m Entfernung
- Ein Gefälle in 800 m Entfernung

2

ZUSATZFRAGEN – KLASSE B

21

An Ihrem Pkw ist das automatische Lichtsystem aktiviert. Womit müssen Sie bei den dargestellten Lichtverhältnissen rechnen? 2.2.17-118

- ☐ Das automatische Lichtsystem schaltet die Nebelscheinwerfer ein
- ☐ Das Abblendlicht schaltet sich nicht automatisch ein
- ☐ Ich werde von nachfolgenden Verkehrsteilnehmern erst spät gesehen

3

22

Ihr Beifahrer weist Sie während der Fahrt darauf hin, dass Sie mehrfach zu dicht aufgefahren sind. Wie sollten Sie sich verhalten? 2.1.11-131

- ☐ Ich nehme die Hinweise des Beifahrers ernst
- ☐ Ich ignoriere die Hinweise des Beifahrers
- ☐ Ich halte einen größeren Abstand ein

4

23

Welche Beleuchtungseinrichtung müssen Sie bei einer Fahrt in Dunkelheit an Ihrem Kraftfahrzeug grundsätzlich einschalten? 2.2.17-012

- ☐ Nur das Standlicht
- ☐ Das Abblendlicht
- ☐ Das Fernlicht

3

24

Was kann die Funktion eines Spurhalteassistenten einschränken? 2.7.01-133

- ☐ Eine verschmutzte Fahrbahn
- ☐ Fehlende Leitplanken
- ☐ Fehlende Fahrbahnmarkierungen

2

25

Sie möchten einen Anhänger mitführen. Wann müssen zusätzliche Rückspiegel an Ihrem Kraftfahrzeug angebracht werden? 2.6.03-111

- ☐ Wenn nicht alle wesentlichen Verkehrsvorgänge ohne zusätzliche Rückspiegel beobachtet werden können
- ☐ Wenn es sich um einen Wohnanhänger oder um einen land- und forstwirtschaftlich genutzten Anhänger handelt
- ☐ Wenn die Ladefläche des Anhängers eine Breite von 1,5 m und eine Höhe von 1 m überschreitet

3

26

2.2.02-101-M

Wie verhalten Sie sich in dieser Einbahnstraße jetzt richtig?

- ☐ Ich fahre rückwärts
- ☐ Ich warte, bis die Arbeiten eine Weiterfahrt zulassen
- ☐ Ich wende und fahre zurück

3

27

2.2.16-101

Wann müssen Sie an Ihrem Kraftfahrzeug das Warnblinklicht einschalten? Wenn mein Kraftfahrzeug …

- ☐ … an einer unübersichtlichen Stelle eine Panne hat
- ☐ … von mir kurz in zweiter Reihe geparkt wird
- ☐ … abgeschleppt wird

4

28

In Ihrem Pkw ist der Sicherheitsgurt für den Beifahrer defekt. Wie verhalten Sie sich richtig? 2.7.02-140

- ☐ Ich lasse den Sicherheitsgurt reparieren
- ☐ Ich lasse keinen Beifahrer mitfahren
- ☐ Ich passe die Gurthöhenverstellung an

2

29

Sie fahren ein Kraftfahrzeug mit einem Automatischen Blockierverhinderer (ABV). Wie erreichen Sie einen möglichst kurzen Bremsweg? Ich betätige die Bremse … 2.7.01-139

- ☐ … schlagartig und mit maximaler Pedalkraft
- ☐ … vorsichtig und dann zunehmend kräftiger
- ☐ … mehrfach in kurzen Abständen mit maximaler Pedalkraft

4

30

2.1.08-013

Was müssen Sie beim Einfahren auf die Autobahn beachten?

- ☐ Der Verkehr auf dem durchgehenden rechten Fahrstreifen muss das Einfahren ermöglichen
- ☐ Auf dem Einfädelungsstreifen darf ich schneller fahren als auf der durchgehenden Fahrbahn
- ☐ Der Verkehr auf der durchgehenden Fahrbahn hat Vorfahrt

5

Fehlerpunkte ☐

Fehlerpunkte ☐

Amtliche Prüfungsfragen für Führerscheinbewerber

Grundlagen für alle Klassen und Zusatzfragen Klasse B

69

Hinweise zu Videofragen:

In jeder Theorie-Prüfung sind 2 zufällige Videofragen vorhanden. Die Videofragen sind auf den Prüfungsbögen gekennzeichnet (Video-Abspielsymbol inklusive der Fragennummer). Die beiliegende DVD enthält alle diese Videos.

Legen Sie die DVD in Ihr CD-/DVD-Laufwerk ein und öffnen Sie die DVD durch Doppelklick auf das entsprechende Laufwerk in Ihrem Explorer. Wählen Sie das Video mit der im Bogen angegebenen Videonummer durch Doppelklick aus.

Während der Prüfung dürfen Sie ein Video maximal 5-mal anschauen, ohne dass Ihnen die Frage bekannt ist. Erst wenn Sie bereit sind, können Sie sich die Frage zum Video anzeigen lassen. Danach müssen Sie die Frage beantworten und können das Video nicht noch mal anschauen.

Wichtig: Daher zuerst das Video max. 5-mal anschauen. Erst danach die zugehörige Frage lesen und bearbeiten.

Bezugsfahrzeug

Bitte beachten Sie das zugrunde liegende Bezugsfahrzeug:

Sie fahren ein ...

▶ Grundstoff:
Kraftfahrzeug mit Verbrennungsmotor

▶ Klasse B:
Zweispuriges Kraftfahrzeug mit Verbrennungsmotor, mit manuellem Schaltgetriebe und mit automatischem Blockierverhinderer (ABV)

Wenn in den Prüfungsaufgaben keine besonderen Fahrzeugeigenschaften benannt sind, gelten die folgenden allgemeinen Eigenschaften „Ihres Fahrzeugs" (Bezugsfahrzeug).

▶ Bitte beachten Sie:
Wenn in der Prüfungsaufgabe besondere Fahrzeugeigenschaften ausdrücklich benannt sind, müssen diese bei der Aufgabenbearbeitung berücksichtigt werden!

	Fehlerpunkte / 5-Punkte-Regel
Klasse	B
zulässige Fehlerpunkte	10
Grundstoff	
Zusatzstoff	
Summe	
5-Punkte-Regel *)	
bestanden	
nicht bestanden	
Bemerkungen	
*) 2 oder mehr Fragen mit je 5 Fehlerpunkten falsch	

Beantworten Sie die Fragen durch Ankreuzen von Antworten oder durch die Angabe von Zahlen. Sie haben die Frage falsch beantwortet, wenn ...
▶ nicht jede richtige Antwort angekreuzt ist ▶ oder eine/mehrere falsche Antwort(en) angekreuzt ist/sind ▶ oder eine falsche/keine Zahl angegeben ist

Sie haben die Prüfung nicht bestanden, wenn ...
▶ die zul. Fehlerpunkte überschritten wurden (d.h. mehr als 10 Punkte bei Klasse B)
▶ oder wenn 2 oder mehr Fragen mit je 5 Fehlerpunkten falsch beantwortet wurden

1

VIDEO 211

Warum müssen Sie jetzt warten?

- Wegen des Radfahrers
- Wegen der Straßenbahn
- Wegen des gelben Pkws

1.2.09-201-M

4

2

Wie verhalten Sie sich hier richtig?

- Ich biege vor dem gelben Fahrzeug ab
- Ich lasse das gelbe Fahrzeug durchfahren
- Ich biege vor dem roten Pkw ab

1.3.01-034-M

5

3

Was gilt in dieser Situation?

- Das Motorrad muss warten
- Ich muss das Motorrad zuerst fahren lassen
- Ich muss links blinken

1.3.01-058-M

5

Fehlerpunkte

4

VIDEO 212

1.1.07-203-M

Worauf müssen Sie jetzt achten?

- [ ] Auf den Radfahrer links
- [ ] Auf den blauen Pkw
- [ ] Auf die Radfahrerin rechts

4

5

1.1.09-026

Warum ist bereits der einmalige Konsum von Drogen für die Teilnahme am Straßenverkehr gefährlich? Weil er …

- [ ] … zur Fahruntüchtigkeit führen kann
- [ ] … einen mehrstündigen Rausch verursachen kann
- [ ] … Wahrnehmungsstörungen verursachen kann

4

6

1.1.01-004

Sie sollen ein Ihnen unbekanntes Kraftfahrzeug fahren. Warum müssen Sie dabei zunächst besonders vorsichtig sein? Ich weiß möglicherweise zu wenig über die Besonderheiten …

- [ ] … in der Anordnung und der Funktion der Bedienelemente
- [ ] … im Bremsverhalten
- [ ] … im Lenkverhalten

3

7

1.1.07-010

Worauf kann Warnblinklicht hinweisen?

- [ ] Auf liegen gebliebene Fahrzeuge
- [ ] Auf Schulbusse, bei denen Kinder ein- oder aussteigen
- [ ] Auf einen Stau

4

8

1.2.02-201

Sie fahren innerorts auf einem Radweg, der für Mofas freigegeben ist. Womit sollten Sie rechnen? Ich sollte damit rechnen, dass …

- [ ] … Türen parkender Fahrzeuge plötzlich geöffnet werden
- [ ] … abbiegende Fahrzeuge mich übersehen
- [ ] … Fußgänger den Radweg benutzen

4

9

VIDEO 213

1.2.37-201-M

Wie verhalten Sie sich jetzt richtig?

- [ ] Ich warte an der Haltlinie auf die nächste Grünphase
- [ ] Ich gewähre möglichem Querverkehr die Vorfahrt
- [ ] Ich überquere die Kreuzung zügig, da „Gelb" angezeigt wird

4

10

1.1.01-113

Was führt häufig zu schweren Unfällen?

- [ ] Eine mangelhafte Beobachtung des Verkehrs
- [ ] Ein Fahren mit zu geringem Abstand
- [ ] Eine unangepasste Geschwindigkeit

4

11

1.1.06-111

Warum kann Überholen auch auf übersichtlichen und geraden Fahrbahnen gefährlich sein? Weil der …

- [ ] … Gegenverkehr schneller fährt als angenommen
- [ ] … Überholweg länger ist als angenommen
- [ ] … Gegenverkehr langsamer fährt als angenommen

5

12

1.2.03-002

Wovon ist der Bremsweg abhängig? Vom Zustand der …

- [ ] … Bereifung
- [ ] … Bremsanlage
- [ ] … Fahrbahnoberfläche

3

13

1.2.05-109

Welche Fahrzeuge dürfen nur mit besonders großem Seitenabstand überholt werden?

- [ ] Fahrräder
- [ ] Motorräder
- [ ] Straßenbahnen

4

Fehlerpunkte

Fehlerpunkte

14 1.2.09-111

In welcher Situation ist Wenden besonders gefährlich?

Vor Kuppen

Vor Kurven

Bei Nebel

4

15 1.5.01-115

Was können Sie tun, um die Umwelt zu schonen? Ich vermeide …

… Kurzstreckenfahrten

… Fahrten mit Vollgas

… Fahrten in überfüllte Innenstädte

3

16

1.1.07-159-M

Worauf müssen Sie sich hier einstellen?

Personen betreten die Fahrbahn

Entgegenkommende Fahrzeuge biegen nach links ab

Fahrzeuge biegen auf die Fahrbahn ein

4

17

1.1.03-112-M

Wie verhalten Sie sich hier richtig?

Ich bremse vorsichtig

Ich fahre vorsichtig weiter, da keine Markierung auf der Fahrbahn zu erkennen ist

Ich ermögliche der Fußgängerin auf der rechten Seite das Überqueren der Fahrbahn

4

18

1.3.01-059-M

Wer darf zuerst fahren?

Der rote Pkw

Ich

Der grüne Traktor

5

19 1.4.41-168

Sie möchten als Anlieger in eine so gekennzeichnete Fahrradstraße einfahren. Was müssen Sie dabei beachten?

Fahrzeuge dürfen nicht schneller als 30 km/h fahren

Fahrräder dürfen nebeneinander fahren

Radverkehr darf nicht behindert werden

2

20 1.4.41-018

Welche Fahrzeuge dürfen in eine so gekennzeichnete Fahrradstraße einfahren?

Alle Fahrzeuge, die von Anliegern gefahren werden

Alle Mofas mit bauartbedingter Höchstgeschwindigkeit unter 25 km/h

Alle Pkws, wenn sie Schrittgeschwindigkeit fahren

2

Fehlerpunkte

Fehlerpunkte

ZUSATZFRAGEN – KLASSE B

21

VIDEO 214 ▶ **Wie sollten Sie sich jetzt verhalten?** 2.1.01-007-M

- Ich beschleunige, damit der Überholende sich hinter mir einordnen kann
- Ich verringere meine Geschwindigkeit, damit der Überholende sich vor mir einordnen kann
- Ich behalte meine Geschwindigkeit bei, da der Sicherheitsabstand ausreichend ist

4

22 2.2.17-404

Warum müssen Sie auch am Tage mit Abblendlicht fahren, wenn die Sicht durch Nebel, Regen oder Schneefall erheblich behindert ist?

- Um mit erhöhter Geschwindigkeit fahren zu können
- Um von anderen Verkehrsteilnehmern besser gesehen werden zu können
- Um Verkehrszeichen in größerer Entfernung besser sehen zu können

4

23 2.2.05-005

Sie fahren mit 100 km/h auf einer Straße außerhalb geschlossener Ortschaften. Vor Ihnen fährt ein Lkw mit 70 km/h. Wie weit müssen Sie bei Beginn eines Überholvorgangs von einer Straßenkuppe mindestens noch entfernt sein?

- 200 m
- 400 m
- 800 m

5

24 2.2.03-015

Wie lautet die Faustformel, um den Bremsweg einer Gefahrbremsung auf ebener, trockener und asphaltierter Fahrbahn auszurechnen?

- ({Geschwindigkeit in km/h}/{10} x 5) : 2
- ({Geschwindigkeit in km/h}/{10} x 3) : 2
- ({Geschwindigkeit in km/h}/{10} x {Geschwindigkeit in km/h}/{10}) : 2

4

25 2.2.22-129

Wie weit darf eine gekennzeichnete Ladung nach hinten über Ihr Fahrzeug hinausragen, wenn Ihre Wegstrecke mehr als 100 km beträgt?

Antwort: Bis zu ____ m

2

Fehlerpunkte

26 2.4.40-007

Womit sollten Sie bei diesem Verkehrszeichen rechnen?

- Mit vorausfahrenden Fahrzeugen, die plötzlich bremsen
- Mit Ästen, die auf der Fahrbahn liegen
- Mit vorausfahrenden Fahrzeugen, die plötzlich nach links ausweichen

3

27 2.6.07-101

Was sollten Sie bei der Streckenplanung ins Ausland beachten? Im Ausland können andere …

- … Bedingungen für die innerstädtische Straßennutzung gelten (zum Beispiel City-Maut)
- … Kennzeichnungspflichten für das Befahren von Umweltzonen bestehen
- … Geschwindigkeitsbeschränkungen gelten

2

28 2.2.22-128

Was sollten Sie bei der Beladung eines Kofferraums mit Gepäck beachten? Ich sollte …

- … das Warndreieck leicht zugänglich verstauen
- … schweres Gepäck weit unten verstauen
- … das Gepäck gegen Verrutschen sichern

3

29 2.2.21-123

Sie möchten auf dem Beifahrersitz ein Baby mitnehmen. Was müssen Sie bei der Verwendung einer Baby-Trageschale beachten?

- Die Baby-Trageschale muss entgegen der Fahrtrichtung angebracht sein
- Ein vorhandener Beifahrer-Airbag muss deaktiviert sein
- Das Baby muss in der Baby-Trageschale angeschnallt sein

4

30 2.7.04-101

Wie können Sie den Motorölstand kontrollieren? Je nach Kraftfahrzeug mittels …

- … Fahrerinformationssystem
- … Momentanverbrauchsanzeige
- … Ölmessstab

2

Fehlerpunkte

Amtliche Prüfungsfragen für Führerscheinbewerber

Grundlagen für alle Klassen und Zusatzfragen Klasse B

70

Hinweise zu Videofragen:

In jeder Theorie-Prüfung sind 2 zufällige Videofragen vorhanden. Die Videofragen sind auf den Prüfungsbögen gekennzeichnet (Video-Abspielsymbol inklusive der Fragennummer). Die beiliegende DVD enthält alle diese Videos.

Legen Sie die DVD in Ihr CD-/DVD-Laufwerk ein und öffnen Sie die DVD durch Doppelklick auf das entsprechende Laufwerk in Ihrem Explorer. Wählen Sie das Video mit der im Bogen angegebenen Videonummer durch Doppelklick aus.

Während der Prüfung dürfen Sie ein Video maximal 5-mal anschauen, ohne dass Ihnen die Frage bekannt ist. Erst wenn Sie bereit sind, können Sie sich die Frage zum Video anzeigen lassen. Danach müssen Sie die Frage beantworten und können das Video nicht noch mal anschauen.

Wichtig: Daher zuerst das Video max. 5-mal anschauen. Erst danach die zugehörige Frage lesen und bearbeiten.

Zusätzliche amtliche Fragen

Gültig ab 01.04.2025

Beantworten Sie die Fragen durch Ankreuzen von Antworten oder durch die Angabe von Zahlen.
Sie haben die Frage falsch beantwortet, wenn ...
▶ nicht jede richtige Antwort angekreuzt ist ▶ oder eine/mehrere falsche Antwort(en) angekreuzt ist/sind ▶ oder eine falsche/keine Zahl angegeben ist

Bezugsfahrzeug

Bitte beachten Sie das zugrunde liegende Bezugsfahrzeug:

Sie fahren ein ...

▶ Grundstoff: Kraftfahrzeug mit Verbrennungsmotor

▶ Klasse B: Zweispuriges Kraftfahrzeug mit Verbrennungsmotor, mit manuellem Schaltgetriebe und mit automatischem Blockierverhinderer (ABV)

Wenn in den Prüfungsaufgaben keine besonderen Fahrzeugeigenschaften benannt sind, gelten die folgenden allgemeinen Eigenschaften „Ihres Fahrzeugs" (Bezugsfahrzeug).

▶ Bitte beachten Sie: Wenn in der Prüfungsaufgabe besondere Fahrzeugeigenschaften ausdrücklich benannt sind, müssen diese bei der Aufgabenbearbeitung berücksichtigt werden!

1

VIDEO 215

Warum dürfen Sie jetzt nicht überholen? Wegen des ...

- ☐ ... roten Pkws
- ☐ ... Motorrads
- ☐ ... ausgeschilderten Überholverbots

2.1.06-027-M

4

2

VIDEO 216

Womit sollten Sie in dieser Situation rechnen?

- ☐ Der grüne Lkw wendet
- ☐ Der Fahrer des roten Fahrzeugs übersieht mich
- ☐ Der Traktor befährt die Straße

2.1.07-014-M

4

3

VIDEO 217

Wie verhalten Sie sich jetzt richtig?

- ☐ Ich bleibe auf dem linken Fahrstreifen
- ☐ Ich fahre unverändert weiter
- ☐ Ich verringere meine Geschwindigkeit

2.1.08-028-M

4

4

VIDEO 218 2.2.05-019

Warum dürfen Sie den vor Ihnen fahrenden Bus jetzt nicht überholen?

- Wegen des eingeschalteten Warnblinklichts am Bus
- Wegen der fehlenden Fahrbahnmarkierungen
- Wegen des Motorrads

5

5

VIDEO 219 2.1.07-123-M

Wie sollten Sie sich jetzt verhalten?

- Ich verringere meine Geschwindigkeit
- Ich bleibe zunächst hinter dem roten Fahrzeug
- Ich fahre zügig an dem roten Fahrzeug vorbei

4

6

2.1.08-033-M

Womit müssen Sie beim Befahren der Ausfahrt rechnen?

- Mit einem defekten Fahrzeug
- Mit Personen auf der Fahrbahn
- Mit herabgefallener Ladung

3

7

VIDEO 220 2.1.06-105

Wie verhalten Sie sich jetzt richtig?

- Ich bremse auf Schrittgeschwindigkeit ab
- Ich fahre an den Fußgängern vorbei
- Ich fahre möglichst weit rechts

4

8

VIDEO 221 2.1.06-106-M

Wie verhalten Sie sich jetzt richtig?

- Ich verringere meine Geschwindigkeit
- Ich behalte meine Geschwindigkeit bei
- Ich überhole den Radfahrer

4

9

VIDEO 222 2.2.11-001-M

Warum müssen Sie jetzt besonders aufmerksam sein?

- Weil die Ampel auf „Rot" umschalten könnte
- Weil sich der Verkehr in der Straße, in die ich einbiegen möchte, staut
- Weil der Lkw beim Abbiegen sehr langsam werden wird

4

10

VIDEO 223 **Wie verhalten Sie sich hier richtig?** 2.2.06-101-M

- Ich reihe mich rechts hinter den bereits wartenden Fahrzeugen ein
- Ich fahre mit verringerter Geschwindigkeit weiter
- Ich bremse ab und warte

5

11

2.1.08-030-M

Sie möchten die Autobahn verlassen. Wie verhalten Sie sich richtig?

- Ich prüfe meine Geschwindigkeit in kurzen Abständen anhand des Tachos
- Ich verringere meine Geschwindigkeit erst beim Erreichen der Kurve
- Ich verringere meine Geschwindigkeit ab jetzt

3

12

Sie haben auf einem Parkstreifen angehalten und möchten aussteigen. Wie müssen Sie sich in dieser Situation verhalten? Ich beobachte den von hinten nahenden Verkehr … 2.2.14-108-M

- … im linken Außenspiegel vor dem Öffnen der Tür
- … durch einen Schulterblick nach links vor dem Öffnen der Tür
- … ausschließlich durch die leicht geöffnete Tür

3

13 2.4.41-108

Welche Fahrzeuge dürfen Sie bei diesem Verkehrszeichen überholen?

- Einspurige Fahrzeuge
- Mehrspurige Fahrzeuge
- Keine Fahrzeuge

3

14

Sie fahren einen Pkw mit Wohnanhänger. Was gilt hier für den Abstand zum vorausfahrenden Fahrzeug? Der Abstand … 2.2.04-105-M

- … ist angemessen, weil der überholende Pkw vor mir einscheren kann
- … ist zu groß, weil er die Länge meiner Fahrzeugkombination um ein Vielfaches überschreitet
- … zum überholenden Pkw muss nach dessen Einscheren wiederhergestellt werden

4

15

Von hinten nähert sich ein Fahrzeug mit eingeschaltetem blauen Blinklicht und Einsatzhorn. Wie verhalten Sie sich jetzt richtig? 2.2.38-101

- Ich fahre möglichst weit rechts
- Ich verringere meine Geschwindigkeit
- Ich halte sofort an

4

16

2.2.07-012-M

Was gilt für die Nutzung des Seitenstreifens in dieser Situation? Der Seitenstreifen …

- … darf nur bei einer Panne genutzt werden
- … muss wie ein rechter Fahrstreifen genutzt werden
- … darf nur von Lkws genutzt werden

4

17

1.2.02-201

Sie fahren innerorts auf einem Radweg, der für Mofas freigegeben ist. Womit sollten Sie rechnen? Ich sollte damit rechnen, dass …

- … Türen parkender Fahrzeuge plötzlich geöffnet werden
- … abbiegende Fahrzeuge mich übersehen
- … Fußgänger den Radweg benutzen

4

18

2.2.03-110

Sie fahren eine Fahrzeugkombination. Diese besteht aus einem Kraftfahrzeug mit einer zulässigen Gesamtmasse bis 3,5 t und einem Anhänger mit einer 100-km/h-Zulassung.

Wie schnell dürfen Sie auf einer Bundesstraße (keine Kraftfahrstraße) höchstens fahren?

Antwort: ____ km/h

3

19

VIDEO 224

2.1.06-103-M

Weshalb müssen Sie jetzt auf den rechten Fahrstreifen wechseln? Wegen des …

- … blauen Pkws
- … gelben Traktors
- … roten Pkws

4

20

VIDEO 225

Wie schnell dürfen Sie nach dem Abbiegen höchstens fahren?

2.2.03-026-M

Antwort: ____ km/h

3

21

VIDEO 226

Wie verhalten Sie sich jetzt richtig?

2.1.07-124-M

- Ich verringere meine Geschwindigkeit
- Ich fahre möglichst weit rechts
- Ich signalisiere dem Motorradfahrer, dass er mich überholen kann

3

Amtliche Prüfungsfragen für Führerscheinbewerber

Grundlagen für alle Klassen und Zusatzfragen Klasse B

71

Hinweise zu Videofragen:

In jeder Theorie-Prüfung sind 2 zufällige Videofragen vorhanden. Die Videofragen sind auf den Prüfungsbögen gekennzeichnet (Video-Abspielsymbol inklusive der Fragennummer).
Die beiliegende DVD enthält alle diese Videos.

Legen Sie die DVD in Ihr CD-/DVD-Laufwerk ein und öffnen Sie die DVD durch Doppelklick auf das entsprechende Laufwerk in Ihrem Explorer. Wählen Sie das Video mit der im Bogen angegebenen Videonummer durch Doppelklick aus.

Während der Prüfung dürfen Sie ein Video maximal 5-mal anschauen, ohne dass Ihnen die Frage bekannt ist. Erst wenn Sie bereit sind, können Sie sich die Frage zum Video anzeigen lassen. Danach müssen Sie die Frage beantworten und können das Video nicht noch mal anschauen.

Wichtig: Daher zuerst das Video max. 5-mal anschauen. Erst danach die zugehörige Frage lesen und bearbeiten.

Zusätzliche amtliche Fragen

Gültig ab 01.04.2025

Beantworten Sie die Fragen durch Ankreuzen von Antworten oder durch die Angabe von Zahlen.
Sie haben die Frage falsch beantwortet, wenn ...
▶ nicht jede richtige Antwort angekreuzt ist ▶ oder eine/mehrere falsche Antwort(en) angekreuzt ist/sind ▶ oder eine falsche/keine Zahl angegeben ist

Bezugsfahrzeug

Bitte beachten Sie das zugrunde liegende Bezugsfahrzeug:

Sie fahren ein ...

▶ Grundstoff: Kraftfahrzeug mit Verbrennungsmotor

▶ Klasse B: Zweispuriges Kraftfahrzeug mit Verbrennungsmotor, mit manuellem Schaltgetriebe und mit automatischem Blockierverhinderer (ABV)

Wenn in den Prüfungsaufgaben keine besonderen Fahrzeugeigenschaften benannt sind, gelten die folgenden allgemeinen Eigenschaften „Ihres Fahrzeugs" (Bezugsfahrzeug).

▶ Bitte beachten Sie: Wenn in der Prüfungsaufgabe besondere Fahrzeugeigenschaften ausdrücklich benannt sind, müssen diese bei der Aufgabenbearbeitung berücksichtigt werden!

1 VIDEO 227

Wie verhalten Sie sich jetzt richtig?

- ☐ Ich wechsle auf den linken Fahrstreifen
- ☐ Ich bleibe auf dem mittleren Fahrstreifen
- ☐ Ich wechsle auf den rechten Fahrstreifen

2.2.18-021-M 4

2 VIDEO 228

Warum dürfen Sie jetzt nicht aussteigen?

- ☐ Wegen des Motorrads
- ☐ Wegen des Radfahrers
- ☐ Wegen der Fußgängerin

2.2.14-107-M 4

3

Bei welchem Verkehrszeichen haben Sie an der nächsten Kreuzung grundsätzlich Vorfahrt?

- ☐ Verkehrszeichen 1
- ☐ Verkehrszeichen 2
- ☐ Verkehrszeichen 3

1

2

3

1.4.42-012 3

4

2.4.41-004-M

Sie fahren auf dieser Autobahn. Wie verhalten Sie sich richtig?

- [ ] Ich befahre den linken Fahrstreifen nur im Falle einer Panne
- [ ] Ich bleibe auf meinem jetzigen Fahrstreifen
- [ ] Ich wechsle auf den rechten Fahrstreifen

3

5

2.4.42-008-M

Was gilt nach diesem Verkehrszeichen? Ich darf …

- [ ] … den Fahrstreifen für meine Richtung frei wählen
- [ ] … aufgrund der mehrstreifigen Fahrbahn schneller als 50 km/h fahren
- [ ] … auf dem rechten Fahrstreifen schneller fahren als Fahrzeuge auf dem linken Fahrstreifen

3

6

2.4.42-110

Welches Dokument erlaubt es Ihnen, hier zu parken?

- [ ] Mein Anwohnerparkausweis
- [ ] Mein EU-Parkausweis für Schwerbehinderte
- [ ] Der EU-Parkausweis eines von mir beförderten Schwerbehinderten

2

7

VIDEO 229

2.2.05-020-M

Sie möchten das vor Ihnen fahrende Fahrzeug überholen. Was ist hierfür erforderlich?

- [ ] Ich muss meine Geschwindigkeit wesentlich erhöhen
- [ ] Ich muss meine Überholabsicht durch Blinken anzeigen
- [ ] Ich muss den rückwärtigen und seitlichen Verkehr beobachten

3

8

VIDEO 230

Wie verhalten Sie sich jetzt richtig?

2.2.05-021-M

- [ ] Ich folge der durch Blinken gegebenen Überholaufforderung des Traktorfahrers
- [ ] Ich bleibe hinter dem Traktor
- [ ] Ich rechne mit einem Abbiegen des Traktors

4

9

2.2.36-001-M

Wie verhalten Sie sich bei der Annäherung an diesen Schwertransport richtig?

- [ ] Ich wechsle auf den rechten Fahrstreifen
- [ ] Ich überhole mit großer Vorsicht
- [ ] Ich überhole nicht

3

10

2.2.07-013-M

Was gilt in dieser Situation für die Nutzung des Seitenstreifens? Der Seitenstreifen …

… darf nur von Lkws genutzt werden

… muss wie ein rechter Fahrstreifen genutzt werden

… darf nur bei einer Panne genutzt werden

4

11

1.4.41-171

Mit welcher Geschwindigkeit dürfen Fahrzeuge in einer so gekennzeichneten Zone höchstens fahren?

Antwort: km/h

2

12

1.2.34-112

Woran erkennen Sie den kürzesten Weg zur nächsten Notrufsäule auf Bundesautobahnen? An den …

… Richtungsmarkierungen auf den Leitplanken

… Bodenmarkierungen auf dem Standstreifen

… schwarzen Pfeilen auf den Leitpfosten

3

13

2.4.41-109

Für welche Kraftfahrzeuge gilt das so gekennzeichnete Überholverbot?

Für einspurige Kraftfahrzeuge

Für Kraftomnibusse

Für Pkws ohne Anhänger

2

14

2.2.12-109-M

Sie möchten auf der rechten Seite rückwärts einparken. Was ist in dieser Situation richtig?

Ich achte vor dem Einlenken auf den Gegenverkehr

Ich schalte das Warnblinklicht ein

Ich rechne mit ausparkenden Fahrzeugen

3

15

VIDEO 231

2.2.18-023-M

Wie sollten Sie sich jetzt verhalten?

Ich beschleunige

Ich wechsle auf den mittleren Fahrstreifen

Ich verringere meine Geschwindigkeit

4

16

2.1.06-028-M

Warum dürfen Sie hier nicht überholen? Weil ich …

- … bei Gegenverkehr keinen ausreichenden Seitenabstand zu den Radfahrern einhalten kann
- … den weiteren Straßenverlauf nicht ausreichend einsehen kann
- … die Leitlinie nicht überfahren darf

4

17

VIDEO 232 — 2.1.06-033-M

Warum ist ein Überholen in dieser Situation zu gefährlich?

- Weil vorausfahrende Fahrzeuge ausscheren könnten
- Weil zwischen den vorausfahrenden Fahrzeugen nicht ausreichend Platz zum Wiedereinscheren ist
- Weil ich die zum Überholen notwendige Strecke nicht weit genug einsehen kann

5

18

VIDEO 233 — 2.2.12-107-M

Sie möchten am rechten Fahrbahnrand parken. Wie sollten Sie sich in dieser Situation verhalten?

- Ich parke jetzt ein, weil ich Vorrang habe
- Ich verzichte auf den Parkplatz, obwohl ich Vorrang habe

2

19

VIDEO 234 — 2.1.07-028-M

Wie verhalten Sie sich jetzt richtig?

- Ich vergrößere den Abstand zum vorausfahrenden Pkw
- Ich fahre mit erhöhter Aufmerksamkeit weiter
- Ich überhole den vorausfahrenden Pkw mit großem Seitenabstand

4

20

1.2.02-110

Was müssen Sie beim Überqueren einer Vorfahrtstraße beachten? Ich beachte …

- … die Breite der Vorfahrtstraße
- … die Geschwindigkeit und Entfernung des Querverkehrs
- … die Witterungsverhältnisse

2

21

2.7.01-066

Was ist beim Fahren mit einem Quad zu beachten?

- Es sollte Motorradschutzkleidung getragen werden
- Die notwendigen Lenkkräfte können deutlich höher sein als bei einem Pkw
- Es muss ein Warndreieck mitgeführt werden

4

22

2.7.01-161

Sie möchten mit dem dargestellten Kleintransporter (bis 3,5 t) Möbel transportieren. Was müssen Sie im Vergleich zum Führen eines Pkws beachten? Der Kleintransporter …

- … kann in Kurven leichter umkippen
- … erfordert eine besondere Beachtung der Durchfahrtshöhe
- … ist anfälliger für Seitenwind

3